国家重点图书出版规划项目

十二五 大气污染防治理论与应用丛书

NO$_x$ 催化氧化吸收技术与系统

The Catalytic Oxidation Absorption Technology and System of NO$_x$

李登新 等 著

U0343977

中国环境出版社·北京

图书在版编目（CIP）数据

NO_x催化氧化吸收技术与系统/李登新等著．—北京：中国环境出版社，2017.8
（大气污染防治理论与应用丛书）
ISBN 978-7-5111-3241-3

Ⅰ．①N… Ⅱ．①李… Ⅲ．①氮化合物—氧化物—催化—氧化②氮化合物—氧化物—催化—吸收 Ⅳ．①X511.06②X701

中国版本图书馆 CIP 数据核字（2017）第 148792 号

出 版 人	王新程
责任编辑	葛　莉　郑中海
责任校对	尹　芳
封面设计	彭　杉

出版发行　中国环境出版社
（100062　北京市东城区广渠门内大街 16 号）
网　　址：http://www.cesp.com.cn
电子邮箱：bjgl@cesp.com.cn
联系电话：010-67112765（编辑管理部）
　　　　　010-67113412（第二分社）
发行热线：010-67125803，010-67113405（传真）

印　　刷	北京中科印刷有限公司
经　　销	各地新华书店
版　　次	2017 年 11 月第 1 版
印　　次	2017 年 11 月第 1 次印刷
开　　本	787×1092　1/16
印　　张	27.25
字　　数	680 千字
定　　价	130.00 元

本书编委会

主　　编：李登新

参　　编：段广杰　　王剑波　　孙秀枝　　高国龙

　　　　　周　勇　　刘广涛　　李清翠　　钱方珺

　　　　　郭凯琴　　翟毅杰　　李鸿莉

前　言

氮氧化物（NO_x）是典型的大气污染物，如何有效综合利用或控制其向环境排放是当前环境保护的一个重大课题。有的烟气中 NO 最高达 95%，温度较低，组成十分复杂，可能同时含有颗粒物、重金属、SO_x、NO_x、二噁英、HF 和 HCl 等污染物，是制约脱硝率提高的重要原因[1-6]。

现有的脱硝技术有吸附、吸收（常减压水、酸、碱吸收）、催化氧化吸收及催化还原、生物氧化或者几种技术组合脱硝等[3-6]。综合国内外文献，适合烟气复杂污染组分的前瞻性脱硝技术应着重于一体化多技术耦合。第一类为多种污染物脱除和脱硝技术有机组合；第二类为在现有选择性催化还原（SCR）脱硝基础上，开发适应复杂组分低温 SCR 脱硝技术；第三类为适应多种污染物高效催化氧化 NO 并湿法吸收一体化净化技术[1-6]。对各种污染物采取分而治之的做法，不仅增加运行费用，造成巨额的投资浪费，还增加额外占地面积，企业往往很难接受。低温 SCR 需要研发高选择性催化氧化剂，受到温度、复杂组分的制约。因此，第三类技术是不错的选项[2,3,7-23]。

催化氧化并湿法吸收 NO 技术发展趋势为：①一步实现烟气成本低的催化氧化和吸收脱硝；②提高 NO 与氧化剂的接触时间；③研发适应多污染物一体化脱除的催化剂；④以氧气为活性氧的来源，大大降低了处理费用等。

为此，本书在国家"863 项目"和上海市教委科研创新项目支持下，研究了各梯度浓度 NO_x 气动雾化吸收、气动雾化复合吸附材料吸收和催化氧化湿法吸收，利用此类技术可以将烟气中 99%以上的 NO_x 吸收，产生硝酸溶液。与此同时，尾气中各种污染物也有部分同时被吸收，该类吸收方法较大优点是不增加新的污染物种类和数量，特别是新的环境风险，也方便政府对企业进行监控。这部分内容分 3 篇，第 1 篇气动雾化吸收以及 NO_x 吸收方法研究，主要内容包括气动雾化方法建立、气动雾化湿法吸收 NO_x 研究；第 2 篇 PEG 协同膨胀石墨吸附性能研究；第 3 篇不同条件下 Mn_3O_4/GO 体系催化氧化研究，包括 Mn_3O_4/GO 复合催化剂的制备、催化 PMS 氧化 NO 的研究，不同催化氧化与吸收条件对尾气 NO_x 脱除率影响研究。

湿法吸收的一个关键问题是吸收产品如何处理。为此本书作者在吸收国内外有关研究成果的基础上，研究了NO$_x$吸收技术或工艺、吸收产品——硝酸在难选冶金的提取方面的应用研究。该部分内容在第4篇中，主要内容包括硝酸预处理难选冶金精矿或尾渣在提高金提取率方面的技术研究；不同类型催化剂如铁系催化剂、锰系催化剂、芬顿试剂催化氧化预处理难选冶金精矿或尾渣提高金提取率的研究；在三相流化床中同时实现NO$_x$吸收与催化氧化预处理难选冶金精矿或尾渣提高金提取率研究；提金用设备——三相流化床设计、自动控制与中试规模反应装置运行、三相流化床反应动力学研究与分析等内容。

本书是作者及其课题组成员多年科学研究的成果，是每一位成员智慧和心血的结晶。希望本书使读者在大气污染控制、固废资源化方面获得启迪，并可指导青年研究者、企业技术研发者和青年学生进行创新性研究。本书也可作为大气污染控制工程、固体废物处理与处置、冶金工程等课程的辅助教材。

本书在写作过程中获得了中科院工程院岳光溪院士的悉心指导和正面评价，得到了固体废物处理与处置方向著名学者王景伟教授的积极评价。

另外，本书获得东华大学研究生课程（教材）建设项目资助，在此对东华大学研究生处各位同仁的支持和帮助表示衷心的感谢。全书由东华大学李登新统编、整理，并对部分篇、章进行修改、增补和调整。东华大学段广杰为本书第1、第2章提供了技术资料和实验支持，王剑波为本书第3、第4、第5章提供了技术资料和实验支持，孙秀枝为本书第6、第7、第8、第9章提供了技术资料和实验支持，高国龙、周勇和刘广涛为本书第10、第11章提供了技术资料和实验支持，李清翠、钱方珺和郭凯琴为本书第12、第13章提供了技术资料和实验支持，翟毅杰为本书第14章提供了技术资料和实验支持，李鸿莉为本书第15、第16章提供了技术资料和实验支持。东华大学的许士洪、薛飞、王君、李一鸣、曹晓霞、王贝贝、阳光辉、耿旭、孔祥乾、李洁冰、王永乐、苏瑞景、段元东、吕伟、周婉媛、邵先涛、尹佳印、王倩、伊玉、陆均皓和纪豪等为本书相关章节提供或收集了部分技术资料，并做了大量审核、校对等技术工作，在此对以上人员所做出的努力一并表示感谢。

本书编写水平有限，不当之处敬请指正。

李登新

2017 年 9 月

目　录

第1篇　气动雾化以及 NO_x 吸收方法研究

第2篇　PEG 协同膨胀石墨吸附性能研究

第3篇　不同条件下的Mn$_3$O$_4$/GO体系催化氧化研究

第4篇　NO$_x$吸收系统在难选冶金提取中的应用研究

第 **1** 篇
气动雾化以及 NO_x 吸收方法研究

第1章 一种气动雾化吸收 NO$_x$ 方法可行性分析

雾化吸收技术主要为液动雾化，而对于气动雾化吸收研究则较少，气动雾化吸收 NO$_x$ 技术主要有 3 个难题：①流化床硝酸氧化尾矿工艺中所用的隔膜式压塑机为脉冲式喷气，是否可以满足雾化要求；②气动雾化吸收 NO$_x$ 的速率是否可以满足流化床硝酸氧化尾矿工艺的要求；③同一台压缩机是否既能满足雾化要求，又可以满足流化床流化的要求。

本章针对这 3 个难题首先从理论、实验方面进行了可行性研究，在此基础上以清水、空气为媒介，测试不同条件下的喷气量与喷液量，探讨喷气量、喷液量与喷管口径、喷气压力、喷雾高度的关系，并计算不同条件下的气液体积比，进一步研究其与各影响因素之间的关系[24]。

1.1 气动雾化可行性研究

1.1.1 三相流化床工艺运行参数分析

气-液-固三相流化床研究始于 20 世纪 60 年代，由于其具备相间接触面积大、混合均匀、传热传质效果好和温度易于控制等优点而得到了广泛的应用。其工艺如图 1-1 所示。

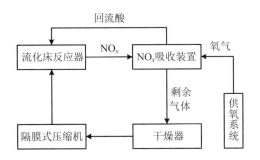

图 1-1 三相流化床中气动雾化吸收 NO$_x$ 工艺路线图

1.1.2 气动雾化与流化床工艺适配性

为了解隔膜式压缩机是否既可以满足喷雾要求，又可以满足流化床的流化要求，特以清水、空气为媒介，以流化床系统的运行工况为实验条件进行模拟。

1.1.2.1 实验步骤

将气动雾化吸收装置按照流化床运行时的状况接入系统，如图 1-2 所示，图中箭头所示为气体流动方向。

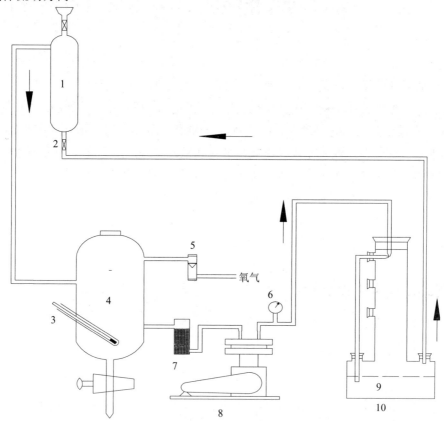

1—流化床反应器；2—阀门；3—温度计；4—缓冲罐；5—流量计；6—压力表；
7—干燥塔；8—隔膜式压缩机；9—吸收液；10—气动雾化吸收装置

图 1-2   流化床工艺运行模拟试验图

1）先关闭图中的阀门 2，向流化床反应器中加入 2 L 水，并继续保持进料阀为打开状态；

2）在气动雾化装置上装上 0.8 mm 的喷气管与 0.8 mm 的喷液管，并将喷液管装在 0.74 m 喷雾高度；

3）将气动雾化装置的出气口先与大气连通，启动压缩机，调整喷气管、喷液管位置使其处于喷雾状态；

4）将气动雾化装置出气口与流化床连接，并同时打开图中的阀门 2；

5）调节压缩机的出气阀，使喷气压力分别处于 0.08～0.10 MPa、0.11～0.13 MPa、0.13～15 MPa、0.15～0.17 MPa、0.15～0.19 MPa，观察喷雾状况和流化床的流化状态；

6）更换喷气管进行实验：将喷气管口径依次换为 0.5 mm、1.1 mm、1.4 mm 进行实验，观察是否既可以满足喷雾要求，又可以实现流化床流化要求。

1.1.2.2　实验结论

　　喷气管口径为 0.5 mm、0.8 mm 时可以在 0.08～0.20 MPa 喷气压力范围内同时实现喷雾和流化床的流化要求，但是喷气管口径为 1.1 mm 时在循环系统下喷气压力最大可以达到 0.06～0.08 MPa，不能很好地满足喷雾要求，喷气管口径为 1.4 mm 时，压缩机可达到的喷气压力更小，不能满足喷雾要求。

1.1.3　NO$_x$ 循环吸收模拟试验

　　三相流化床工艺产生的 NO$_x$ 气体浓度较高，平均为 1.36 mol/h，瞬间产生的 NO$_x$ 浓度可能更高，为了解气动雾化吸收技术能否满足对高浓度 NO$_x$ 的吸收要求，特模拟流化床工艺的循环特性，以亚硝酸钠与硫酸产生的高浓度 NO$_x$ 为媒介，通过气动雾化装置循环吸收进行本次试验，实验工艺如图 1-3 所示，图中箭头所示为气体流动方向。

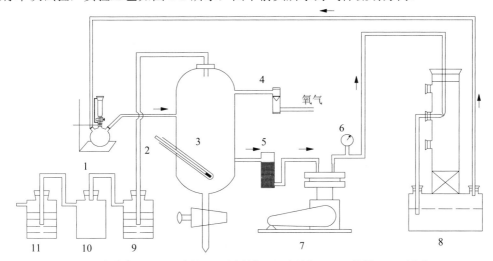

1—NO$_x$ 发生装置；2—温度计；3—缓冲罐；4—流量计；5—干燥塔；6—压力表；
7—隔膜式压缩机；8—气动雾化吸收装置；9—压力指示装置；10—缓冲瓶；11—尾气吸收瓶（NaOH 吸收液）

注：喷气管口径为 0.5 mm，喷液管为 0.8 mm，喷气压力为 0.11～0.13 MPa，喷雾高度为 0.74 m，喷雾装置内吸收液为 3 L 自来水，除雾器为 20 cm 填料高度；NO$_x$ 平均通气量为 2 mol/h，累计通入 5 mol；通 O$_2$ 量为 25 L/h。

图 1-3　NO$_x$ 循环吸收模拟实验工艺图

1.1.3.1　试验测试指标

　　NO$_x$ 吸收装置在三相流化床中的作用主要有两个：①吸收流化床反应器产生的 NO$_x$，实现硝酸的再生；②吸收 NO$_x$，保持系统内压力基本为常压状态。因此，本次实验的测试指标主要有两个：

1）在保持系统内为常压的状态下，比较实际通氧量与理论通氧量的大小，两者越接近代表被吸收的 NO$_x$ 越多，即吸收效果越好；

2）测试喷雾装置中吸收液的酸度，了解其随时间的变化规律，以及最终的吸收效果。

1.1.3.2 实验步骤

1）在图 1-3 中的 NO$_x$ 发生器中加入亚硝酸钠，滴管内加入硫酸，在喷雾装置内加入吸收液；

2）将 NO$_x$ 发生器的排气管先与大气相通，然后打开空气压缩机，调整好喷气管、喷液管角度，使其处于喷雾状态；

3）将 NO$_x$ 排气管与 NO$_x$ 发生器连接，查看压力指示装置是否有倒吸现象；若发生倒吸，则打开通氧系统，保持系统内呈常压状态，待系统内压力稳定时，检查系统的气密性，保证系统各接口部位不漏气；

4）系统的气密性检查完毕后，开始向三口烧瓶中滴加硫酸，以 2 滴/s 的速度滴加，并以 25 L/h 的速度开始通氧；

5）随时观察压力指示装置，调整通氧量，保证系统内处于常压状态，每 30 min 从喷雾装置中取 5 mL 吸收液，利用 0.1 mol/L NaOH 标准溶液测试其酸度；

6）待反应装置内反应停止时，继续运行，直到缓冲罐颜色变白为止，本次实验共运行 4.5 h。

1.1.3.3 实验结果与讨论

（1）通氧量

实验中记录了每段时间的通氧量，如表 1-1 所示，其中每个时间节点下所对应的通氧量代表该时间节点与下一个时间节点之间的通氧速度。

表 1-1 通氧量

时间节点/min	0	$3\frac{1}{2}$	$5\frac{1}{3}$	$6\frac{5}{6}$	8	$8\frac{7}{12}$	9	10
两个节点之间的通氧速率/（L/h）	20	30	35	25	30	0	25	50
两个节点之间的通氧量/L	1.167	0.917	0.583	0.903	0.293	0	0.417	1.111
时间节点/min	$11\frac{1}{3}$	$12\frac{1}{6}$	$15\frac{5}{6}$	$16\frac{1}{6}$	$18\frac{1}{3}$	22	$26\frac{1}{3}$	28
两个节点之间的通氧速率/（L/h）	100	30	0	20	0	15	20	30
两个节点之间的通氧量/L	1.389	1.833	0	0.722	0	1.083	0.694	2

时间节点/min	32	$33\frac{2}{3}$	36	$40\frac{5}{6}$	$48\frac{2}{3}$	50	$55\frac{1}{2}$	64
两个节点之间的通氧速率/（L/h）	20	30	32	18	0	10	18	30
两个节点之间的通氧量/L	0.556	1.167	2.578	2.35	0	0.917	2.55	3
时间节点/min	70	$74\frac{2}{3}$	$77\frac{5}{6}$	$83\frac{1}{6}$	91	104	109	110
两个节点之间的通氧速率/（L/h）	50	30	10	18	15	28	0	28
两个节点之间的通氧量/L	3.333	1.583	0.889	2.35	3.25	2.083	0	2.333
时间节点/min	115	119	128	134	139	145	149	158
两个节点之间的通氧速率/（L/h）	24	35	25	30	22	25	20	18
两个节点之间的通氧量/L	2.333	3.75	1.25	2.5	2.2	1.667	3	5.1
时间节点/min	175	186	194	200	220	230	235	240
两个节点之间的通氧速率/（L/h）	20	25	22	20	16	18	15	10
两个节点之间的通氧量/L	3.667	3.333	2.2	6.667	2.667	4.5	1.25	1.167
时间节点/min	250	270						
两个节点之间的通氧速率/（L/h）	5	0						
两个节点之间的通氧量/L	1.667							

经计算，4.5 h 内累计通氧量为 90.969 L。

NO 是通过亚硝酸钠与硫酸反应产生的，本次实验其配比为 345 g 亚硝酸钠加 500 ml 的硫酸（硫酸与水的体积比为 1∶1）。理论上可以产生 5 mol 的 NO，分 5 次加料，每 30 min 加一次料，每次加料时间控制在 15～20 min。滴加硫酸的速度为 2 滴/s，相当于 30 min 向装置通入 1 mol NO，2.5 h 通入 5 mol NO。理论上将 4.761 9 mol NO 完全变为硝酸大约需要 80 L 氧气，本实验中 NO 含量为 5 mol，理论上将其完全变为酸大约需要 85 L 氧气，实验结果与理论消耗氧气量接近，这就证明吸收状态良好，气动雾化吸收装置可以满足流化床内接近常压或微负压的要求。

（2）吸收液中的酸度

每 30 min 从喷雾装置取 5 mL 样，加入 20 mL 蒸馏水，以酚酞为指示剂，用配制的 NaOH 标准液（0.100 5 mol/L）进行滴定，实验结果如表 1-2 所示。

表 1-2   吸收液中酸度测试数据

时间/min	30	60	90	120	150	180	210	240	270
取样体积/mL	3	5	5	5	5	5	5	5	5
滴定起始读数/mL	9.2	12.43	3.09	2.31	1.49	2.04	0.5	0.9	0.7
滴定最终读数/mL	11.6	23.45	18.91	23.93	28.70	33.49	36.99	39.91	46.45
消耗 NaOH 量/mL	2.4	11.02	15.82	21.62	27.21	31.45	36.49	39.01	45.75
吸收液浓度/（mol/L）	0.080 4	0.221 5	0.318 0	0.434 6	0.547 0	0.632 1	0.733 4	0.784 1	0.919 6
吸收液吸收量/mol	0.241 2	1.981 8	0.954 0	1.303 8	1.641 0	1.896 3	2.200 2	2.352 3	2.758 8

注：270 min 测试时将缓冲罐中的液体倒入喷雾装置后再测试。

理论上向系统内通入 5 mol NO_x，但利用 NaOH 标液滴定吸收液中的酸度只有 2.758 8 mol。

实验中没有气体泄漏出去，为了解系统内残留 NO_x 的量，特将气动雾化装置的出气口与 NO_x 发生器断开，接上两节已知浓度的 NaOH 吸收装置，重新打开压缩机，并以 20 L/h 的速度通入氧气，运行 20 min，测试两节吸收装置的吸收量：两节吸收装置共吸收 NO_x 0.031 5 mol（0.019 3+0.012 =0.031 5 mol）NO_x，这说明系统内残留的 NO_x 气体量较少，大部分被系统吸收。

另外，实验中发现，吸收液除取样大约少了 50 mL 以外，另外还减少了 120 mL，这部分被气体带进管道中，残留在管壁上，因此可以推测有很大一部分 NO_x 被管壁、压缩机、干燥塔等吸收。

根据尾气测试结果，可以得出气动雾化装置对于高浓度的 NO_x 气体吸收效果比较明显，可以作为三相流化床中的 NO_x 吸收装置和硝酸再生装置。

1.2   气动雾化吸收试验研究

气液体积比是吸收法处理废气的一个重要控制指标，通常气液体积越小，吸收效果越好；气液体积比越大，吸收效果越差。因此，本节选择气液体积比作为衡量气动雾化性能好坏的指标。

影响气液体积比的主要因素有喷气压力、喷雾高度、喷气管口径、喷液管口径。本节首先研究了喷气量、喷液量及临界喷气压力（喷雾时所需的最小喷气压力）与各影响因素的关系，在此基础上计算气液体积比，通过分析气液体积比与各影响因素的关系，得出气液体积比最小时的喷雾条件。

1.2.1   实验步骤

1）如图 1-4、图 1-5、图 1-6 所示，连接实验装置，分别测试喷气量、喷液量、临界喷气压力。

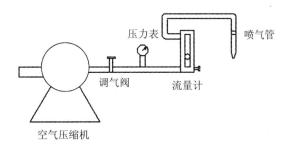

图 1-4　喷气管喷气量测试工艺图

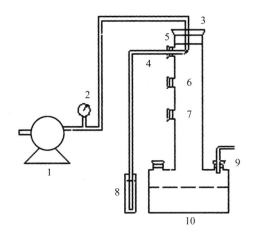

1—空气压缩机；2—压力表；3—喷气管；4—喷液管；5、6、7—喷液孔；

8—量筒；9—喷气孔；10—喷雾吸收置

图 1-5　喷液量测试工艺图

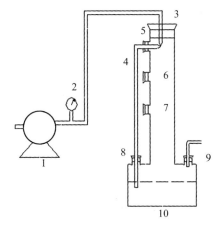

1—空气压缩机；2—压力表；3—喷气管；4—喷液管；5、6、7—喷液孔；

8—吸液孔；9—喷气孔；10—喷雾吸收置

图 1-6　临界喷雾压力测试工艺图

2）测试喷气量：将流量计开关调至最大，打开压缩机，调节调气阀，使压力表恒定在某一刻度，持续 1 min 后，读取流量计的刻度，随后调节压力，记录流量，依次测试喷气管口径为 0.2 mm、0.5 mm、0.8 mm、1.1 mm、1.4 mm、1.7 mm 时在不同喷气压力下的喷气量。

测试喷液量：摆放喷液管的管口与喷气管的管口呈 90°并使两管口紧密接触，如图 1-7 所示；随后，在恒定喷气压力下，通过测试量筒内液体在 5 min 内的变化量，进而计算出一定口径搭配的喷气管/喷液管在该压力下 1 h 内的喷液量，然后通过调整喷气压力、喷气管/喷液管口径、喷雾高度得出其他条件下的喷液量。

测试临界喷气压力：摆放喷液管的管口与喷气管的管口呈 90°并使两管口紧密接触，如图 1-7 所示；随后，在喷雾装置内注入固定量的自来水，打开压缩机，将调气阀从小到大逐渐旋转，直到刚好可以实现喷雾为止，记下压力表读数，依次调整喷气管、喷液管口径及喷雾高度记录读数。

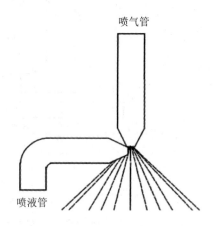

喷气管

喷液管

注：受条件限制，实验的喷气压力范围为 0～0.22 MPa。

图 1-7　喷气/喷液管口接触示意图

3）实验结束后，拆卸装置，将实验仪器放好。

1.2.2　实验结果与讨论

1.2.2.1　喷气管口径及喷气压力对喷气量的影响

（1）实验结果

以喷气压力为横坐标，喷气量为纵坐标作图，并将不同喷气口径下的喷气压力-喷气量关系放入同一坐标系中，如图 1-8 所示。

由图 1-8 可以看出，喷气管的喷气量随着喷气压力的增大而逐渐增大，但喷气量与喷气压力并非呈线性关系：当喷气压力较小时，喷气量的增加速度较快；当喷气压力较大时，喷气量的增加速度较慢；当喷气压力达到某一值后，喷气量几乎不变。如图中 0.2 mm 口径的喷气管在喷气压力大于 0.16 MPa 后，喷气量几乎没有变化，因此对于不同口径的喷气管都有合适的喷气压力范围，超过此范围，既无益于提高流速，又造成动力浪费。

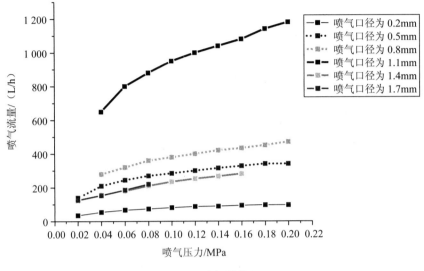

图 1-8　喷气量数据图

（2）喷气管喷气量动力分析

根据伯努利方程，在喷气管上选取两个截面，如图 1-9 所示，分别为 1-1′截面和 2-2′截面，求取喷气量与喷气压的关系式。

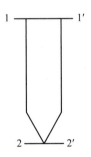

图 1-9　喷气管上选取两个截面

$$z_1 g + \frac{u_1^2}{2} + \frac{p_1}{\rho} = z_2 g + \frac{u_2^2}{2} + \frac{p_2}{\rho} + \lambda \frac{\sum l_e}{d} \frac{u_1^2}{2} \qquad (1\text{-}1)$$

式中：ρ ——气体密度，kg/m^3；

　　　g ——重力常数，为 9.8N/kg；

　　　p_1 ——压缩机提供的压强，Pa；

　　　p_2 ——喷气管出口的压强，Pa；

l_e——喷气管的阻力当量长度，m；

λ——喷气管的摩擦系数；

d——喷气管直径，m；

z_1、z_2——分别为到截面 1、截面 2 的垂直距离，m。

由于 $z_1 \approx z_2$，$u_1 = \dfrac{Q}{s_1}$，$u_2 = \dfrac{Q}{s_2}$，将其代入式（1-1）得

$$p_1 - p_2 = Q^2 \rho \left(\frac{1}{2s_2^2} + \lambda \frac{\sum l_e}{2ds_1^2} - \frac{1}{2s_1^2} \right) \tag{1-2}$$

式中：Q——喷气管流量，m^3/s；

s_1——喷气管进气口面积，m^2；

s_2——喷气管出气口面积，m^2。

因在两个固定的截面之间 s_1、s_2、d、l_e 都是常数，故可得喷气管流量与喷气压力的关系式：

$$p_1 - p_2 = a\rho Q^2 \tag{1-3}$$

$$a = \left(\frac{1}{2s_2^2} + \lambda \frac{\sum l_e}{2ds_1^2} - \frac{1}{2s_1^2} \right) \tag{1-4}$$

式中：p_1 —— 压缩机提供的压力；

p_2 —— 喷气管出口的压力；

Q —— 喷气管流量；

a —— 常数；

ρ —— 液体密度；

s_1——喷气管的进气口面积；

s_2——喷气管的出气口面积；

$\sum l_e$ ——喷气管的阻力当量长度；

λ ——喷气管的摩擦系数。

当喷气管确定时 a 为常数，根据式（1-4），a 主要由喷气管的进气口直径 d_1、出气口直径 d_2、喷气管的阻力当量长度 $\sum l_e$、喷气管的摩擦系数 λ 决定。

1.2.2.2　喷雾高度、喷气压力、喷液管口径对喷液量的影响

（1）实验结果

将不同条件下测试的喷液量首先按喷雾高度进行归类，分别列入表 1-3 至表 1-5 中，在表中以喷气管口径是否相同进行分组，如表 1-3 中喷气管口径为 0.5 mm 时的喷液量为一组。

表 1-3　0.975 m 下不同口径喷气/喷液管搭配在不同喷气压力下的喷液量

喷气压力/MPa		0.04	0.06	0.08	0.10	0.12	0.14	0.16	0.18	0.20
喷气管口径/mm	喷液管口径/mm	喷液量/（mL/h）								
0.5	0.2	0	207	228	240	240	240	240	208	180
	0.5	0	0	0	420	456	480	522	480	402
	0.8	0	0	0	180	300	360	360	294	264
	1.1	0	0	0	0	0	264	420	480	552
0.8	0.2	45	78	114	180	216	240	240	240	252
	0.5	0	0	232.5	390	510	570	630	660	660
	0.8	0	0	292.5	390	622.5	705	750	750	780
	1.1	0	0	0	300	600	795	870	945	1 020
	1.4	0	0	0	0	300	600	795	870	945
	1.7	0	0	0	0	0	0	300	510	600
1.1	0.2	0	105	165	210	210	210	240	285	247.5
	0.5	0	180	300	375	450	510	540	570	570
	0.8	0	240	330	750	780	795	795	750	712.5
1.1	1.1	0	300	645	825	960	990	1 050	1 110	1 200
	1.4	0	210	570	780	840	870	870	840	810
	1.7	0	0	225	690	870	870	870	900	1 020
	2.1	0	0	0	0	270	570	840	1 020	1 080
1.4	0.2	30	180	300	420	480	480	—	—	—
	0.5	180	360	390	420	360	270	—	—	—
	0.8	127.5	150	322.5	397.5	480	540	—	—	—
	1.1	0	532.5	705	645	622.5	630	—	—	—
	1.4	0	495	660	735	765	750	—	—	—
	1.7	0	0	555	780	870	900	—	—	—

表 1-4　0.740 m 下不同口径喷气/喷液管搭配在不同喷气压力下的喷液量

喷气压力/MPa		0.04	0.06	0.08	0.10	0.12	0.14	0.16	0.18	0.20
喷气管口径/mm	喷液管口径/mm	喷液量/（mL/h）								
0.8	0.2	165	315	405	450	480	510	495	480	480
	0.5	0	375	690	810	840	900	915	945	870
	0.8	0	135	720	855	930	990	1 035	1 005	1 035
	1.1	0	0	270	570	840	1 080	1 230	1 290	1 335
	1.4	0	0	0	480	810	1 080	1 215	1 290	1 470
1.1	0.2	120	210	270	360	420	450	435	412.5	375
	0.5	480	772.5	885	870	810	780	720	765	795
	0.8	247.5	720	847.5	945	1 005	1 020	1 080	1 140	1 140
	1.1	0	225	555	847.5	1 080	1 275	1 350	1 530	1 500
	1.4	0	315	810	1 125	1 365	1 470	1 360	1 320	1 290
	1.7	0	0	562.5	1 095	1 350	1 590	1 582.5	1 560	1 590
	2.1	0	0	0	345	960	1 200	1 410	1 620	1 710

表 1-5　0.475 m 下不同口径喷气/喷液管搭配在不同喷气压力下的喷液量

喷气压力/MPa		0.04	0.06	0.08	0.10	0.12	0.14	0.16	0.18	0.20
喷气管口径/mm	喷液管口径/mm	喷液量/（mL/h）								
0.8	0.2	285	420	495	555	600	600	630	630	600
	0.5	510	900	1 020	1 140	1 230	1 260	1 320	1 290	1 320
	0.8	420	720	900	1 050	1 140	1 170	1 110	1 110	1 140
	1.1	0	405	780	1 290	1 395	1 590	1 710	1 830	1 920
	1.4	0	0	570	810	960	1 050	1 020	900	900
1.1	0.2	210	330	375	465	540	570	630	630	600
	0.5	570	1 110	1 320	1 380	1 470	1 500	1 440	1 440	1 380
	0.8	660	930	1 155	1 245	1 320	1 380	1 410	1 500	1 530
	1.1	690	1 200	1 710	2 010	2 070	2 100	2 130	2 130	2 100
	1.4	570	1 230	1 740	2 070	2 190	2 250	2 250	2 250	2 210
	1.7	0	630	930	1 110	1 200	1 260	1 260	1 260	1 210
	2.1	0	75	510	630	1 110	1 260	1 290	1 320	1 350

（2）喷液量动力分析

喷液量的动力主要是由喷液管出口与喷液管进口的压强差提供的。由于喷液管出口压强 $\overline{p_2}$ 喷射气体的卷吸作用处于负压状态，而喷液管进口压强 p_3 为大气压或略微高于大气压，根据伯努利方程，在喷液管进口与出口处进行能量恒算：

$$z_3 g + \frac{u_3^2}{2} + \frac{p_3}{\rho} = z_2 g + \frac{u_2^2}{2} + \frac{\overline{p_2}}{\rho} + \lambda \frac{\sum l}{d} \frac{u^2}{2} \tag{1-5}$$

式中：p_3 —— 喷液管进口压强；

$\overline{p_2}$ —— 喷液管出口压强；

ρ —— 液体密度；

g —— 重力加速度；

z_3 —— 喷液管进口高度；

z_2 —— 喷液管出口高度；

u_3 —— 喷液管进口流速；

u_2 —— 喷液管出口流速；

$\sum l$ —— 喷液管的当量长度；

λ —— 喷液管的摩擦系数；

d —— 喷液管道直径；

u —— 喷液管道内平均流速。

$u_3 = 0$，$u_2 = \dfrac{q_液}{S_液}$，$u = \dfrac{q_液}{S_输}$，$\dfrac{\lambda \sum l}{d} \dfrac{u^2}{2}$ 为喷液管道损失能量，将 u_3、u_2、u 代入式（1-5）得

$$q_液{}^2 = b\left[\frac{p_3 - \overline{p_2}}{\rho} + (z_3 - z_2)\ g\right] \qquad (1\text{-}6)$$

式中：p_3 —— 喷液管进口压强；

$\overline{p_2}$ —— 喷液管出口压强；

ρ —— 液体密度；

g —— 重力加速度；

z_3 —— 喷液管进口高度；

z_2 —— 喷液管出口高度；

$q_液$ —— 喷液管流量。

$$b = \frac{1}{\dfrac{1}{2S_液{}^2} + \dfrac{\lambda \sum l}{2dS_输{}^2}} \qquad (1\text{-}7)$$

式中：$\sum l$ —— 喷液管的当量长度；

λ —— 喷液管的摩擦系数；

d —— 喷液管道直径；

b —— 常数；

$S_液$ —— 喷液管口截面积；

$S_输$ —— 喷液管道内截面积。

本轮实验中 p_3 为大气压，即为常数，当输液管和喷液管确定后 b 为常数，喷雾高度确定后 $(z_3 - z_2)g$ 也为常数，这时喷液量主要由喷液管口的压强 $\overline{p_2}$ 决定。

$\overline{p_2}$ 的大小由喷气管射流的卷吸能力决定，卷吸能力取决于射流的推动力、流体密度、流体转矩、喷嘴特征直径，研究表明射流轴线上的流速越高，卷吸能力越强。通常用射流的卷吸率表示卷吸能力的大小，对于圆形喷嘴，距喷口 x 处的卷吸率计算公式为

$$\frac{m_e}{m_o} = 0.32\left(\frac{\rho_1}{\rho_2}\right)^{\frac{1}{2}} \frac{x}{d} - 1 \qquad (1\text{-}8)$$

式中：m_e ——射流卷吸周围气体的质量流率；

m_o ——射流的质量流率；

ρ_1 ——周围气体的密度；

ρ_2——射流气体的密度；

x——计算截面距离射流喷嘴的距离；

d——圆形喷嘴射流的直径。

由式（1-8）可以得出，随着射流流速的增加，卷吸速率也增大，即卷吸能力增强。喷液量由射流的卷吸能力决定，根据式（1-8），喷液量应该随着喷气速率的增加而增加，但实验结果却显示：喷液量随着喷气速率的增加先呈增长趋势，随后呈减小趋势或趋于几乎不变。通过实验发现，当喷气压力增大到一定值以后，喷雾锥角变宽。因此造成上述现象的原因可能是：当喷气压力较小时，喷雾锥角较小，随着喷气压力的增大，射流卷吸能力增强，喷液量增大；当喷气压力增大到一定值后，喷雾锥角变宽，由于喷气管口与喷液管口呈 90°，进入喷液管的部分气体降低了射流卷吸形成的真空度，造成喷液量随喷气压力减小或趋于稳定。

（3）实验结果讨论

从表 1-3 和表 1-4 中取出喷气管口径为 1.1 mm 时的三大组数据，以喷液量为纵坐标，以喷气压力为横坐标作图，并将不同喷雾高度，同一喷液管口径下的喷液量-喷气压力关系数据放入同一坐标系中，见图 1-10 至图 1-16。

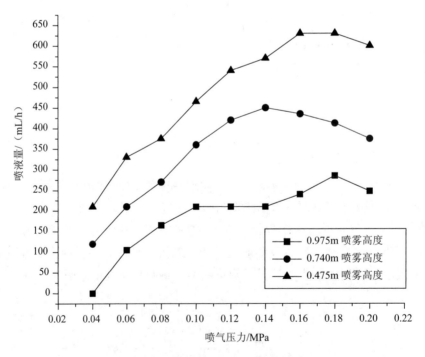

图 1-10　喷液口径为 0.2 mm 时的喷液量

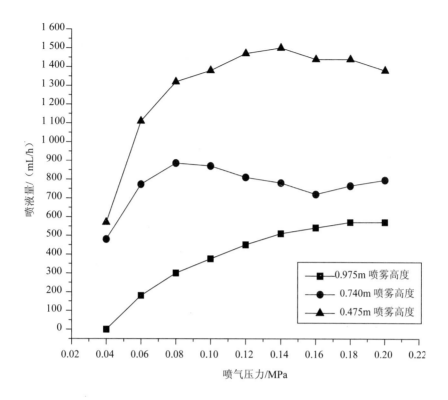

图 1-11　喷液口径为 0.5 mm 时的喷液量

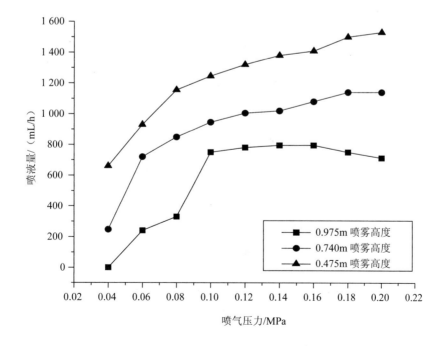

图 1-12　喷液口径为 0.8 mm 时的喷液量

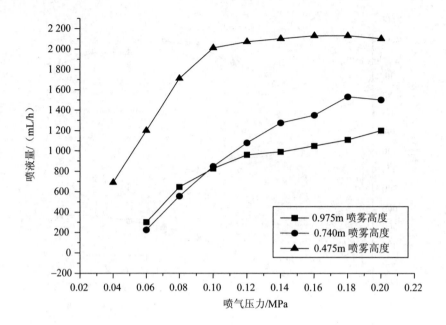

图 1-13　喷液口径为 1.1 mm 时的喷液量

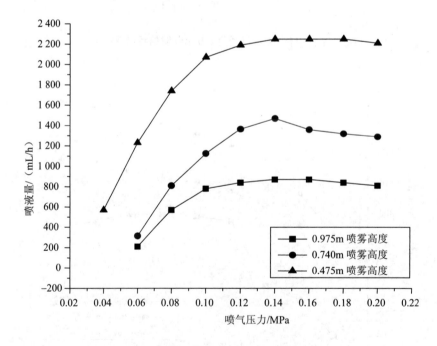

图 1-14　喷液口径为 1.4 mm 时的喷液量

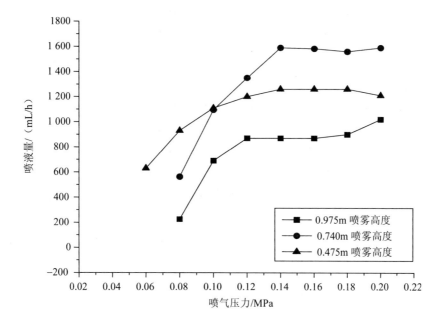

图 1-15　喷液口径为 1.7 mm 时的喷液量

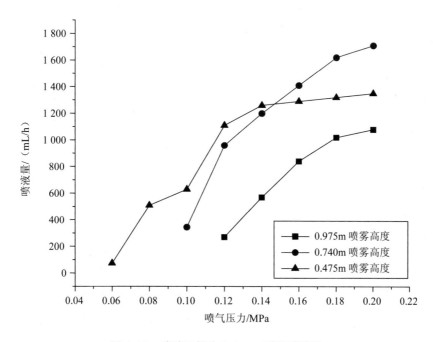

图 1-16　喷液口径为 2.1 mm 时的喷液量

1）喷雾高度对喷液量的影响。

从图 1-10 至图 1-16 看出：当喷气压力一定时，对于同一口径的喷液管，随着喷雾高度的降低，喷液量明显增加（喷液管口径小于等于喷气口径时）；当喷液口径大于喷气口径时，喷液量变化不是很有规律，这可能是由于喷液管口卷吸不稳定所致。

上述实验结果可由式（1-6）和式（1-7）来解释：在喷气管口径与喷液管口径一定的情况下，随着喷雾高度的增加，$(z_3 - z_2)g$、b 会减小，进而导致喷液量减少。

2）喷气压力对喷液量的影响。

表 1-3 至表 1-5 的 47 组数据中，有 26 组随着喷气压力的增大呈现先增大后减小的趋势。在这 26 组数据中，喷气压力刚开始增幅比较大，而减小幅度比较小；另外，有 6 组数据随着喷气压力的增大逐渐停滞在某一个数值不再变化。剩余 15 组数据呈现逐渐增大趋势，但随着喷气压力的增大，增长幅度趋于减小，其中有 12 组数据的喷液口径都大于喷气口径。因此，可以得出不同口径搭配的喷气管、喷液管都有一个最佳的喷气压力范围。

3）喷液管口径对喷液量的影响。

从表 1-3 至表 1-5 可以看出：

喷雾高度为 0.975 m 时，0.5 mm 喷气口径对应 0.5 mm 喷液口径，0.8 mm 喷气口径对应 1.1 mm 喷液口径，1.1 mm 喷气口径对应 1.1 mm 喷液口径，1.4 mm 喷气口径对应 1.7 mm 喷液口径时喷液量相对较大；

喷雾高度为 0.74 m 时，0.8 mm 喷气口径对应 1.1 mm 喷液口径，1.1 mm 喷气口径对应 1.1 mm 或 1.7 mm 喷液口径时喷液量较大；

喷雾高度为 0.475 m 时，0.8 mm 喷气口径对应 1.1 mm 喷液口径，1.1 mm 喷气口径对应 1.4 mm 喷液口径时喷液量较大。

因此可以得出：无论喷雾高度为多大，当喷气管口径与喷液管口径接近时喷液量较大。另外，从表中还可以看出，对于同一口径喷气管，在同一喷气压力下，当喷液管口径比喷气管口径小时，随着喷液管口径的增大，喷液量会增大；当喷液管口径接近于喷气管口径时，随着喷液管口径的增大，喷液量会减少。

由式（1-7）得出随着喷液管口径的增加，b 值会增大；由式（1-6）得出喷液量也会增大，但通过实验及上述分析可以看出喷液量随着喷液口径呈先增大趋势随后呈减小趋势，这主要是由于喷液管口径的不同，造成喷气管喷气卷吸所形成的真空度 $\bar{p}$ 也不同，当喷液口径过大时，$\bar{p}$ 会增大，使得喷液动力减小，从而造成喷液量减少。

1.2.2.3 喷雾高度、喷液管口径、喷气管口径对临界喷气压力的影响

测试临界喷气压力有两个目的：①寻找临界喷气压力与喷气管口径、喷液管口径、喷雾高度之间的关系，以便可以根据所选喷气管/喷液管口径及喷雾高度估算所需最小喷气压力；②寻找临界喷气压力与最小气液体积比的关系，以便可以根据临界喷气压力估算最佳的喷气压力，从而实现最佳的喷雾状况。

（1）实验结果

将测试的临界喷雾压力值按喷雾高度进行归类，分别列入表 1-6 至表 1-8 中。

表 1-6　0.975 m 喷雾高度下不同喷气/喷液口径搭配的临界喷雾压力　　单位：MPa

		喷气口径/mm						
		0.2	0.5	0.8	1.1	1.4	1.7	2.1
喷液口径/mm	0.2	0.11	0.040	0.030	0.040	0.033	0.033	0.039
	0.5	—	0.085	0.070	0.040	0.033	0.033	0.039
	0.8	—	0.090	0.070	0.042	0.038	0.033	0.039
	1.1		0.120	0.093	0.050	0.045	0.043	0.039
	1.4	—	0.150	0.100	0.055	0.050	0.044	0.039
	1.7	—	—	0.150	0.078	0.065	0.049	0.048
	2.1			0.210	0.111	0.090	0.063	0.058

表 1-7　0.740 m 喷雾高度下不同喷气/喷液口径搭配的临界喷雾压力　　单位：MPa

		喷气口径/mm						
		0.2	0.5	0.8	1.1	1.4	1.7	2.1
喷液口径/mm	0.2	0.07	0.032	0.020	0.019	0.018	0.020	0.020
	0.5	—	0.066	0.040	0.024	0.018	0.020	0.020
	0.8	—	0.070	0.045	0.028	0.021	0.020	0.020
	1.1	—	0.112	0.070	0.042	0.027	0.025	0.024
	1.4	—	0.140	0.075	0.045	0.030	0.029	0.027
	1.7	—	—	0.120	0.058	0.043	0.040	0.038
	2.1	—	—	0.188	0.080	0.052	0.048	0.040

表 1-8　0.475 m 喷雾高度下不同喷气/喷液口径搭配的临界喷雾压力　　单位：MPa

		喷气口径/mm						
		0.2	0.5	0.8	1.1	1.4	1.7	2.1
喷液口径/mm	0.2	0.050	0.023	0.015	0.016	0.017	0.018	0.018
	0.5	—	0.045	0.028	0.019	0.017	0.018	0.018
	0.8	—	0.049	0.029	0.019	0.017	0.018	0.018
	1.1	—	0.087	0.050	0.023	0.020	0.020	0.019
	1.4	—	0.095	0.055	0.027	0.021	0.020	0.021
	1.7	—	1.700	0.073	0.004	0.029	0.022	0.021
	2.1	—	—	0.122	0.005	0.040	0.029	0.027

由表中数据可知：喷雾高度、喷气/喷液管口径、液体密度及重力加速度对临界喷雾压力都有影响。

（2）实验结果分析

1）同一喷雾高度下，对于同一口径喷气管，临界喷气压力随着喷液管口径的增大而增大；

2）同一喷雾高度下，对于同一口径喷液管，临界喷气压力随着喷液管口径的增大而减小，但当喷气管口径增大到一定范围后，临界喷气压力减小趋势变缓，并可能增大；

3）同一口径的喷气管与喷液管，临界喷气压力随着喷雾高度的降低明显减小。

（3）临界喷气压力数学模型的分析与建立

由表 1-6 至表 1-8 可以看出，喷气管口径、喷液管口径、喷雾高度对临界喷气压力都有影响。另外，气动雾化是通过虹吸方式来抽吸液体并进行破碎的，而虹吸所需真空度的大小受制于液体密度与重力加速度，所以液体密度、重力加速度对临界喷气压力也有影响，根据化工原理[25]中的量纲分析方法，建立以下模型：

$$P_{临} = A \cdot d_{液}{}^{n_1} \cdot d_{气}{}^{n_2} \cdot h^{n_3} \cdot \rho_{液}{}^{n_4} \cdot g^{n_5} \tag{1-9}$$

式中：$P_{临}$——临界喷雾压力；

A——常数系数；

$d_{液}$——喷液管口径；

$d_{气}$——喷气管口径；

h——喷雾高度；

$\rho_{液}$——液体密度；

g——重力加速度；

$n_1 \sim n_5$——指数。

根据量纲一致性原则对方程进行分析，得：

$$\frac{\mathrm{kg}}{\mathrm{m} \cdot \mathrm{s}^2} = \frac{\mathrm{kg}^{n_4}}{\mathrm{m}^{(n_1+n_2+n_3+n_5-3n_4)} \mathrm{s}^{2n_5}} \tag{1-10}$$

通过量纲方程（1-10）得出 n_4、n_5 为 1，$n_1+n_2+n_3+n_5-3n_4=1$，即

$$n_1+n_2+n_3=1 \tag{1-11}$$

A、n_1、n_2、n_3 的计算步骤如下：

1）n_1 的计算：将同一喷雾高度、同一喷气管口径、不同喷液管口径下测出的临界喷气压力分别两两相除，取其对数；并将相应的喷液管口径也两两相除，取其对数；用前一个对数除以后一个对数，即为 n_1 值，最后通过加权平均求出 n_1 的加权平均值，为 0.611 6。

2）n_3 的计算：将同一喷液/喷气口径、不同喷雾高度下测出的临界喷气压力分别两两相除，取其对数；并将相应的喷雾高度也两两相除，取其对数；用前一个对数除以后一个对数，即为 n_3 值，最后通过加权平均求出 n_3 的加权平均值，为 1.052 5，详见附录 2。

3）n_2 的计算：根据式（1-11）求出 n_2，为 0.664 1。

4）A 的计算：将 n_1、n_2、n_3、n_4、n_5 代入式（1-9）中，并将相应的喷液管口径、喷气管口径、喷雾高度、液体密度、重力加速度及对应的临界喷雾压力也代入式（1-9）中，求出 A 值，最后通过加权平均求出 A 的加权平均值，为 5.306，详见附录 3。

故方程为

$$P_{临} = 5.306 \ d_{液}^{0.6116} d_{气}^{-0.6641} h^{1.0525} \rho_{液} g \tag{1-12}$$

在对比了 124 对由上述方程推导的临界压力与测试的临界压力之后，发现测试值与式（1-12）推导值差值的绝对值将近 55%在[0, 0.01]，32%以上在（0.01, 0.02]，6.45%在（0.02, 0.03]，6.45%在（0.03，0.1]；理论值与实测值的偏差比例为 60%的数据不超过 30%，平均偏差比例为 27.35%，详见附录 4。

用 origin 软件对临界喷气压力的实测值（y）与式（1-12）的推导值（x）进行线性拟合，得出拟合方程为 $y = 1.1419x - 0.0074$，线性相关系数为 0.865 4，证明拟合度较好。

1.2.3　最佳气液体积比的选择

根据 1.2.2 中测试的数据计算了在 0.975 m 喷雾高度下，喷气管口径为 0.5 mm、0.8 mm、1.1 mm、1.4 mm 分别与喷液管口径为 0.2 mm、0.5 mm、0.8 mm、1.1 mm、1.4 mm、1.7 mm、2.1 mm 搭配时在不同喷气压力下的气液体积比，为研究喷雾高度对气液体积比的影响，还计算了在 0.740 m 与 0.475 m 喷雾高度下，喷气管口径为 0.8 mm、1.1 mm 分别与喷液管口径为 0.2 mm、0.8 mm、1.1 mm、1.4 mm、1.7 mm、2.1 mm 搭配时在不同喷气压力下的气液体积比。

例：喷雾高度为 0.975 m，喷气管口径为 0.5 mm，喷液管口径为 0.5 mm，喷气压力为 0.14 MPa。

由图 1-8 查得 0.14 MPa 时 0.5 mm 喷气管的喷气速度为 315 L/h

由表 1-3 查得在上述条件下 0.5 mm 口径的喷液管的喷液量为 480 mL/h，则气液体积比 $= \dfrac{315}{0.48} \approx 656$

以上述方法分别计算在一定喷雾高度下，同一喷气管/喷液管搭配时在不同喷气压力下的气液体积比，并以气液体积比为纵坐标，喷气压力为横坐标作图，最后将同一喷雾高度、同一口径喷气管所有的曲线放入同一坐标系中，以便做比较，如图 1-17 至图 1-24 所示。

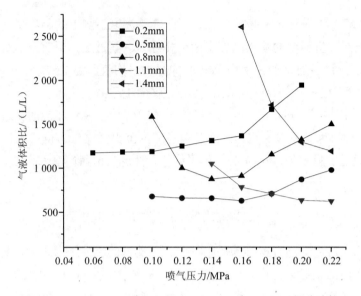

图 1-17   0.975 m 下喷气口径为 0.5 mm 时，不同口径喷液管
在不同喷气压力下的气液体积比

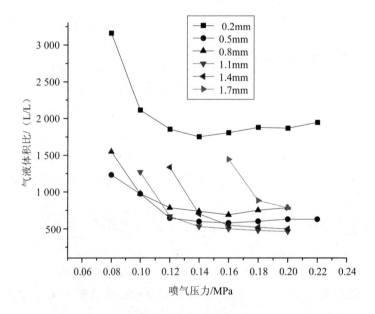

图 1-18   0.975 m 下喷气口径为 0.8 mm 时，不同口径喷液管
在不同喷气压力下的气液体积比

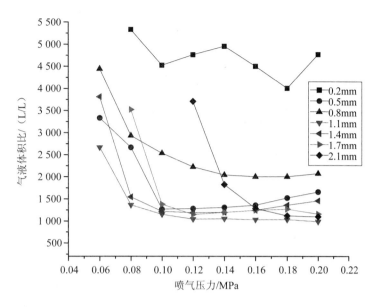

图 1-19　0.975 m 下喷气口径为 1.1 mm 时，不同口径喷液管
在不同喷气压力下的气液体积比

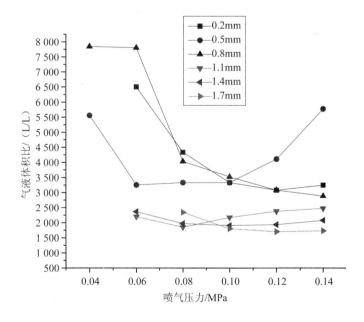

图 1-20　0.975 m 下喷气口径为 1.4 mm 时，不同口径喷液管
在不同喷气压力下的气液体积比

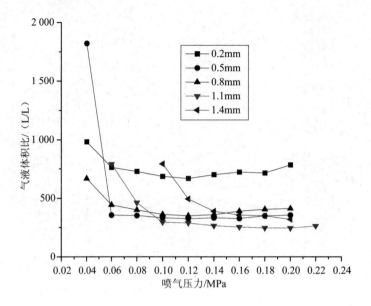

图 1-21   0.74 m 下喷气口径为 0.8 mm 时，不同口径喷液管
在不同喷气压力下的气液体积比

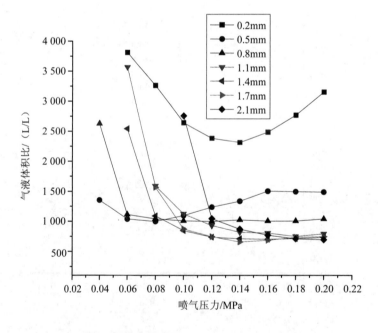

图 1-22   0.74 m 下喷气口径为 1.1 mm 时，不同口径喷液管
在不同喷气压力下的气液体积比

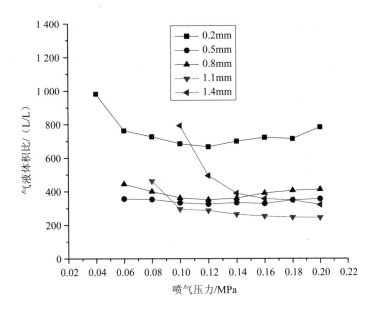

图 1-23　0.475 m 下喷气口径为 0.8 mm 时，不同口径喷液管
在不同喷气压力下的气液体积比

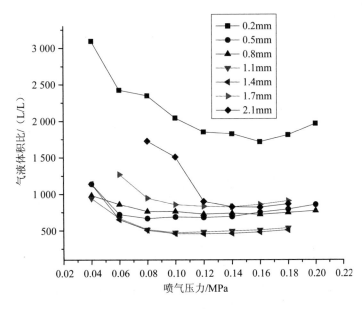

图 1-24　0.475 m 下喷气口径为 1.1 mm 时，不同口径喷液管
在不同喷气压力下的气液体积比

从图 1-17 至图 1-24 可以看出，在同一喷气管、喷气压力为 0～0.2 MPa 时，不同口径喷液管的气液体积比大部分呈现先逐渐变小然后再逐渐变大的趋势：在上述 48 条曲线中有 38 条先变小然后再变大，9 条呈单向减小趋势，1 条变化不是很有规律。表 1-9 是呈先

减小后增大趋势的统计数据，表 1-10 是呈单向减小趋势的统计数据。

表 1-9　不同口径喷液管的气液体积比变化趋势

喷雾高度/m	0.975									
喷气管口径/mm	0.5			0.8			1.1			
喷液管口径/mm	0.2	0.5	0.8	0.2	0.5	0.8	0.2	0.5	0.8	1.4
最佳喷气压力（$P_优$）/MPa	0.06	0.16	0.14	0.14	0.16	0.16	0.18	0.10	0.14	0.12
临界喷气压力（$P_临$）/MPa	0.040	0.085	0.090	0.030	0.070	0.070	0.040	0.040	0.042	0.055
$P_优/P_临$	1.50	1.88	1.56	4.67	2.29	2.29	4.50	2.50	3.33	2.18
液气口径比	0.400	1.000	1.600	0.250	0.625	1.000	0.180	0.450	0.730	1.270

喷雾高度/m	0.975						0.74			
喷气管口径/mm	1.1	1.4					1.1			
喷液管口径/mm	1.7	0.2	0.5	1.1	1.4	1.7	0.2	0.5	0.8	1.1
最佳喷气压力（$P_优$）/MPa	0.12	0.12	0.06	0.08	0.10	0.12	0.14	0.08	0.12	0.18
临界喷气压力（$P_临$）/MPa	0.078	0.033	0.033	0.045	0.050	0.078	0.019	0.024	0.028	0.042
$P_优/P_临$	1.54	3.64	1.82	1.77	2.00	1.54	7.37	3.33	4.29	4.29
液气口径比	1.55	0.14	0.36	0.79	1.00	1.21	0.18	0.45	0.73	1.00

喷雾高度/m	0.74						0.475			
喷气管口径/mm	1.1		0.8				1.1			
喷液管口径/mm	1.4	1.7	0.2	0.5	0.8	1.1	0.2	0.5	0.8	1.1
最佳喷气压力（$P_优$）/MPa	0.16	0.12	0.14	0.14	0.16	0.18	0.14	0.08	0.10	0.10
临界喷气压力（$P_临$）/MPa	0.045	0.078	0.020	0.040	0.045	0.070	0.016	0.019	0.019	0.023
$P_优/P_临$	3.56	1.54	7.00	3.50	3.56	2.57	8.75	4.20	5.26	4.35
液气口径比	1.270	1.550	0.250	0.625	1.000	1.375	0.180	0.460	0.730	1.000

喷雾高度/m	0.475							
喷气管口径/mm	1.1			0.8				
喷液管口径/mm	1.4	1.7	2.1	0.2	0.5	0.8	1.1	1.4
最佳喷气压力（$P_优$）/MPa	0.12	0.14	0.16	0.12	0.12	0.12	0.20	0.14
临界喷气压力（$P_临$）/MPa	0.027	0.04	0.050	0.015	0.028	0.029	0.050	0.055
$P_优/P_临$	4.44	3.53	3.20	8.00	4.29	4.14	4.00	2.55
液气口径比	1.270	1.550	1.910	0.250	0.625	1.000	1.375	1.750

表 1-10　不同口径喷液管的气液体积比单向减小趋势

喷雾高度/m	0.975							0.74	
喷气管口径/mm	0.5		0.8		1.1		1.4	1.1	0.8
喷液管口径/mm	1.1	1.4	1.1	1.4	1.7	2.1	0.8	2.1	1.4
液气管口径比	2.20	2.80	1.38	1.75	2.13	1.91	0.57	1.91	1.75

1）从表 1-9 可以看出，气液体积比随喷气压力呈先减小后增大的趋势，除喷雾高度为

0.475 m，喷气管口径为 1.1 mm、喷液管口径为 2.1 mm 搭配与喷气管口径为 0.8 mm、喷液管口径为 1.4 mm 搭配时的液气喷管口径之比大于 1.60 以外，其余数据的液气喷管口径比都为 0.14～1.60。

2）从表 1-9 可以看出，对于同一喷雾高度、同一喷气管口径、不同口径喷液管下所对应的最佳喷气压力与临界喷气压力之比随着液气喷管口径比的增大呈减小趋势。

3）从表 1-9 可以看出，当液气喷管口径之比为 0.4～1.3 时：0.975 m 下，不同口径喷气管、喷液管搭配，最佳喷气压力为其临界喷气压力的 2～3.3 倍；0.74 m 下，不同口径喷气管、喷液管搭配最佳喷气压力为其临界喷气压力的 3.3～4.5 倍；0.475 m 下，不同口径喷气管、喷液管搭配最佳喷气压力为其临界喷气压力的 4.2～5.3 倍。

4）从表 1-10 可以看出，气液体积比随喷气压力呈单项减小趋势的数据中除喷雾高度为 0.740 m、喷气管口径为 1.4 mm、喷液管口径为 0.8 mm 以外，其余喷气管口径都比喷液管口径小；在其余气液体积比呈单项减小的数据中，除去 0.975 m 下喷气管口径为 0.8 mm、喷液管口径为 1.1 mm 的液气喷管口径之比小于 1.5 以外，其余 7 组数据的液气喷管口径比都大于 1.60。

当喷气口径为 1.4 mm 时，由于受实验条件限制，只测到喷气压力为 0.14 MPa 时的气液体积比，从图 1-20 可以看出喷气压力为 0.14 MPa 左右时，0.8 mm 喷液口径的气液体积比递减速度已经变得较慢，推测喷气压力为 0.16 MPa 左右时可能出现拐点；0.975 m 下，喷气口径为 0.8 mm、喷液口径为 1.1 mm 的气液体积比在喷气压力从 0.18 MPa 增大到 0.20 MPa 时只减小了 15，递减速度已经明显变慢，推测喷气压力为 0.21 MPa 左右时会出现拐点。

所以，从表 1-9 和表 1-10 可以得出，在喷气压力在 0.22 MPa 以内时，喷雾高度为 0.475～1 m，喷液管口径与喷气管口径之比为 0.14～1.60，不同口径的喷气与喷液管搭配都有最佳的喷气压力（最小的气液体积比）。

从图 1-17 至图 1-24 可以看出，在喷气压力为 0～0.2 MPa 时，无论喷雾高度有多高，喷气口径有多大，都有一个或几个与其相适应的最佳喷液管口径，在此喷液口径下气液体积比最小；与喷气管相对应的最佳口径的喷液管，都有一个最佳的喷气压力范围，超过此范围气液体积比就会变大。表 1-11 是对图 1-17 至图 1-24 中不同喷雾高度下、不同口径喷气管所对应的最佳口径及最佳喷气压力。

表 1-11　不同喷雾高度下，不同口径喷气管所对应的最佳口径及最佳喷气压力

喷气管口径/mm	0.5	1.4	0.8	0.8	0.8	1.1	1.1	1.1
喷雾高度/m	0.975	0.975	0.975	0.740	0.475	0.975	0.740	0.475
最佳喷液管口径/mm	0.5	1.4	1.1	1.1	1.1	1.1	1.4	1.4
喷气管口径/mm	0.5	1.4	0.8	0.8	0.8	1.1	1.1	1.1

最佳喷气压力（$P_优$）/MPa	0.16	0.10	0.20	0.20	0.19	0.12	0.16	0.12
临界喷气压（$P_临$）/MPa	0.085	0.050	0.093	0.070	0.053	0.050	0.045	0.027
$P_优/P_临$	1.88	2.00	2.15	2.86	3.58	2.40	3.56	4.45
液气口径比	1.00	1.00	0.73	0.73	0.73	1.00	0.79	0.79

从表 1-11 可以看出：在 8 组最佳的气液口径搭配中，气液喷管口径比为 0.7～1。

另外，从图 1-17 至图 1-24 可以看出：当喷气管口径与喷液管口径接近时，相对其他口径搭配的喷气/喷液管可以达到较小的气液体积比。

因此，当喷气压力为 0～0.2 MPa、喷雾高度为 0.475～1.000 m、当喷气管与喷液管口径接近时，相对其他搭配的口径可以达到较小的气液体积比。

从图 1-17 至图 1-24 可以看出：当喷雾高度为 0.975 m 时，不同口径搭配的喷气/喷液管可以达到的最小气液体积比为 500～600，当喷雾高度为 0.740 m 时，其为 350～450，当喷雾高度为 0.475 m 时，其为 300～370。

从图 1-17 至图 1-24 可以看出：同一喷雾高度下，喷气管口径较小时，相对较大的喷气管口径可以达到较小的气液体积比。

1.3 本章小结

1）根据"三相流化床循环催化氧化高硫高砷难选冶金精矿工艺"的技术路线图，将气动雾化装置接入系统，通过模拟工艺的运行工况，得出当喷气管口径为 0.5 mm、0.8 mm 时，隔膜式压缩机既可以满足气动装置雾化要求，又可以满足流化床流化要求。

2）通过模拟"三相流化床循环催化氧化高硫高砷难选冶金精矿工艺"中的 NO_x 循环吸收工况，得出气动雾化吸收装置可以满足工艺对 NO_x 的吸收要求。

3）喷雾的临界喷气压力与喷气管口径、喷液管口径、喷雾高度、液体密度、重力加速度之间成固定的关系，如式 $P_临 = 5.306\ d_液^{0.6116} d_气^{-0.6641} h^{1.0525} \rho_液 g$。

4）喷雾的最佳喷气压力与喷雾高度、临界喷气压力、气液口径比有一定关系，当气液口径比为 0.4～1.3 时，当喷雾高度为 0.975 m 时，最佳喷雾压力为临界喷雾压力的 2～3.3 倍，当喷雾高度为 0.740 m 时，最佳喷雾高度为临界喷雾压力的 3.3～4.5 倍，当喷雾高度为 0.475 m 时，最佳喷雾高度为临界喷气压力的 4.2～5.3 倍。

5）当喷气压力为 0～0.2 MPa 时，喷气与喷液管口径之比为 0.14～1.60 的搭配都有一个最佳的喷气压力，并且当气液管口径之比接近于 1 时，在最佳喷气压力下的气液体积比最小。

6）利用本装置可以达到的最小气液体积比大约为 300。

第 2 章 气动雾化吸收 NO$_x$ 方法研究

2.1 气动雾化吸收 NO$_x$ 原理

本章通过阐述气动雾化吸收 NO$_x$ 原理，分析气动雾化吸收 NO$_x$ 过程，试验不同条件下吸收 NO$_x$ 的效率，对气动雾化吸收 NO$_x$ 的性能进行了基础研究。

2.1.1 气动雾化原理

气动雾化是通过压缩机将气体进行压缩，然后经过尖口喷嘴高速喷出，利用尖口处喷出的高速气体的卷吸作用所形成的局部真空将液体吸上来；当气液接触时，高速喷出的气体对液体进行剪切破碎，从而使得液滴分散成较小的雾滴与气体夹裹着喷出，这时液体对 NO$_x$ 进行首次吸收。液体破碎为细小的雾滴，直径很小，并不能立刻沉降下来，这就使得小雾滴充满整个反应装置，大大增加了吸收液与气体接触的机会，吸收液可以继续吸收首次未被吸收的气体，进行第二次吸收。在出气口有一块由多孔板和填料组成的除雾器，当小雾滴经过除雾器时，一部分结合成较大的液滴沉降下来，并有一层覆着在填料表面的液滴对 NO$_x$ 气体进行第三次吸收，从而极大地提高了吸收效率。

2.1.2 NO$_x$ 吸收化学反应原理

（1）NO 的氧化

常压下温度低于 100℃ 或压力高于 5×10^5 Pa 时，NO 氧化成 NO$_2$ 的反应可认为是不可逆的，反应方程式为

$$2NO + O_2 \longrightarrow 2NO_2 + 123.4\,kJ\,/\,mol \tag{2-1}$$

该反应为放热反应，相对于 NO$_x$ 吸收过程的其他反应其速率最慢，因此该反应决定了 NO 氧化的程度，由上式可知高压和低温有利于反应的进行。

（2）NO$_2$ 聚合为 N$_2$O$_4$

NO$_2$ 聚合成 N$_2$O$_4$ 的反应大约在 10^{-4} s 内便达到平衡，反应式为

$$2NO_2(g) \longrightarrow N_2O_4(g) + 56.8\,kJ\,/\,mol \tag{2-2}$$

（3）NO$_x$气体被水吸收的主要反应为

$$2NO_2(g) + H_2O(l) \longrightarrow HNO_3(l) + HNO_2(l) \tag{2-3}$$

$$N_2O_4(g) + 2H_2O(l) \longrightarrow HNO_3(l) + HNO_2(l) + 59.1\,kJ/mol \tag{2-4}$$

$$HNO_2(l) \longrightarrow \frac{1}{3}HNO_3(l) + \frac{2}{3}NO_2(g) + \frac{1}{3}H_2O(l) \tag{2-5}$$

总反应式为

$$3NO_2(g) + H_2O(l) \longrightarrow 2HNO_3(l) + NO(g) + 73.6\,kJ/mol \tag{2-6}$$

（4）NO$_x$稀硝酸吸收原理

$$2NO(g) + HNO_3(l) + H_2O(l) \longrightarrow 3HNO_2 \tag{2-7}$$

$$HNO_2(l) \longrightarrow \frac{1}{3}HNO_3(l) + \frac{2}{3}NO(g) + \frac{1}{3}H_2O \tag{2-8}$$

2.2 气动雾化吸收 NO$_x$ 过程分析

2.2.1 气动雾化过程分析

雾化主要分两种情况：一是高速液体流喷射进入相对低速气流中而被雾化；二是低速液体流进入高速气流环境而被雾化。第一种雾化主要应用于柴油机、航空动力等领域，第二种雾化主要应用于工业燃气轮机、燃油锅炉等领域。本课题中的雾化属于低速液体流进入高速气流环境而被破碎的状况，与工业领域中的喷雾又有所不同：工业领域中的雾化既为液体提供动力也为气体提供动力，有标准的喷嘴，本课题中的雾化只为气体提供动力，通过气体的卷吸作用，将液体抽吸上来进行雾化，没有标准的喷嘴，是根据实验需要自行设计的。

2.2.1.1 气动雾化特性影响因素分析

气动雾化本质上是一个在内力、外力的共同作用下，使液体破碎的过程。一方面高速气流的剪切作用会对液体进行破碎；另一方面由于球形液滴所需表面能最小，表面张力会促使破碎后的液滴成为球形，而液体的黏性又会抵抗液滴的几何变形，使之最终趋于稳定。因此，影响气动雾化特性的因素主要有以下5个。

1）密度。由于液体的可压缩性极差，密度变化不是很大，通常情况下液体的密度对雾化特性影响较小，但是由于气体的可压缩性较大，因此气液密度比对雾化过程的影响不能忽略。

2）表面张力。喷雾是一个使连续液体破碎为细小液滴的过程，而表面张力则是一种阻止液体几何变形、使之趋于稳定的力，雾化所需要的最小能量就等于表面张力与液体表面增加量的乘积；对于大多数置放于空气中的液体，其表面张力随着温度的升高而降低。

3）液体的黏度。黏性对喷雾特性的影响较表面张力要差一些，但它不仅影响雾化液滴的尺寸分布，也影响液体的流动速率和喷雾模式，通常黏性增大会使液滴的尺寸增大。

4）喷气压力。喷气压力的大小直接决定着喷气速度的大小，喷气速度的大小决定着其对液体剪切能力的大小，直接影响雾化效果的好坏，另外喷气压力的大小对气动雾化喷雾锥角的大小也有影响。

5）背景压力。液体所进入环境的压力称为背景压力，平均液滴直径随着背压的增大而增大，达到一个最大值后，缓慢下降；另外背压还会对喷雾的锥角产生影响，背压增大喷雾的锥角会相应地变小，背压降低锥角会相应变大。

2.2.1.2　气动雾化过程研究

气动雾化就是高速喷出的气流通过卷吸作用在喷液管口形成局部真空，将液体抽吸上来，并利用高速气体的剪切作用将液体破碎为细小雾滴的过程。依据时间顺序可以将整个过程拆分为以下两步。

（1）液滴的形成

在高速气流的卷吸作用下，被抽吸上来的液体首先在喷液管口形成液滴，液滴的大小取决于重力、表面张力、喷液管口的直径。从一个直径为 d_o 的喷液管口流出的液滴，其质量为

$$m_D = \frac{\pi d_o \sigma}{g} \qquad (2-9)$$

与此对应的球形液滴直径为

$$D = \left(\frac{6 d_o \sigma}{\rho_l g}\right)^{1/3} \qquad (2-10)$$

式中：σ——液滴的表面张力，N/m；
　　　g——重力加速度，9.8 m/s^2；
　　　ρ_l——液滴的密度，kg/m^3。

（2）液滴的破碎

1）静态液滴的破碎。

静态液滴的破碎过程其实是液滴内部压力 p_1、外部气体压力 p_g、表面张力压力 p_σ 三力相互作用的过程，如果三力平衡，则液滴趋于稳定；否则，液滴就要变形，并导致破碎。

$$p_1 = p_g + p_\sigma = C \qquad (2\text{-}11)$$

式中：C——常数。

对于球形液滴：

$$p_\sigma = \frac{4\sigma}{D} \qquad (2\text{-}12)$$

当外部气体压力 p_g 大于表面张力 p_σ 时，p_σ 由于不能抵抗 p_g 的变化，导致三力不平衡，这将促使液滴变形，p_σ 变小，最终导致液滴破裂为更为细小的液滴。由此可见，在某一状态下，液滴尺寸有一临界值，液滴尺寸超出此临界值就会破碎。

2）液滴在稳定气流中的破碎。

液滴在稳定气流中的破碎主要有三种模式：椭球形变形、雪茄形变形、凹凸形变形，其中最常见的为椭球形变形。

在椭球形变形中，位于高速气流中的液滴，受气体压力由球形逐渐变为椭球形、杯形及半水泡形，半水泡形液滴上部首先爆裂，经过气流的作用，形成各种尺寸的细小液滴或小液泡。

在滴液的变形中主要受空气动力、表面张力和黏性力的控制。当液体黏性较低时，其变形取决于空气动力（$0.5\rho_g u_d^2$）和表面张力与液滴直径之比（σ / D)，该比值与雾化理论中的重要量纲参数——韦伯数（We）成正比：

$$We = \frac{\rho_g u_d^2 D}{\sigma} \qquad (2\text{-}13)$$

式中：ρ_g——气体密度，kg/m^3；

$\quad\quad u_d$——气液体的流速差，m/s。

受空气动力与表面张力作用时，液滴破裂的条件为

$$\frac{C_D}{8} \rho_g u_d^2 = \frac{\sigma}{D} \qquad (2\text{-}14)$$

整理得液滴破裂时的临界韦伯数为

$$We_b = \left(\frac{\rho_g u_d^2 D}{\sigma} \right)_b = \frac{8}{C_D} \qquad (2\text{-}15)$$

式中：C_D——取决于破裂条件的常数。

由式（2-14）可以得出在某一气液相对速度 u_d 下，最大的稳定液滴直径为

$$D_{\max} = \frac{8\sigma}{C_D \rho_g u_d^2} \qquad (2\text{-}16)$$

液滴破裂时的临界相对速度为

$$u_{d,b} = \sqrt{\frac{8\sigma}{C_D \rho_g D}} \tag{2-17}$$

3）液滴在湍流区中的碎裂。

液滴在湍流区中的破碎机理比较复杂，对其研究还需进一步完善。目前，应用较多的是 Kolmogorov[26]和 Hinze 的研究结论[27]：处于湍流区中的液滴的破裂与湍流的动能有关，湍流的空气动力作用决定了雾化的最大液滴尺寸。对于等熵流，临界韦伯数如式（2-18）：

$$We'_b = \frac{\rho_g u_{平均}{}^2 D_{max}}{\sigma} \tag{2-18}$$

式中：$u_{平均}$ —— 液滴表面空气湍流脉动速度的平均值，m/s。

它与单位时间单位质量的动能 E 有关，Batchelor[28]提出的表达式为

$$u_{平均}{}^2 = 2(E \cdot D_{max})^{2/3} \tag{2-19}$$

对于低黏性液体，临界韦伯数为

$$We'_b = \frac{2\rho_g}{\sigma} E^{2/3} D_{max}{}^{5/3} \tag{2-20}$$

最大稳定液滴的直径为

$$D_{max} = C\left(\frac{\sigma}{\rho_g}\right)^{3/5} E^{-2/5} \tag{2-21}$$

式中：C —— 由实验确定的常数，Clay 用实验方法确定了 C 的值为 0.725。

2.2.2　NO$_x$吸收传质机理分析

NO$_x$ 的吸收实际上就是 NO$_x$ 从混合气体向吸收液进行质量传递并发生化学反应的过程。目前，对于吸收机理的解释有多种理论，如双膜理论、溶质渗透理论、表面更新理论等，但应用较多的还是双膜理论。

双膜理论是 1923 年由美国麻省理工学院教授 W.K.刘易斯和 W.惠特曼提出的一种描述气液两相相际传质的模型，基本要点如下：

1）当气、液两相接触时，两流体相之间有一个相界面，在界面两侧各存在着一层膜，即气相侧的气膜和液相侧的液膜；

2）在相界面上，被传递组分达到相平衡时，界面上不存在吸收阻力；

3）在气膜和液膜内，通过分子扩散实现质量传递，传递的阻力完全集中于两层膜内；

4）质量传递过程是定态的，气相和液相的传质分系数与吸收质在该相中的分子扩散系数成正比，与层流膜的厚度成反比，相际传质的总阻力等于两相传质的分阻力之和。

根据双膜理论的要点，本书在分析了物理吸收的相关理论基础上，进一步探讨了伴有

化学反应的吸收过程。

2.2.2.1   物理吸收相关理论分析

（1）气液相平衡关系

在一定温度下，总压不太高时，对于稀溶液，当气、液两相达到平衡时，溶质在气相中的平衡分压与它在液相中的含量成正比，以溶质在液相中的含量为横坐标，以溶质在气相中的平衡分压为纵坐标作图，得出的曲线称为溶解度曲线或平衡曲线，该曲线所对应的方程即为亨利定律的数学表达式：

$$p^* = E'x \tag{2-22}$$

式中：E'——直线的斜率，称为亨利系数，$atm \cdot m^3/kmol$[①]；

p^*——溶质在气相中的平衡分压，atm；

x——液相中溶质的摩尔分数。

若溶质在溶液中的含量改用浓度 c 以 $kmol/m^3$ 表示时，则亨利定律还可以表示为

$$p^* = H'c \text{ 或 } c^* = Hp \tag{2-23}$$

式中：H'——亨利系数，$atm \cdot m^3/kmol$；

H——溶解度系数，$kmol/(atm \cdot m^3)$。

亨利定律表示气、液相平衡时，溶质在气相和液相中浓度的分配情况，通常 E' 值越小代表气体越易溶于溶剂，E' 值越大代表气体越难溶于溶剂。实际中 E' 值由实验确定，随着温度升高而增大。

（2）气体扩散方程

气体的质量传递是以浓度差为推动力借助于气体的扩散来实现的。扩散包括两种方式：①在静止或垂直于浓度梯度方向作层流流动的流体中传递，称为分子扩散；②在湍流流体中传递，主要由于流体中质点运动引起的，称为涡流扩散。

1）组分 A 在气相中的稳定扩散方程：

$$N_A = \frac{DP}{RTZp_{Bm}}(p_{A1} - p_{A2}) \tag{2-24}$$

式中：p_{Bm}——惰性组分 B 在扩散距离 Z 两端分压的对数平均值；

$(p_{A1} - p_{A2})$——组分 A 在 1、2 两点的分压差；

Z——扩散距离。

2）组分 A 在液相中的稳定扩散方程：

$$N_A = \frac{D'}{Z} \cdot \frac{(c_A + c_B)}{c_{Bm}}(c_{A1} - c_{A2}) \tag{2-25}$$

[①] 1 atm=101.325 kPa。

式中：D'——组分 A 在液相中的扩散系数，m^2/s；

$\quad\quad Z$——扩散距离，m；

$\quad\quad (c_{A1} - c_{A2})$——组分 A 在扩散距离 Z 两端的的浓度差，kmol/m^3；

$\quad\quad c_{Bm}$——液相中另一组分 B 在扩散距离 Z 两端浓度的对数平均值。

（3）吸收速率方程

吸收速率是指单位时间内通过单位相际传质面积所能传递的物质量，它反映吸收的快慢程度。根据双膜理论，被吸收组分通过气膜和液膜的分子扩散速率即为吸收速率，因此可根据气体扩散速率方程式推导溶质经由气膜和液膜的吸收速率方程式。

1）被吸收组分 A 经由气膜的吸收速率方程。

$$N_A = \frac{DP}{RTZ_G P_{Bm}}(p - p_i) \tag{2-26}$$

令 $\dfrac{DP}{RTZ_G P_{Bm}} = k_G$，则

$$N_A = \frac{G_A}{A} = k_G(p - p_i) \tag{2-27}$$

式中：N_A——吸收速率，kmol/（m^2·s）；

$\quad\quad G_A$——被吸收的组分量，kmol/s；

$\quad\quad A$——相际接触表面积，m^2；

$\quad\quad p$、p_i——组分 A 在气相主体及相界面上的分压，atm；

$\quad\quad (p - p_i)$——气相传质推动力，atm；

$\quad\quad Z_G$——气膜厚度，m；

$\quad\quad k_G$——以 $(p - p_i)$ 为推动力的气相传质分系数，kmol/（m^2·s·atm）。

2）被吸收组分 A 经由液膜的吸收速率方程。

$$N_A = \frac{D'}{Z_L} \cdot \frac{c_A + c_B}{c_{Bm}}(c_i - c) \tag{2-28}$$

令 $\dfrac{D'}{Z_L} \cdot \dfrac{c_A + c_B}{c_{Bm}} = k_L$，则

$$N_A = \frac{G_A}{A} = k_L(p - p_i) \tag{2-29}$$

式中：c_i 及 c——组分 A 在相界面上及液相主体的浓度，kmol/m^3；

$\quad\quad (c_i - c)$——液相传质推动力，kmol/m^3；

$\quad\quad Z_L$——液膜厚度，m；

$\quad\quad k_L$——以 $(c_i - c)$ 为推动力的液相传质分系数，kmol/[m^2·s·（kmol/m^3）]，简化为 m/s。

3）总吸收速率方程。

由于相界面上的组成 c_i 及 p_i 难以测定，k_G 和 k_L 也不易确定，因而用传质分系数计算

吸收速率十分不便，实际中采用跨过双模的推动力和阻力表达吸收速率方程式：

$$N_A = K_G(P - P^*) = K_L(c^* - c) \tag{2-30}$$

式中：K_G——以 $(P - P^*)$ 为推动力的气相总传质系数，kmol/（m^2·s·atm）；

$(P - P^*)$——气相中被吸收组分的分压与平衡分压之差，atm；

K_L——以 $(c^* - c)$ 为推动力的液相总传质系数，kmol/[m^2·s·（kmol/m^3）]，简化为 m/s；

$(c^* - c)$——被吸收组分在液相中的平衡浓度与实际浓度之差，kmol/m^3。

（4）总传质系数与分传质系数之间的关系

当气相浓度以分压表示，液相浓度以摩尔分率表示，并且气液平衡关系服从亨利定律时，以分压差和浓度差表示推动力的传质分系数和总系数之间的关系为

$$\frac{1}{K_G} = \frac{1}{k_G} + \frac{H'}{k_L} \qquad 或 \qquad \frac{1}{K_G} = \frac{1}{k_G} + \frac{1}{Hk_L} \tag{2-31}$$

$$\frac{1}{K_L} = \frac{1}{H'k_G} + \frac{1}{k_L} \qquad 或 \qquad \frac{1}{K_L} = \frac{H}{k_G} + \frac{1}{k_L} \tag{2-32}$$

由式（2-31）和式（2-32）可得

$$H'K_G = K_L \ 或 \ K_G = HK_L \tag{2-33}$$

2.2.2.2　化学吸收相关理论分析

根据 2.2.2 对 NO$_x$ 化学反应的相关介绍，可知在用水吸收 NO$_x$ 的过程中除物理吸收以外，更重要的是化学吸收。化学吸收相对物理吸收无论是吸收速率还是溶剂的吸收容量都要增大许多，但化学吸收的机理也相对复杂得多。

（1）气液平衡关系

化学吸收气液平衡关系既服从相平衡关系，也服从化学平衡关系，但此时亨利定律关系中，液相中被吸收组分的浓度，仅为化学反应达平衡时，该项中未反应完全时的浓度。

水吸收 NO$_x$ 的总反应方程式为

$$3NO_2（g）+H_2O（l） \Longleftrightarrow 2HNO_3（l）+NO（g）$$

则该方程式的平衡常为

$$K = \frac{[P_{(NO)}/P_{标}][c_{(HNO_3)}/c]^2}{[P_{(NO_2)}/P_{标}]^3} \tag{2-34}$$

式中：$P_{(NO)}$——NO 的平衡压力，Pa；

$P_{标}$——101.325 kPa；

$P_{(NO_2)}$——NO$_2$ 的平衡压力，Pa；

$c_{(HNO_3)}$——反应平衡时硝酸的浓度，mol/L；

c——1 mol/L。

水吸收 NO$_x$ 的相平衡关系用亨利定律表示为

$$P_{(NO)} = E'x \tag{2-35}$$

由式（2-34）和式（2-35）可得化学吸收的平衡关系式为

$$P(NO_2) = E'x = \left\{ \frac{[P_{(NO)}/P_{标}][c_{(HNO_3)}/c]^2}{K} \right\}^{1/3} \cdot P_{标} \tag{2-36}$$

（2）化学吸收的吸收速率

化学吸收速率既受传质的影响，也受化学反应速率的影响。

1）发生化学反应时液相的扩散方程式为

$$\frac{\partial c_A}{\partial \tau} = D_{AL} \frac{\partial^2 c_A}{\partial Z^2} - N'_A \tag{2-37}$$

式中：c_A——未反应的组分 A 的浓度，kmol/m^3；

　　　N'_A——单位时间组分 A 消耗于化学反应的浓度，kmol/（m^3·s）；

　　　τ——时间，s。

2）NO$_x$ 与水反应的动力学方程。

NO$_2$ 与水反应的动力学方程为：

$$v = -\frac{dc_{(NO_2)}}{dt} = kc_{(NO_2)}{}^{\partial} \tag{2-38}$$

根据阿拉尼乌斯 $k = Ae^{-\frac{E_a}{RT}}$，可得 $v = Ae^{-\frac{E_a}{RT}}c_{(NO_2)}{}^{\partial}$ \qquad (2-39)

式中：v——以 NO$_2$ 衡量的反应速率，mol/（dm^3·s）；

　　　A、E_a——仅取决于化学反应本质的两个常数；

　　　R——热力学常数；

　　　T——反应温度；

　　　∂——反应的分级数，仅与化学反应的本质有关；

　　　$c_{(NO_2)}$——NO$_2$ 溶于水中的浓度，mol/L。

3）化学吸收速率方程及增强系数。

通过扩散方程难以求解吸收速率，实际中常采用与物理吸收相类似的方法来处理。物理吸收过程中，在液相一侧吸收速率方程为 $N_A = k_{AL}(c_i - c_A)$，在化学吸收过程中，由于发生了化学反应，使被吸收组分在液相中的游离浓度降低，这就增大的传质分系数和传质推动力，增大了吸收速率。故可以通过两种方式来表示：①以与物理吸收相同的传质推动力（$c_i - c_A$），但增大的传质分系数 k'_{AL} 表示；②以增大的传质推动力（$c_i - c'_A$），但却相同的传质分系数 k_{AL} 表示：

$$N_A = k'_{AL}(c_i - c_A) = k_{AL}(c_i - c'_A) \quad (2\text{-}40)$$

由式（2-40）得

$$\frac{k'_{AL}}{k_{AL}} = \frac{c_i - c'_A}{c_i - c_A} = \beta \quad (2\text{-}41)$$

β 称为增强系数，代表由于化学反应而使吸收速率增加的倍数。

2.3 气动雾化吸收 NO$_x$ 试验研究

影响气动雾化吸收 NO$_x$ 的具体因素主要有 5 个：①吸收液中的酸度；②吸收温度；③气液的接触面积；④NO$_x$ 在雾化区的停留时间；⑤通氧量。本节研究的目的是使气动雾化吸收装置应用于三相流化床工艺，而在流化床工艺中，氧气除氧化 NO$_x$ 的作用以外还起着保持系统内压力恒定的作用，因此本章将重点研究前 4 个因素，对通氧量不做过多考虑。

2.3.1 试验步骤

1）按图 2-1 所示将装置连接，在吸收装置内加入自来水；

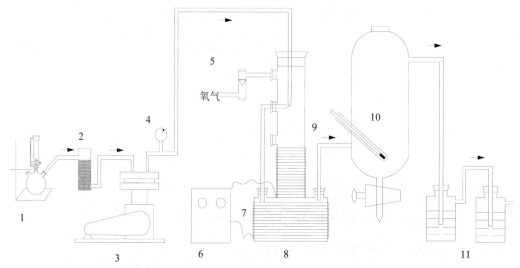

1—NO$_x$发生装置；2—干燥塔；3—隔膜式压缩机；4—压力表；5—流量计；6—温度控制仪；

7—加热带；8—气动雾化吸收装置；9—温度计；10—缓冲罐；11—尾气吸收装置

注：NO 平均通气量为 2 mol/h，装置中 NO 平均质量浓度为 200 g/m³；通氧量为 25 L/h；除雾填料高度为 26 cm；研究温度与硝酸质量浓度对吸收效率影响时，喷雾高度为 0.74 m，喷气管口径为 0.5 mm，喷液管口径为 0.8 mm，喷气压力为 0.10 ~ 0.15 MPa；研究硝酸质量浓度对吸收效率影响时，吸收液为 3 L，研究温度与气液接触面积对吸收效率影响时，吸收液为 2 L。

图 2-1 NO$_x$吸收试验工艺流程图

2）打开压缩机，调节喷气压力和喷气管、喷液管位置，使其处于喷雾状态；

3）检查系统各连接处，防止漏气；

4）根据实验需要在 NO_x 发生装置内加一定量的亚硝酸钠与硫酸；

5）实验结束后用 NaOH 滴定法测试吸收液中酸度。

2.3.2 实验结果与讨论

2.3.2.1 吸收液中硝酸含量对吸收效率的影响研究

在一定口径的喷气管/喷液管、喷雾高度、通氧量、温度和 NO_x 通气量下，通过测试吸收液中硝酸含量从 0%变化到 22%时，其对 NO_x 的吸收量的变化。以吸收液起始硝酸含量为横坐标，以单位体积吸收液吸收量为纵坐标作图，如图 2-2 所示。

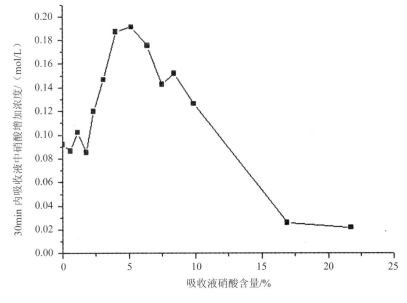

图 2-2 吸收量随吸收液酸度变化图

从图 2-2 中可以看出：当吸收液中硝酸含量低于 6%时，吸收液对 NO_x 吸收量随着吸收液起始硝酸含量的增大而升高；当吸收液中硝酸含量大于 6%时，吸收液对 NO_x 的吸收量随着酸度含量的增大而降低；吸收液中硝酸含量为 4%～8%时吸收效果最好。

根据 2.2 节中气动雾化吸收 NO_x 机理研究可知：吸收液中硝酸含量主要是通过影响 NO_x 的传质速率和化学反应速率来影响吸收效果的，其对喷雾效果影响不大。

在吸收液中硝酸含量低于 6%，吸收液对 NO_x 的吸收量随吸收液起始硝酸含量升高而增大，其原因如下：

1）NO 和 NO_2 在硝酸溶液中的溶解度比在水中的溶解度大得多，且随着硝酸含量的提高，其溶解度逐渐增大，如表 2-1 为 25℃时 NO 在硝酸中的溶解度系数与硝酸含量的关系[29]，

NO 溶解度系数为每立方米硝酸溶液在标准状态下所能溶解的 NO 的体积（以 m^3 计）；

表 2-1   NO 在不同含量硝酸中的溶解度系数

硝酸含量/%	0	0.5	1.0	2.0	4.0	6.0	12.0	65.0
NO 溶解度系数	0.041	0.7	1.0	1.48	2.16	3.19	4.20	9.22

2）当 NO$_2$ 在吸收液中的溶解度系数增大时，即 H' 减小，根据式（2-23），在 NO$_2$ 的液相浓度 c 不变时，其对应的气相平衡分压 $p*$ 将减小，根据式（2-30），则气相推动力 $(p - p*)$ 将增大，提高了传质速率；

3）当 NO$_2$ 在吸收液中的溶解度系数增大时，即 H 增大，根据式（2-31），则气相总传质系数 K_G 将增大，根据式（2-30），则将提高传质速率；

4）当 NO$_2$ 在吸收液中的溶解度系数增大时，由于提高了传质速率，单位时间内所能进入液相中的 NO$_2$ 量增大，从而提高了液相中的 NO$_2$ 浓度，根据 NO$_2$ 水吸收的动力学方程式（2-38），可知这将加快化学反应，提高反应速率。

在吸收液中硝酸含量高于 6%，吸收液对 NO$_x$ 的吸收量随吸收液硝酸含量升高而减小，其原因如下：

1）吸收液中的硝酸含量虽然可以改变 NO$_2$ 的传质速率和化学反应速率，但是不能改变化学反应的平衡常数，随着硝酸含量的升高，根据式（2-34），可知化学反应式（2-6）向逆方向进行的速率也加快，这将抵消一部分 NO$_2$ 溶解度增大带来的正面影响；

2）提高吸收液中硝酸含量不只增大了 NO$_2$ 的溶解度，也提高了 NO 的溶解度，从而提高了液相中 NO 的含量，根据式（2-34），这将促进式（2-6）向逆方向进行，进一步抵消了 NO$_2$ 溶解度增大带来的正面影响；

3）随着吸收液中硝酸的含量的提高，将使负面影响超过正面影响，从而使得吸收液中硝酸含量较高时，其对 NO$_x$ 的吸收量随吸收液含量升高而减小。

2.3.2.2   温度对吸收效率的影响研究

在三相循环流化床工艺中，NO$_x$ 的吸收温度为 50～60℃，因此本实验在一定口径的喷气管/喷液管、喷雾高度、通氧量和 NO$_x$ 通气量下，测试了吸收温度为 15～60℃时，其对 NO$_x$ 的吸收量的变化，以吸收温度为横坐标，以 2 L 吸收液的吸收量为纵坐标作图，如图 2-3 所示。

从图 2-3 可以看出，吸收液的吸收量随着吸收温度的升高，呈现先增大后减小的趋势，但在 60℃范围内，吸收效率随着吸收温度的升高没有出现急剧性的增大或减小，变化幅度较小。

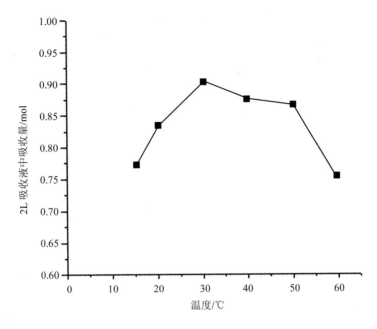

图 2-3　吸收量随温度变化关系图

当温度小于 30℃时，吸收效率随温度升高增长，其原因如下：

1）根据式（2-39）可知，升高温度会加快化学反应速率，提高吸收效率。根据范特霍夫规则，在反应温度不太高的情况下，温度每升高 10℃，反应速率大约增加 2～4 倍。

2）由式（2-1）到式（2-6）可知 NO$_x$ 的吸收反应为放热反应，理论上温度升高不利于反应的进行，并且温度升高会降低 NO$_x$ 在吸收液中的溶解度，从而降低传质速率，最终影响吸收效果，但在 30℃以内，温度升高所带来的负面作用没有正面作用大。

当温度大于 30℃时，化学反应速率提高所带来的正面影响已不足以弥补由于传质效率降低、化学平衡逆向移动带来的负面影响，最终使得吸收效率随温度升高而降低。

2.3.2.3　气液接触面积对吸收效率的影响研究

气液的接触面积是由气液体积比和液滴的雾化状况决定的，而气液体积比和液滴的雾化状况又受喷气管、喷液管口径、喷气压力、喷雾高度等因素影响。因此，本实验分别测试了口径为 0.5 mm、0.8 mm 的喷气管在不同喷雾高度和不同喷气压力下，与不同口径的喷液管搭配时对 NO$_x$ 的吸收量。

（1）实验结果

实验结果如表 2-2 所示。

表 2-2   液滴雾化状况对吸收效率影响的测试数据表

喷雾高度/m	喷气口径/mm	喷液口径/mm	喷气压力/MPa	吸收液温度/℃	吸收量/mol
0.975	0.5	0.5	0.11～0.13	22	0.411 2
			0.13～0.15	23	0.586 9
			0.15～0.17	21	0.615 1
			0.15～0.20	20	0.677 3
		0.8	0.11～0.13	22	0.523 6
			0.13～0.15	23	0.558 7
			0.15～0.17	20	0.599 4
			0.17～0.20	19	0.656 3
		1.1	0.15～0.17	22	0.481 7
			0.17～0.20	21	0.567 3
	0.8	0.5	0.11～0.13	23	0.615 1
			0.13～0.15	23	0.677 9
			0.15～0.17	22	0.732 1
			0.17～0.20	22	0.753 4
		0.8	0.11～0.13	24	0.580 5
			0.13～0.15	22	0.718 7
			0.15～0.17	23	0.733 0
			0.17～0.20	24	0.707 6
		1.1	0.11～0.13	24.5	0.594 8
			0.13～0.15	23	0.698 7
			0.15～0.17	24	0.724 0
			0.17～0.20	24.5	0.767 5
0.740	0.5	0.2	0.08～0.10	24	0.545 4
			0.11～0.13	27	0.954 2
			0.13～0.15	27	0.848 0
			0.15～0.17	26	0.818 9
			0.17～0.20	24	0.797 4
		0.5	0.11～0.13	24	0.651 3
			0.13～0.15	24	0.777 6
			0.15～0.17	24	1.001 6
			0.17～0.20	25	0.794 6
		0.8	0.11～0.13	27	0.715 0
			0.13～0.15	23	0.796 2
			0.15～0.17	24	0.935 1
			0.17～0.20	24	0.730 6
		1.1	0.13～0.15	23	0.382 2
			0.15～0.17	24	0.533 3
			0.17～0.20	23	0.601 1

喷雾高度/m	喷气口径/mm	喷液口径/mm	喷气压力/MPa	吸收液温度/℃	吸收量/mol
0.740	0.8	0.2	0.08～0.10	28	0.767 5
			0.11～0.13	28	0.867 9
			0.13～0.15	28	0.708 6
			0.15～0.17	28	0.664 8
			0.17～0.20	29	0.577 9
		0.5	0.08～0.10	28	0.873 8
			0.11～0.13	28	0.909 3
			0.13～0.15	30	0.993 1
			0.15～0.17	29	0.837 2
			0.17～0.20	29	0.760 8
		0.8	0.08～0.10	29	0.692 7
			0.11～0.13	29	0.763 6
			0.13～0.15	29	0.857 8
			0.15～0.17	29	0.875 4
			0.17～0.20	29	0.792 6
		1.1	0.11～0.13	26	0.672 5
			0.13～0.15	29	0.681 0
			0.15～0.17	27	0.683 4
			0.17～0.20	29	0.771 8
		1.4	0.11～0.13	28	0.515 0
			0.13～0.15	27	0.540 7
			0.15～0.17	28	0.580 5
			0.17～0.20	28	0.635 2
0.475	0.8	0.2	0.05～0.07	28	0.515 0
			0.08～0.10	27	0.586 9
			0.11～0.13	27	0.631 1
			0.13～0.15	27	0.650 0
			0.15～0.17	30	0.611 0
			0.17～0.20	30	0.585 9
		0.5	0.05～0.07	29	0.312 0
			0.08～0.10	29	0.755 8
			0.11～0.13	30	0.787 9
			0.13～0.15	30	0.757 4
			0.15～0.17	30	0.833 0
			0.17～0.20	29	0.736 9
		0.8	0.05～0.07	30	0.296 3
			0.08～0.10	30	0.808 0
			0.11～0.13	29	0.844 6
			0.13～0.15	28	0.779 9
			0.15～0.17	29	0.757 8

喷雾高度/m	喷气口径/mm	喷液口径/mm	喷气压力/MPa	吸收液温度/℃	吸收量/mol
0.475	0.8	0.8	0.17~0.20	29	0.741 7
		1.1	0.08~0.10	30	0.683 4
			0.11~0.13	28	0.836 2
			0.13~0.15	27	0.893 2
			0.15~0.17	28	0.826 5
			0.17~0.20	27	0.732 0
		1.4	0.08~0.10	29	0.698 1
			0.11~0.13	31	0.715 6
			0.13~0.15	28	0.695 5
			0.15~0.17	30	0.718 9
			0.17~0.20	29	0.731 6

从表 2-2 可以看出：

1）上述数据中以同一喷雾高度、同一口径喷气管与喷液管所测数据为一组计算，总计有 20 大组，在这 20 大组数据中有 13 组的吸收量随着喷气压力的增大呈先增大随后减小的趋势，有 6 组吸收量随着喷气压力的增大呈递增趋势，有 1 组数据变化不规律；

2）在上述 20 大组数据中，当喷气管、喷液管口径接近时，其吸收效率相对越高；

3）在 0.975 m、0.740 m、0.475 m 三种喷雾高度下，对于同一口径搭配的喷气管与喷液管，在 0.740 m 可以达到的吸收量最高，0.475 m 稍差，0.975 m 最差。

（2）分析与讨论

1）吸收量随喷气压力的增大呈先增大后减小的趋势，与第 1 章中得出的结论即液气喷管口径之比为 0.14~1.6 时，气液体积比随喷气压力增大呈先增大后减小的趋势相一致；

2）7 组呈单向增大的数据中有 5 组是在 0.975 m 喷雾高度下所测，未呈现随喷气压力先增大后减小的趋势，可能是由于 NO$_x$ 气体在雾区停留时间相对较长，气液体积比所引起的气液接触面积的变化不明显所致；

3）喷气/喷液管口径接近时吸收效率高，与第 1 章得出的结论即气液喷管口径接近时气液体积比较大相一致；

4）由第 1 章可知在 0.475 m，气液体积比相对最小，但本实验是 0.740 m 吸收效率相对较高，这主要是由于在 0.475 m 时，NO$_x$ 气体在雾区的停留时间过短；

5）将不同口径搭配的气液体积比最小时的喷气压力与吸收效率最高时的喷气压力作对比，如表 2-3 所示，其中 P_1 为气液体积比最小时的喷气压力，P_2 为吸收效率最高时的喷气压力。

表 2-3　气液体积比最小时喷气压力与吸收效率最高时喷气压力对比表

喷雾高度/m	0.975	0.740	0.740	0.740
喷气管口径/mm	0.8	0.8	0.8	0.8
喷液管口径/mm	0.8	0.2	0.5	0.8
P_1/ MPa	0.16	0.12	0.14	0.16
P_2/ MPa	0.15～0.17	0.11～0.13	0.13～0.15	0.15～0.17
喷雾高度/m	0.475	0.475	0.475	0.475
喷气管口径/mm	0.8	0.8	0.8	0.8
喷液管口径/mm	0.2	0.5	0.8	1.1
P_1/ MPa	0.12	0.14	0.12	0.16
P_2/ MPa	0.13～0.15	0.15～0.17	0.11～0.13	0.13～0.15

注：气动雾化吸收 NO_x 实验中所用压缩机为脉冲式喷气，喷气压力为一定范围，不是某个特定的值。

从表 2-3 中可以看出气液体积比最小时的喷气压力与吸收效率最高时的喷气压力相一致，这就说明可以利用气液体积比作为衡量吸收效率的指标，第 1 章所得结论可以直接应用于 NO_x 吸收实验。

2.3.2.4　雾区高度对吸收效率的影响研究

为研究 NO_x 在雾区停留时间的长短对吸收效率的影响，特在 0.475 m 喷雾高度下，以 0.8 mm 口径的喷气管与 1.1 mm 口径的喷液管搭配，将除雾填料高度降为 8 cm，做了一组对比实验。实验条件、实验方法、实验工艺与 2.3.2.3 节中所述相同，实验结果见表 2-4。

表 2-4　除雾填料高度为 8 cm 时测试数据

喷雾高度/m	喷气口径/mm	喷液口径/mm	喷气压力/ MPa	吸收液温度/℃	吸收量/mol
0.475	0.8	1.1	0.08～0.10	28.0	0.712 3
			0.11～0.13	27.5	0.856 3
			0.13～0.15	28.0	0.930 2
			0.15～0.17	28.0	0.864 3
			0.17～0.20	29.0	0.766 2

将表 2-4 与表 2-2 中相同高度、相同口径喷气管/喷液管下吸收数据进行对比，可以发现：除雾填料高度为 8 cm 时，其吸收效率有明显提高。这是由于除雾填料高度为 26 cm 时，雾区高度为 15 cm，NO_x 气体在雾区停留时间短；除雾填料高度为 8 cm 时，雾区高度为 33 cm，NO_x 气体在雾区停留时间长。

根据 2.1 节研究可知 0.475 m 喷雾高度下气液体积比相对 0.74 m 喷雾高度下要小，根据 2.3.2.3 中研究知气液体积比小的吸收率相对较大，但当喷雾高度为 0.475 m 时，即使除雾填料高度为 8 cm 时，其可达最高吸收率也没有喷雾高度为 0.740 m 时可达最大吸收率高，在 0.740 m 下，雾区高度为 41.5 cm，这说明在气动雾化吸收 NO$_x$ 工艺中，雾区的高度不应小于 40 cm。

2.3.3　验证实验

为了解气动雾化装置利用稀硝酸吸收 NO$_x$ 时的最高吸收效率，特在 0.740 m 喷雾高度下，以 0.5 mm 口径的喷气管与 0.5 mm 口径的喷液管搭配，以 2 L 质量浓度为 5% 的稀硝酸溶液作为吸收液，在 0.15～0.17 MPa 喷气压力下进行实验，实验 NO 平均通气量为 2 mol/h，平均通氧量为 25 L/h，实验结果如表 2-5 所示。

表 2-5　吸收效率验证实验

	起始吸收液			最终吸收液		
取样体积/mL	222					
滴定管起始读数/mL	4.25	3.36	4.27	1.67	2.45	1.77
滴定管最终读数/mL	20.37	19.50	20.45	32.99	33.72	33.17
消耗 NaOH 体积数/mL	16.12	16.14	16.18	31.32	31.27	31.40
吸收液中酸度/（mol/L）	8.07			15.67		
吸收液吸上量/mol	1.521 52					
吸收效率/%	76.08					

注：NaOH 标准溶液浓度为 0.100 1 mol/L。

2.4　本章小结

1）影响气动雾化吸收 NO$_x$ 的因素理论上主要有 3 个：①NO$_x$ 传质速率的快慢；②NO$_x$ 与吸收液化学反应速率的快慢；③液滴的雾化特性。3 个因素之间并非独立的关系：液滴的雾化特性和化学反应速率对传质速率有一定影响，而传质速率又反过来促进化学反应的进行。

2）气液体积是一个与吸收效果有直接关联的指标，可以利用气液体积比对吸收效果进行预测和衡量。

3）在气动雾化吸收 NO$_x$ 工艺中，当气液喷管口径接近时吸收效果较好。

4）利用硝酸吸收 NO$_x$ 时，当稀硝酸浓度为 4%～8% 时吸收效率最高。

5）在 60℃ 范围内，吸收液温度对气动雾化吸收 NO$_x$ 的效率影响不是很大，但相对来说在 30℃ 时吸收效率最高。

6）本章实验结果与第 1 章中利用清水、空气实验所得结论相符，这说明第 1 章所得结论可直接应用于气动雾化吸收 NO$_x$ 工艺中。

7）在气动雾化吸收 NO$_x$ 工艺中，雾化区大于 40 cm 时吸收效果相对较好。

8）以 NO 计算，当进气中 NO 平均质量浓度为 200 g/m^3 时，利用气动雾化吸收技术吸收，以 NaOH 滴定法测试，去除管道残留吸收效率最高可达 76%左右，实际吸收率高达 99%。

第 **2** 篇
PEG 协同膨胀石墨吸附性能研究

第3章 膨胀石墨的制备与性能表征

3.1 膨胀石墨的制备

石墨是一种天然矿物，1565 年被人们发现，1789 年被定名为石墨。我国的天然石墨量居世界首位，石墨储量约占世界总储量的 70%以上，山东、内蒙古的鳞片石墨质优片大，攀枝花地区以细鳞片石墨为主，石墨的独特结构决定其特殊的性能：润滑性、热膨胀性小、良好的导热、导电性、广泛温区内的可使用性、化学性能稳定且无毒性，此外，还有可塑性大、易加工成形的特点。

膨胀石墨（expanded graphite，EG）是以天然鳞片石墨为原料，经插层处理、水洗、干燥、高温膨化等工艺，使鳞片石墨沿层间（C 轴）方向膨化而成的新型工程材料。膨胀后的产物又称为石墨蠕虫（worm-like graphite），它具有发达的网络状孔型结构、高表面活性、大比表面积和非极性，其比表面积高达 $50\sim200~\text{m}^2/\text{g}$，表面和内部的孔径分布较宽，可为 $10\sim1~000$ nm，而且其孔结构都以中、大孔为主，所以膨胀石墨是一种优良的多孔炭材质吸附材料，且作为吸附剂使用时，既可以是蠕虫状颗粒，也可以压模或粘结成板状，对环境负荷小，是一种环境友好型材料。

通常表征吸附材料的性能包括比表面积、孔隙结构、微晶结构、密度、强度、表面基团等。

3.1.1 实验材料

以来自青岛宏大石墨制品有限公司的 80 目天然鳞片石墨为原料。

3.1.2 实验试剂及溶液配制

本实验中所用的化学试剂见表 3-1。

表 3-1 实验主要化学试剂

材料名称	化学式	试剂等级	生产厂家
氢氧化钠	NaOH	分析纯（AR）	上海化学试剂厂
盐酸	HCl	37%溶液	上海化学试剂厂

材料名称	化学式	试剂等级	生产厂家
硝酸	HNO$_3$	68%溶液	上海化学试剂厂
80目天然鳞片石墨		碳含量（质量分数）99.9%	青岛宏大石墨制品有限公司
30%过氧化氢	H$_2$O$_2$	分析纯（AR）	上海化学试剂厂
硫酸	H$_2$SO$_4$	分析纯（AR）	上海化学试剂厂
高锰酸钾	KMnO$_4$	分析纯（AR）	上海化学试剂厂
亚硝酸钠	NaNO$_2$	分析纯（AR）	上海化学试剂厂
三氧化铬	Cr$_2$O$_3$	分析纯（AR）	上海化学试剂厂
无水乙醇（99.7%）	(C$_6$H$_{10}$O$_5$)$_n$	分析纯（AR）	上海化学试剂厂
盐酸萘乙二胺	C$_{12}$H$_{14}$N$_2$·2HCl	基准试剂	上海化学试剂厂
对氨基苯磺酸	C$_6$H$_7$NO$_3$S	分析纯（AR）	上海化学试剂厂
氢氧化钾	KOH	分析纯（AR）	上海化学试剂厂
氮气	N$_2$	高纯气体	上海化学试剂厂

表 3-2　主要设备及仪器

仪器名称	型号	生产厂家
电子天平	CP214	奥豪斯仪器（上海）有限公司
箱式马弗炉	SXZ-5-12	上海电炉厂
电热恒温鼓风干燥箱	DHG-9023A	上海齐欣科学仪器有限公司
回旋式水浴恒温振荡器	THZ-82 型	江苏金坛市科析仪器有限公司
精密酸度计	FE20 型	梅特勒-托利多仪器（上海）有限公司
紫外可见分光光度计	752-P	上海现科仪器有限公司
循环水真空泵	SHZ-D（A）	上海禾气仪器有限公司
扫描电子显微镜	JSM－5600 LV	日本电子光学公司
傅里叶红外光谱仪	Bruker TENSOR27	德国布鲁克光谱仪器公司
X 射线衍射分析仪	D/Max-2550 PC 型	日本 RIGAKU 公司
微波炉	EM-3011EB1	日本三洋电器有限公司

3.1.3　制备膨胀石墨工艺路线[29]

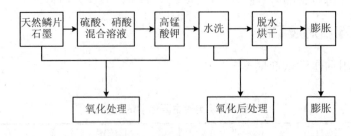

图 3-1　制备 EG 工艺流程图

将 98%的浓硫酸稀释至 80%冷却后，与硝酸按 $V(HNO_3)：V(H_2SO_4)=1：3$ 充分混合，混酸计 40 mL，准确量取 5 g 天然鳞片石墨和 4 g 高锰酸钾加入混酸中，用磁力搅拌器搅拌 90 min、控制温度在 25℃，搅拌后水洗、抽滤，加入 30%过氧化氢将 MnO_2 反应完全至不再产生氧气后，离心洗涤至中性，在 60℃下恒温干燥 4 h，等到石墨层间化合物（GICs），将其直接放入微波炉，在 1 000 W 下加热 60 s，制得的膨胀石墨（膨胀比为 280 mL/g）。

3.1.4　膨胀石墨的测定

EG 的膨胀体积、水分、挥发分、灰分等各项技术指标测试按 GB 10698—89 标准执行。

3.1.4.1　膨胀体积的测定

称取 1 g 试样（精确至 0.001 g）于石英烧杯中，放置在 900℃的马弗炉内，不关炉门，至不膨胀取出，放到 500 mL 量筒内，读取膨胀体积，单位为 mL/g。两次平行测试结果允许误差见表 3-3。

表 3-3　膨胀体积平行测定结果的允许误差　　　　　单位：mL/g

膨胀体积	允许误差
>200	≤30
100～200	≤20
<100	≤10

3.1.4.2　灰分的测定

将完全挥发的试样连同不加盖的坩埚放入 900℃的马弗炉内，不关炉门，灼烧至无黑色斑点，移入干燥器冷却 30 min，称量，再放入马弗炉灼烧 30 min，同样方法冷却称量，直至两次称量相差不大于 0.3 mg，灰分的含量用式（3-1）计算（结果保留至小数点后两位）：

$$X = \frac{m_1 - m_2}{m_1} \times 100\% \tag{3-1}$$

式中：X——允许误差，%；

　　　m_1——灼烧前质量，g；

　　　m_2——灼烧后质量，g。

表 3-4　灰分平行测定结果的允许误差　　　　　单位：%

灰分（质量分数）	允许误差
>9.00	≤0.40
2.00～9.00	≤0.02
<2.00	≤0.01

3.1.4.3　挥发分的测定

称量 1 g 已在 100℃±5℃的烘箱中预先干燥 2 h 的试样（精确至 0.000 1 g），放入已在 900℃的马弗炉内灼烧至恒重的 50 mL 坩埚内，盖上盖子放入 400℃±20℃的马弗炉内，关闭炉门灼烧 1 h 后，移入干燥器内冷却 30 min，称重。挥发分的含量用式（3-2）计算（结果保留至小数点后两位）：

$$X = \frac{m_3 - m_4}{m_3} \times 100\% \qquad (3\text{-}2)$$

式中：m_3——灼烧前质量，g；

$\quad\quad$ m_4——灼烧后质量，g。

进行两次平行测定，如结果之差不大于 0.7%，取算术平均值，否则重新测定。

3.1.4.4　水分的测定

称量 1 g 试样（精确至 0.000 1 g），放入烘至恒重的称量瓶（不加盖），置于 100℃±5℃的干燥箱内，烘 2 h 后取出，盖上瓶盖，移入干燥器内冷却 30 min，称量。水分的含量计算如下，结果保留至小数点后两位：

$$X = \frac{m_5 - m_6}{m_5} \times 100\% \qquad (3\text{-}3)$$

式中：m_5——干燥前质量，g；

$\quad\quad$ m_6——干燥后质量，g。

表 3-5　水分平行测定结果的允许误差　　　　　　　　　　单位：%

水分（质量分数）	允许误差
>5.00	≤0.30
≤5.00	≤0.02

3.1.4.5　扫描电镜（SEM）分析

为了研究材料孔道结构、大小及其形貌，常借助于扫描电镜（SEM）观察。采用日本 HITACHI 生产的 S-4800 型场发射扫描电子显微镜对原料、炭化料以及活性炭样品在一定的倍率下观察其形貌特征。

3.1.4.6　傅里叶红外（FT-IR）分析

采用德国生产的 TENSOR27 型傅里叶红外（FT-IR）光谱仪，利用 KBr 压片法，将样品压成透明薄片，进行红外光谱采集，进行小分子化合物结构分析、高分子材料聚集态结构研究、分子之间相互作用的研究。

3.1.4.7　吸附等温线

吸附等温线是对吸附现象以及固体的表面与孔进行研究的基本数据，可从中研究表面与孔的性质，计算出比表面积与孔径分布。吸附等温线可以反映吸附剂的表面性质、孔分布以及吸附剂与吸附质之间的相互作用等有关信息。

当气体在固体表面被吸附时，固体称为吸附剂（adsorbent），被吸附的气体称为吸附质（adsorbate），单位质量的吸附剂吸附气体的体积 V 或物质的量 n 称为吸附量 q。

$$q = \frac{V}{m} \ \text{或} \ q = \frac{n}{m} \qquad\qquad (3\text{-}4)$$

大多吸附等温线呈现一定规律性，按照 IUPAC 规定，吸附等温线大致有 5 种类型（见图 3-2，P 是吸附平衡时吸附质的压力，P_s 为吸附质的饱和蒸气压；P/P_s 为比压）。

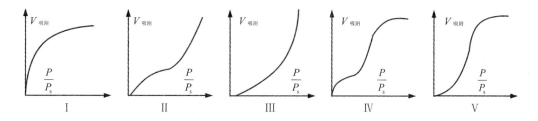

图 3-2　吸附等温线类型

（1）Ⅰ型等温线

也叫作 Langmuir（郎格缪尔）等温线，显示的是气体吸附量随压力增大很快上升到一个极限值的变化情况，局限于单分子层吸附等温线。一般来说，微孔硅胶、沸石、炭分子筛等出现这类等温线。这类等温线在接近饱和蒸气压时，由于微粒之间存在缝隙，会发生类似于大孔的吸附，等温线会迅速上升。

（2）Ⅱ型等温线

又被称作 S 型等温线，是一种常见的等温线，描述了发生在非多孔性固体表面或大孔固体上自由的多层可逆物理吸附过程。在低 P/P_s 处有拐点，是等温线的第一个陡峭部，它指示单分子层的饱和吸附量，相当于单分子层吸附的完成。随着相对压力的增加，开始形成第二层，在饱和蒸气压时，吸附层数无限大。这种类型的等温线，在吸附剂孔径大于 20 nm 时常遇到。它的固体孔径尺寸无上限。在低 P/P_s 区，曲线凸向上或凸向下，反映了吸附质与吸附剂相互作用的强或弱。

（3）Ⅲ型等温线

在整个压力范围内曲线向下凸，曲线没有拐点，在憎液性表面发生多分子层，或固体和吸附质的吸附相互作用小于吸附质之间的相互作用时，呈现这种类型，甚为少见。例如，水蒸气在石墨表面上吸附或在进行过憎水处理的非多孔性金属氧化物上的吸附。在低压区的吸附量少，且不出现拐点，表明吸附剂和吸附质之间的作用力相当弱。相对压力越高，吸附量越多，表现为有孔充填。适用于大孔或无孔吸附剂的多分子层吸附。

（4）Ⅳ型等温线

与Ⅱ型相似，在低 P/P_s 区曲线凸向上。在较高 P/P_s 区，吸附质发生毛细管凝聚，等温线迅速上升。当所有孔均发生凝聚后，吸附只在远小于内表面积的外表面上发生，曲线平坦。在相对压力接近 1 时，在大孔上吸附，曲线上升。由于发生毛细管凝聚，在这个区内可观察到滞后现象，即在脱附时得到的等温线与吸附时得到的等温线不重合，脱附等温线在吸附等温线的上方，产生吸附滞后（adsorption hysteresis），呈现滞后环。这种吸附滞后现象与孔的形状及其大小有关，因此通过分析吸脱附等温线能了解吸附剂孔径的大小及其分布。适用于中孔吸附剂。

（5）Ⅴ型等温线

这种类型较少见，且难以解释，虽然也反映了吸附剂与吸附质之间作用微弱的Ⅲ型等温线特点，但在高压区又表现出有孔充填。

3.1.4.8　比表面积

活性炭最大的用途是作为吸附材料，而影响材料吸附性能的主要因素是活性炭的比表面积，所以比表面积的测定是最主要的表征项目。通常采用氮气吸附脱附仪以氮气为吸附质在 77K 下测定吸附剂的比表面积、孔体积、孔分布。

（1）Langmuir 比表面积

吸附剂（固体）表面是均匀的，各吸附中心的能量相同；吸附粒子间的相互作用可以忽略；吸附粒子与空的吸附中心碰撞才有可能被吸附，一个吸附粒子只占据一个吸附中心，吸附是单分子层定位的；在一定条件下，吸附速率与脱附速率相等，达到吸附平衡。Langmuir 吸附等温方程为

$$P/V = P/V_m + 1/bV_m \qquad (3-5)$$

其中，　　　　　　　　　　　　　　$b = k_a/k_d$

式中：V——气体吸附量；

　　　V_m—— 单层饱和吸附量；

　　　P——吸附质（气体）压力，Pa；

　　　b——常数；

　　　k_a——吸附速率常数；

　　　k_d——脱附速率常数。

以 P/V—P 作图，为一直线，根据斜率和截距，可以求出 b 和 V_m 值（V_m 为斜率的倒

数），因此吸附剂的比表面积 S_g 为

$$S_g = V_m \cdot N_A \cdot \sigma_m \quad (3-6)$$

式中：N_A——阿伏伽德罗常数，为 6.022×10^{23}/mol；

σ_m——一个吸附质分子截面积，N_2 的 σ_m 为 16.2×10^{-20} m^2；

S_g——样品的比表面积，m^2/g。

（2）BET 比表面积

BET 吸附模型是对 Langmuir 单层吸附模型的扩充，同时认为物理吸附可分多层方式进行，且不等表面第一层吸满，在第一层之上会发生第二层吸附，第二层上发生第三层吸附，吸附平衡时，各层均达到各自的吸附平衡，最后可导出：

$$\frac{P}{V(P_0 - P)} = \frac{1}{V_m C} + \frac{C-1}{V_m C} \times \frac{P}{P_0} \quad (3-7)$$

式中：V——吸附量，cm^3/g；

P 和 P_0——分别为平衡压力和饱和压力，Pa；

V_m——单位质量样品的单分子层饱和吸附量，cm^3/g；

C——与吸附质有关的常数。

以 $\dfrac{P}{V(P_0 - P)}$ 对 $\dfrac{P}{P_0}$ 作图，由所得直线的截距与斜率可求得 V_m 和 C，根据公式：

$$S_{BET} = (V_m / 22\,400) N_A \omega_m \quad (3-8)$$

$$\overline{D} = 4V_t / S_{BET} \quad (3-9)$$

式中：N_A——阿伏伽德罗常数，为 6.022×10^{23}/mol；

ω_m——液氮分子截面积，为 16.2×10^{-2} nm；

V_t——氮气吸附实验测得的总孔容，cm^3/g。

3.1.4.9　孔隙结构

活性炭的孔隙结构可通过其孔径分布来表征，从氮气的吸附—解附等温线求比表面积和孔径分布。在中孔范围的解析方面，以开尔文（Kelvin）方程为基础的 BJH 法和 DH 法是有效的，但在微孔范围中，孔径大致为氮气的几倍，处于不能简单地使用开尔文方程式的范围。在微孔范围的孔隙填充可以用基于 Polanyi 势能理论的 Dubinin 方程来表达。从 Dubinin 方程解析可以获得吸附模式、细孔体积和吸附热等有关信息。对于含大量微孔的活性炭，影响其吸附性能的主要参数为其微孔结构参数，如微孔孔径、微孔容积，其中微孔容积决定其最大吸附量。表征微孔结构的常用方法有 Horvath-Kawazoe 方程（H-K）、Du-binin-Radushkevich（D-R）方程、t 图法等。其中，t 图法是一种比较图法，将研究样品的吸附等温线直线化来研究微孔结构与吸附机理。通过把标准试样的氮吸附量除以其单分子吸附层容量，得到统计

的平均吸附层数，再乘以单分子氮吸附层的厚度（0.354 nm），则得到吸附层的厚度 t。以吸附层厚度 t 为横坐标，吸附量为纵坐标作图。根据 t 图的概念，得：

$$t = 0.354(W / W_m) \tag{3-10}$$

式中：t —— 吸附层厚度，nm；

W 和 W_m —— 分别为总吸附量和单分子层吸附量，mg/g。

于是，根据小 t 值的过原点直线斜率求总表面积 A_T：

$$S = W_m/0.354 \tag{3-11}$$

$$A_T = 3.48W_m = 3.48（0.354S） \tag{3-12}$$

其中，氮分子在 77 K 的横截面积为 0.162 nm^2。另外，大于 t 值的直线外推，其截距为微孔容量 W_0，由其斜率求得外表面积 A_E。假定活性炭的微孔为狭缝型，则其微孔径可由 $L = 2W_0/（A_T - A_E）$ 求得，其中（$A_T - A_E$）是微孔的内表面积。t 图法是用作材料微孔（孔径<2 nm）特性分析的主要方法，对活性炭、分子筛等含微孔的材料十分重要。吸附量对吸附层厚度作图即为 t 图。根据 t 图可得微孔（<2 nm）的体积、微孔内表面积、材料外表面积等，补充了 BJH 法只能分析介孔（>2 nm）的局限。

研究孔隙结构的方法除孔结构测定法外，还有电子显微镜法。电子显微镜法是对活性炭的形貌结构进行表征的常用方法。从活性炭扫描电子显微镜（SEM）图和透射电子显微镜（TEM）图可以清楚地观测活性炭表面及内部微观形态。

3.1.4.10　表面化学结构

活性炭的表面化学结构的测定方法有红外光谱法、滴定法和 X 光电子能谱法（即 XPS 法），其中常用的有红外光谱法和 XPS 法。

通常将红外光谱分为 3 个区域：近红外区（波长 0.75～2.5 μm，波数为 1 3330～4 000 cm^{-1}）、中红外区（波长 2.5～25 μm，波数 4 000～400 cm^{-1}）和远红外区（波长 25～500 μm，波数为 400～10 cm^{-1}）。物质的红外光谱是其分子结构的反映，谱图中的吸收峰与分子中各基团的振动形式相对应。这就是通过比较大量已知化合物的红外光谱，从中总结出各种基团的吸收规律。实验表明，组成分子的各种基团，如 O—H、N—H、C—H、C＝C、C=O 和 C≡C 等，都有自己的特定的红外吸收区域，分子的其他部分对其吸收位置影响较小。通常把能用于鉴定基团存在并有较高强度的吸收峰称为特征峰，其对应的频率称为特征频率。一个基团除有特征峰外，还有其他振动形式的吸收峰，习惯上把相互依存而又相互可以佐证的吸收峰称为相关峰。

按吸收峰的来源，可以将 4 000～400 cm^{-1} 的红外光谱图大体上分为特征频率区（4 000～1 300 cm^{-1}）以及指纹区（1 300～400 cm^{-1}）两个区域。其中特征频率区中的吸收峰基本是由基团的伸缩振动产生，数目不是很多，但具有很强的特征性，因此在基团鉴定工作上很有价值，主要用于鉴定官能团。指纹区的情况不同，该区峰多而复杂，没有强的特征性，主要是由一些单键C—O、C—N和C—X（卤素原子）等的伸缩振动及C—H、O—H等含氢基团的弯曲振动以及C—C骨架振动产生。

另外，根据化学键的性质，结合波数与力常数、折合质量之间的关系，可将中红外区划分为4个区，如表3-6所示。

表3-6　红外区间划分

波数	$4\,000\sim2\,500\ cm^{-1}$	$2\,500\sim2\,000\ cm^{-1}$	$2\,000\sim1\,500\ cm^{-1}$	$1\,500\sim600\ cm^{-1}$
键区	氢键区	三键和累积双键区	双键区	单键区
官能团	O—H、C—H、N—H	C≡C、C≡N	C=C、C=O 等	

3.1.4.11　吸附材料表面官能团的含量分析

（1）表面碱性官能团的总量分析

准确称取 1.0 g 样品置于具塞 250 mL 碘量瓶中，加入 25 mL 0.1 mol/L 的盐酸溶液，振荡片刻于 25℃下的恒温槽中静置 48 h 后，过滤。精确量取滤液 10 mL，加入 40～50 mL 无 CO_2 的水，用标准 0.1 mol/LNaOH 溶液滴定浸泡前后盐酸溶液浓度的变化，测定出样品吸附 HCl 的数量，计算出单位质量的样品所消耗的盐酸的量，作为其表面碱性官能团的数量。

（2）表面酸性官能团的总量分析

准确称取 1.0 g 样品放入具塞 250 mL 的碘量瓶中，加入 25 mL 0.1 mol/L 的 NaOH 溶液，振荡片刻，于 25℃下的恒温槽中静置 48 h 后，过滤。精确量取滤液 10 mL，加入 40～50 mL 无 CO_2 的水，用标准 0.1 mol/L 盐酸溶液滴定浸泡前后 NaOH 溶液浓度的变化，测定出样品吸附 NaOH 的数量，计算出单位质量的样品所消耗的 NaOH 的量，作为其表面酸性官能团的数量。

（3）表面酚羟基含量的分析

准确称取 1.0 g 样品放入具塞 250 mL 的碘量瓶中，加入 25 mL 0.1 mol/L 的 Na_2CO_3 溶液，振荡片刻，于 25℃下的恒温槽中静置 48 h 后过滤。精确量取滤液 10 mL，加入 40～50 mL 的蒸馏水，用标准 0.1 mol/L 盐酸溶液滴定浸泡前后 Na_2CO_3 溶液浓度的变化，用样品吸附 NaOH 的量减去吸附 Na_2CO_3 的量，即为其表面酚羟基的含量。

（4）表面羧基含量的分析

准确称取 1.0 g 样品放入具塞 250 mL 的碘量瓶中，加入 25 mL 0.1 mol/L 的 $NaHCO_3$ 溶液，振荡片刻，于 25℃下的恒温槽中静置 48 h 后过滤。精确量取滤液 10 mL，加入 40～50 mL 的蒸馏水，用标准 0.1 mol/L 盐酸溶液滴定浸泡前后 $NaHCO_3$ 溶液浓度的变化，测定出样品吸附 $NaHCO_3$ 的数量，计算出单位质量的样品所消耗的 $NaHCO_3$ 的量，即为其表面羧基的数量。

3.2   膨胀石墨性质分析

3.2.1   产品质量的测试结果

产品质量的指标测试结果如表 3-7 所示，国标指标与本产品指标比较结果如表 3-8 所示。

表 3-7   指标测试结果   单位：%

技术指标	m_1	m_2	结果
灰分（质量分数）	95.48	92.88	2.72
挥发分（质量分数）	100.00	95.00	5.00
水分（质量分数）	100.00	97.88	2.12

表 3-8   国标指标与本产品指标比较

技术指标	GB 10698—89	本产品
膨胀容积/（mL/g）	≥150	280
灰分（质量分数）/%	15.01～18.00	2.72
挥发分（质量分数）/%	≤10.00	5.00
水分（质量分数）/%	5.01～8.00	2.12

本产品膨胀体积为 280 mL/g，灰分（质量分数）为 2.72%，挥发分（质量分数）为 5.00%，水分（质量分数）为 2.12%。

3.2.2   表面基团分析

4 种官能团含量如表 3-9 所示。

表 3-9   官能团含量   单位：mmol/g

酸性基团含量	碱性基团含量	羧基含量	酚羟基含量）
1.045 1	0.300 8	1.780 5	1.370 0

3.2.3   比表面积和孔结构分布分析

根据 BET 原理计算膨胀石墨的比表面积和平均孔径。BET 比表面积参数为 S_{BET}=61.167 69 m^2/g，V_m=14.029 29 cm^3/g，线性度 CC=0.999 75，常数 C=341.442 69。孔容-孔径微分分布曲线如图 3-3 所示。

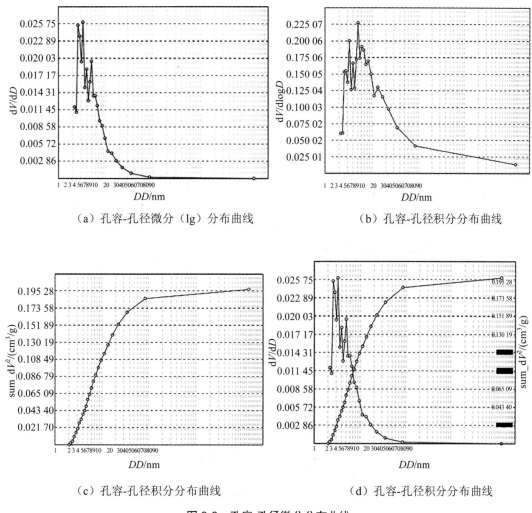

（a）孔容-孔径微分（lg）分布曲线　　　　（b）孔容-孔径积分分布曲线

（c）孔容-孔径积分分布曲线　　　　　　（d）孔容-孔径积分分布曲线

图 3-3　孔容-孔径微分分布曲线

以 N_2 为吸附质，用全自动比表面积和孔隙仪（孔分布为 1.70～300.00 nm）在平衡间隔为 10 s 条件下用 BET 法测定了膨胀体积为 280 mL/g 的膨胀石墨的比表面积、孔径分布和孔容积，如表 3-10 所示。

表 3-10　BJH 理论计算的样品孔结构参数

样品	吸附累积孔内表面积/(m^2/g)	脱附累积孔内表面积/(m^2/g)	吸附累积总孔体积/(cm^3/g)	脱附累积总孔体积/(cm^3/g)	吸附平均孔径/nm	脱附平均孔径/nm	脱附最小孔径/nm
EG	108.4	104.619	0.197	0.178	7.279	6.805	3.909

3.2.4　微观形貌分析（SEM）

在实验中，采用场发射扫描电子显微镜对样品进行表面形貌分析，如图 3-4 所示。

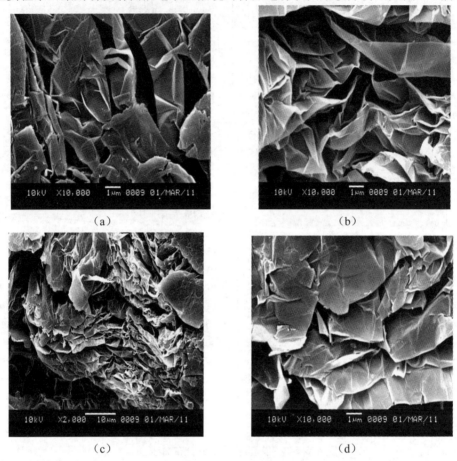

图 3-4　扫描电镜观察图

从图 3-4 可以看出，膨胀石墨表面存在发达的、孔径大小不一的孔隙结构，孔的形状多样，呈椭圆形、裂缝形或不规则形等多种形状。每个膨胀石墨表面形态基本相似，比较粗糙，呈现凹凸不平、蜂窝状结构。

3.2.5　傅里叶红外（FT-IR）分析

对膨胀石墨进行傅里叶红外（FT-IR）分析，得到各波数的吸收峰归属情况（图 3-5）。一般极性较强的分子或基团，其吸收峰强度较强；反之，极性较弱的分子或基团，其吸收峰强度较弱。同时，对于基团的特征吸收频率而言，一般认为含氢的单键（如 C—H、N—H、O—H），其振动受分子中其他部分的影响较小，具有较高的特征性；而对于不含氢的单键，其力常数相差不大且又相互连接，相互影响较强，因而其吸收峰的特征性较弱。

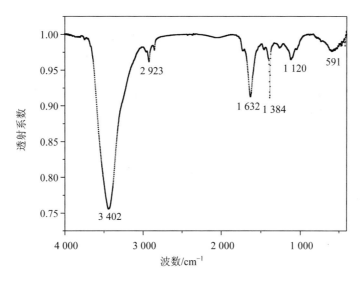

图 3-5　膨胀石墨 FT-IR 谱图

膨胀石墨红外光谱吸收峰的归属情况如表 3-11 所示。

表 3-11　膨胀石墨红外光谱吸收峰的归属情况

波数/cm^{-1}	归属（Assignment）
3 402	羟基 O—H 的伸缩振动
2 923	C—H（—CH$_2$，—CH$_3$，—CH＝O）伸缩振动
1 632	芳环的骨架伸缩振动 C—C
1 384	C—H 弯曲振动，酚羟基 O—H 伸缩振动
1 120	C—O—C 的非对称伸缩振动
591	芳环的面外弯曲振动

对于 3 300～2 800 cm^{-1} 区域对应的 C—H 伸缩振动吸收，高于 3 000 cm^{-1} 为不饱和碳 C—H 伸缩振动吸收，有可能为烯、炔、芳香化合物，而饱和烃 C—H 伸缩均在 3 000 cm^{-1}以下，接近 3 000 cm^{-1} 的频率吸收，而在 2 250～1 450 cm^{-1} 频区内没有出现对应的相关峰，于是认为在 3 600～3 200 cm^{-1} 处的吸收峰被认为是以氢键缔合的醇、酚的羟基—OH 或者由氨基—NH、—NH$_2$ 的伸缩振动引起的。

第4章 膨胀石墨吸附的 NO_x 研究

4.1 膨胀石墨吸附 NO_x 机理

4.1.1 NO 的吸附转化机理

NO 为不成盐氧化物，既不与酸反应，又不与碱反应生成盐和水，故而处理起来存在一定的难度，国内外处理 NO 的理念基于先将其氧化成 NO_2，随之加以处理。

一般认为，NO 氧化成 NO_2 的机理是：

1）NO 和 O_2 先吸附在 EG 上，在其活性位上 NO 被氧化成 NO_2。

2）NO_2 向内部漂移、扩散。Zhenping Zhu 等认为在 EG 上存在 2 种吸附位，即在 A 活性位上形成 NO_2 后从 A 位漂移到 B 位，通过溢出、解吸或吸附过程，NO_2 存贮在 B 位上，A 位空出来继续吸附，直到两种吸附位饱和。

3）NO_2 累积到一定程度后（这种累积对稳定阶段 NO 转化十分必要），开始解吸直至达到平衡。

4.1.2 EG 吸附 NO_x 机理

用多孔性固体处理流体混合物，使其富含的一种或几种气体组分浓集在固体表面，从而实现与其他组分分开，这个过程被称为吸附。

根据分子在固体表面吸附时结合力的不同，可以分为物理吸附和化学吸附。物理吸附也称作是范德华吸附，它是由分子间作用力即范德华力实现的，其结合力较弱，吸附热较小，吸附和解吸速度均较快，吸附过程可逆是此类吸附的特征。在吸附过程中没有电子转移、没有化学键的生成与破坏、没有原子重排等。

化学吸附是吸附质分子与固体表面原子（或分子）发生电子的转移、交换或共有，形成吸附化学键的吸附。由于固体表面存在不均匀力场，表面上的原子往往还有剩余的成键能力，当气体分子碰撞到固体表面上时便与表面原子间发生电子的交换、转移或共有，形成吸附化学键的吸附作用。这类吸附多为选择性吸附，形成单分子层吸附，不易解吸。

同一物质可能在低温下呈现物理吸附，当温度上升活化能积累到一定程度，也可能发生化学吸附，也就是说物理吸附先于化学吸附，在一次吸附过程中也会有两种吸附方式同时存在的情形。

表 4-1　物理吸附与化学吸附的异同点

	物理吸附	化学吸附
吸附力	范德华力	化学键力
吸附热	较小	较大
选择性	无	有
稳定性	不稳定，易解吸	比较稳定
可逆性	可逆	可逆或不可逆
吸附态光谱	吸附峰的强度变化或波数位移	出现新的特征吸收峰

当有水汽存在时，炭材料的吸附机理：

物理吸附

$$\begin{aligned} 2NO &\longrightarrow NO^* \\ O_2 &\longrightarrow O_2^* \\ H_2O &\longrightarrow H_2O^* \end{aligned} \tag{4-1}$$

化学吸附

$$\begin{aligned} 2NO^* + O_2^* &\longrightarrow 2NO_2^* \\ 2NO_2^* + H_2O^* &\longrightarrow HNO_3^* + HNO_2^* \end{aligned} \tag{4-2}$$

4.2　膨胀石墨吸附动力学分析

4.2.1　NO$_x$ 吸附等温线

吸附剂从溶液中将吸附质分离出来是一个动态平衡过程，吸附等温线能很好地对这个过程进行描述。为此研究者使用了许多模型来解释吸附平衡，要想成功地应用这些模型，最关键的因素是模型能对整个工艺条件范围进行描述。对于固—液相吸附，使用最广泛的是 Langmuir 和 Freundlich 吸附等温线。

4.2.1.1　Langmuir 吸附等温线

Langmuir 吸附等温线理论基于气体在固体表面上的吸附是气体分子在吸附剂表面凝聚和逃逸，即吸附与解吸过程，两种相反过程达到动态平衡的结果。基本假定为：

1）固体具有吸附能力是因为吸附剂表面的原子力场没有饱和，有剩余价力。当气体分子碰撞到固体表面时，其中一部分就被吸附并放出吸附热。但是气体分子只有碰撞到固体尚未被吸附的空白表面上才能发生吸附作用。当固体表面上已布满一层吸附分子之后，这种力场得到了饱和，因此吸附是单分子层的。

2）已经吸附在吸附剂表面上的分子，当其运动足以克服吸附剂引力场的位垒时，又重新回到气相，再回到气相的机会不受临近其他吸附分子的影响，也不受吸附位置的影响。换而言之，被吸附的分子之间不相互影响，并且表面是均匀的。

假设吸附为单分子层吸附，其吸附方程表征见式（4-3）：

$$q_e = \frac{K_L C_e}{1 + a_L C_e} \qquad (4\text{-}3)$$

式中：q_e——吸附容量，mg/g；

　　　K_L——吸附系数；

　　　C_e——平衡质量浓度，mg/L；

　　　a_L——Langmuir 常数。

方程经变形：

$$\frac{C_e}{q_e} = \frac{1}{K_L} + \frac{a_L C_e}{K_L} \qquad (4\text{-}4)$$

将实验数据以 C_e/q_e 对 C_e 作图，斜率和截距分别代表 a_L/K_L 和 $1/K_L$。

4.2.1.2　Freundlich 吸附等温线

弗伦德利希（Freundlich）吸附等温式最初是一个经验公式，以后才给予理论上的说明，假设吸附为多分子层吸附，其吸附方程表征为

$$q_e = a_f C_e^{b_f} \qquad (4\text{-}5)$$

式（4-5）两边取对数得到线性形式：

$$\ln q_e = \ln a_f + b_f \ln C_e \qquad (4\text{-}6)$$

式中：a_f——Freundlich 吸附常数，mg/g，可大致反映吸附能力的强弱；

　　　b_f——组分因数，表示吸附量随浓度增长的强度。

将实验数据以 $\ln q_e$ 对 $\ln C_e$ 作图，斜率和截距分别代表 b_f 和 $\ln a_f$。

4.2.1.3　Temkin 吸附等温线

假设吸附为单分子层的吸附，吸附剂表面不均匀，与 Freundlich 吸附模型不同的是 Temkin 吸附等温线吸附热 ΔH 随着覆盖度的增加而呈线性下降趋势，其线性等温吸附方程表征为

$$q_e = B \ln K + B \ln C_e \qquad (4\text{-}7)$$

式中：K、B——Temkin 常数。

4.2.1.4　热力学计算

表征 Gibbs 自由能用式（4-8）计算：

$$\Delta G^{\theta} = -RT \ln K_{\mathrm{c}} \tag{4-8}$$

其中

$$K_{\mathrm{c}} = \frac{C_{B_e}}{C_{A_e}} \tag{4-9}$$

式中：C_{B_e}——EG 吸附 NO_x 的浓度；

　　　C_{A_e}——系统内未被 EG 吸附的 NO_x 浓度。

标准焓（ΔH^{θ}）和标准熵（ΔS^{θ}）可由 Van't Hoff 方程求解而得

$$\ln K_{\mathrm{c}} = \frac{\Delta S^{\theta}}{R} - \frac{\Delta H^{\theta}}{RT} \tag{4-10}$$

根据 Clausius-Clapeyron 方程

$$\ln c = \Delta H / (RT) + K \tag{4-11}$$

式中：c——吸附平衡时的平衡质量浓度，mg/L；

　　　T——热力学温度，K；

　　　R——摩尔气体常数，8.3145 J/（mol·K）；

　　　ΔH——等量吸附焓，kJ/mol；

　　　K——常数。

用线性回归法求出各吸附量所对应的斜率 K，然后计算出吸附焓 ΔH。

（1）吸附自由能 ΔG 的计算

在低浓度范围内，吸附自由能 ΔG 的值可以通过 Gibbs 方程从吸附等温线衍生得到

$$\Delta G = -RT \int_{0}^{x} q \frac{\mathrm{d}x}{x} \tag{4-12}$$

式中：q——吸附量，mg/g；

　　　x——溶液中吸附质的摩尔分数。

若 q 和 x 的关系符合 Freundlich 方程，则有

$$q = kx^{\frac{1}{n}} \tag{4-13}$$

式中：k——常数。

将式（5-13）代入式（5-12）得到的吸附自由能 ΔG 的表达式：

$$\Delta G = -nRT \qquad\qquad (4\text{-}14)$$

式中：ΔG——吉布斯自由能，kJ/mol；

　　　n——Freundlich 方程的常数。

（2）吸附熵的计算

吸附熵可以用 Gibbs-Helmholz 方程计算：

$$\Delta S = (\Delta H - \Delta G)/T \qquad\qquad (4\text{-}15)$$

将实验数据根据 Freundlich 方程进行拟合，以 $\ln q_e$ 对 $\ln C_e$ 作图，用线性回归法求出直线所对应的斜率，从而求出 Freundlich 方程的指数 n，进而求吸附自由能 ΔG 和吸附熵 ΔS。

4.2.2　EG 吸附 NO_x 动力学模型

为了寻找适合于该过程的吸附动力学模型，分别用准一级和准二级吸附模型描述吸附动力学数据。[30]

4.2.2.1　准一级动力学模型

在两种模型中，整个吸附过程应包括外扩散、内扩散和吸附，假设固相平均浓度和平衡浓度之差是吸附过程的传质推动力，在准一级模型中总的吸附率与传质推动力的一次方成正比，即

$$\frac{\mathrm{d}q}{\mathrm{d}t} = k_1(q_e - q_t) \qquad\qquad (4\text{-}16)$$

对方程进行积分，动力学表达式可转换为线性形式：

$$\ln(q_e - q_t) = \ln q_e - \frac{k_1}{2.303}t \qquad\qquad (4\text{-}17)$$

式中：k_1——准一级速率常数；

　　　q_e 和 q_t——分别为吸附平衡与 t 时刻膨胀石墨对 NO_x 的吸附量，mg/g。

通过 $\ln(q_e-q_t)$ 对 t 作图，从斜率可得到准一级动力学模型速率常数 k_1。

4.2.2.2　准二级动力学模型

在准二级模型中总的吸附率与传质推动力的二次方成正比，即

$$\frac{\mathrm{d}q}{\mathrm{d}t} = k_2(q_e - q)^2 \qquad\qquad (4\text{-}18)$$

对式（4-18）进行积分，动力学表达式可简化为

$$\frac{t}{qt} = \frac{1}{k_2 q_e^2} + \frac{1}{q_e}t \tag{4-19}$$

$$h = k_2 q_e^2 \tag{4-20}$$

式中：h —— 初始吸附速率，mg/（g·min）；

　　　k_2 —— 准二级动力学模型的速率，g/（mg·min），可由 t/q_t 对 t 作图求得。

4.2.2.3　Elovich 动力学方程

1934 年 Zeldowitsch[31]在研究 CO 在 MnO_2 上的化学吸附动力学时发现吸附速率随着 CO 吸附量的增加呈指数衰减趋势，从而提出 Elovich 动力学方程：

$$q_t = \frac{\ln(\alpha\beta)}{\beta} + \frac{\ln t}{\beta} \tag{4-21}$$

式中：α —— 初始吸附速率的参数，mg/（g·min）；

　　　β —— 与表面覆盖度及化学作用吸附活化能有关的参数。

4.2.2.4　Ritchie's 二阶动力学方程

$$\frac{1}{q_t} = \frac{1}{kq_e t} + \frac{1}{q_e} \tag{4-22}$$

式中：q_e 和 q_t ——分别为吸附平衡与 t 时刻膨胀石墨对 NO_x 的吸附量，mg/g。

4.2.3　NO_x 吸附动力学分析

吸附质从溶液主体传递到固相上，颗粒内部扩散是一个主要过程，对于许多吸附，颗粒内部扩散过程经常是吸附的速率控制步骤。颗粒内部扩散模型是在 Weber 和 Morris 提出的理论基础上得到的，方程如下：

$$q_t = K_p t^{0.5} + C \tag{4-23}$$

式中：K_p——颗粒内部扩散速率常数，mg/（g·min$^{-1/2}$）。

K_p 与扩散系数 D 的关系为

$$K_p = \frac{6q_t}{R} \frac{\sqrt{D}}{\sqrt{\pi}} \tag{4-24}$$

式中：R——颗粒半径，cm。

另外，C 为截距，C 值的大小反映了边界层的厚度，即 C 值越大，边界层效应越大，如果曲线 q_t-$t^{-1/2}$ 为一条直线且通过原点，那么颗粒内扩散过程则是唯一的吸附速率控制步骤。

动力学研究对吸附处理系统的设计至关重要，动力学参数有助于预测吸附速率，能为吸附系统的设计和数值模拟提供重要信息。因此，对初始浓度、吸附温度、膨胀石墨投加量等因素，均是从动力学这个角度进行分析的。

4.3 正交实验设计

正交实验是研究与处理多因素试验的一种科学方法，它是在实践经验与理论认识的基础上利用一种排列整齐的规格化表——正交表——来安排试验。由于正交表具有"均衡分散，整齐可比"的特点，能在考察的范围内选出代表性很强的少数试验条件，做到均衡抽样。因此，能通过少量的试验次数，得到最好的生产和科研条件。

为了优化膨胀石墨作为吸附剂吸附 NO$_x$，本课题采用了正交实验法。

制备条件水平表：需选择的条件参数依据资料及初步的实验结果得到，如表 4-5 所示。

选择实验方案及考核指标：选择 L9（3^4）正交表，以单位膨胀石墨吸附量为考核指标，建立正交表，见表 4-6。

确定最佳条件参数：利用极差分析法，确定最佳工艺参数。

4.3.1 反应装置图

0.5 mol/L 的亚硝酸钠溶液以 1 s/滴的流速滴至过量的硫酸溶液中（图 4-1 中 2），均匀产生 NO、NO$_2$ 混合气体，反应器 1 中 30%过氧化氢和二氧化锰反应生成过量的氧气提供本实验所需的氧气，利用大气采样器（图 4-1 中 7）形成的负压，以恒定流速抽取气体依次通过各反应器。3 为反应停留区，确保氧气与 NO 的充分接触，装置 5、8 为缓冲装置，膨胀石墨（EG）填充在反应器 4 内滤膜之上，6 为 U 形管内装填有变色硅胶，9 内为 0.5 mol/L 氢氧化钠溶液，吸附反应结束，由标准配比的 0.5 mol/L 的硫酸滴定，计算酸性气体去除量，10 为 pH 计，用以测定反应是否到达平衡点[32]。

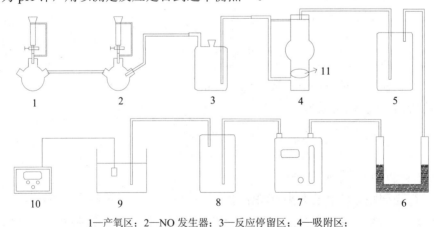

1—产氧区；2—NO 发生器；3—反应停留区；4—吸附区；

5、8—缓冲装置；7—气体样本；9—吸附液；10—pH 计；11—滤膜

图 4-1 实验装置图

4.3.2　NO_x 吸收效率计算

4.3.2.1　采用 UV-7405 分光光度法测定

测定原理：亚硝酸盐采用盐酸萘乙二胺法测定，硝酸盐采用镉柱还原法测定。在弱酸条件下亚硝酸盐与对氨基苯磺酸重氮化后，再与盐酸萘乙二胺耦合成紫红色染料，外标法测得亚硝酸盐含量，采用镉柱将硝酸盐还原成亚硝酸盐，测得亚硝酸盐总量。

4.3.2.2　试剂和材料

冰醋酸（CH_3COOH），盐酸（1.19 g/mL），氨水（25%），对氨基苯磺酸（$C_6H_7NO_3S$），盐酸萘乙二胺（$C_{12}H_{14}N_2·2HCl$），亚硝酸钠（$NaNO_2$），硝酸钠（$NaNO_3$），锌皮或锌棒，硫酸镉。

4.3.2.3　溶液配制

氨缓冲溶液（pH=9.6～9.7）：量取 30 mL 盐酸，加 100 mL 蒸馏水，混匀后加 65 mL 氨水，再加水稀释至 100 mL，混匀，调节 pH 至 9.6～9.7；量取 50 mL 氨缓冲溶液，加水稀释至 500 mL，混匀。

盐酸（0.1 mol）：量取 5 mL 盐酸，用水稀释至 600 mL。

对氨基苯磺酸溶液（4 g/L）：称取 0.4 g 对氨基苯磺酸，溶于 100 mL 20%（体积比）盐酸中，置棕色试剂瓶中保存。

盐酸萘乙二胺（2 g/L）：称取 0.2 g 盐酸萘乙二胺溶于 100 mL 水中，混匀后置棕色瓶中避光保存。

亚硝酸钠标准溶液（200 μg/mL）：准确量取 0.100 0 g 于 110～120℃干燥恒重的亚硝酸钠，加水溶解定容在 500 mL 容量瓶中，加水至刻度。

亚硝酸钠标准使用液（5.0 μg/mL）：临用前，吸取亚硝酸钠标准溶液 5.00 mL，置于 200 mL 容量瓶中，加水稀释至刻度。

硝酸钠标准溶液（200 μg/mL，以亚硝酸钠计）：准确量取 0.123 2 g 于 110～120℃干燥恒重的硝酸钠，加水溶解至 500 mL 容量瓶中定容。临用时吸取 2.50 mL 置于 100 mL 容量瓶中，加水稀释至刻度。

镉柱（海绵状镉）的制备：投入足够的锌皮或锌棒于 500 mL 硫酸镉（200 g/L）中，当其中的镉全部被置换出来后，用玻璃棒轻轻刮下，取出残余锌棒，使镉沉底，倾去上层清夜，以水用倾泻法多次洗涤，然后移入组织捣碎机中，取 20～40 目之间的部分。以 25 mL 酸式滴定管替代，填充好镉柱。先用 25 mL 盐酸（0.1 mol）洗涤，再以水洗两次，每次 25 mL，镉柱不用时以水覆盖，随时都要保持水平面在镉层之上。

4.4   结果分析与讨论

4.4.1   亚硝酸盐标准曲线的测定

亚硝酸盐标准曲线的测定见表 4-2 和图 4-2。

表 4-2   标准曲线测定

标准亚硝酸钠溶液体积/mL	0.00	0.20	0.40	0.60	0.80	1.00	1.50	2.00	2.50
亚硝酸钠的对应量/μg	0.0	1.0	2.0	3.0	4.0	5.0	7.5	10.0	12.5

将上述溶液分别加入 2 mL 对氨基苯磺酸混匀,静置 3～5 min;加入 1 mL 盐酸萘乙二胺,混匀,静置 15 min;加水定容至 50 mL。

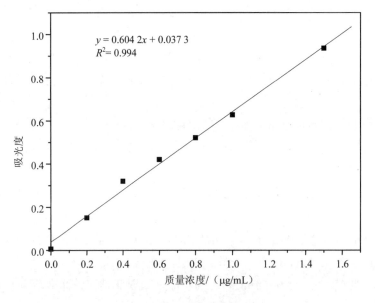

图 4-2   亚硝酸盐标准曲线

4.4.2   正交实验结果

正交实验因素水平表见表 4-3。

表 4-3   实验因素水平表

水平	吸附温度/℃	流速/(L/min)	初始质量浓度/(mg/L)	吸附剂量/g
1	0	0.25	46	0.05
2	20	0.50	92	0.10
3	80	1.25	184	0.20

正交实验结果见表 4-4。

表 4-4　正交实验结果

实验号	吸附温度/℃	流速/（L/min）	初始质量浓度/（mg/L）	吸附剂量/g	吸附值/（mg/g）	吸附效率/%
1	0	0.25	46	0.05	208.40	22.65
2	0	0.50	92	0.10	328.40	35.70
3	0	1.25	184	0.20	397.50	43.21
4	20	0.25	92	0.20	303.75	65.76
5	20	0.50	184	0.05	256.00	6.96
6	20	1.25	46	0.10	185.50	40.33
7	80	0.25	184	0.10	356.90	19.40
8	80	0.50	46	0.20	126.00	54.78
9	80	1.25	92	0.05	156.00	8.48

4.4.3　正交实验结果分析

为了判断所选因素对活性炭性能产生影响的强弱程度，应确定最佳工艺条件。因素各水平之间的极差 R 大小可以表明因素对活性炭吸附性能影响程度的大小。为观察各因素的变化对试验结果的指标是否有显著性影响，采用方差分析方法。

如表 4-5 所示，K_i（i=1, 2, 3）为表中每列某一水平下的数据之和；k_i（i=1, 2, 3）为 K_i 的平均值。通过比较每一因素的各水平均值 k_i，可以确定各水平的最佳条件。

表 4-5　吸附值极差分析

水平值	吸附温度 A	流速 B	初始质量浓度 C	吸附质量 D	吸附值
K_1	934.3	869.05	519.9	620.4	
K_2	745.25	710.40	788.15	870.8	$\sum K$=2 318.45
K_3	638.9	739	1010.4	827.25	
k_1	311.43	289.68	173.3	206.8	
k_2	248.42	236.8	262.72	290.27	$\sum k$/3=257.61
k_3	212.97	246.33	336.8	275.75	
极差 R	98.46	52.88	163.5	83.47	

极差为：$R_C > R_A > R_D > R_B$；对吸附性能影响大小顺序为：初始浓度＞吸附温度＞吸附剂量＞流速。比较各因素水平值可得，膨胀石墨吸附 NO_x 最佳工艺组合为：$A_1 B_1 C_3 D_2$，即吸附温度为 0 ℃，流速控制在 0.25 L/min，NO_x 初始质量浓度为 184 mg/L，EG 用量为 0.10 g。

4.4.4　单因素实验

在正交实验中得到最佳工艺组合的吸附温度、流速、NO$_x$ 初始质量浓度、EG 用量，此时 EG 对 NO$_x$ 吸附效果最好。为了研究吸附剂量、吸附温度、流速及初始浓度各工艺参数对 EG 吸附性能的影响，本书在正交实验的基础上进行单因素实验。

4.4.4.1　初始浓度对吸附效果的影响

吸附温度选定在 0℃，流速控制在 0.25 L/min，吸附剂用量为 0.10 g EG。改变 NO$_x$ 初始质量浓度，依次选取 23 mg/L、46 mg/L、92 mg/L、138 mg/L、184 mg/L、230 mg/L 做梯度实验，实验结果如图 4-3、图 4-4 所示。

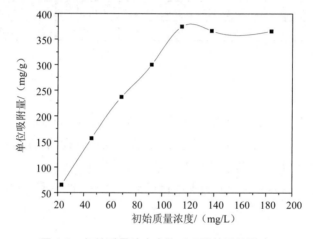

图 4-3　初始质量浓度变化对吸附效果的影响

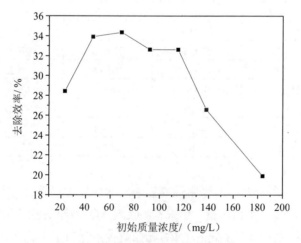

图 4-4　去除率随初始质量浓度变化

由图可知，单位膨胀石墨吸附量随 NO_x 初始质量浓度增加而逐渐变大，到达 375 mg/g（即 NO_x 初始质量浓度为 115 mg/L）后随着初始质量浓度的增大而逐渐减少，得出在此情况下，膨胀石墨吸附 NO_x 平饱和吸附量为 375 mg/g。体现在去除效率方面，在质量浓度过高的 NO_x 氛围下，去除效率低至 19.89%，饱和吸附点的去除效率为 32.61%，最高去除效率发生在初始质量浓度为 69 mg/L、吸附容量为 237 mg/L 水平上。

4.4.4.2　吸附温度的影响

由单因素初始质量浓度实验选取初始质量浓度为 115 mg/L，流速控制在 0.25 L/min，吸附剂用量为 0.10 g EG，选定 0℃、20℃、40℃、80℃、60℃、100℃做温度变量梯度实验，如图 4-5 所示。

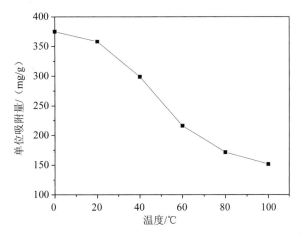

图 4-5　温度对吸附效果的影响

由图可知，NO_x 的去除量随着体系内温度的升高逐渐降低，在 0℃时去除量达到最大，为 375 mg/L。去除效率最高可达 32.61%，在 100℃的高温下去除效率仅为 13.17%。低温时去除率相对较高，温度升高不利于 NO_x 的去除。实验表明吸附过程伴随着可逆脱附反应同时进行，NO_x 靠范德华力吸附在 EG 上，温度升高，分子运动加快，其热运动的动能足以克服吸附力场的位垒，脱附速度加快，在单位时间内溢出的分子数增加，吸附量变小。在 NO 转变为 NO_2 时，需要吸附氧气形成活性位，温度升高，溢出的氧分子增加，形成活性位；同时吸附的 NO 也减少，两者的共同作用使得转化率变小，逆向脱附反应加剧，致使去除 NO_x 的效率降低。

4.4.4.3　不同吸附剂量的影响

初始质量浓度为 115 mg/L，流速控制在 0.25 L/min，温度为 0℃，选取 0.05 g、010 g、0.125 g、0.15 g、0.175 g、0.20 g、0.25 g 为吸附剂变量进行梯度实验，如图 4-6 所示。

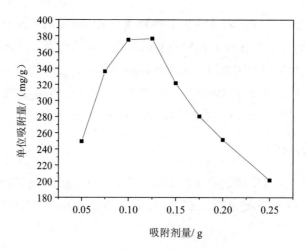

图 4-6　吸附剂量对吸附效果的影响

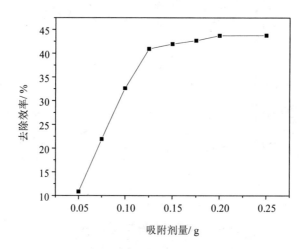

图 4-7　去除效率随吸附剂量的变化曲线

由图可知：膨胀石墨对 NO$_x$ 去除量随吸附剂质量的增加而逐渐增加，而单位质量的吸附量呈现先增大后逐渐减小的趋势，最优吸附剂质量为 0.125 g。

4.4.4.4　不同流速的影响

膨胀石墨取 0.125 g，温度控制在 0℃，反应物初始质量浓度为 115 mg/L，选取 0.10 L/min、0.25 L/min、0.375 L/min、0.50 L/min、0.75 L/min、1.00 L/min、1.25 L/min 做变量梯度实验，如图 4-8 所示。

由图可知：随着流速的增大，膨胀石墨吸附 NO$_x$ 量呈现先增大后递减最终稳定的趋势，稳定在 285 mg/g，最高点单位吸附值为 380.6 mg/g，流速为 0.30 L/min；且最终递减至稳定点的 NO$_x$ 去除量仍高于流速 0.10 L/min 时的去除量，由此认为低于 0.20 L/min 的流速提供的动力不足以满足系统克服阻力要求，使得 NO$_x$ 发生装置内瞬间产生的 NO$_x$ 未能及时被吹脱至下一反应器，致使产生的 NO_x 滞留在发生器内，从而溶解到硫酸、硝酸钠复合溶液中去。为证实这一猜想，取反应后三口烧瓶内的液体添加盐酸萘乙二胺、对氨基苯磺酸显色呈现玫瑰红色，进一步证实了有部分 NO_x 的溶解。

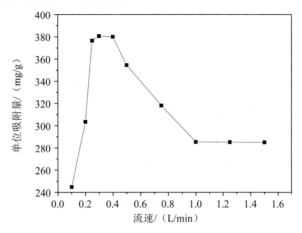

图 4-8　流速对 NO_x 去除量的影响

流速超过 0.50 L/min，出现 NO_x 吸附量的急剧减少，因为流速过快，NO、O_2 与 EG 碰撞概率变大，穿透时间缩短，由于接触时间的减少，导致 EG 内部微孔利用率下降，体现在 NO_x 吸附上去除量逐渐变少。

4.4.5　最佳条件下单位 EG 去除量随时间变化曲线

得出最佳点选取在流速为 0.30 L/min，初始质量浓度为 115 mg/L，吸附剂质量为 0.125 g，系统内温度控制在 0℃，所得的 NO_x 去除率达 41.37%，单位膨胀石墨吸附量为 380.6 mg（图 4-9）。

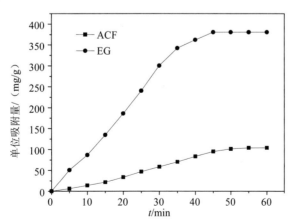

图 4-9　对比 ACF 与 EG 的吸附效果图

在最佳点上进行对比实验，活性炭纤维红外测试如图 4-10 所示。

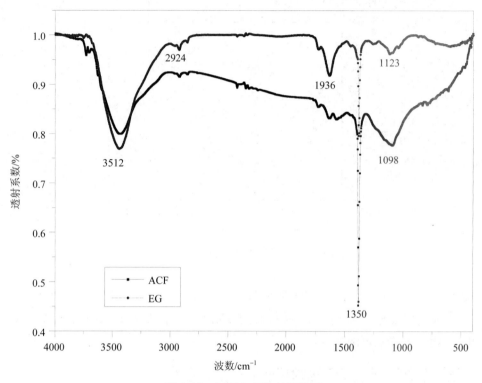

图 4-10　ACF 与 EG 的红外图

由图 4-10 可知，膨胀石墨于活性炭纤维基团峰在 3 512 cm^{-1} 处均为羟基 O—H 的伸缩振动、出现位移，2 924 cm^{-1} 为 C—H（—CH$_2$，—CH$_3$，—CH=O）伸缩振动，1 936 cm^{-1} 处膨胀石墨出现羰基 C=O 伸缩振动，1 350 cm^{-1} 处 EG 出现 C—H 弯曲振动、酚羟基 O—H 伸缩振动，1 123 cm^{-1} 出现芳香醚 Ar—O 伸缩振动。正是因为羰基 C=O、C—H 及酚羟基 O—H 基团的引入，导致膨胀石墨较 ACF 具备更好的吸附 NO$_x$ 的性能。

4.4.6　吸附热力学研究

将实验数据分别以 C_e/q_e 对 C_e 作图、以 $\ln q_e$ 对 $\ln C_e$ 作图、以 q_e 对 $\ln C_e$ 作图，得到三种曲线拟合，如图 4-11 至图 4-13 所示。

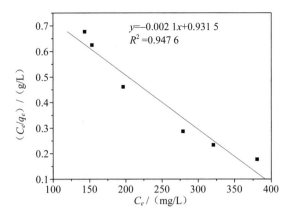

图 4-11   Langmuir 吸附等温线

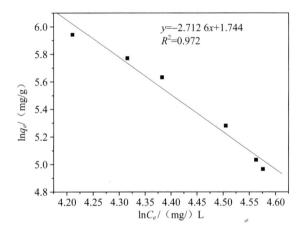

图 4-12   Temkin 吸附等温线

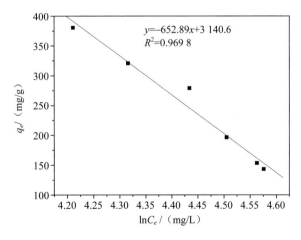

图 4-13   Freundlich 吸附等温线

实验数据采用 Langmuir、Freundlich 和 Temkin 方程预测，得到的等温线参数以及回归系数列于表 4-2 中。由图 4-9 以及表 4-2 中线性关系 R^2 可知，膨胀石墨吸附 NO$_x$ 较好地符合 Freundlich 方程拟合，表明膨胀石墨对 NO$_x$ 的吸附是多分子层吸附。表面膨胀石墨对 NO$_x$ 吸附，即在 A 活性位上形成 NO$_2$，继而从 A 位漂移到 B 位，通过溢出、解吸或吸附过程，NO$_2$ 存贮在 B 位上，A 位空出来继续吸附，直到两种吸附位饱和，因此更好地符合 Freundlich 方程拟合。

表 4-6   膨胀石墨吸附的 Langmuir、Freundlich 和 Temkin 模型参数

吸附等温模型	参数	相关系数	等温线方程
Langmuir 方程	q_{max}=476.19，a_L=−0.002 3	R^2=0.947	$q_e = \dfrac{1.074C_e}{1-0.0023C_e}$
Freundlich 方程	a_f=5.720，b_f=−2.716	R^2=0.972 7	$q_e = 5.720C_e^{-2.716}$
Temkin 方程	K=0.812，B=3 140.6	R^2=0.969 8	$q_e = -652.89 + 3140.6\ln C_e$

将实验数据以 lnK_c 对 $1/T$ 作图，得 Van't Hoff 图，如图 4-14 所示。

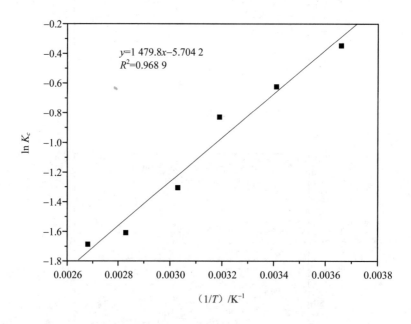

$y=1\ 479.8x-5.704\ 2$
$R^2=0.968\ 9$

图 4-14   膨胀石墨吸附 NO$_x$ 的 Van't Hoff 图

由吉布斯自由能计算公式得出热力学参数，如表 4-7 所示。

表 4-7 膨胀石墨吸附 NO_x 的热力学参数

T/K	自由能 ΔG^{θ}/（kJ/mol）	焓变 ΔH^{θ}/（kJ/mol）	熵变 ΔS^{θ}/（kJ/mol·K）
273	−10.748 9		
293	−10.634 9		
313	−10.520 9	−12.305	−0.005 7
333	−10.406 9		
353	−10.292 9		
373	−10.178 9		

ΔG^{θ} 的值为负，说明反应自发进行 ΔG^{θ} 数值越小，吸附反应推动力越强。随着温度的升高，ΔG^{θ} 增大，说明吸附推动力减弱，导致在温度较高时吸附量的降低；ΔH^{θ} 值为负，进一步证实吸附过程是一个放热反应，ΔS^{θ} 值为负，说明吸附过程自发性随着温度的升高而降低，温度升高不利于 NO_x 的去除。

4.4.7 EG 吸附 NO_x 动力学模型

选取温度为 273K，NO_x 初始质量浓度为 92 mg/L、115 mg/L、138 mg/L；以及选取 NO_x 初始质量浓度为 115 mg/L，温度分别为 273K、293K、313K 时吸附时间 t 对吸附量 q_t 的影响数据进行动力学拟合，如图 4-15 所示。

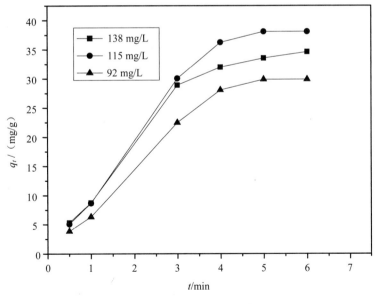

（a）不同 NO_x 初始质量浓度

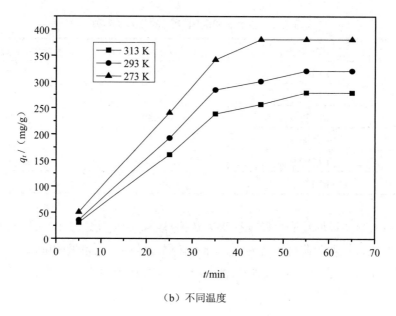

（b）不同温度

图 4-15   不同 NO$_x$ 初始质量浓度、不同温度下吸附量随时间变化情况

以 ln（q_e-q_t）对 t 作图，从斜率得速率常数 k_1，如图 4-16 和图 4-17 所示。

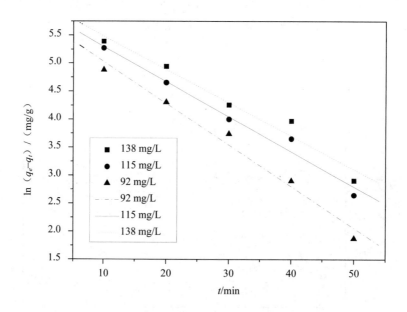

图 4-16   不同 NO$_x$ 初始质量浓度下准一级动力学模型分析

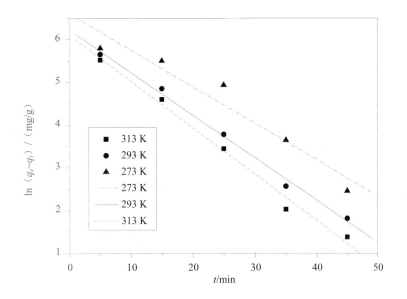

图 4-17　不同温度下准一级动力学模型分析

从斜率得速率常数 k_1，其准一级模型参数列于表 4-8 中。

表 4-8　准一级吸附速率方程的动力学参数

条件	准一级动力学参数		
	平衡吸附量 $q_e/$（mg/g）	吸附速率常数 k_1/min	相关系数 R^2
92 mg/L	307.97	0.133	0.988 8
115 mg/L	376.30	0.157	0.988 8
138 mg/L	411.16	0.169	0.978 1
273 K	379.60	0.196	0.936 8
293 K	319.20	0.229	0.994 3
313 K	278.13	0.250	0.989 8

从图 4-18 可以看出，NO_x 初始质量浓度越高，其平衡吸附量越大，吸附速率也越快；温度越高，其吸附速率越快，但是平衡吸附量越低。

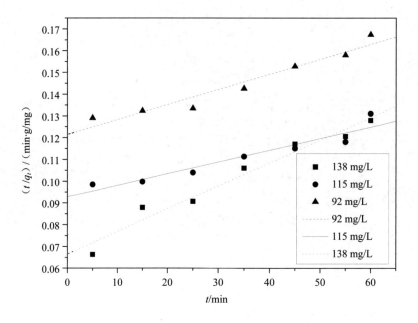

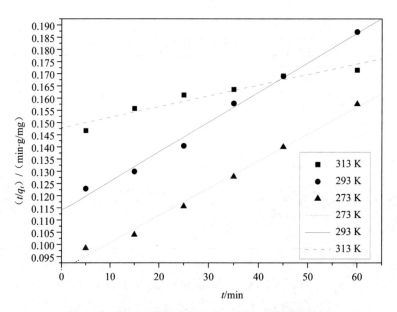

图 4-18   膨胀石墨吸附 NO$_x$ 准二级动力学模型分析

表 4-9　准二级吸附速率方程的动力学参数

项目	准二级动力学参数			
	速率常数 k_2/ [g/（mg·min）]	初始吸附速率 h/ [mg/（g·min）]	相关系数 R^2	平衡吸附量 q_e/ （mg/g）
92 mg/L	8.535×10^{-5}	8.110	0.990 2	308.25
115 mg/L	7.014×10^{-5}	10.537	0.991 1	387.60
138 mg/L	7.438×10^{-5}	13.263	0.990 9	422.27
273 K	5.396×10^{-5}	11.148	0.991 5	454.55
293 K	8.763×10^{-5}	8.795	0.989 9	316.80
313 K	8.626×10^{-5}	6.766	0.932 6	280.06

q_t 对 $\ln t$ 图，见图 4-19。

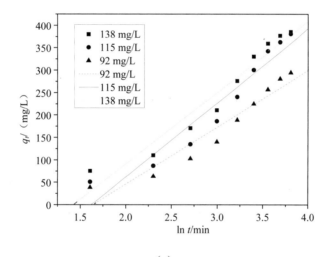

（a）

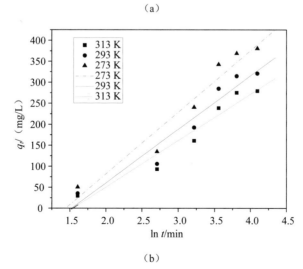

（b）

图 4-19　膨胀石墨吸附 NO_x Elovich 动力学模型分析

表 4-10   Elovich 吸附速率方程的动力学参数

条件	Elovich 动力学参数		
	初始吸附速率参数α / [mg/（g·min）]	$\beta \times 10^{-3}$ / （g/mg）	相关系数 R^2
92 mg/L	24.61	7.875	0.924 1
115 mg/L	32.42	6.069	0.925 7
138 mg/L	38.11	6.297	0.935 3
273 K	34.70	6.815	0.943 0
293 K	27.73	7.850	0.936 2
313 K	23.63	9.046	0.938 2

以 $1/q_t$ 对 $1/t$ 作图，见图 4-20。

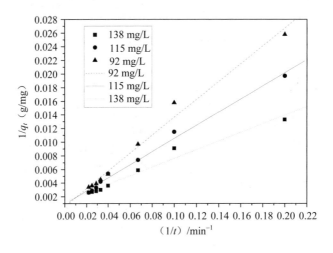

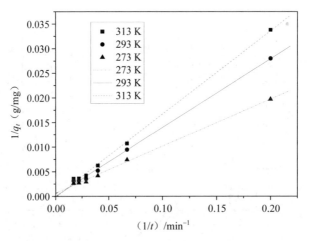

图 4-20   膨胀石墨吸附 NO$_x$ Ritchie's 动力学模型分析

表 4-11　Ritchie's 二阶吸附速率方程的动力学参数

条件	Ritchie's 动力学参数		
	速率常数 $K/$ $\min^{-1}$	平衡吸附量 $q_e/$ （mg/g）	相关系数 R^2
92 mg/L	0.045 8	166.67	0.986 0
115 mg/L	0.028 0	370.37	0.991 4
138 mg/L	0.040 9	384.62	0.971 2
273 K	0.030 7	340.56	0.973 0
293 K	0.023 8	300.80	0.978 1
313 K	0.023 6	250.05	0.988 0

4.4.8　吸附机理研究

吸附质从溶液主体传递到固相上，颗粒内部扩散是一个主要过程，对于许多吸附，颗粒内部扩散过程经常是吸附的速率控制步骤。

以 q_t 对 $t^{1/2}$ 作图，见图 4-21。从图 4-21 可以看出，整个吸附过程分为两个部分。初始部分的曲线反映了边界层效应，后面的直线部分代表了粒子内扩散或孔扩散阶段。参数列于表 4-12 中。

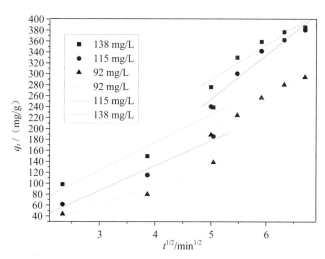

图 4-21　膨胀石墨吸附 NO_x 的内扩散图

表 4-12　不同初始质量浓度下的内扩散参数

初始质量浓度 （mg/L）	$K_{p1}/$ [mg/ （g·min$^{1/2}$）]	$K_{p2}/$ [mg/ （g·min$^{1/2}$）]	R_1^2	R_2^2	C_1	C_2
92	38.507	63.016	0.957 0	0.908 5	−50.734	−121.813
115	50.702	80.955	0.976 3	0.954 1	−65.865	−151.222
138	57.113	63.203	0.948 2	0.925 7	−57.731	−26.410

由表 4-12 可知，对于不同的初始质量浓度，K_{p1} 均大于 K_{p2}，C_2 大于 C_1。这表明由于膨胀石墨巨大的比表面积，所以一开始的吸附速率比较大，当吸附材料表面形成一层比较厚的边界层（由于内部离子吸引以及分子结合）以后，膨胀石墨的吸附能力有所减弱，吸附速率主要由金属离子从膨胀石墨外部传输进入内部的速率决定。由图 4-21 可以看出拟合直线没有经过原点，这表明内部颗粒扩散是整个吸附过程的一部分但不是整个吸附过程速率的控制步骤，一些其他机制也有可能控制着反应速率，如形成络合物或解吸作用。

第5章　PEG 协同膨胀石墨去除 NO$_x$的研究

膨胀石墨发达的空隙结构、高比表面积针对低浓度 NO$_x$的去除具有一定的效果，然而针对高浓度 NO$_x$的吸附其表现力远不如液体吸收法，但目前主流的液体吸收法成本高、二次污染严重、净化效率差、对设备腐蚀严重，从经济效益及资源化回用角度考量，都亟须探求一种经济、实用、吸收效率高的工艺。

张深松[33]等曾利用 TBP 作为 NO$_x$的吸收剂，得到比较满意的结果，在进一步寻找能消除 NO$_x$废气的有机吸收剂的过程中，张青枝[34]等发现聚乙二醇（Polyethylene Glycol，PEG，平均分子量为 300）可以有效地吸收 NO$_2$，吸收产物稳定。作为一种优良的氧化剂，聚乙二醇可以高产率地将芳香醇氧化为相应的醛或酮，缺点在于耗用 PEG 量过大。

得益于国内外关于膨胀石墨在液相氛围下对油类、染料、重金属离子的高效吸附的研究，此类吸附过程中脱附缓慢，吸附效率高，成本低廉。作者拟采用 PEG 裹附 NO$_2$分子，利用膨胀石墨高效比表面积及大孔径对 PEG 大分子进行包裹、吸附，寻求一条高效环保的 NO$_x$去除工艺。

5.1　PEG 吸收 NO$_x$机理

聚乙二醇（PEG）作为一种非离子表面活性剂，其与 NO$_x$进行类似络合反应，首先 NO$_2$以游离态吸附于 PEG 液膜外部，之后 NO$_2$进入 PEG 液膜以内与 PEG 分子形成亚硝酸酯，最终亚硝酸酯结构逐渐变为非常稳定的硝酸酯结构，即 PEG·NO$_2$酯类聚合物，聚合物在醇类氛围下未形成稳定态以前，被多孔性比表面积大的膨胀石墨竞争吸附、包裹，从而达到 NO$_x$以大分子聚合态形式被去除的目的。

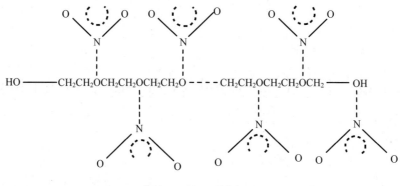

图 5-1　NO$_x$吸收机理

5.2　气液传质模型

5.2.1　双膜理论

双膜理论是 1923 年由 Lewis 和 Whitusan[35]提出的，其基本论点有以下 3 点。

1）气、液两相接触的自由界面附近，分别存在着做层流流动的气膜和液膜，即在气相侧的气膜和液相侧的液膜，如图 5-2 所示。气体必须以分子扩散的方式从气相主体连续通过此两层膜进入液相主体。由于此两层膜在任何情况下均呈层流，又称为层流膜。两相流动情况的改变仅影响膜的厚度，即气体的流速越大，气膜就越薄；同样，液体的流速越大，液膜也就越薄。

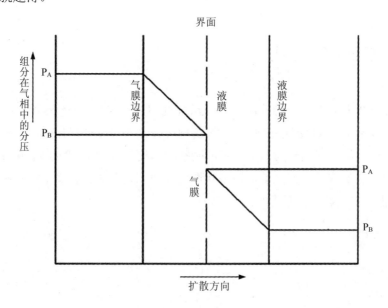

图 5-2　双膜模型

2）在气液两相界面上，两相的浓度总是互相平衡的，即气膜与液膜中的传递速率总是相等的。故在界面上不存在传递阻力。

3）气体传递过程可看作由四个阶段组成。第一阶段，气体通过气相全体抵达气、液界面；第二阶段，气体通过界面上气相一侧的气膜；第三阶段，气体通过界面上液膜一侧的液膜；第四阶段，气体向液相主体扩散。每一个传递阶段都包含一个有限的时间增量，但是其中某一阶段所需的时间往往比其他阶段长很多，以致在整个传递过程中，其余阶段的速率可以忽略不计。给定条件下传递时间最长的阶段称为速率控制阶段，整个气体传递过程的速率可以只按速率控制阶段的速率计算。

物质在稳定的浓度场中扩散时，沿着扩散方向，浓度逐渐降低，形成浓度梯度。浓度梯度的存在既是扩散过程的动力，又表明介质对扩散物质存在着阻力。在主体紊流区内，气体主要依靠涡流扩散进行传递。这时，总体运动虽大，但气体与周围介质之间的相对运动却不大，因而介质对传递的阻力也不大。所以在气相主体和液相主体中可看作不存在浓度梯度。而在液膜和气膜中，气体进行分子扩散，与周围介质有较大的相对运动，因而阻力较大，结果在很短的距离内就产生很大的浓度梯度。双膜理论认为，气体传递过程的主要阻力减小和浓度降低，仅存在于两层层流边界膜内。传递过程的总速率主要取决于边界膜的厚度和其中进行的分子扩散速率。至于液膜和气膜中哪一个将成为速率控制阶段，这取决于气体溶解度的大小。

双膜理论虽能较好地符合具有固定界面的传质过程，但它具有一些基本缺陷，如紊流剧烈的自由界面上难以存在稳定的层流膜。因此继双膜理论后出现了一些新的传质理论。

5.2.2　溶质渗透理论

Higbie（赫格比）[36]提出的溶质渗透理论假定物质主要借湍流旋涡运动由流体内部运动至界面，随后在很短时间内又由界面向流体进行不稳态的分子扩散，位于界面的原来的旋涡又被其他旋涡取代，如此反复进行这一过程。

根据溶质渗透理论得出的平均传质速率取决于界面上旋涡的暴露时间以及在这段时间内扩散组分穿过界面传递进入旋涡的量，其数学表达式为

$$K_c = 2\sqrt{\frac{D_{ab}}{\pi \theta_c}} \qquad (5\text{-}1)$$

式中：D_{ab}——扩散系数；

$\quad\theta_c$——气液接触时间。

由于 θ_c 一般未知，所以溶质渗透理论的应用受到限制。传质系数 K_c 与分子扩散系数的平方根成正比这一点已由实验证实是正确的，说明溶质渗透理论比双膜理论更能代表两相间的传质机理。

5.2.3　表面更新理论

Dankwerts（丹克伍茨）通过对溶质渗透理论的修正而发展出表面更新理论。丹克伍茨假定表面单元暴露的时间不同，而质量传递的平均速率取决于各种年龄期的表面单元的颁，平均吸收速率是将年龄期的表面更新分率乘以该表面的瞬时吸收速率，然后将所有表面单元的表达式相加。由此得到

$$K_c = 2\sqrt{SD_{ab}} \qquad\qquad （5\text{-}2）$$

式中：S —— 表面更新分率，必须由实验测定。

从该式可以看出，K_c 与 D_{ab} 的平方根成正比，与赫格比获得的结果完全一致。

表面更新理论认为表面更新过程是随时间进行的，而溶质渗透理论强调其周期性发生。表面更新理论更深刻地揭示了对流传质过程的物理本质——非定态扩散和表面更新，指明传质的强化途径。

虽然溶质渗透理论和表面更新理论能够反映气液相间传质的真实情况，但由于气液接触时间 θ_c 和表面更新分率 S 均不易获得，而且在实际应用中会使过程的数学描述复杂化。所以，目前对于很多实际过程的描述仍采用双膜理论，这样可以使过程的数学描述简化，而计算结果的误差也是可以接受的。

5.3　实验

5.3.1　实验原料

30%过氧化氢、二氧化锰、亚硝酸钠（优级纯）、98%浓硫酸、聚乙二醇-300、片状氢氧化钠、变色硅胶等。

0.5 mol/L 的亚硝酸钠溶液以 1 s/滴的流速滴至过量的硫酸溶液中，均匀产生 NO、NO₂ 混合气体，反应器 1 中 30%过氧化氢和二氧化锰反应生成过量的氧气提供本实验所需的氧气，利用大气采样器形成的负压，以恒定流速抽取气体依次通过各反应器。

PEG-300 和膨胀石墨（EG）填充在反应器 5、6 内滤膜之上，U 形管内装填有变色硅胶，4、7 为三通阀，用来控制气体流向。8、9 内为 0.5 mol/L 氢氧化钠溶液，吸附反应结束，由标准配比的 0.5 mol/L 的硫酸滴定，计算酸性气体去除量。

5.3.2　实验装置图

实验装置见图 5-3。

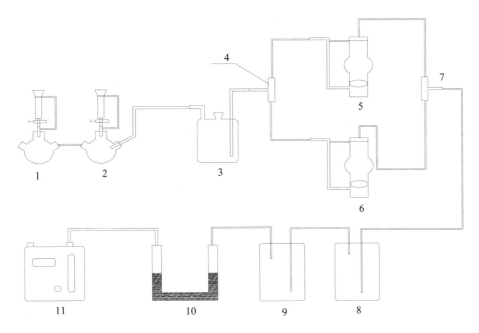

1—氧气发生装置；2—NO$_x$ 发生装置；3—反应停留区；4、7—聚四氟三通阀；5、6—气体吸附反应器；
8——级碱液吸收瓶；9—二级碱液吸收瓶；10—U 形干燥器；11—大气采样器

图 5-3　实验装置图

5.4　实验结果与讨论

5.4.1　比较不同种吸附质的吸附效果[37]

不同吸附质吸附量随时间变化如图 5-4 所示。

由图 5-4 所示，单一膨胀石墨（EG）干式吸附、PEG-300 湿法吸附、PEG 协同膨胀石墨混合（PEG+EG）干湿式吸附，混合干湿式吸附去除 NO$_x$ 效果显著，同样的条件下可达到 90.03%，次之为 PEG 湿法吸收，效果最差的是 EG 干式吸附，气体脱除率仅为 45.60%。但反应到达平衡所需时间由少到多依次为：干式吸附、湿法吸收、干湿混合；时间分别为 30 min、40 min、45 min。本书认为单一干式吸附传质过程简单，而干湿法混合传质机理复杂，相互作用导致到达平衡所需时间过长。

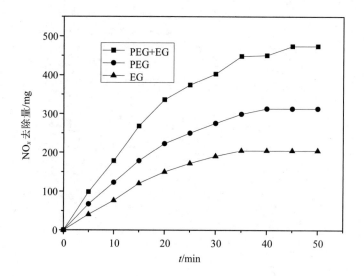

图 5-4　不同吸附质吸附量随时间变化曲线

（1）PEG 吸收 NO$_x$ 前后红外图对比

PEG 吸收 NO$_x$ 前后红外图如图 5-5 所示。

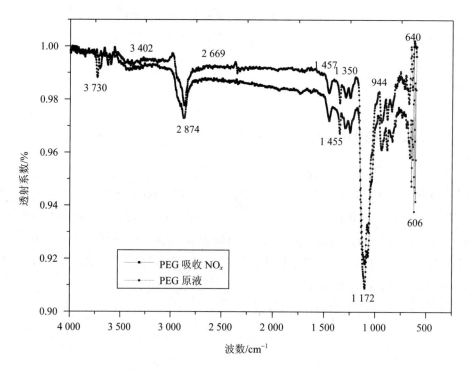

图 5-5　PEG 吸收 NO$_x$ 前后红外图

PEG 红外光谱吸收峰的归属情况如表 5-1 所示。

表 5-1　PEG 红外光谱吸收峰的归属情况

波数/cm⁻¹	归属
3402	羟基 O—H 的伸缩振动
2874	C—H（—CH₂，—CH₃，—CH=O）伸缩振动
1457	芳香族骨架 C—C 振动
1460	甲基或亚甲基 C—H 弯曲振动、CH₂ 剪式振动以及芳环骨架伸缩振动
1455	芳香族骨架 C—C 伸缩振动
1350	C—H 弯曲振动，酚羟基 O—H 伸缩振动
1172	C—O—C 的非对称伸缩振动
944	酯的 C—O—C 伸缩振动
640	芳香族 C—H 弯曲振动、芳香醚 R—O 伸缩振动
899	芳环的面外弯曲振动

由图 5-5 及表 5-1 可知，通过对 PEG 原液吸收完 NO$_x$ 的红外分析，发现其基团峰出现芳香族基团及酯类基团峰，表明 PEG 结合 NO$_2$ 分子形成类似硝酸酯类物质，其他基团只是发生位移变化。

（2）PEG+EG 吸收 NO$_x$ 前后红外图对比

由图 5-6 可知，PEG+EG 吸收 NO$_x$ 之后的基团峰出现了显著的变化，芳香醚 Ar—O 伸缩振动、酯的 C—O—C 伸缩振动尤其明显。在 3223 cm⁻¹ 处羟基 O—H 峰的消失，表明在聚乙二醇氛围下，形成的酯类大分子被膨胀石墨吸附，导致酯类、芳香类基团的消失，从而使 PEG 的红外中不再检测出此类基团。

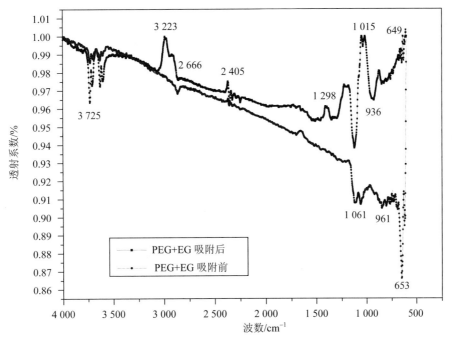

图 5-6　PEG+EG 吸收 NO$_x$ 前后红外图对比

5.4.2　设计正交实验

针对 NO$_x$ 去除效果显著的干湿法吸收设计正交实验，以期进一步研究其吸收机理。正交实验结果及其因素分析如表 5-1 至表 5-4 所示。

表 5-2　实验因素水平表

水平	吸附温度/℃	流速/（L/min）	初始浓度/（mol/L）	吸附剂量/g
1	0	0.25	0.01	0.05
2	20	0.50	0.015	0.10
3	40	0.75	0.02	0.15
4	80	1.25	0.025	0.20

表 5-3　正交实验结果

实验号	吸附温度/℃	流速/（L/min）	初始浓度/（mol/L）	吸附剂量[EG(g)+PEG(mL)]	吸附值/mg	吸附效率/%
1	0	0.25	0.01	0.05+5	144.6	68.65
2	0	0.50	0.015	0.10+10	304.0	96.25
3	0	0.75	0.020	0.15+20	363.6	83.33
4	0	1.25	0.025	0.20+30	440.1	83.60
5	20	0.25	0.015	0.15+20	256.8	81.30
6	20	0.50	0.010	0.20+30	148.0	70.26
7	20	0.75	0.025	0.05+5	378.3	71.86
8	20	1.25	0.020	0.10+10	251.9	59.81
9	40	0.25	0.020	0.20+30	359.4	85.33
10	40	0.50	0.025	0.15+20	449.4	85.37
11	40	0.75	0.010	0.10+10	114.9	54.48
12	40	1.25	0.015	0.05+5	162.7	51.50
13	80	0.25	0.025	0.10+10	468.9	89.07
14	80	0.50	0.020	0.05+5	350.1	83.12
15	80	0.75	0.015	0.20+30	248.2	78.56
16	80	1.25	0.010	0.15+20	133.6	63.43

表 5-4　吸附值极差分析

水平值	吸附温度 A	流速 B	初始浓度 C	吸附质量 D	吸附值
K_1	1 252.3	1 229.7	541.1	1 035.7	
K_2	1 035	1 251.5	971.7	1 139.7	$\sum K$=4 574.5
K_3	1 086.4	1105	1325	1 203.4	
K_4	1 200.8	988.3	1 736.7	1 195.7	
k_1	313.1	307.4	135.3	258.9	
k_2	258.8	312.3	243.0	284.9	$\sum k/4$=285.9
k_3	271.6	276.3	331.3	300.9	
k_4	300.2	247.1	434.2	298.9	
极差 R	54.3	65.2	298.9	42.0	

极差为：$R_C > R_B > R_A > R_D$；对吸附性能影响大小顺序为：初始浓度、流速、温度、吸附质量。比较各因素水平值最佳组合为：$A_1B_2C_4D_3$，即吸附温度 0℃，流速 0.5 L/min，初始浓度 0.025 mol，吸附剂质量 0.015 g 混匀 20 mL PEG。为深入研究各因素对去除效果的影响，进一步探讨机理，现做以下单因素实验分析。

5.4.3　初始浓度的影响

由图 5-7 可知，随着反应物初始浓度的增加，两相吸附脱除 NO_x 的去除率递增，但增幅较小，在吸附平衡即吸附量达到 474 mg/g 之后，进一步增加初始反应物浓度，NO_x 的去除率变化不大，体现在曲线上其斜率趋近 0。由此表明，在此条件下，PEG 协同膨胀石墨对 NO_x 的饱和去除量为 474 mg/g，达到吸附饱和后将不再随着初始浓度的增加而改变吸附量。

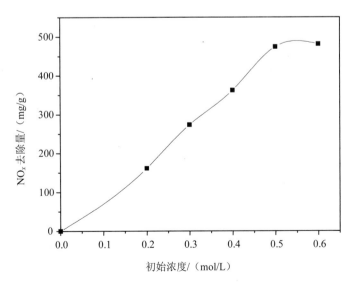

图 5-7　初始浓度对去除率影响

5.4.4   流速对去除效果的影响

由图 5-8 可以看出随着流速的增加，NO$_x$ 的去除量迅速增加，流速至 0.5 L/min 时吸附量达到最大值，进一步增加流速，NO$_x$ 的去除量呈现锐减趋势，但最终去除量仍略高于0.25 L/min 流速下的数值。究其原因，笔者认为：

1）整个反应系统涉及 9 个反应器，沿程阻力大，且存在湿式吸附，需要系统提供足够的传质推动力，满足气、液、固三相转化的要求；

2）在 0.25 L/min 的流速条件下，由大气采样器提供的动力不足以使产生的 NO$_x$ 及时被抽出，而导致部分产生的气体又重新溶解到浓硫酸中，对反应后三口烧瓶中液体取样，添加盐酸萘乙二胺、对氨基苯磺酸呈现玫瑰红色的实验验证了亚硝酸盐的存在，进一步证实了有部分 NO$_x$ 的溶解；

3）流速超过 0.5 L/min，速度过快、推动力远远大于内外扩散阻力之和，目标气体通过吸附层时间缩短，穿透时间明显变少，吸附层来不及充分吸附气体，导致气体直接溢出至两级尾气吸收装置，反映在数据上 NO$_x$ 去除量呈现先增大后减少的趋势。

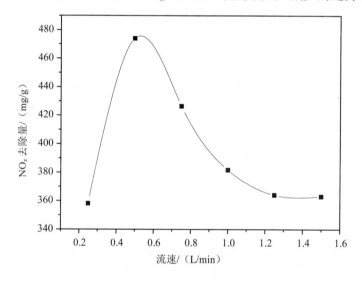

图 5-8   流速对去除量的影响

5.4.5   温度对吸附去除效果的影响

温度对吸附性能的影响见图 5-9。

由图 5-9 可知，NO$_x$ 的去除量随着体系温度的升高而逐渐降低，在 0℃时去除量达到最大，低温时去除率相对较高。温度升高不利于 NO$_x$ 的去除，说明 PEG 协同膨胀石墨对 NO$_x$ 的吸收属于放热过程。温度的升高加大了熵值，致使吸附过程紊乱度加剧，一定程度上使得被膨胀石墨包裹的硝酸酯类分子动能增大，从而解析溢出，降低了对 NO$_x$ 的去除效率。

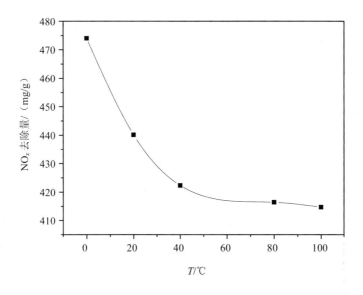

图 5-9　温度对吸附性能的影响

将实验数据以 $\ln K_c$ 对 $1/T$ 作图，得到 Van't Hoff 图，如图 5-10 所示。

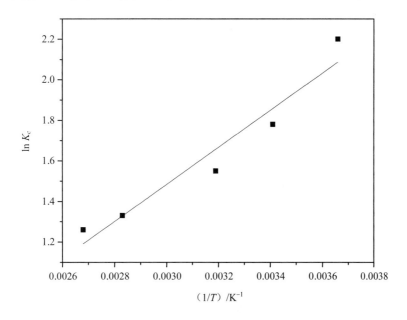

图 5-10　膨胀石墨吸附 NO_x 的 Van't Hoff 图

由吉布斯自由能计算公式计算得出热力学参数，如表 5-5 所示。

表 5-5   膨胀石墨吸附 NO$_x$ 的热力学参数

T/K	自由能 ΔG^{θ}/（kJ/mol）	焓变 ΔH^{θ}/（kJ/mol）	熵变 ΔS^{θ}/[kJ/（mol·K）]
273	−4.706 6		
293	−4.496 9		
313	−4.287 1	−7.437	−0.011
353	−3.867 7		
373	−3.658 0		

由表 5-5 看出：ΔG^{θ} 的值为负，说明反应自发进行 ΔG^{θ} 数值越小，吸附反应推动力越强。随着温度的升高，ΔG^{θ} 增大说明吸附推动力减弱，导致在温度较高时吸附量降低；ΔH^{θ} 值为负，进一步证实吸附过程是一个放热反应；ΔS^{θ} 值为负，说明吸附过程自发性随着温度的升高而降低，温度升高不利于 NO$_x$ 的去除。

5.4.6   吸附质配比对去除效果的影响

由图 5-11 可知，NO$_x$ 去除量随着吸附剂量的增加而急剧增加，拐点处在 0.15 g 膨胀石墨混合 20 mLPEG-300，随着进一步添加膨胀石墨和聚乙二醇，NO$_x$ 的去除量增加十分有限，考虑物耗最低原则，最佳的吸附点固液比为 0.15 g∶20 mL。

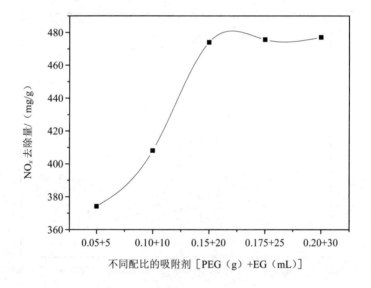

图 5-11   不同吸附剂对 NO$_x$ 去除量影响

5.4.7   吸附动力学研究

选取正交实验条件下当温度为 273 K，初始反应物浓度分别为 0.3 mol/L、0.4 mol/L、0.5 mol/L 时，吸附时间 t 对吸附量 q_t 的影响如图 5-12 所示。

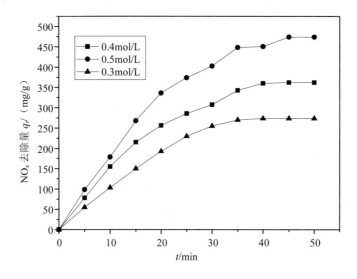

图 5-12　针对不同初始浓度吸附的 q_t-t 曲线

1) 准一级动力学模型分析：

$$\frac{\mathrm{d}q}{\mathrm{d}t} = k_1(q_e - q_t) \qquad (5\text{-}3)$$

对方程进行积分，动力学表达式可转换为线性形式：

$$\ln(q_e - q_t) = \ln q_e - \frac{k_1}{2.303}t \qquad (5\text{-}4)$$

以 $\ln(q_e - q_t)$ 对 t 作图，见图 5-13。

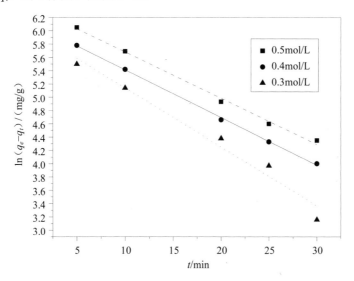

图 5-13　准一级动力学模型分析

从斜率得速率常数 k_1，其准一级模型参数列于表 5-6 中。

表 5-6　吸附速率方程的动力学参数

浓度/ (mol/L)	准一级动力学参数		
	平衡吸附量 q_e/（mg/g）	吸附速率常数 k_1/min⁻¹	相关系数 R^2
0. 5	464.0	−0.069 6	0.995 9
0.4	358.4	−0.071 8	0.999 1
0.3	273.7	−0.088 7	0.973 7

2）准二级动力学分析：

$$\frac{\mathrm{d}q}{\mathrm{d}t} = k_2(q_e - q)^2 \tag{5-5}$$

对式（5-5）进行积分，动力学表达式可简化为

$$\frac{t}{q_t} = \frac{1}{k_2 q_e^2} + \frac{1}{q_e}t \tag{5-6}$$

$$h = k_2 q_e^2 \tag{5-7}$$

式中，h —— 初始吸附速率，mg/（g·min）；

　　k_2 —— 准二级动力学模型的速率常，g/（mg·min），可由 t/q_t 对 t 作图求得。

根据准二级模型动力学对实验数据进行处理，以 t/q_t 对 t 作图，见图 5-14。

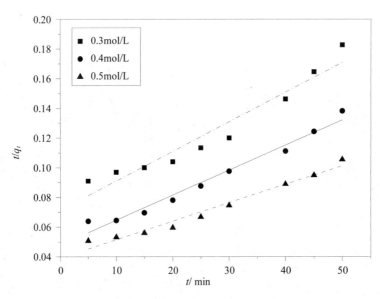

图 5-14　准二级动力学模型分析

初始吸附速率（h）、平衡吸附容量（q_e）和准二级动力学模型速率常数 k_2 可以根据图 5-13 的斜率和截距求得，见表 5-7。

表 5-7　吸附速率方程的动力学参数

	速率常数 k_2/ [mg/（mg·min）]	初始吸附速率 h/ [mg/（g·min）]	相关系数 R^2	平衡吸附量 q_e/ （mg/g）
0.015 mol	0.002 0	13.37	0.937 0	83.92
0.020 mol	0.001 7	17.76	0.975 2	111.05

对比表 5-6、表 5-7 中相关系数 R^2 及计算所得平衡吸附量 q_e 可知，准二级动力学的线性相关系数未达到 0.990 0，计算所得平衡吸附量与实际实验所得数据吻合度低，相较准一级反应方程式，速率常数的变化与一级反应的驱动力即浓度梯度成正比，计算所得平衡吸附量与实验值吻合度高，R^2 基本都大于 0.990 0。因此本实验对准一级动力学模型的拟合性较好。

5.5　本章小结

1）PEG-300 协同膨胀石墨对 NO_x 的去除效果明显优于单一膨胀石墨的干式吸附、PEG-300 的湿法吸收。

2）经正交实验分析，本实验最佳条件为吸附温度控制在 0℃，流速为 0.5 L/min，初始反应物浓度为 0.025 mol/L，吸附剂质量为 0.015 g 混匀 20 mL PEG，可达到的最佳 NO_x 去除率为 90.03%，去除量可达到 474 mg。

3）$\Delta G^0 < 0$，吸附反应自发进行；$\Delta H^0 < 0$，吸附过程系放热反应，温度升高不利于 NO_x 的去除。

4）本实验对一级动力学模型的拟合性较好。

5）该工艺简单易行，反应所需温度低，能耗、物耗少，吸附剂简单易于制取。

第 3 篇
不同条件下的 Mn_3O_4/GO 体系催化氧化研究

第6章 Mn₃O₄/GO 复合催化剂的制备及表征

近年来，人们给予氧化锰极大的关注，并进行了深入的研究。氧化锰是一类重要的氧化物材料，在诸如催化、分离、电池、传感等领域获得了广泛的应用。其中，Mn_3O_4 主要用于电子工业，用作软磁铁氧体的生产原料，电子计算机中存储信息的磁芯、磁盘和磁带，电话用变压器和高品质电感器等。Mn_3O_4 可以用作很多反应的催化剂，如甲烷和一氧化碳的氧化反应、一氧化氮的分解反应、硝基苯的还原反应以及有机物的催化燃烧等。与 Co_3O_4 相比，Mn_3O_4 具有（锰）储量丰富、价格低廉、环境友好等优点。本书选择氧化石墨烯作为 Mn_3O_4 的载体，运用浸渍法一步合成 Mn_3O_4/GO 复合催化剂。

氧化石墨是石墨经过深度液相氧化后得到的一种层间距远大于石墨的层状化合物。氧化石墨由六边形的碳结构组成，其中的碳原子主要为 sp^2 和 sp^3 杂化，但大部分为 sp^3 杂化，因此氧化石墨的导电性很差。相对于石墨，氧化石墨片层的表面含有大量的官能团，比如环氧基（—O—）在片层上，羟基（—OH）和羧基（—COOH）在氧化石墨的边缘。这种结构使得氧化石墨极易分散在水里形成稳定的氧化石墨悬浮液。另外，氧化石墨在水溶液或者有机溶剂中经过适当的超声分散，极易形成均匀的氧化石墨烯溶液，还原后即为石墨烯。因此，和石墨烯相比，氧化石墨具有很强的亲水性，与许多聚合物基体有较好的相容性，氧化石墨片层很容易被小颗粒物或高分子聚合物插层剥离。剥离后的氧化石墨片层即为氧化石墨烯，其具有极大的比表面积，可以作为很多纳米材料的载体，如金属或金属氧化物、荧光粉、药物、生物分子、无机纳米颗粒等。

6.1 实验部分

6.1.1 实验试剂

实验试剂见表 6-1。

表 6-1 实验主要化学试剂

材料名称	化学式	试剂等级	生产厂家
乙醇	CH_3CH_2OH	分析纯	国药集团化学试剂有限公司
浓硫酸	H_2SO_4	98%溶液	国药集团化学试剂有限公司

材料名称	化学式	试剂等级	生产厂家
正己醇	$C_6H_{14}O$	分析纯（AR）	国药集团化学试剂有限公司
亚硝酸钠	$NaNO_2$	分析纯（AR）	国药集团化学试剂有限公司
高锰酸钾	$KMnO_4$	分析纯（AR）	国药集团化学试剂有限公司
鳞片石墨			上海一帆石墨有限公司
稀盐酸	稀 HCl	分析纯（AR）	国药集团化学试剂有限公司
Oxone	$2KHSO_5·KHSO_4·K_2SO_4$	活性成分（质量分数）4.5%~4.9%	上海安而信化学有限公司
碳酸氢钠	$NaHCO_3$	分析纯（AR）	国药集团化学试剂有限公司
硝酸钠	$NaNO_3$	分析纯（AR）	上海化学试剂厂
硝酸锰	$Mn(NO_3)·4H_2O$	分析纯（AR）	国药集团化学试剂有限公司
氢氧化钠	$NaOH$	分析纯（AR）	国药集团化学试剂有限公司
溴化钾	KBr	分析纯（AR）	国药集团化学试剂有限公司
靛蓝二磺酸钠			上海芯苒华工科技有限公司

6.1.2　实验设备

实验设备见表 6-2。

表 6-2　主要设备及仪器

仪器名称	型号	生产厂家
恒温油浴锅	HH-SA	乐清市金牌电器有限公司
高速离心机	Sigma 3-18 k	上海旦鼎公司
机械搅拌器	YK160	上海翼控机电有限公司
真空干燥箱	BPH-6063	上海齐欣科学仪器有限公司
超声清洗仪	UP5200H	郑州南北仪器设备有限公司
高温炉（马弗炉）	HTS-20	上海特成机械设备有限公司
离子色谱	ICP-90	戴安中国有限公司
XRD 射线衍射仪	D/Max-2550PC	日本 RIGAKU 公司
傅里叶变换红外光谱仪	Tensor27	德国 Bruker 公司
拉曼光谱仪	Nicolet Nexus670+Raman Module	美国 Thermo Fisher 公司
扫描电子显微镜测试	JSM-5600 LV	日本 JEOL 公司
X—射线光电子能谱	PHI 5000C ESCA	美国 PHI 公司

6.1.3　实验装置图

实验装置见图 6-1。

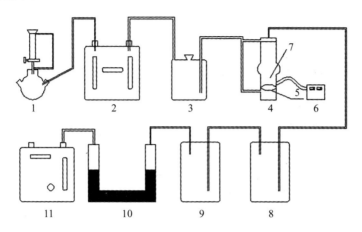

1—NO 发生装置；2—烟气分析仪器；3—缓冲罐；4—反应装置；5—气体分配管；6—控温装置；

7—无孔管；8—吸附装置 1；9—吸附装置 2；10—干燥器；11—大气样本

图 6-1　实验装置图

6.1.4　分析方法

以靛蓝二磺酸钠为指示剂测定 NO_3^- 含量。由于各个管道中含有的 NO 难以计算，实验结果中 NO_x 氧化率的计算按照式（6-1）计算。

$$NO\% = n_1/n_1 + n_2 \tag{6-1}$$

式中：$NO\%$——NO 的氧化率；

n_1——PMS 氧化的 NO 的量，mmol；

n_2——NaOH 吸收的 NO 的量，mmol。

6.1.5　材料的制备

6.1.5.1　氧化石墨（GO）的制备

利用改良 Hummers 法制备氧化石墨。具体操作：在干燥的 2 L 烧杯中加入浓硫酸（230 mL，98%）和硝酸钠（$NaNO_3$，5 g），冰浴条件下冷却。当体系的温度低于 5℃时，搅拌中加入天然鳞片石墨（10 g）。混合均匀后，慢慢加入高锰酸钾（$KMnO_4$，30 g），控制反应液温度不超过 20℃（通过控制搅拌速度和加药速度实现）。然后将烧杯置于 35℃左右的恒温水浴中，均匀搅拌（机械搅拌）。待混合液温度升至 35℃，并且反应 2 h 后，加入去离子水（460 mL），控制反应液温度在 98℃左右。继续搅拌 15 min，然后加入大量的去离子水（1.4 L）将反应终止。同时加入过氧化氢（30%H$_2$O$_2$，25 mL），这时溶液从棕黑色变为鲜亮的黄色。趁热过滤，并用稀盐酸（1：10 体积比，2 L）对产物进行洗涤。用去离子水充分洗涤直至滤液中无 SO$_4^{2-}$（BaCl$_2$ 溶液检测）。然后在 60℃的烘箱中干燥，获得的氧化石墨置于干燥器中保存。

6.1.5.2　四氧化三锰/氧化石墨烯（Mn$_3$O$_4$/GO）复合物的制备[38–40]

采用溶液浸渍法制备 Mn$_3$O$_4$/GO 催化剂：将 Mn(NO$_3$)·4H$_2$O 和 GO 按一定的摩尔比混合后，在 35 kW 的条件下进行超声处理至氧化石墨完全溶解，于 140℃马弗炉中热处理 6 h 后，将混合物室温干燥 12 h，得到 Mn$_3$O$_4$/GO 复合催化剂。

6.2　材料测试、表征及分析

6.2.1　材料测试条件

X 射线衍射分析（XRD）：使用日本 RIGAKU 出产的型号为 D/Max-2550PC X 射线衍射仪对制备的复合催化剂的晶体结构进行测定，所设定的测试条件为：由铜靶 Kα 射线源提供 X 射线，λ=0.154 2 nm，管电流为 200 mA，管电压为 40 kV，扫描的速度为 0.02°/s，扫描范围 2θ 为 5°～90°。

傅里叶变换红外光谱分析（FT-IR）：采用了德国 Bruker 公司的型号为 Tensor27 傅里叶变换红外光谱仪对制备的复合催化剂所包含的化学键以及化学结构的变化进行测定。所设定的测试条件为：将样品与色谱纯溴化铵依照比例为 1：100 进行研磨使其均匀混合，再在 100 kPa 下压成薄片进行相关的测定。

拉曼光谱分析（Raman）：采用美国 Thermo Fisher 公司的型号为 Nicolet Nexus670+ Raman Module 的拉曼光谱仪对制备的复合催化剂的结构及分子间的相互作用进行测试，所设定的测试条件为：拉曼光谱范围为 3 499.31～100.535 cm^{-1}，氩离子激光器，激光波长为 514.5 nm。

扫描电子显微镜（SEM）：采用日本 JEOL 公司的型号为 JSM-5600 LV 的扫描电子显微镜对制备的复合催化剂的形态、表面结构和半定量进行测试，所设定的测试条件为：复合催化剂表面经喷金后，再采用二级和向后散射的电子进行扫描。

X 射线能谱分析（EDS）：采用英国 Oxford 的型号为 IE200X 的能谱分析仪对样品元素进行测定，测试条件为：在样品表面选择几个点进行分析，最后将几个点的结果进行平均。

X 射线光电子能谱（XPS）：采用美国 PHI 公司的型号为 PHI 5000C ESCA System 的 X 射线光电子能谱对制备的复合催化剂表面的各元素相对含量进行测定，所设定的条件为：铝/镁靶，高电压为 14.0 kV，功率为 250W，真空压强优于 1×10^{-8} Torr。

6.2.2　表征与分析

6.2.2.1　XRD 分析

XRD 能有效地分析样品的相组成和相纯度。图 6-2 为石墨（Graphite）、氧化石墨（GO）、Mn_3O_4 及 Mn_3O_4/GO 的 XRD 图谱。从图 6-2 可以看出，位于 26.48°附近的特征衍射峰对应于天然石墨的（001）晶面，是天然石墨的特征峰，经测量天然石墨的层间距为 0.338 nm；而 GO 的特征峰在 8.28°附近，层间距为 0.56 nm，表明层间距从石墨的 0.338 nm 增加至氧化石墨的 0.56 nm，这是由于氧化石墨表面形成了大量的羟基、羧基等含氧官能团，这些含氧官能团使得氧化石墨片层更加疏松，从而增大了石墨片层之间的距离，这也表明成功制得了氧化石墨；图 6-2 同时显示 Mn_3O_4 和 Mn_3O_4/GO 的衍射峰较多且比较弱，峰位大致位于 23.14°、32.94°、36.02°、38.2°、45.13°、49.37°、55.14° 和 65.78°，氧化石墨的特征峰不见了，表明由于片层上形成了大量的 Mn_3O_4 而使氧化石墨的层状结构消失，同时出现大量的 Mn_3O_4 的特征峰。Mn_3O_4 的衍射峰表明，Mn_3O_4 的晶格尺寸约为 5.762 1Å。在 Mn_3O_4/GO 的 XRD 图谱中没有出现天然石墨和氧化石墨的特征峰，说明层状氧化石墨可能进一步被剥离了。

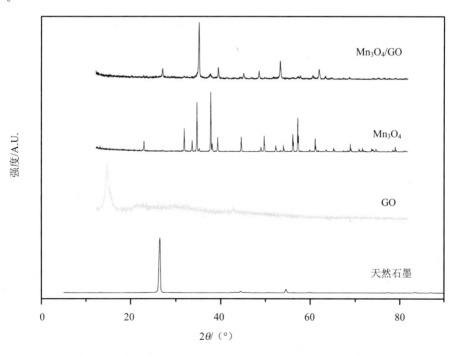

图 6-2　天然石墨、GO、Mn_3O_4 及 Mn_3O_4/GO 的 XRD 衍射图

6.2.2.2   FT-IR 分析

样品表面的化学键及化学结构的变化可以通过红外光谱（FT-IR）进行分析，GO 表面含有大量的羧基、羟基、环氧基等含氧官能团，这些含氧官能团均可以由 FT-IR 分析证明，为了进一步证实样品的 XRD 分析结果，对 GO 和 Mn$_3$O$_4$/GO 进行了 FT-IR 分析研究。GO 和 Mn$_3$O$_4$/GO 的红外光谱图如图 6-3 所示。由图 6-3 可以看出，氧化石墨 GO 具有 6 个明显的红外振动吸收峰，其中位于 3 425 cm^{-1} 和 1 218 cm^{-1} 的特征峰代表样品吸收水中 O—H 的伸缩和弯曲振动吸收峰。位于 1 382 cm^{-1} 的特征峰代表环氧基 C—O—C 的振动吸收峰，位于 1 724 cm^{-1} 的特征峰分别代表氧化石墨片层边缘的羧基或羰基中的 C=O 和羟基 C—OH 的振动吸收峰。环氧基中的 C—O 振动吸收峰位于 1 049 cm^{-1}。位于 1622 cm^{-1} 的特征峰对应于未被氧化的 sp^2 杂化中的 C=C 振动吸收峰。这些特征峰均为 GO 表面含氧官能团的特征峰。然而，Mn$_3$O$_4$/GO 的红外光谱图与 GO 相比较，Mn$_3$O$_4$/GO 同样具有样品吸收水中 O—H 的伸缩和弯曲振动吸收峰（3 419 cm^{-1}）、环氧基 C—O—C 的振动吸收峰（1 384 cm^{-1}）、石墨中未被氧化的 sp^2 杂化中的 C=C 振动吸收峰（1 629 cm^{-1}）、而 C=O 和 O—H 的特征吸收峰明显减弱，同时，在 603 cm^{-1} 和 538 cm^{-1} 处出现明显的吸收峰，表明了 Mn$_3$O$_4$ 的存在。

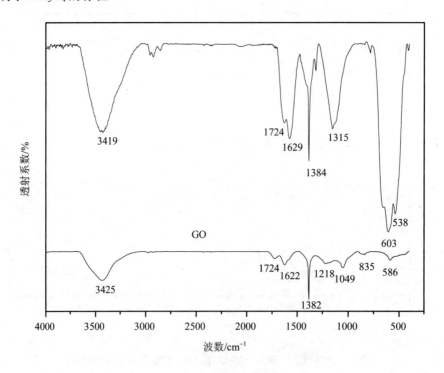

图 6-3   GO 和 Mn$_3$O$_4$/GO 的红外光谱图

6.2.2.3　Raman 分析

拉曼光谱分析也是表征氧化石墨及其复合物等碳材料的有效手段之一，它可以在无损的情况下区分有序的和无序的晶体结构。D 峰为碳材料无序诱导的拉曼特征，代表石墨布里渊区 K 点的 A_{1g} 声子模式；G 峰对应于布里渊区域中心的 E2 g 声子振动，属于石墨的一个本征拉曼模式。而 D 峰和 G 峰的强度比值（I_D/I_G）代表 sp^2 杂化碳原子的无序度和杂化区域大小。图 6-4 为 GO、Mn₃O₄/GO 和 Mn₃O₄ 的拉曼光谱图。从图 6-4 中可以看出，Mn₃O₄ 的拉曼光谱图分别在 312.9 cm⁻¹、371.54 cm⁻¹、472.1 cm⁻¹ 和 656 cm⁻¹ 处出现 4 个明显的吸收峰，它们分别代表 Mn₃O₄ 的拉曼活动模式。GO 在 1 601.1 cm⁻¹ 和 1 340.6 cm⁻¹ 处分别呈现出很强的 G 峰和 D 峰，且 I_D/I_G 约为 1.1，表明由于石墨被氧化使得 sp^2 杂化区域减小。而对于 Mn₃O₄/GO 的拉曼光谱来说，G 峰更尖锐且向后平移至 1 599.9 cm⁻¹，D 峰平移至大约 1 338.3 cm⁻¹，表明水热反应使得 sp^2 杂化区域和石墨片层厚度增加。同时，I_D/I_G 减小至 0.98，表明由于热反应促使石墨的自我修复，使得 sp^2 杂化区域恢复。位于 659 cm⁻¹ 处吸收带是 Mn₃O₄ 的拉曼活动模式，因此以上均表明了 Mn₃O₄ 的存在。

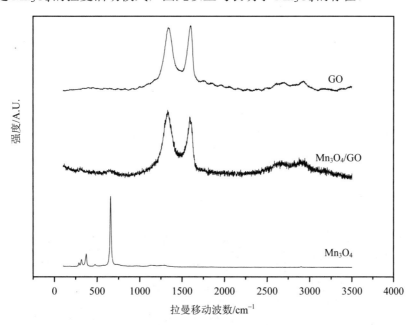

图 6-4　GO、Mn₃O₄ 和 Mn₃O₄/GO 的拉曼光谱图

6.2.2.4　SEM 分析

如图 6-5 所示的 GO 和 Mn₃O₄/GO 的扫描电子显微镜形态学分析，从直观上证明 Mn₃O₄ 已成功负载在 GO 上。从图中可以直观地看出，GO 是较规则的片层结构且有褶皱，但其表面很光滑且不存在明显的覆盖物；而 Mn₃O₄/GO 的 SEM 图显示，GO 表面出现了很多大

小均匀的白色小球，这些白色小球即为 Mn$_3$O$_4$ 的团聚物，Mn$_3$O$_4$ 颗粒均匀且紧密地负载在氧化石墨烯的片层上。因此，SEM 分析更进一步证明了 Mn$_3$O$_4$/GO 复合物的成功合成。

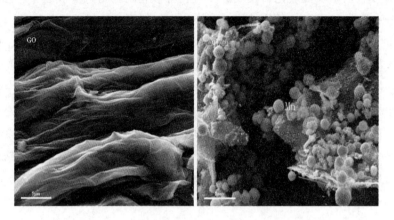

图 6-5   GO 和 Mn$_3$O$_4$/GO 的扫描电子显微镜图

6.2.2.5   EDS 分析

图 6-6 是 Mn$_3$O$_4$/GO 复合物的 X 射线能谱分析图。由图可以看出，Mn$_3$O$_4$/GO 复合物中主要含有锰、氧和碳三种元素。锰的特征峰分别在 0.62 keV 和 6.52 keV，碳和氧的特征峰分别在 0.43 keV 和 0.68 keV。结果表明，锰已通过浸渍反应均匀地分散在 GO 上，且 GO 表面覆盖了一层锰的氧化物。EDS 分析表明，GO 主要由碳和氧两种元素组成，而 Mn$_3$O$_4$/GO 复合物除碳和氧外，还有锰元素。因此，进一步表明 Mn$_3$O$_4$/GO 复合物被成功合成。

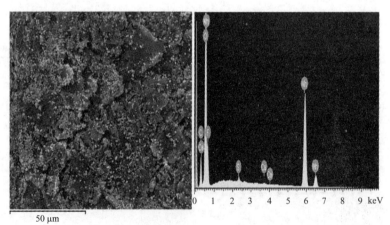

图 6-6   Mn$_3$O$_4$/GO 的 X 射线能谱分析图

6.2.2.6　XPS 分析

采用 XPS 对 GO 和 Mn₃O₄/GO 的表面的原子价态、化学键及含氧官能团的变化进行分析。图6-7所示的为 GO 和 Mn₃O₄/GO 的 XPS 全谱分析、C 1s XPS 谱图分析、GO 和 Mn₃O₄/GO 的 Mn 3s 及 Mn 2p XPS 谱图分析。所有结果以 C 1s XPS 污染碳峰值（284.6 eV）为标定标准。GO 和 Mn₃O₄/GO 的 XPS 全谱分析［图 6-7（a）］表明，GO 有 C 1s 和 O 1s XPS 峰，而 Mn₃O₄/GO 除具有 C 1s 和 O 1s XPS 峰外，还有 Mn 3 s 和 Mn 2p XPS 峰。其中，GO 和 Mn₃O₄/GO 的 C 1s XPS 峰如图 6-7（b）所示。如图所示，GO 的 C 1s 可以拟合四个不同的特征峰，分别代表碳原子在不同的官能团中的结合能，分别为 284.9 eV、285.9 eV、287.06 eV 和 289.3 eV，分别对应碳骨架中的碳碳单键和双键（C—C/C=C）、碳氧基（C—O）、羰基（C=O）和羧基（O—C=O）。Mn₃O₄/GO 的 C 1s 同样可以拟合为以上四个结合能峰，但是与 GO 相比，它们的强度稍有减小，表明 Mn₃O₄/GO 中一部分上述含氧官能团已被去除，从而表现出峰强的减弱。图 6-7（c）为 Mn₃O₄/GO 的 Mn 3s XPS 谱图，从图中可以看到锰的 3s 电子层的激发谱为典型的双峰，其差值为 5.2 eV，这个正是 Mn₃O₄ 所具有的特征图。图 6-7（d）为 Mn₃O₄/GO 的 Mn 2p XPS 谱图，从图中可以看到锰的 2p 电子层的激发谱也为典型的双峰，分别对应着 Mn 2p$^{3/2}$（644.4 eV）和 Mn 2p$^{1/2}$（656.2 eV）的特征峰，两个峰的差值为 11.8 eV，而这个也正是 Mn₃O₄ 所具有的特征，从而进一步证明 Mn₃O₄/GO 复合物的合成。

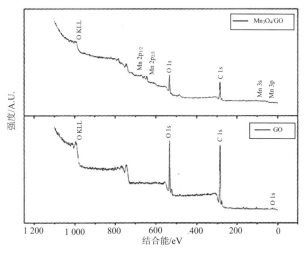

（a）Mn₃O₄/GO 和 GO 的全谱扫描分析

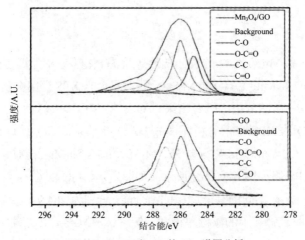

（b）Mn$_3$O$_4$/GO 和 GO 的 C 1s 谱图分析

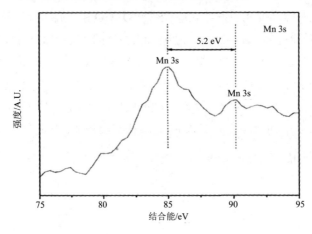

（c）Mn$_3$O$_4$/GO 的 Mn 3s 谱图分析

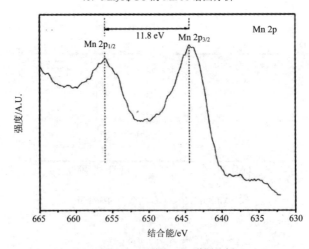

（d）Mn$_3$O$_4$/GO 的 Mn 2p 谱图分析

图 6-7   Mn$_3$O$_4$/GO 和 GO 的 X 射线光电子能谱分析

第 7 章　Mn₃O₄/GO 体系催化 PMS 氧化 NO 的研究

锰氧化物是天然环境中最常见的矿物之一，广泛存在于土壤中，具有较大的比表面积和较高的氧化还原电位。锰氧化合物在环境中的反应活性较高，对地下水的净化起到了非常重要的作用。锰氧化物在不同环境条件下可以与污染物发生多种物理化学作用：可以通过吸附/氧化耦合或氧化分解的方式，影响有机物的循环或促进小分子有机物的生物降解；作为天然的氧化剂和催化剂，可以通过降解有机物，促进土壤腐殖质、有机氮络合物的形成和微生物可利用的低分子有机化合物的合成，也可以通过广泛参与自然界中各种有机和无机化合物的氧化、还原、催化等反应，促进水源水的进一步净化。天然锰氧化物对水中污染物的降解主要是通过吸附-氧化两个步骤进行的，引发的主要是非生物氧化降解反应，通常是有机物先吸附到锰氧化物的表面，形成表面复合体，再在复合体内发生电子转移，进行氧化还原反应。因此，研究锰氧化物中负载量的多少是至关重要的。

7.1　实验部分

7.1.1　实验试剂

实验主要化学试剂见表 7-1。

表 7-1　实验主要化学试剂

材料名称	化学式	试剂等级	生产厂家
乙醇	CH_3CH_2OH	分析纯	国药集团化学试剂有限公司
浓硫酸	H_2SO_4	98%溶液	国药集团化学试剂有限公司
亚硝酸钠	$NaNO_2$	分析纯（AR）	国药集团化学试剂有限公司
高锰酸钾	$KMnO_4$	分析纯（AR）	国药集团化学试剂有限公司
鳞片石墨			上海一帆石墨有限公司
稀盐酸	稀 HCl	分析纯（AR）	国药集团化学试剂有限公司
Oxone	$2KHSO_5 \cdot KHSO_4 \cdot K_2SO_4$	活性成分（质量分数）4.5%～4.9%	上海安而信化学有限公司

材料名称	化学式	试剂等级	生产厂家
碳酸氢钠	$NaHCO_3$	分析纯（AR）	国药集团化学试剂有限公司
硝酸钠	$NaNO_3$	分析纯（AR）	上海化学试剂厂
硝酸锰	$Mn(NO_3) \cdot 4H_2O$	分析纯（AR）	国药集团化学试剂有限公司
氢氧化钠	$NaOH$	分析纯（AR）	国药集团化学试剂有限公司
溴化钾	KBr	分析纯（AR）	国药集团化学试剂有限公司
靛蓝二磺酸钠			上海芯苒华工科技有限公司

7.1.2　实验设备

实验设备见表 7-2。

表 7-2　主要设备及仪器

仪器名称	型号	生产厂家
恒温油浴锅	HH-SA	乐清市金牌电器有限公司
仪器名称	型号	生产厂家
高速离心机	Sigma 3-18 k	上海旦鼎公司
机械搅拌器	YK160	上海翼控机电有限公司
真空干燥箱	BPH-6063	上海齐欣科学仪器有限公司
超声清洗仪	UP5200H	郑州南北仪器设备有限公司
高温炉（马弗炉）	HTS-20	上海特成机械设备有限公司
离子色谱	ICP-90	戴安中国有限公司
XRD 射线衍射仪	D/Max-2550PC	日本 RIGAKU 公司
傅里叶变换红外光谱仪	Tensor27	德国 Bruker 公司
拉曼光谱仪	Nicolet Nexus670+Raman Module	美国 Thermo Fisher 公司
扫描电子显微镜测试	JSM-5600 LV	日本 JEOL 公司
X—射线光电子能谱	PHI 5000C ESCA	美国 PHI 公司

7.2　结果与讨论

7.2.1　不同负载量条件下 pH 的影响

不同负载量条件下 pH 对 Mn/GO 催化 PMS 氧化 NO 的影响如图 7-1 所示。从图 7-1

可以看出，负载量的改变对 Mn/GO 催化 PMS 氧化 NO 的趋势是一致的，并且都是在 pH=4 时氧化效果最好。当 pH 为酸性时，氧化效率增加，且酸性程度继续升高，氧化效率反而下降；同理当 pH 为碱性时，氧化效果相对酸性条件也会降低。这是由于在反应体系中起氧化效果的是纳米级的 Mn_3O_4 而非溶出的 Mn^{2+}，而在 pH=4 时溶出的 Mn^{2+} 的量很少，则主要起氧化作用的是纳米级的 Mn_3O_4，因而在 pH=4 时氧化速率最快。

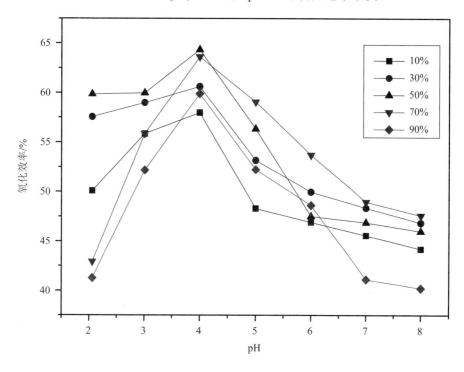

图 7-1　pH 对 NO 氧化效果的影响

7.2.2　不同负载量条件下 PMS 浓度的影响

不同负载量条件下，PMS 浓度对 Mn/GO 催化 PMS 氧化 NO 的影响如图 7-2 所示。从图中可以看出，开始时随着 PMS 浓度的增大，NO 的氧化效果随着增大，但当 PMS 的浓度达到一定程度后，继续增大 PMS 的浓度，氧化效果不是很明显，研究表明，当 PMS 浓度过高时，使得 $SO_4^-\cdot$ 失活，从而使得氧化效果下降。

7.2.3　不同负载量条件下催化剂浓度的影响

不同负载量条件下催化剂浓度对 Mn_3O_4/GO 催化 PMS 氧化 NO 的效果如图 7-3 所示。从图中可知，当催化剂浓度小于 0.5 mmol/L 时，氧化效率随着催化剂浓度的增加而增加，但当催化剂浓度大于 0.5 mmol/L 时，氧化效率反而有下降的趋势，这是因为：一方面，催化剂增多会减弱催化活性，另一方面催化效率是由 PMS 和催化剂共同决定的。

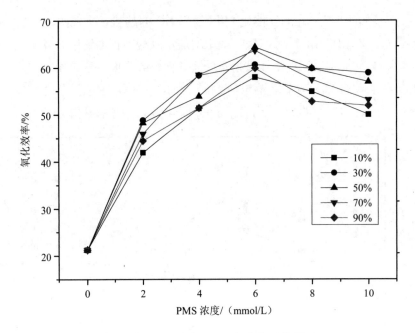

图 7-2　PMS 浓度对 NO 氧化效果的影响

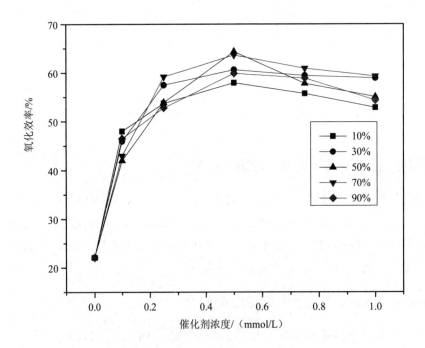

图 7-3　催化剂浓度对 NO 氧化效果的影响

7.2.4　不同负载量条件下温度的影响

不同负载量条件下温度对 Mn₃O₄/GO 催化 PMS 氧化 NO 的效果如图 7-4 所示。由图可知，不同负载量下温度对 Mn₃O₄/GO 催化 PMS 氧化 NO 的氧化效果是一致的。随着温度的升高，NO 的氧化效果有明显的下降趋势，这是因为：一方面，升高温度不利于 SO₄⁻·的产生；另一方面，温度的急剧升高，加快了 NO 的逃逸速率，从而使得 SO₄⁻·与 NO 的接触不充分，降低了氧化反应速率。

通过对上述负载量的比较分析可知，当负载量为 50% 时，Mn₃O₄/GO 催化 PMS 氧化 NO 的氧化效率最好。

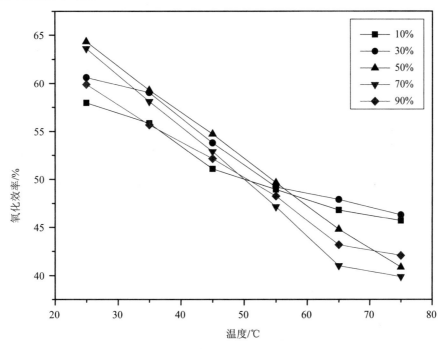

图 7-4　温度对 NO 氧化效果的影响

7.3　动力学分析

准一级动力学模型表述如下：

$$\frac{\mathrm{d}c_x}{(c_0 - c_x)} = kdt \tag{7-1}$$

对式（7-1）作定积分，则得

$$\int_0^x \frac{\mathrm{d}c_x}{(c_0 - c_x)} = \int_0^x kdt \tag{7-2}$$

$$\ln \frac{c_x}{c_0 - c_x} = kt \tag{7-3}$$

$$k_1 = \frac{1}{t} \ln \frac{c_0}{c_0 - c_t} \tag{7-4}$$

根据式（7-1）至式（7-4）对 Mn$_3$O$_4$/GO 催化 PMS 氧化 NO 的数据进行拟合，结果见图 7-5 至图 7-8。

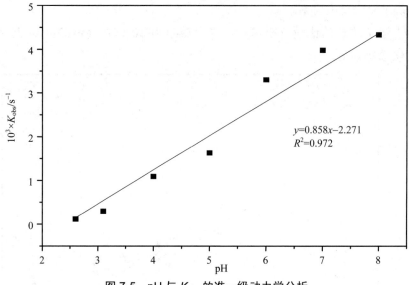

图 7-5　pH 与 K_{obs} 的准一级动力学分析

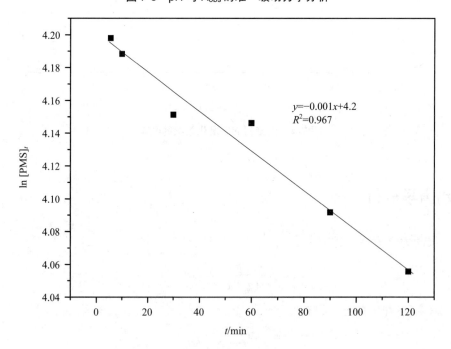

图 7-6　PMS 与 K_{obs} 的准一级动力学分析

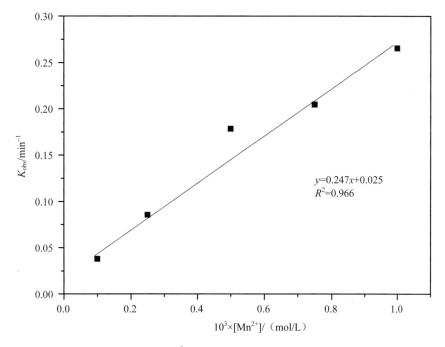

图 7-7　[Mn²⁺]与 K_{obs} 的准一级动力学分析

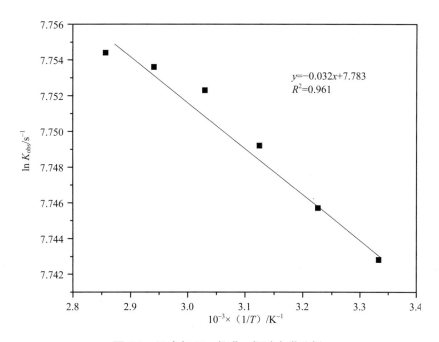

图 7-8　温度与 K_{obs} 的准一级动力学分析

由图 7-8 可求得表面活化能 E_a 为 0.207 8 kJ/mol。

由 Eyring-Polanyi 方程：

$$k=\sigma \cdot k_B \cdot T/h \cdot \exp\left(\Delta S \ne /R\right) \cdot \exp\left[-\Delta H \ne /\left(R \cdot T\right)\right] \qquad (7\text{-}5)$$

式中，k、σ、k_B、T、h、R、$\Delta S \ne$、$\Delta H \ne$ 分别为反应速率、对称因子、玻尔兹曼常数、热力学温度、普朗克常数、理想气体常数、活化熵、活化焓。

对式（7-5）进行对数运算可得

$$\ln\left(k/T\right) = \ln\left(\sigma \cdot k_B/h\right) + \Delta S \ne /R - \Delta H \ne /\left(R \cdot T\right) \qquad (7\text{-}6)$$

作 $\ln\left(k/T\right)$ 对 $1/T$ 的图像，即得图 7-9。

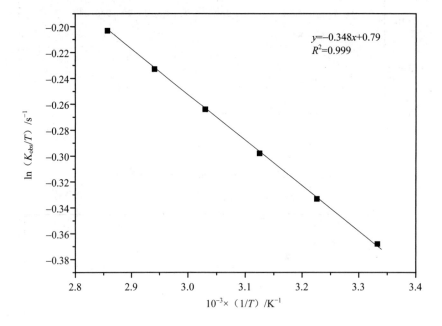

图 7-9   Mn$_3$O$_4$/GO 氧化 NO 的 Eyring-Polanyi 图

由图中可求得反应的活化焓（ΔH）、活化熵（ΔS）以及吉布斯自由能（ΔG），见表 7-3。

表 7-3   最佳负载量条件下 Mn$_3$O$_4$/GO 催化 PMS 氧化 NO 的动力学参数

活化参数	数值
E_a/（kJ/mol）	0.207 8
ΔH/（kJ/mol）	2.891 9
ΔS/（J/mol）	−190.882 7
ΔG/（kJ/mol）	54.372 9

7.4　本章小结

1）从不同 Mn$_3$O$_4$ 负载量下的催化剂氧化 NO 的曲线图中可知，当负载量为 50%时，氧化 NO 的氧化效率最高。

2）酸性条件更有利于活性物质 SO$_4^-$·的生成，从而更有利于氧化反应的进行。

3）在氧化反应过程中，其他条件不变，随着催化剂投加量的增大，会有更多的活性位催化 PMS 产生更多的 SO$_4^-$·氧化 NO，因此催化剂投加量越多，氧化 NO 的速度越快。但当催化剂投加量增加到某个量后，继续增加催化剂的投加量，NO 的氧化速率增加不明显。

第8章 不同热解温度的 Mn_3O_4/GO 体系 催化 PMS 氧化 NO 的研究

温度影响着化学反应的反应速率、反应的活化能以及吉布斯自由能等，在本实验催化剂的制备过程中，由于 GO 受温度的影响比较大，所以温度更起着非常重要的作用，温度的过高或过低都会使 GO 的结构发生变化，从而使产物发生不可逆转的变化。因此，本章重点讨论了在催化剂制备过程中热解温度对 Mn_3O_4/GO 催化 PMS 氧化 NO 的影响。

8.1 实验

8.1.1 实验试剂

本实验主要化学试剂见表 8-1。

表 8-1　主要化学试剂

材料名称	化学式	试剂等级	生产厂家
乙醇	CH_3CH_2OH	分析纯	国药集团化学试剂有限公司
浓硫酸	H_2SO_4	98%溶液	国药集团化学试剂有限公司
亚硝酸钠	$NaNO_2$	分析纯（AR）	国药集团化学试剂有限公司
高锰酸钾	$KMnO_4$	分析纯（AR）	国药集团化学试剂有限公司
鳞片石墨			上海一帆石墨有限公司
稀盐酸	稀 HCl	分析纯（AR）	国药集团化学试剂有限公司
Oxone	$2KHSO_5 \cdot KHSO_4 \cdot K_2SO_4$	活性成分（质量分数）4.5%～4.9%	上海安而信化学有限公司
碳酸氢钠	$NaHCO_3$	分析纯（AR）	国药集团化学试剂有限公司
硝酸钠	$NaNO_3$	分析纯（AR）	上海化学试剂厂
硝酸锰	$Mn(NO_3)_2 \cdot 4H_2O$	分析纯（AR）	国药集团化学试剂有限公司
氢氧化钠	$NaOH$	分析纯（AR）	国药集团化学试剂有限公司
溴化钾	KBr	分析纯（AR）	国药集团化学试剂有限公司
靛蓝二磺酸钠			上海芯莤华工科技有限公司

8.1.2　实验设备

本实验主要设备及仪器见表 8-2。

表 8-2　主要设备及仪器

仪器名称	型号	生产厂家
恒温油浴锅	HH-SA	乐清市金牌电器有限公司
高速离心机	Sigma 3-18 k	上海旦鼎公司
机械搅拌器	YK160	上海翼控机电有限公司
真空干燥箱	BPH-6063	上海齐欣科学仪器有限公司
超声清洗仪	UP5200H	郑州南北仪器设备有限公司
高温炉（马弗炉）	HTS-20	上海特成机械设备有限公司
离子色谱	ICP-90	戴安中国有限公司
XRD 射线衍射仪	D/Max-2550PC	日本 RIGAKU 公司
傅里叶变换红外光谱仪	Tensor27	德国 Bruker 公司
拉曼光谱仪	Nicolet Nexus670+Raman Module	美国 Thermo Fisher 公司
扫描电子显微镜测试	JSM-5600 LV	日本 JEOL 公司
X—射线光电子能谱	PHI 5000C ESCA	美国 PHI 公司

8.2　结果与讨论

8.2.1　不同热解温度下 pH 的影响

pH 影响着 $SO_4^-\cdot$ 的产生以及 Mn^{2+} 的浓度，因此 pH 是反应中的一个重要参数。图 8-1 为不同灼烧温度条件下，pH 对 Mn₃O₄/GO 催化 PMS 氧化 NO 效果的影响。如图所示，不同灼烧温度下 pH 对 NO 氧化效果的趋势一致，在 pH=2～4 的范围内，氧化效果随着 pH 的增大而增大，随着 pH 的继续增加，氧化效果有明显的下降趋势，这是由于 pH 增大，Mn^{2+} 转变为三羟基化合物和四羟基化合物，从而使得溶液中 Mn^{2+} 浓度下降，氧化效果降低。

8.2.2　不同热解温度下 PMS 浓度的影响

不同灼烧温度下 PMS 对 NO 氧化效果的影响如图 8-2 所示。如图所示，不同灼烧温度下 PMS 浓度对 NO 氧化效果的影响是一致的。随着 PMS 浓度的增大，氧化效果明显增强，这主要是因为随着 PMS 浓度的增加可以产生更多的 $SO_4^-\cdot$ 来攻击 NO；但当 PMS 浓度大于 6 mmol/L 时，继续增大 PMS 浓度氧化效果增加不明显，这是由于当 PMS 的浓度达到一定值后，PMS 反而可以和 $SO_4^-\cdot$ 反应而使其失活［式（8-1）］，将不利于降解反应的进行，因此本实验所用的 PMS 浓度为 6 mmol/L。

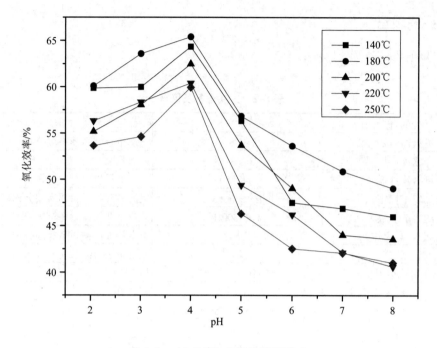

图 8-1 pH 对 NO 氧化效果的影响

$$HSO_5^- + SO_4^- \cdot \longrightarrow SO_5^- \cdot + HSO_4^- \qquad (8\text{-}1)$$

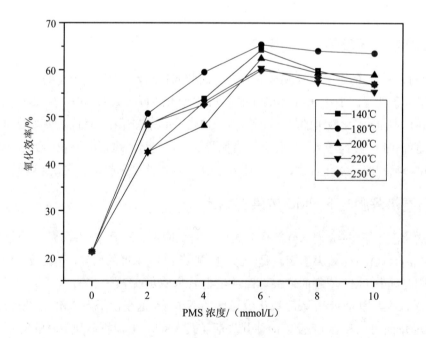

图 8-2 PMS 浓度对 NO 氧化效果的影响

8.2.3　不同热解温度下催化剂投加量的影响

催化剂投加量对高级氧化技术的影响是很重要的研究指标。图 8-3 所示为不同灼烧温度下催化剂 Mn₃O₄/GO 投加量对 NO 氧化速率的影响示意图。如图所示，不同灼烧温度条件下催化剂投加量对 NO 氧化速率的影响趋势是一致的，这和不同灼烧温度条件下催化剂投加量对 NO 氧化速率的影响相同，这说明催化剂投加量受外界影响很小。从图中可知，随着催化剂投加量的增大，NO 的氧化效率随之增大，这是由于催化剂量的增大使得反应体系中有更多的催化活性位催化 PMS，进而产生更多的 SO₄⁻·来氧化 NO，因此催化剂投加量越多，NO 的氧化速度越快。但当催化剂投加量增加到某个量后，再增加催化剂的投加量，NO 的氧化速率增加并不明显，此结果和 Shukla 等[41]的研究结果相同。因此，催化剂最佳投加量的选择并不是越多越好。根据实验结果，催化剂的最佳投加量为 0.75 mmol/L。

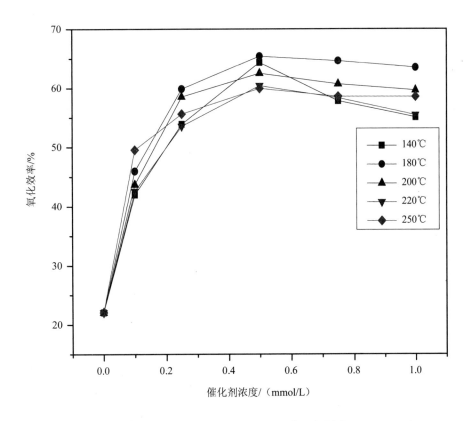

图 8-3　催化剂浓度对 NO 氧化效果的影响

8.2.4　不同热解温度下温度的影响

不同热解温度对 Mn$_3$O$_4$/GO 催化 PMS 氧化 NO 的效果如图 8-4 所示。由图可知，不同热解温度对 Mn$_3$O$_4$/GO 催化 PMS 氧化 NO 的氧化效果是一致的。随着温度的升高，NO 的氧化效果有明显的下降趋势，这是由于一方面温度升高不利于 SO$_4^-\cdot$的产生；另一方面温度升高不利于 SO$_4^-\cdot$与 NO 的充分接触。

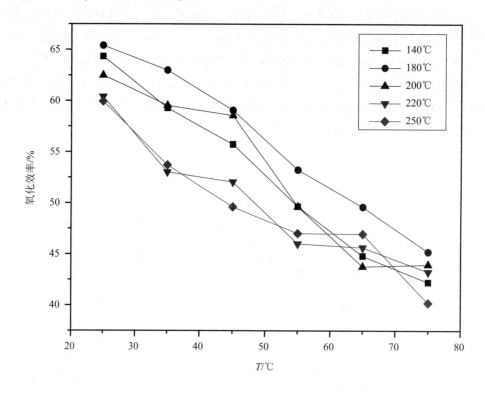

图 8-4　温度对 NO 氧化效果的影响

通过对上述负载量的比较分析可知，当热解温度为 180℃时，Mn$_3$O$_4$/GO 催化 PMS 氧化 NO 的氧化效率最好。

8.3　动力学分析

以下是在热解温度为 180℃时，各影响因素与 K_{obs} 的准一级动力学分析。对 Mn$_3$O$_4$/GO 催化 PMS 氧化 NO 的数据进行拟合，结果见图 8-5 至图 8-8。

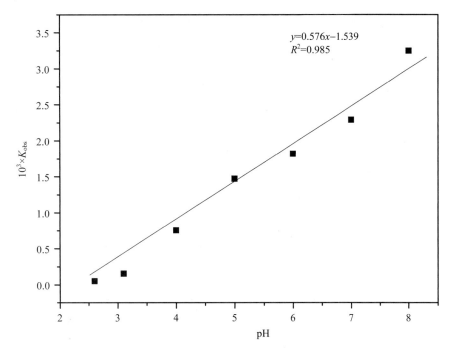

图 8-5　pH 与 K_{obs} 的准一级动力学模型

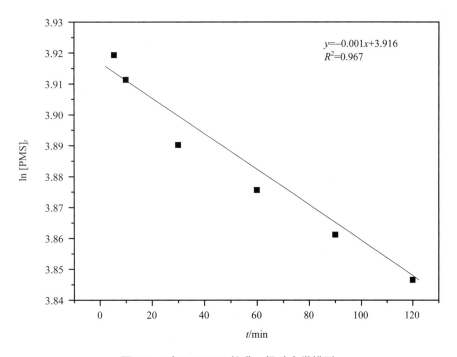

图 8-6　t 与 ln[PMS]$_t$ 的准一级动力学模型

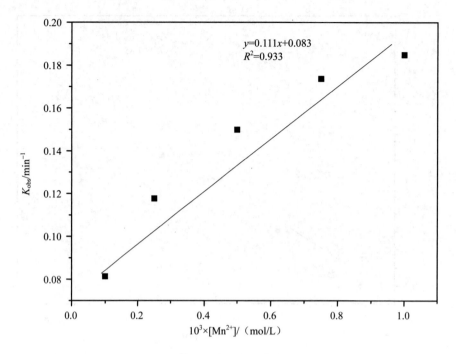

图 8-7 [Mn^{2+}]与 K_{obs} 的准一级动力学模型

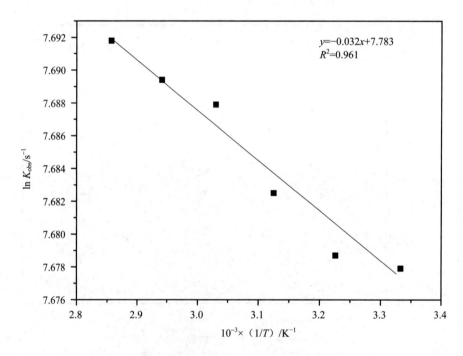

图 8-8 温度与 K_{obs} 的准一级动力学模型

根据上图可求得 E_a 为 35.265 9 kJ/mol。

作 $\ln(k/T)$ 对 $1/T$，即得图 8-9。

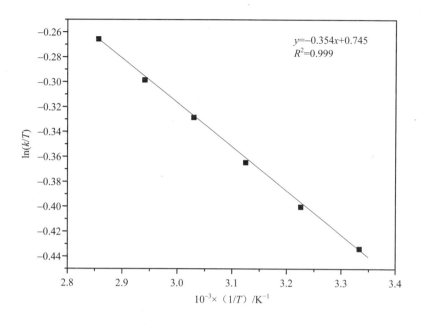

$$y=-0.354x+0.745$$
$$R^2=0.999$$

图 8-9　Mn₃O₄/GO 氧化 NO 的 Eyring-Polanyi 图

由图 8-9 可求得由图中可求得反应的活化焓（ΔH）、活化熵（ΔS）以及吉布斯自由能（ΔG），见表 8-3。

表 8-3　最佳热解条件下 Mn₃O₄/GO 催化 PMS 氧化 NO 的动力学参数

活化参数	数值
E_a/（kJ/mol）	0.207 8
ΔH/（kJ/mol）	2.941 7
ΔS/（J/mol）	−191.256 6
ΔG/（kJ/mol）	54.435 3

8.4　本章小结

1）由不同热解温度条件下制备的 Mn₃O₄/GO 催化 PMS 氧化 NO 的氧化曲线可以看出，当热解温度为 180℃时，Mn₃O₄/GO 催化 PMS 氧化 NO 的氧化效率最高。

2）氧化反应过程中，随着 PMS 浓度的增加、氧化剂投加量的增加，均有利于 $SO_4^-\cdot$ 的产生，从而促进 NO 氧化速率的提高。实验结果表明：催化剂投加量为 0.5 mmol/L、氧化剂投加量为 6 mmol/L、pH=4 及室温的条件下，NO 的氧化效率可以达到 65%左右。

第 9 章　不同热处理时间的 Mn_3O_4/GO 体系催化 PMS 氧化 NO 的研究

9.1　实验部分

热处理时间影响着催化剂制备过程中催化剂的种类和形态，因此热处理时间在 Mn_3O_4/GO 催化剂制备过程中起着至关重要的作用。

9.1.1　实验试剂

实验试剂见表 9-1。

表 9-1　实验主要化学试剂

材料名称	化学式	试剂等级	生产厂家
乙醇	CH_3CH_2OH	分析纯	国药集团化学试剂有限公司
浓硫酸	H_2SO_4	98%溶液	国药集团化学试剂有限公司
亚硝酸钠	$NaNO_2$	分析纯（AR）	国药集团化学试剂有限公司
高锰酸钾	$KMnO_4$	分析纯（AR）	国药集团化学试剂有限公司
鳞片石墨			上海一帆石墨有限公司
稀盐酸	稀 HCl	分析纯（AR）	国药集团化学试剂有限公司
Oxone	$2KHSO_5 \cdot KHSO_4 \cdot K_2SO_4$	活性成分（质量分数）4.5%～4.9%	上海安而信化学有限公司
碳酸氢钠	$NaHCO_3$	分析纯（AR）	国药集团化学试剂有限公司
硝酸钠	$NaNO_3$	分析纯（AR）	上海化学试剂厂
硝酸锰	$Mn(NO_3)_2 \cdot 4H_2O$	分析纯（AR）	国药集团化学试剂有限公司
氢氧化钠	$NaOH$	分析纯（AR）	国药集团化学试剂有限公司
溴化钾	KBr	分析纯（AR）	国药集团化学试剂有限公司
靛蓝二磺酸钠			上海芯莘华工科技有限公司

9.1.2　实验设备

实验设备见表 9-2。

表 9-2　主要设备及仪器

仪器名称	型号	生产厂家
恒温油浴锅	HH-SA	乐清市金牌电器有限公司
高速离心机	Sigma 3-18 k	上海旦鼎公司
机械搅拌器	YK160	上海翼控机电有限公司
真空干燥箱	BPH-6063	上海齐欣科学仪器有限公司
超声清洗仪	UP5200H	郑州南北仪器设备有限公司
高温炉（马弗炉）	HTS-20	上海特成机械设备有限公司
离子色谱	ICP-90	戴安中国有限公司
XRD 射线衍射仪	D/Max-2550PC	日本 RIGAKU 公司
傅里叶变换红外光谱仪	Tensor27	德国 Bruker 公司
拉曼光谱仪	Nicolet Nexus670 +Raman Module	美国 Thermo Fisher 公司
扫描电子显微镜测试	JSM-5600 LV	日本 JEOL 公司
X 射线光电子能谱	PHI 5000C ESCA	美国 PHI 公司

9.2　结果与讨论

9.2.1　不同热处理时间下 pH 的影响

研究表明，pH 对基于 $SO_4^- \cdot$ 的高级氧化技术氧化 NO 的反应具有很大的影响，因此，pH 是决定氧化效率的一个重要因素之一。实验基本条件为：50 mL 浓度为 6 mmol/L 的 PMS 溶液及 0.5 mmol/L 的催化剂溶液，用碳酸氢钠缓冲溶液调节 pH 分别为 2.06、3.01、4、5、6、7、8。图 9-1 为不同灼烧时间的条件下 pH 对 Mn₃O₄/GO 催化 PMS 氧化 NO 氧化效率的影响。由图 9-1 可知，随着灼烧时间的增加，pH 对 Mn₃O₄/GO 催化 PMS 氧化 NO 的效率有明显的不同。酸性条件有利于 NO 氧化反应的发生，而碱性条件则不利于氧化反应的发生。产生这种结果的原因是：在酸性条件下锰离子溶出少，使得催化剂更稳定。在催化 PMS 产生 $SO_4^- \cdot$ 的反应中，起到催化作用的是非均相的 Mn₃O₄ 纳米粒子而并不是溶出的锰离子，因此锰离子的溶出并不能对催化反应产生促进作用。在酸性条件下，锰离子溶出少，有利于催化反应的进行；而在碱性条件下，大量锰离子溶出，使得 Mn₃O₄ 纳米粒子的量减少，不利于催化反应的发生。因此，实验过程中，最终选定的溶液 pH=4。

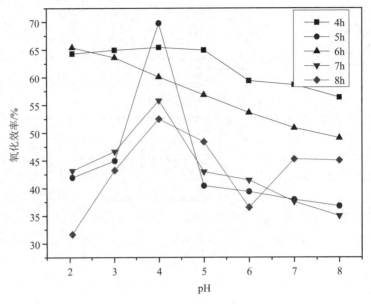

图 9-1　pH 对 NO 氧化效果的影响

9.2.2　不同热处理时间下 PMS 浓度的影响

　　氧化剂投加量对降解速率的影响如图 9-2 所示。实验基本条件为：50 mL 浓度为 0.5 mmol/L 的催化剂溶液，加入不同量的 PMS，用碳酸氢钠缓冲溶液调节 pH=4.0。试验中，分别投加氧化剂量为 0 mmol/L、2 mmol/L、4 mmol/L、6 mmol/L、8 mmol/L 及 10 mmol/L 进行试验。由图 9-2 可以看出，不同灼烧时间的条件下 PMS 浓度对 NO 的氧化效率具有相同的氧化趋势，即随着氧化剂的投加量增加，NO 的氧化效率明显提高，原因是：由于氧化剂投加量的增加，产生了更多的 $SO_4^-\cdot$，从而使得氧化反应更容易进行。但 PMS 的浓度超过 6 mmol/L 后，虽然增加氧化剂的投加量可以有效地增大 NO 的氧化效率，但随之而来的是处理成本的大幅增加，因此最终确定 PMS 的浓度为 6 mmo/L 时为最佳的投加浓度。

9.2.3　不同热处理时间下催化剂浓度的影响

　　催化剂的量的大小决定了活性位的多少，因此催化剂的投加量是影响降解反应的重要因素之一。不同灼烧时间的条件下催化剂（Mn_3O_4/GO）投加量对 NO 氧化速率的影响曲线如图 9-3 所示。实验基本条件为：50 mL 浓度为 6 mmol/L 的 PMS，用碳酸氢钠缓冲溶液调节 pH=4.0，接着加入不同灼烧时间下的不同量催化剂。反应条件中 PMS 的原始浓度不变，分别以催化剂投加量为 0 mmol/L、0.01 mmol/L、0.025 mmol/L、0.075 mmol/L 及 1 mmol/L 进行氧化反应实验。由图 9-3 可以看出，随着催化剂的投加量增加，NO 的氧化速率提高。这可能是由于随着催化剂的投加量增加，在同一时间内催化剂和氧化剂 PMS 的接触更多，从而将有更多的 PMS 被活化而生成更多的 $SO_4^-\cdot$。图 9-3 显示，当催化剂的投加量为 0.05 mmol/L 时，同等条件下 NO 的氧化效率最高。当接着增大催化剂的投加量，虽然降解速率有所提高，但处理成本同时相应的大幅增大。因此，最终确定催化剂的投加量 0.05 mmol/L 为最佳条件。

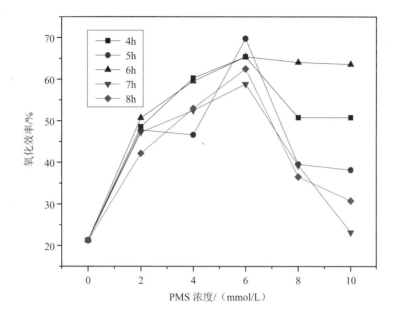

图 9-2　PMS 浓度对 NO 氧化效果的影响

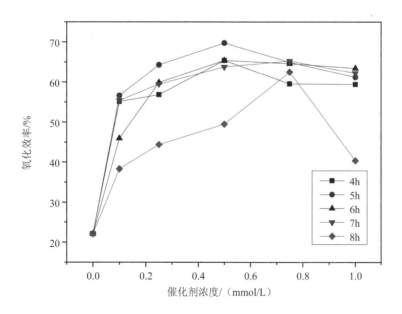

图 9-3　催化剂浓度对 NO 氧化效果的影响

9.2.4　不同热处理时间下温度的影响

温度对 NO 氧化速率的影响如图 9-4 所示。实验基本条件为：50 mL 浓度为 6 mmol/L 的 PMS 及 0.5 mmol/L 的催化剂，用碳酸氢钠缓冲溶液调节 pH=4.0，改变反应温度分别为 300K、310K、320K、330K、340K 及 350K。结果表明，随着温度的提高，反应速率明显呈现下降的趋势。虽然温度升高有利于高级氧化技术的进行，无论是基于硫酸根自由基还是羟基自由基的高级氧化技术均为吸热反应，温度升高能显著地提高反应速率。但同时，一方面温度的升高缩短了 O—O 键断裂及 SO$_4^-$·的产生过程；另一方面高温不利于 PMS 与 NO 的充分接触，从而使得氧化效率下降。综合考虑，选择反应温度条件为 300K。

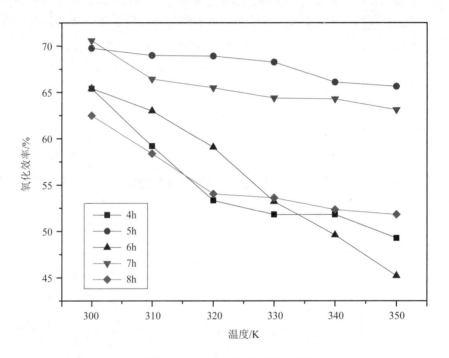

图 9-4　温度对 NO 氧化效果的影响

通过对上述负载量的比较分析可知，当热处理时间为 7 h 时，Mn$_3$O$_4$/GO 催化 PMS 氧化 NO 的氧化效率最好。

9.3　动力学分析

以下是在热处理时间为 7 h 时，各影响因素与 K_{obs} 的准一级动力学分析。对 Mn$_3$O$_4$/GO 催化 PMS 氧化 NO 的数据进行拟合，结果见图 9-5 至图 9-8。

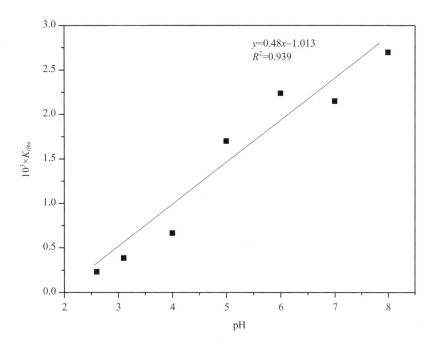

图 9-5　pH 与 K_{obs} 的准一级动力学模型

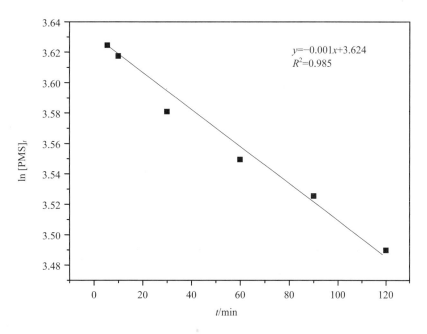

图 9-6　t 与 $\ln[PMS]_t$ 的准一级动力学模型

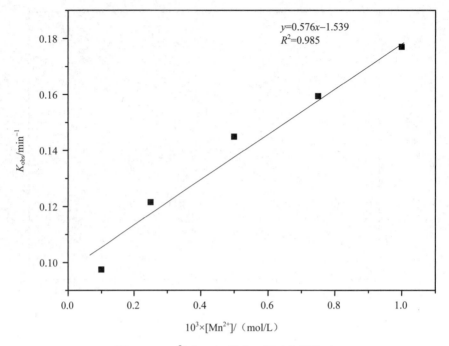

图 9-7　[Mn^{2+}]与 K_{obs} 的准一级动力学模型

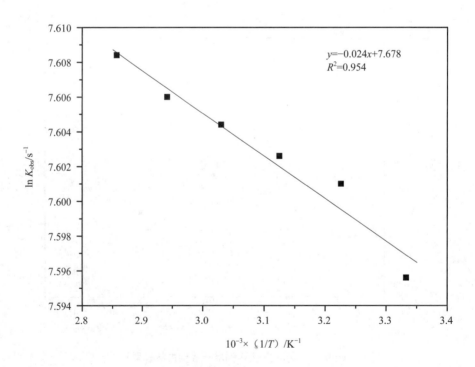

图 9-8　温度与 K_{obs} 的准一级动力学模型

由图可求得 E_a 为 0.199 4 kJ/mol。

作 ln（k/T）对 1/T，即得图 9-9。

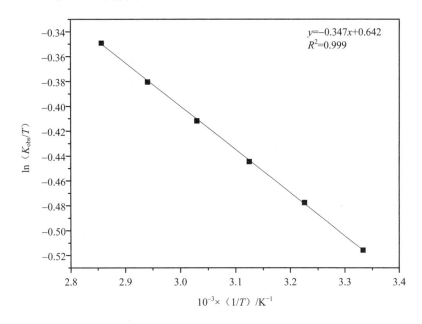

图 9-9　Mn₃O₄/GO 氧化 NO 的 Eyring-Polanyi 图

由图中可求得反应的活化焓（ΔH）、活化熵（ΔS）以及吉布斯自由能（ΔG），见表 9-3。

表 9-3　最佳热解条件下 Mn₃O₄/GO 催化 PMS 氧化 NO 的动力学参数

活化参数	数值
E_a/（kJ/mol）	0.199 4
ΔH/（kJ/mol）	2.883 6
ΔS/（J/mol）	−192.112 5
ΔG/（kJ/mol）	54.750 2

9.4　Mn₃O₄/GO 催化剂稳定性测试

在实际工业应用中，催化剂的稳定性是一个极其重要的指标，强的催化剂稳定性可以有效地节约经济成本，有利于该催化剂的推广和利用，评价一种催化剂的应用前景的指标即是催化剂的稳定性程度。

为了探究本书所合成的催化剂的稳定化程度，将催化剂循环 7 次使用，并对多次循环过程中催化剂的催化性能进行深入的研究。原始催化剂的量取为 0.5 mmol/L，但在氧化过程中催化剂会自身分解及回收利用存在损失等原因而出现一定的损耗，为了确保后续循环使用时催化剂的量均为同等的 0.5 mmol/L，在循环降解的首次反应时可采取多次的平行反应，反应结束后将各平行反应的催化剂收集，再用离心、乙醇洗、真空烘干等得到干燥纯净的催化剂，再重新称取 0.5 mmol/L 的量进行后续的循环反应。实际测量的结果如图 9-10 所示。由图可知，在同样反应条件下，进行了 Mn$_3$O$_4$/GO 催化剂的 7 组循环试验以评价该催化剂的稳定性程度。相较于新鲜的催化剂，后续循环过程中的催化剂的活性会有所下降，通过电感耦合等离子体（ICP）对用 0.22 μm 滤膜过滤掉催化剂后的溶液中锰离子进行测定，测定结果表明，在首次使用时，反应液中锰离子的浓度很低，几乎可以忽略不计，后续循环过程中锰离子的溶出相较于上一次的反应过程会有轻微的增加，但锰离子的溶出浓度很低，基本维持不变[42]，这也可以间接表明锰离子的浓度与反应速率没有直接的关系。

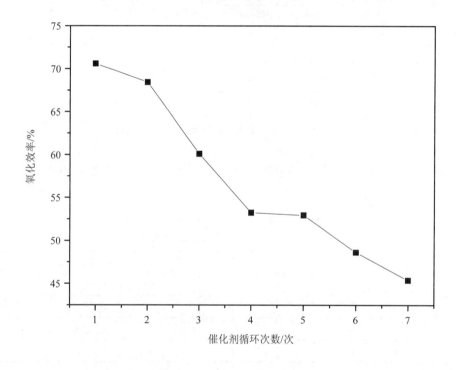

图 9-10　催化剂循环利用效果图

9.5　本章小结

1）pH 对反应影响显著，在酸性条件下的氧化反应速率比在碱性条件下的氧化效率高，原因是酸性条件下锰离子溶出少，而纳米级的 Mn$_3$O$_4$ 起主要的作用，从而加快反应的进程。

2）PMS 浓度越高，氧化效率越高。因为 PMS 投加量越多，在相同时间内生成的 SO$_4^-$·的量越大，越有助于加快反应的进行。但从经济角度考虑，将最适宜的 PMS 的量定为 6 mmol/L。

3）催化剂投加量越多反应速率越快，因为催化剂投加量增大会产生更多的活性位点，能有效加快催化 PMS 产生 SO$_4^-$·，从而加快降解反应的进行。但随着催化剂量增加，氧化速率加快的效果不再显著。因此将最佳的催化剂的量定为 0.5 mmol/L。

4）温度越高，氧化效率越低，虽然温度越高越有利于 Oxone 中的 O—O 键的断裂从而加速产生 SO$_4^-$·，越有利于反应的进行，但是温度越高，越多的 NO 来不及与 PMS 反应进而使得氧化效率下降，综合考虑经济节约和操作可实现性，选择最适宜的反应温度为室温。

5）催化剂的稳定性研究通过催化剂的回收再利用来进行，为保证后续循环使用时催化剂量充足，在首轮氧化实验时，采取了多组平行实验同时进行。经过 7 轮循环利用，尽管氧化效率有所下降，但是催化剂的活性依然很高，NO 的氧化效率依然在 50%左右。

第4篇

NO$_x$吸收系统在难选冶金提取中的应用研究

第 10 章　硝酸及其氧化物循环氧化高硫高砷金精矿或尾渣预处理及其综合利用

10.1　原料

实验所用的金精矿和氰化尾渣取自黄金冶炼厂或矿山，经干燥后混匀，装袋保存备用。对金精矿和氰化尾渣进行的多元素化学分析如表 10-1 和表 10-2 所示。X 射线衍射分析结果表明其中铁以黄铁矿、砷铁矿为主。

表 10-1　氰化尾渣的元素分析

元素	Au	Ag	Cu	Pb	Zn	S	As	Si	Al	Fe
含量	3.6 g/t	25.0 g/t	0.21%	0.42%	0.64%	41.22%	0.42%	3.73%	1.24%	38.07%

表 10-2　金精矿的 X 荧光分析结果

元素	Au	Ag	Fe	As	S	Si	Ca
含量	48.03 g/t	8.46 g/t	14.3%	7.54%	4.44%	8.42%	2.29%

该金精矿为难选冶矿，金为微细粒金，利用澳大利亚墨尔本大学的矿物解离度测定仪（MLA[①]，FEI Quanta600，JKTECH MLA suite 2008）测定该金精矿金的包裹情况，见图 10-1 至图 10-5。

由图 10-1 至图 10-5 可知，该矿中的金大多被砷铁矿和黄铁矿包裹，且颗粒细，多为微米级，为显微金，也有被其他矿物与上述两种矿物联合包裹，金的存在形式复杂，用传统氰化法提金率仅仅 21%。

利用北京矿冶研究院矿物解理分析仪（MLA），对上述难选冶矿物进行了详细物相分析，矿物的 MLA 扫描图见图 10-6。研究表明该矿物中金仅为微细粒金，且为包裹金，含

---

① MLA 是工艺矿物学参数自动测试系统，由一台扫描镜、两台能谱及其 JKTech 工艺矿物学参数自动测试软件构成。其工作原理是：充分利用背散射电子图像区分不同物相，灵活利用能谱分析快速而不失全面准确鉴定矿物，充分利用特殊图像分析及其数据处理获取工艺矿物学参数。该仪器是理想的包裹金物相分析方法。

有砷铁矿（Arsnopyrite）、石英（Quartz）、黄铁矿（Pyrite）、钙长石（Anorthite）、白云母（Muscovite）、角闪石（AmpHibole）和白云石（Dolomite）。其矿物组成分布见表 10-3。从表 10-3 可以看出，该矿以黄铁矿为主，其次为砷铁矿。

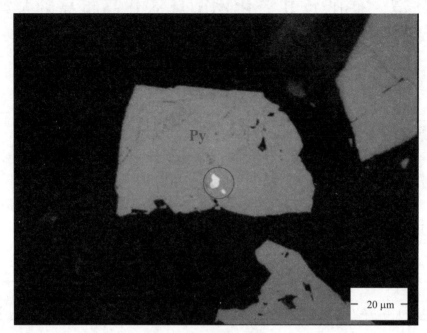

图 10-1　黄铁矿包裹金

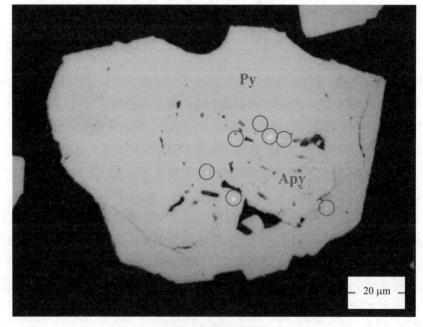

图 10-2　砷铁矿包裹金

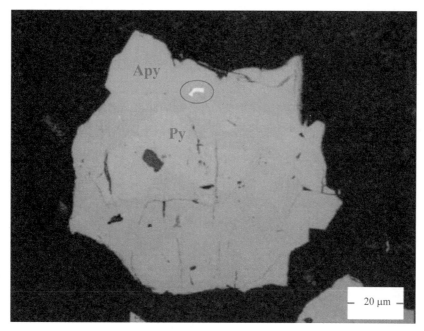

图 10-3 砷铁矿和黄铁矿交界处包裹金

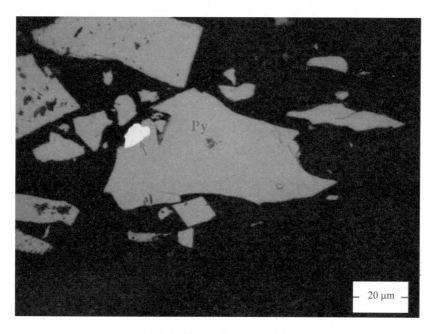

图 10-4 黏附在黄铁矿表面上金

图 10-5　被复杂矿物包裹的金

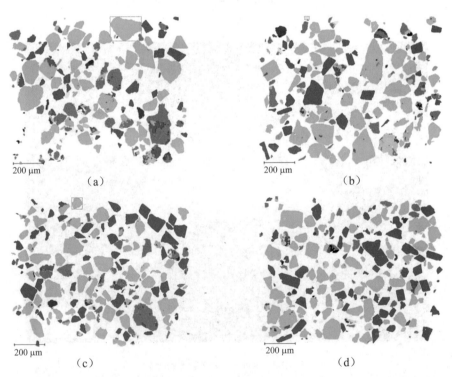

注：（a）、（b）、（c）、（d）为原矿，浅蓝色为砷铁矿，深蓝色为石英，浅绿色为黄铁矿，深绿色为钙长石，黑色为白云母，橘黄色为闪石，紫红色为白云石。

图 10-6　金精矿物相分布

由图 10-6 和表 10-3 可以看出，该难选冶金精矿中各种矿物分布不均匀，典型特点是：砷铁矿、黄铁矿相互包裹，石英等脉石也包裹其他矿物。所以将这些相互包裹的矿物完全脱除非常困难，必须仔细设计处理方法，才能达到完全脱除的目的，从而最大限度提高金提取率。

表 10-3　金精矿矿物组成分布

矿物质	质量分数/%	面积占比/%	面积/μm²	粒数
砷黄铁矿	29.753 24	22.424 29	4 298 485.08	2 787
黄铁矿	49.368 58	44.649 46	8 558 801.677	3 392
褐铁矿	0.351 033	0.440 941	84 523.481 71	130
闪锌矿	0.054 53	0.061 647	11 817.029 76	31
金红石_8	0.381 512	0.401 214	76 908.184 59	493
钠长石	0.181 611	0.313 457	60 086.149 79	77
辉石	0.856 416	1.173 563	224 958.842 9	357
金云母	1.219 522	1.969 551	377 540.781 5	556
氢氧钙石	0.792 423	1.606 897	308 024.076 2	379
云母石	3.620 039	5.846 432	1 120 695.465	722
黑云母	0.199 237	0.300 319	57 567.856 44	236
榍石	0.012 73	0.016 447	3 152.672 591	29
绿泥石	1.631 349	2.459 016	471 365.745 8	776
磷灰石	0.243 815	0.344 545	66 045.469 93	88
方解石	0.740 548	1.235 718	236 873.363 8	236
白云石	0.242 532	0.332 346	63 707.054 68	196
透辉石	0.277 879	0.392 682	75 272.804 34	156
钙硅石	0.589 362	0.951 831	182 455.433 7	225
钙长石	0.345 706	0.566 413	108 574.968 3	161
斑铜矿	0.278 106	0.248 049	47 548.234 53	104
闪石	0.172 332	0.243 529	46 681.798 81	152
钙铝榴石	0.161 221	0.203 078	38 927.817 05	129
白云石	0.003 869	0.006 139	1 176.759 761	3
正长石	0.057 984	0.102 026	19 557.280 36	74
水铝石	0.006 534	0.008 954	1 716.394 05	2
石英	7.874 757	13.437 76	2 575 868.072	1 764
未知	0.583 128	0.263 694	50 547.118 21	2
总计	100	100	19 168 879.61	13 257

10.2 实验装置及预处理步骤

预处理装置见图 10-7 至图 11-11。图 10-7 是预处理工艺系统，图 10-8 是流化床反应器及其固气液再生和分离系统，图 10-9 是制氧系统，图 10-10 是尾气吸附系统，图 10-11 是预处理及其综合利用工艺示意图。氧气或空气在 NO_x 再生装置中充分混合，经气体分布器射入流化床，与经过液体分布器送入的硫精矿浆混合，并发生反应，氧化渣在沉淀段出口处引出。经过旋流分离器进行固液分离，部分液体与新的硫精矿浆混合后回流入流化床，剩余部分用于制备纳米铁红或磁性材料。尾渣经过中和后用作提取金、银，提金尾渣可用作水泥原料或造砖等。同时，催化剂分离后送入再生罐，利用氧气送入三相流化床，再进行循环操作[43]。

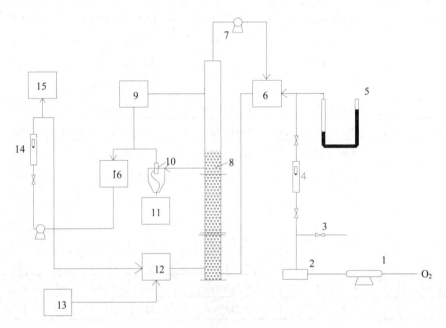

1—压缩机和制氧系统；2—缓冲瓶；3—旋空阀；4—气体流量计；5—压差计；6—催化剂再生装置和尾气处理装置；

7—压缩机；8—流化床；9—压力传感器、电导率仪或溶解氧测试仪；10—旋液分离器；11—尾渣；12—搅拌釜；

13—氰化尾渣；14—流量计；15—氧化液综合利用单元；16—滤网

图 10-7   三相流化床氧化难选金矿氰化尾渣工艺流程

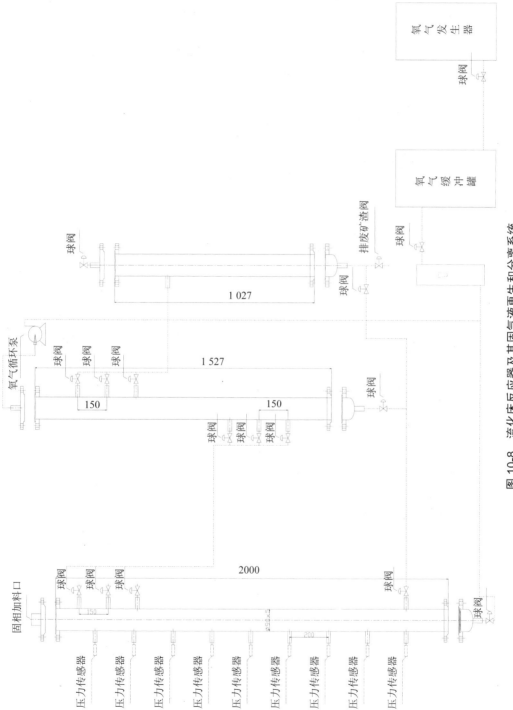

图 10-8　流化床反应器及其固液气再生和分离系统

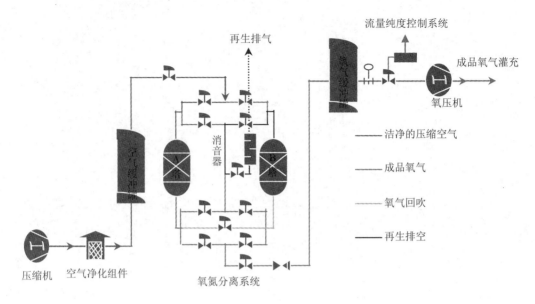

（a）制氧工艺流程图

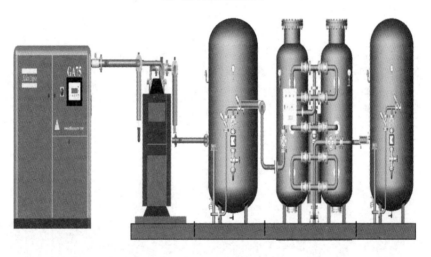

（b）氧系统平面示意图

图 10-9　制氧系统

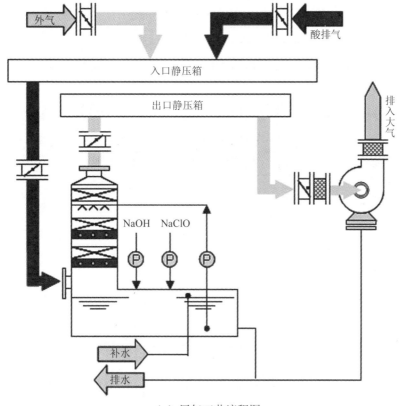

（a）尾气工艺流程图

（b）尾气系统装置图

图 10-10　尾气处理与 NOₓ再生系统

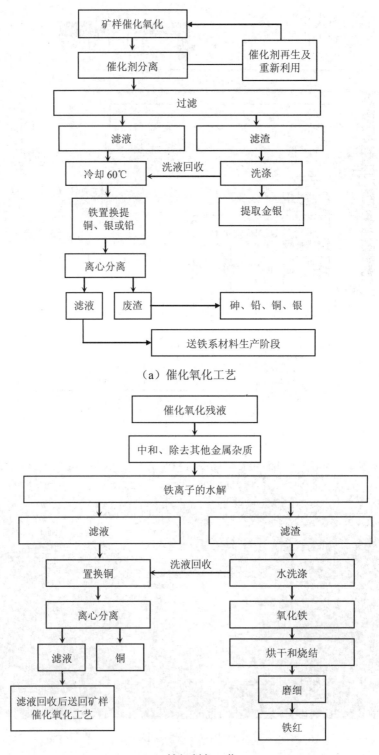

（a）催化氧化工艺

（b）铁红制备工艺

图 10-11 催化氧化工艺及其铁红的制备工艺

10.3　预处理液净化

在上述氧化液中加入铁屑还原硫酸铁，生成硫酸亚铁。然后经过滤，调节滤液 pH 为 11.5，净化硫酸亚铁溶液，得到的结晶溶液进入晶种制备工序，滤饼中因含有富集的有价金属，可以进行有价金属的冶炼。

10.4　晶种与铁红制备

一定浓度的硫酸亚铁溶液，在一定的条件下，用氨水调 pH 到某一特定值，然后通空气氧化，反应一段时间生成红棕色的铁红晶种。该晶种可用于制备优质纳米铁红。

10.5　质量鉴定

铁含量测定：采用国标《氧化铁颜料》（GB/T 1863—2008）进行检测。

晶种和铁红的物相组成：X 射线衍射分析（XRD）；用日本理学电机株式会社 D/MAX 2550 VB3+PC 型 X 射线衍射仪研究矿物处理前后铁红产品组成变化。

晶种和铁红的形貌：透射电镜分析（TEM）；日立 H-800 透射电镜 TEM。

铁红粒径分布：纳米粒度与电位分析仪（Nano-ZS 型）。

磁性材料测试：X 射线衍射分析（XRD）；透射电镜分析（TEM）；PPMS 综合物性测量系统。

10.6　试验结果与讨论

10.6.1　硝酸氧化尾渣

实验选用硝酸作氧化剂来氧化金精矿或尾渣，首先进行三因素三水平的正交实验。正交实验安排及实验结果见表 10-4。根据正交试验结果，设计不同氧化参数来研究硝酸对氰化尾渣氧化速率的影响。

表 10-4　硝酸氧化氰化尾渣的正交实验

序号	因素		
	温度/℃	硝酸含量/%	硝酸与尾渣比
1	20	10	1:1
2	20	20	2:1

序号	因素		
	温度/℃	硝酸含量/%	硝酸与尾渣比
3	20	30	3:1
4	50	10	2:1
5	50	20	3:1
6	50	30	1:1
7	80	10	3:1
8	80	20	1:1
9	80	30	2:1
均值1	60.0	63.7	29.2
均值2	66.3	76.3	76.8
均值3	76.2	90.8	90.6
极差	16.2	27.1	61.4

10.6.1.1　氧化初始温度对氰化尾渣转化率的影响

硝酸氧化反应复杂，不同温度下发生不同程度的反应。20℃向硝酸中加入尾渣时，反应比较缓慢，但随着温度的升高，反应越来越剧烈。在80℃时，加入尾渣即刻发生剧烈的反应，实验结果见图 10-12。

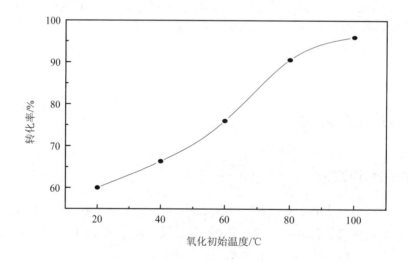

图 10-12　氧化初始温度对尾渣转化率的影响

实验条件：硝酸的初始含量为30%；硝酸和氰化尾渣的质量比是3:1；反应时间为2h。

由图 10-12 可知，氧化初始温度对氰渣的转化率有明显的影响，随着氧化初始温度的提高，尾渣的转化率有所提高。在20℃时，反应开始得很缓慢，反应需要时间比较长，现象不是很明显，最后得到的氰渣转化率为60%。随着温度的升高，反应进行得越来越剧烈，反应时间越来越短，反应现象也越来越明显，有大量的红棕色的 NO$_x$ 析出，到 80℃的时候，氰渣的转化率已超过 90%。为了避免大量的能量消耗，并且尽可能地缩短反应时间，合适的初始温度为 80℃。

10.6.1.2　硝酸初始浓度对氰化尾渣转化率的影响

硝酸初始浓度对氰化尾渣的转化率有比较明显的影响，见图 10-13。

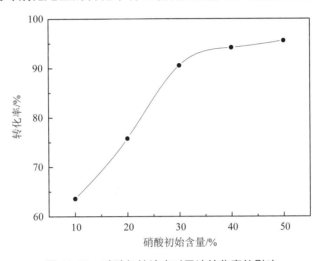

图 10-13　硝酸初始浓度对尾渣转化率的影响

实验条件：氧化初始温度为 80℃；硝酸和氰化尾渣的质量比是 3∶1；反应时间为 2 h。

由图 10-13 可知，硝酸初始含量对氰化尾渣的转化率有比较明显的影响，随着初始含量的提高，氰渣的转化率提高很快。在较低的含量范围内（10%～30%），氰渣的转化率升高趋势很明显，到初始含量为 30%的时候，氰渣的转化率就已超过 90%；在含量超过 30%后，随着硝酸初始含量的升高，氰化尾渣转化率虽还在继续升高，但升高趋势已经开始变慢。为了尽可能减弱硝酸对反应容器的腐蚀，合适的硝酸初始含量为 30%。

10.6.1.3　原料配比对氰化尾渣转化率的影响

硝酸和氰化尾渣的质量比对氰化尾渣转化率的影响明显，见图 10-14。

由图 10-14 可知，硝酸和氰化尾渣的质量比对氰化尾渣转化率的影响是最显著的，随着质量比的升高，尾渣的转化率也快速地升高。当硝酸和氰化尾渣的质量比是 1∶1 时，氰化尾渣的转化率只有不到 30%，但当质量比增加到 3∶1 时，氰化尾渣的转化率快速升高到超过 90%。在这个过程中，转化率在质量比 1∶1 升高到 2∶1 时，升高比较快，但是在质量比从 2∶1 升高到 3∶1 时，升高比较慢，过了 3∶1 后，升高更慢。综合经济技术因素，合适的原料配比为 3∶1。

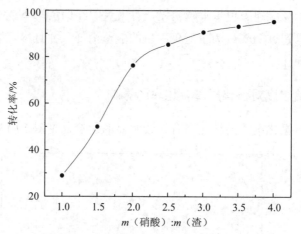

图 10-14 原料配比对氰化尾渣转化率的影响

实验条件：氧化初始温度为 80℃；硝酸初始含量为 30%；反应时间为 2 h。

10.6.2 氧化液的铁还原净化实验

10.6.2.1 正交试验初探

首先仍采用正交实验确定在铁屑还原反应过程中的主要影响因素及其影响范围。正交实验选用三个因素：温度、$m_{Fe}：m_{Fe^{3+}}$（加入铁屑和反应开始前溶液中的三价铁的质量比）和反应时间。每个因素取三个水平，实验安排及结果见表 10-5。

表 10-5 铁屑还原的正交实验设计

序号	因素		
	温度/℃	反应时间/min	$m_{Fe}：m_{Fe^{3+}}$
1	20	30	0.2
2	20	60	0.6
3	20	90	1.0
4	40	30	0.6
5	40	60	1.0
6	40	90	0.2
7	60	30	1.0
8	60	60	0.2
9	60	90	0.6
K_1	94	96	22
K_2	99	100	80
K_3	98	100	96
R	5	4	74

由实验结果可知，在三个因素中，铁屑和反应前溶液中 Fe^{3+} 的质量比对还原结果的影响最大，是关键因素，随着质量比的提高，Fe^{3+} 的还原率快速升高；反应时间和反应温度也是重要的影响因素，随着反应时间的增加，Fe^{3+} 的还原率有所提高，但不是一直呈上升势头，而是经过一定的稳定后有些下降，反应温度对 Fe^{3+} 还原率的影响情况和反应时间有些类似。

10.6.2.2　$m_{Fe} : m_{Fe^{3+}}$对还原反应的影响

实验选取两种物料质量比分别为 0.2、0.4、0.6、0.8、1.0 作为研究对象，其他实验条件：反应温度为 40℃，反应时间为 60 min，实验结果见图 10-15。

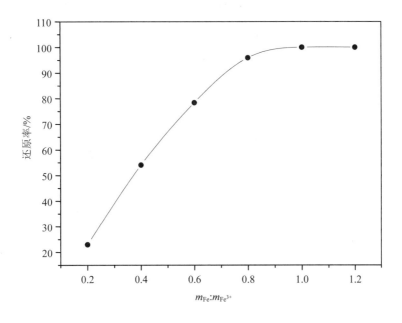

图 10-15　不同 $m_{Fe} : m_{Fe^{3+}}$下的还原率

如图 10-15 所示，随着铁屑和反应前溶液中 Fe^{3+} 的质量比的升高，即铁屑用量的增加，使 Fe^{3+} 的还原效果显著增加，当它们的质量比为 1 时，Fe^{3+} 的还原率达到 100%。此时溶液中已经不含 Fe^{3+}，不影响后面的晶种制备工序。由于加入太多的铁屑会对还原后溶液的过滤造成一定的影响，降低溶液的过滤速度。因此在还原反应中，加入铁屑和溶液中 Fe^{3+} 的合适的质量比为 1:1。

10.6.2.3　反应温度对还原反应的影响

实验选取反应温度为 20℃、40℃、60℃、80℃作为研究对象，其他实验条件：反应时间为 60 min，铁屑和反应前溶液中 Fe^{3+} 的质量比为 1:1，实验结果见图 10-16。

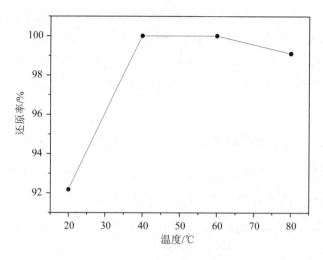

图 10-16   不同温度下的还原率

由图 10-16 可知,反应温度为 20~40℃时,Fe^{3+} 的还原率从 92.18%升高到 100%,继续增加反应温度到 60℃,Fe^{3+} 的还原率没有变化,待温度升高到 80℃时,Fe^{3+} 的还原率稍有下降。这是因为亚铁离子极易氧化,还原反应在 60℃以下进行时,Fe^{3+} 还原成 Fe^{2+} 的速度大于 Fe^{2+} 氧化的速度,所以在宏观的表现就是 Fe^{3+} 还原率的不断提高。但是温度再升高以后,Fe^{2+} 氧化成 Fe^{3+} 的速度大于 Fe^{3+} 还原的速度,综合结果为 Fe^{3+} 还原率的下降,故温度太高会降低 Fe^{3+} 的还原率,导致反应后的溶液中还保留少量的 Fe^{3+},这将大大影响晶种的质量。因此,考虑经济和技术因素,合适的反应温度应是 40℃。

10.6.2.4   反应时间对还原反应的影响

在实验中选取反应时间为 30 min、60 min、90 min、120 min 作为研究对象,其他的实验条件:反应温度为 40℃,铁屑和反应前溶液中 Fe^{3+} 的质量比为 1∶1,实验结果见图 10-17。

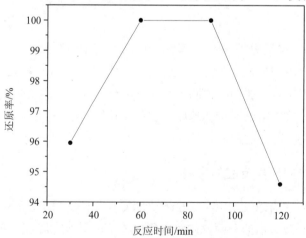

图 10-17   不同反应时间下的还原率

由图 10-17 所知，随着反应时间的增加，Fe^{3+} 的还原率呈现出和反应温度相同的趋势。在前 60 min 的时间里，随着时间的增加，Fe^{3+} 的还原率呈上升趋势，过了 60 min 后有一段平稳期，待反应时间再增加时，Fe^{3+} 的还原率开始下降。这是因为：在前 60 min 的时间里，溶液中的 Fe^{3+} 不断被铁屑还原成 Fe^{2+}，最终还原率达到 100%，但是随着时间的继续增长，还原生成的 Fe^{2+} 又被氧化成 Fe^{3+}，而且时间越长重新生成的 Fe^{3+} 越多。因此，合适的反应时间是 60 min。

10.6.3　硫酸亚铁溶液净化

经过铁还原获得的硫酸亚铁溶液还含有大量的杂质，这些杂质如果不加以去除会带入后续的铁红生产中，这样会使铁红的纯度大大降低，所以在酸浸和铁红制备的工艺中加入了除杂的步骤。除杂后溶液的杂质含量大大降低，可以使产出的铁红产品达到高品质的标准。根据对硫酸亚铁溶液的分析可知，其主要含有的杂质包括 Ca、Mg、Al、SiO_2，这四种杂质是本实验考虑主要去除的对象，实验中针对这四种杂质设计一系列的除杂步骤。

10.6.3.1　除杂原理及步骤

在除杂的过程中分别向硫酸亚铁溶液中加入了氨水（浓）、饱和草酸、10%氟化氢铵溶液、1‰的聚丙烯酰胺溶液，这些物质都针对不同的杂质而设计。同时，搅拌、曝气、水浴加热也都有各自的作用。

酸浸后的溶液中主要含有 Ca^{2+}、Mg^{2+}、Al^{3+}、SiO_2 等杂质，利用这些离子在一定的 pH 时产生沉淀的性质，可以通过改变溶液的 pH 以去除杂质。

本实验采用了沉淀絮凝的方法，即首先投加一定量的碳酸氢铵使溶液的 pH 快速上升，使 SiO_2 在较短的时间里形成较大的凝结核，增大胶粒的体积，同时大部分的杂质形成沉淀。之后继续加入草酸溶液，这样可以和 Ca^{2+} 形成草酸钙沉淀，继续加入二氟化氢铵可以进一步去除其中的 SiO_2 杂质，在水浴加热的条件下形成四氟化硅气体，在过滤过程中使四氟化硅气体得以除去。各杂质元素沉淀时的 pH 如表 10-6 所示。

表 10-6　各杂质元素沉淀时的 pH

离子名称	Ca^{2+}	Mg^{2+}	Al^{3+}
形成沉淀	$Ca(OH)_2$	$Mg(OH)_2$	$Al(OH)_3$
沉淀 pH	4.88	4.98	5.76

从表 10-6 可以看出，把 pH 控制一定范围内是可以形成杂质离子的沉淀物的，而溶液中的 Fe^{2+} 也会产生沉淀物，造成铁的损失，根据其溶度积来看其损失不大。同时随着水浴过程的进行，一定温度下 Fe^{2+} 被氧化成 Fe^{3+}，形成 $Fe(OH)_3$ 胶体，而后在保证 Fe^{2+} 不产生沉淀的前提下，通过加入碱液或氨水调整溶液的 pH，使其他的离子形成沉淀。这

样溶液中的沉淀物、硅酸胶体以及其聚合物可以互相吸附，颗粒共同增长，并共同沉淀。最后通过投加絮凝除杂剂捕获沉淀或胶体，经过滤而去除杂质，从而得到精制的硫酸亚铁溶液。

向硫酸亚铁溶液中加入饱和碳酸氢铵溶液使 pH 到 6.5，可以使溶液中的铝离子大部分形成沉淀，硅也以偏硅酸的形式沉淀，大大降低了硅、铝离子的含量。同时也可以使部分的钙、镁离子以沉淀的形式去除。为使过滤后溶液中的钙、镁进一步降低，可以进一步加入草酸溶液生成草酸钙、草酸镁的沉淀。继续加入氟化氢铵后水浴加热，使偏硅酸以气体形式逸出。加入聚丙烯酰胺后，利用聚丙烯酰胺强烈的吸附能力吸附各种悬浮沉淀及二氧化硅，从而最终达到除杂的目的。

当然，在整个除杂过程中，本研究所考虑的元素主要是在最终高品质铁红产品标准中所要求限量的几种元素，在置换液中的其他元素含量极低，不能对最终产品构成影响，此处不作具体的考虑。实验结果也证明这一点，其他的一些杂质元素未对最终的产品质量构成影响。针对不同的元素，本研究选择了不同的实验步骤。关于每个步骤的实验原理，我们接下来进行一一的详述，在这里主要针对第二、三、四步作进一步的详细解释。

将加入 NH$_4$HCO$_3$ 调节 pH 到 6.5 的溶液后加入饱和草酸溶液（20℃），降低溶液中的钙、镁等杂质元素。资料表明，在室温下，草酸钙的 K_{sp}＞草酸镁的 K_{sp}，如果单纯依靠加入碳酸氢铵形成碳酸钙、碳酸镁沉淀，很难去除绝大部分的钙、镁等杂质元素。因为在 pH 为 6.5 的条件下，碳酸钙、碳酸镁不能完全沉淀，仍有相当含量的钙、镁元素游离在溶液中。加入草酸溶液后生成的草酸钙、草酸镁沉淀，可以去除绝大部分的钙、镁离子，尤其是镁离子的去除相当明显。元素检测分析，溶液中的镁离子质量浓度仅为 3.7 mg/L，钙离子为 13.7 mg/L，最终的铁红产品中镁元素只能检测至 0.016 mg/g 样品，达到高品质铁红的要求。对于未完全反应的草酸，一则其含量相当低，对后序的工序不会产生任何影响；二则在铁红湿法制备完成以后，会在 800℃下进行煅烧，而草酸的分解温度为 300℃左右，故带入最终的草酸会在煅烧工序中完全分解。

在第一步中调节 pH 为 6.5 之后，溶液中的铝元素会立即以氢氧化铝的形式沉淀下去，并在溶液中形成一种悬浮状的胶体，经检测溶液中的 Al 的含量为 0.9 mg/L，这一含量是可以在制成的铁红产品中达标的。由于加入草酸去除了大部分的钙和镁，继续加入二氟化氢铵，进一步去除了钙和硅元素。资料表明，在 pH 为 6～8 时，氟化钙的 $K_{sp}=3.2\times10^{-11}$，这样可以去除绝大部分的钙元素，检测其含量仅为 18.61 mg/L。在溶液中硅元素是以二氧化硅分子态的形式存在的。

反应生成的 SiF$_4$ 不仅键能大，又使气体容易挥发，有利于反应向右进行，但是 SiF$_4$ 又易溶于水发生水解反应，生成难溶于水的 H$_4$SiO$_4$。

为阻止水解的发生，就要控制 pH 和温度，经过多组测试数据，温度宜控制在 60℃左右，pH 宜为 4～6。在这两个条件下可以促使反应向右进行，产生的四氟化硅气体蒸发后，溶液中的绝大部分硅元素也被去除了，经检测其含量为 1.87 mg/L，这一含量在最终的铁红产品中也可以达到高品质的要求。

在经过一系列步骤钙、镁、硅、铝几种主要的杂质元素基本形成了各种沉淀和气体后，引起了下一个问题：产生的各种沉淀大多是以悬浮物的形式存在于溶液中，如碳酸亚铁、草酸钙、草酸镁等；或者是以胶体的形式存在溶液中，如氢氧化铁、氢氧化铝，造成沉淀物很难完全沉淀。在这种情况下，本研究引入了絮凝剂聚丙烯酰胺。经过对各种测试数据的对比分析，选择 1 g/L 的聚丙烯酰胺溶液，絮凝沉淀 0.5 h 后，可以得到明显分层的上清液和下层沉淀区，取上清液进行过滤，得到的液体调节 pH 为 2.5 后，即可以作为湿法高品质铁红的原料，下层沉淀经过过滤后，煅烧即可以得到低品质的铁红。

10.6.3.2　NH$_4$HCO$_3$ 和 NH$_3$·H$_2$O 除杂效果比较

为了比较 NH$_4$HCO$_3$ 和 NH$_3$·H$_2$O 的除杂效果，选取的实验条件如下：各取等体积置换后的硫酸亚铁液体 V=1 000 mL，$C_{Fe^{2+}}$=106.2 g/L，分别加入碳酸氢铵和氨水，调节 pH 为 6.0，待反应完全后过滤，向过滤后的溶液中分别滴加稀 H$_2$SO$_4$，调节 pH 为 2.5 左右，后用全元素分析测定溶液中各种元素的含量，其含量值如表 10-7 所示。

表 10-7　NH$_4$HCO$_3$ 和 NH$_3$·H$_2$O 除杂效果比较

	杂质					
	Ca^{2+}	Mg^{2+}	SiO$_2$	Al^{3+}	As^{2+}	Fe^{2+}
原液	735	115	72.0	203	0.19	106.2
NH$_3$·H$_2$O	365	83.4	70.5	1.6	0.18	87.9
NH$_4$HCO$_3$	296.3	79.6	71.3	0.9	0.19	93.2

由表中可以看出，加入两种不同的除杂剂，各种元素的去除量相当。加入 NH$_3$·H$_2$O Fe^{2+} 的损失量比加入 NH$_4$HCO$_3$ Fe^{2+}的损失量略高一些，而对其他的几种元素的去除效果，NH$_4$HCO$_3$ 略高于氨水去除效果。在本实验中，经过多种因素的综合考虑，最终选择 NH$_4$HCO$_3$ 作为除杂剂。

10.6.3.3　H$_2$C$_2$O$_4$ 对除杂效果的影响

加入 NH$_4$HCO$_3$ 调节 pH 为 6.5 之后，继续加入饱和草酸溶液以去除硫酸亚铁溶液中的钙、镁元素。为了研究不同加入量的 H$_2$C$_2$O$_4$ 会对除杂效果产生的影响，在实验中设计了如下的方案：取 $C_{Fe^{2+}}$=60 g/L 的硫酸亚铁溶液 V=1 000 mL，加入 NH$_4$HCO$_3$ 饱和溶液调节 pH 为 6.5，然后分成 10 等份，分别向其中加入饱和 H$_2$C$_2$O$_4$ 溶液（20℃），加入量分别为 2 mL、5 mL、10 mL。加入 H$_2$C$_2$O$_4$ 后充分搅拌，然后向其中加入 1 g/L 的聚丙烯酰胺溶液 10 mL 后，待溶液上下明显分层，取上清液过滤后调节 pH 为 2.5。取部分液体做全元素分析测定，得到钙、镁、铝、硅去除率和加入的 H$_2$C$_2$O$_4$ 量的关系如图 10-18

至图 10-21 所示。

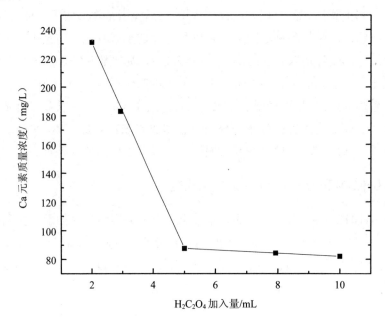

图 10-18　H$_2$C$_2$O$_4$ 加入量对 Ca 元素质量浓度的影响

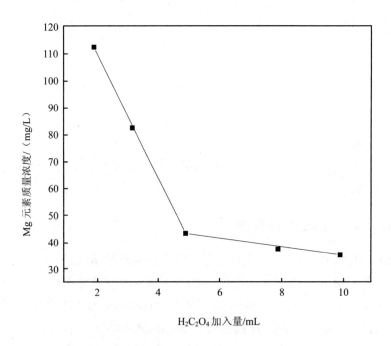

图 10-19　H$_2$C$_2$O$_4$ 加入量对 Mg 元素质量浓度的影响

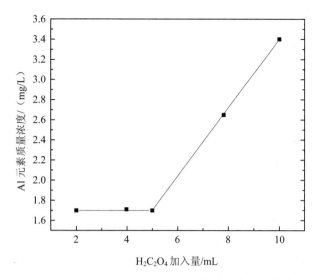

图 10-20　H$_2$C$_2$O$_4$ 加入量对 Al 元素质量浓度的影响

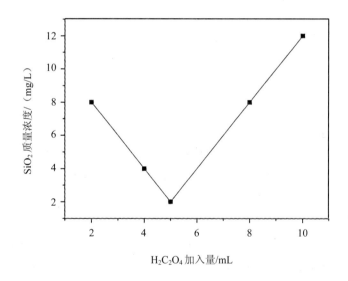

图 10-21　H$_2$C$_2$O$_4$ 加入量对 SiO$_2$ 质量浓度的影响

从图 10-18 至图 10-21 可以看出，加入草酸对镁元素的影响最大，钙次之，对铝、硅元素的影响较小。其中铝元素由原来的 0.06 mg/L 上升至 0.12 mg/L，这是由于草酸加入后在一定程度上升高了 pH，使铝元素的含量有了进一步的回升。对于加入草酸对硅元素的影响，本研究中做了进一步的比对，将不加入聚丙烯酰胺和加入聚丙烯酰胺过滤液体分别做全元素分析，得到一组不加入聚丙烯酰胺而直接采用离心过滤的液体中硅元素和草酸加入量的关系如图 10-22 所示。

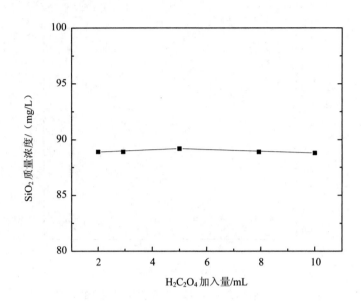

图 10-22　未加聚丙烯酰胺时 $H_2C_2O_4$ 加入量对 SiO_2 质量浓度的影响

由图中可以明显看出,加入草酸对硅元素的影响不大,在实验中之所以得到了图 10-22 的关系图,主要是因为加入了絮凝剂聚丙烯酰胺,此种絮凝剂有吸附二氧化硅胶体的作用,二氧化硅的去除是与絮凝剂有关而与草酸无关。

10.6.3.4　NH_4HF_2 对除杂的影响

向溶液中加入草酸可以去除一部分的钙、镁杂质,欲使溶液中的杂质元素得到更进一步的去除,实验中加入了 NH_4HF_2。NH_4HF_2 的溶解度较高,但实验中 NH_4HF_2 需求量不多,故配制成浓度为 10 g/L 的溶液。根据 NH_4HF_2 除钙、硅的反应原理,同时还需考证 NH_4HF_2 对其他两种杂质的影响,实验中设计了如下的实验步骤:取 $C_{Fe^{2+}}$ 为 60 g/L 的硫酸亚铁溶液 V 为 100 mL 各 5 份,加入 NH_4HCO_3 调节 pH 为 6.5 后,分别加入草酸 5 mL,搅拌并向各溶液中加入 10 g/L 的 NH_4HF_2 5 mL,6 mL、10 mL,14 mL、20 mL;将上述溶液放入水浴槽中,加热至 60℃,搅拌 0.5 h 后加入聚丙烯酰胺(1 g/L)1 mL,待沉淀完全后取上清液过滤,调节 pH 为 2.5,用全元素分析除杂液体中各种杂质元素含量,所得关系图如 11-23 至图 11-26 所示。

从图中可以看出,二氟化氢铵的加入主要可以去除硅元素,钙、镁次之,对铝元素的影响较小,虽然在一定程度上,加入二氟化氢铵降低溶液的 pH,使铝元素的去除率降低,但实验证明这种影响是微乎其微的,可以忽略不计。此外,二氟化氢铵对镁元素的去除无太大影响。

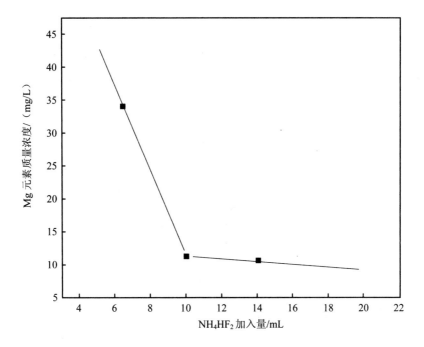

图 10-23　NH₄HF₂ 铵对 Mg 元素质量浓度的影响

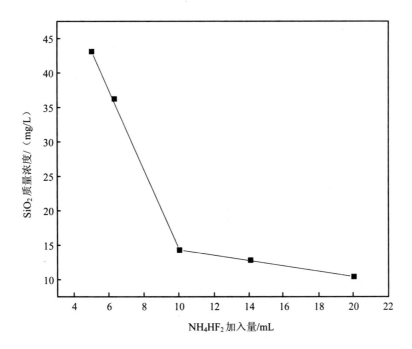

图 10-24　NH₄HF₂ 对 SiO₂ 质量浓度的影响

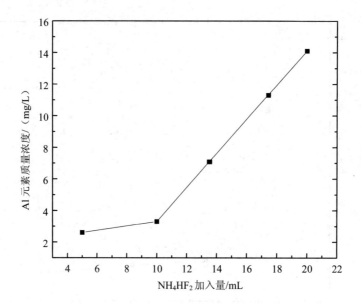

图 10-25   NH$_4$HF$_2$ 对 Al 元素质量浓度的影响

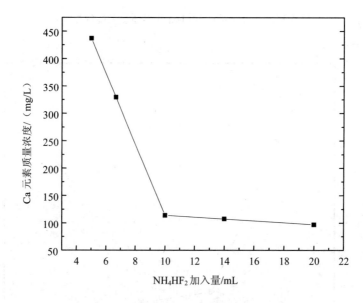

图 10-26   NH$_4$HF$_2$ 对 Ca 元素质量浓度的影响

在实验中，水浴加热的温度条件是一个重点考量的对象。四氟化硅在加热条件下才能挥发，从而推动二氟化氢铵和二氧化硅的反应向右进行。在实验中设定了 40℃、50℃、60℃、65℃、70℃、80℃六组温度进行了测量，其结果如表 10-8 所示。

表 10-8　水浴加热的温度对 SiO_2 的影响

温度/℃	40	50	60	65	70	80
质量浓度/（mg/L）	18.6	11.8	9.6	6.46	5.36	4.0

由表 10-8 可以看出，硅含量与水浴温度变化关系较为密切，由 40℃ 的 18.6 mg/L 下降至 80℃ 的 4.0 mg/L，随温度的升高硅含量逐步降低，但在 60℃ 之后降低的幅度明显下降，综合经济因素考虑，在实验中宜选择 60℃ 为水浴温度，以去除硫酸亚铁中绝大部分的硅元素。实验数据表明，钙、镁、铝其他几种主要杂质元素随温度变化而变化的趋势不明显，故不予考虑。

10.6.3.5　聚丙烯酰胺对除杂的影响

投加絮凝剂是为了捕捉反应物中的硅酸胶体和其他的金属离子的沉淀，使之形成较稳定的沉淀物，以便容易沉降过滤。本实验在溶液不同 pH 环境下对絮凝剂用量进行实验。实验条件是：取 $C_{Fe^{2+}}$ 为 60 g/L 的硫酸亚铁溶液 V 为 100 mL 各数份，加入调节 NH_4HCO_3 调节 pH 到 6.5 后分别加入草酸 5 mL，充分搅拌后分别向各溶液中加入 10 g/L 的 NH_4HF_2 10 mL，充分搅拌反应完全后，将上述溶液放入水浴槽中，加热至 60℃，搅拌 0.5 h 后加入聚丙烯酰胺（1 g/L）1 mL、2 mL、3 mL、4 mL、5 mL，待沉淀完全后取上清液过滤，调节 pH 为 2.5，制备氧化铁红并进行含量分析，作关系图如 10-27 所示。

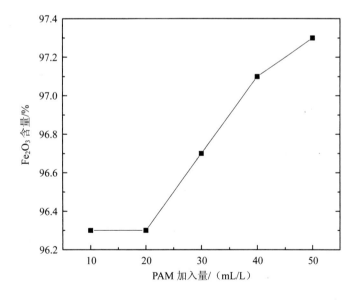

图 10-27　Fe_2O_3 含量与聚丙烯酰胺（PAM）的关系

由图 10-27 可见，随着絮凝剂用量的增加，Fe_2O_3 含量变化不大，絮凝剂用量 1 mL/L 与 5 mL/L 相比较，煅烧出的产品主含量相差不多。最后对酸浸液的成分进行检验发现，虽然多投加絮凝剂对除杂效果有利，但所得到的除杂溶液的 Fe^{2+} 浓度降低，这是因为一部分 Fe^{2+} 也被捕捉形成了沉淀物，使总铁量减少，影响最终的主含量。最终确定投加的絮凝剂为 1 mL/L。

经过上述除杂步骤的除杂之后，可以去除置换硫酸亚铁溶液中的绝大部分杂质。对除杂后的溶液和质的产品做全元素分析，得到的结果如表 10-9 所示。

表 10-9   本研究高品质氧化铁红产品指标

项目	除杂溶液中各种杂质质量浓度/（mg/L）	未除杂溶液杂质质量浓度/（mg/L）	HG/T2574-94 指标（优品）（质量分数）/%	本研究产品（质量分数）/%
主含量（Fe_2O_3 计）	69.6	106.2	≥99.2	99.31～99.62
二氧化硅（SiO_2）含量	1.6	72	≤0.010	0.004
铝（Al）含量	0.8	203	≤0.020	未检出
钙（Ca）含量	23.7	735	≤0.010	0.006
镁（Mg）含量	3.7	115	≤0.010	0.002
硫酸盐含量	—	—	≤0.10	0.03

10.6.4   晶种制备

10.6.4.1   温度对晶种质量的影响

实验中控制溶液体积为 300 mL，溶液 pH 为 9～10，空气通入量为 0.1 m^3/h，硫酸亚铁浓度为 20 g/l，然后选取 15℃、25℃、35℃和 45℃几个点作为研究对象，研究温度对 Fe^{2+} 的转化率、晶种色相和物相的影响。

温度对 Fe^{2+} 的转化率的影响见图 10-28。

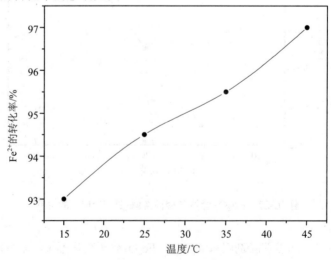

图 10-28   晶种制备中温度对 Fe^{2+} 转化率的影响

由图可知，随着温度的升高，Fe^{2+}的转化率显著提高。这是因为温度的升高加速了溶液中反应的进行，使 Fe^{2+} 转化成为形成晶种的物质。

不同温度下，生成晶种的色相如表 10-10 所示。

表 10-10　不同温度下生成晶种的色相

温度/℃	15	25	35	45
色相	鲜红棕色	红棕色	黑红棕色	黑色

由表 10-10 可知，温度对晶种制作的影响是很明显的。在同样的条件下，低温得到鲜亮的红棕色晶种，随着温度的升高晶种颜色变深，当温度达到 45℃时，晶种的颜色已经变成黑色，这种颜色的晶种根本不可能在二步氧化过程中长大成为氧化铁红颜料粒子。

对在 15℃和 45℃下生成的晶种进行物相分析见图 10-29。从图 10-29 中可以看出，(a)、(b) 两图中都有明显的衍射峰，说明它们都是晶型结构。（a）中的衍射峰较宽，图谱数据显示其为 α-FeOOH；（b）中的衍射峰强度较大，衍射峰较窄，图谱数据显示其为 Fe_3O_4。这说明温度增加的过程，实际上也是晶种物相发生变化的过程，随着温度的增加，晶种物相从 Fe_2O_3 向 Fe_3O_4 转变。这种变化表现在外观上就是晶种色相从鲜红棕色向黑色逐渐转变。根据 Sherrer 公式，其他条件不变的情况下，衍射峰越宽，说明物质的粒子粒径越小。从衍射峰的宽度上可以看出，低温下形成的晶种物质的粒径远小于高温下形成晶种物质的粒径。因此，根据对不同温度下生成晶种的色相和物相的分析，可以得出用氨水滴定硫酸亚铁溶液生成的铁红晶种的成分是 α-FeOOH，其合适的反应温度为 15℃左右，温度过高会生成铁黑晶种。

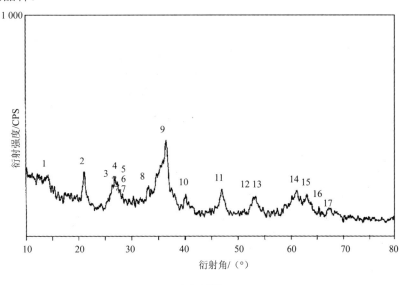

（a）15℃

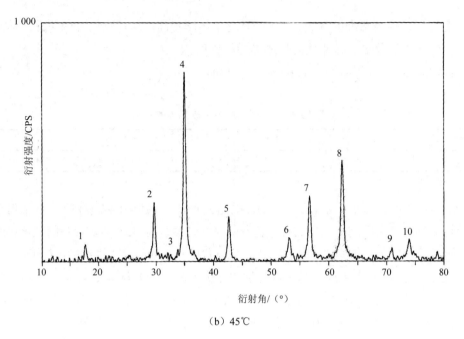

（b）45℃

图 10-29 不同温度条件下生成晶种的 X 射线衍射图

10.6.4.2 pH 对晶种质量的影响

在实验中，pH 选取 8～9、9～10、10～11 和 11 以上几个段作为实验对象，其他试验条件是反应溶液为 300 mL，温度为 15℃左右，空气通气量为 0.1 m³/h，硫酸亚铁浓度为 20 g/L，研究了 pH 对晶种色相和物相的影响。

首先，先看看 pH 对晶种色相的影响，其结果见表 10-11。

表 10-11 不同 pH 范围内生成晶种的色相

pH	8～9	9～10	10～11	11 以上
色相	橘红色	红棕色	深红棕色	棕黑色

由表 10-11 可以看出，随着 pH 的升高，反应生成晶种的色相由浅变深。在 pH 为 8～9 时，生成橘红色的悬浮液，而当 pH 为 11 以上时，生成棕黑色的悬浮液。高 pH 下生成的晶种不可能进行二步氧化生成铁红。而低 pH 下生成的晶种在进行二步氧化的过程中生成铁黄。

对 pH 为 8～9 时，生成晶种的物相进行分析，结果如图 10-30 所示。

由图可以看出，衍射曲线中有明显的衍射峰，说明它是晶型结构。由于图中的衍射峰很多，根据图谱分析其主要的物相是 δ-FeOOH。通过进一步的实验，在二步氧化过程中，pH 为 8～9 条件下生成的晶种在继续长大的过程中颜色逐渐变黄，最终生成了铁黄，而在 pH 为 9～10 条件下生成的晶种继续长大成为氧化铁红颜料。因此，晶种制备过程中适宜的 pH 为 9～10，pH 过高或过低都将对铁红的生成造成巨大的影响。

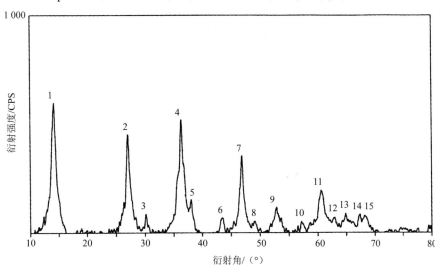

图 10-30　pH=8～9 时生成晶种的 X 射线衍射图

10.6.4.3　空气通入量对晶种制备的影响

在反应溶液 300 mL、温度 15℃左右、pH 为 9～10 硫酸亚铁浓度 20 g/L 的条件下，空气通入量选取 0.04 m^3/h、0.1 m^3/h、0.14 m^3/h、0.2 m^3/h 几个点作为研究对象，研究探讨空气通入量对晶种制备的影响。

首先，先从图 10-31 和 10-32 分析一下空气通入量对 Fe^{2+} 浓度的影响。

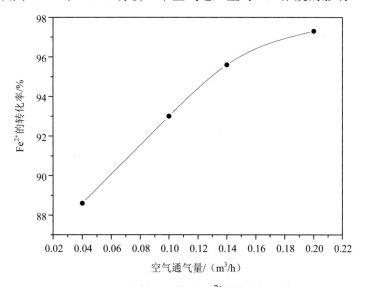

图 10-31　空气通入量对 Fe^{2+} 转化率的影响

从图 10-31 中可以看出，随着空气通入量的加大，Fe^{2+} 转化率显著增加。这是因为，随着通气量的增加，溶液中参加反应的 O_2 量增多，加快了反应的进行，从而使溶液中尽可能多的 Fe^{2+} 参加反应转化成形成晶种的物质。

空气通入量对晶种物相的影响，如图 10-32 所示。

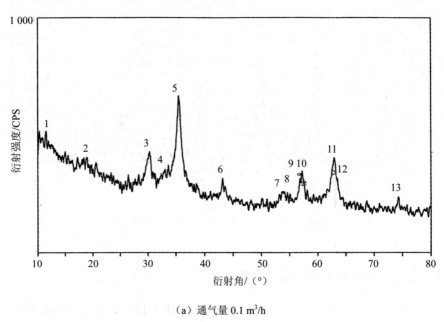

（a）通气量 0.1 m^3/h

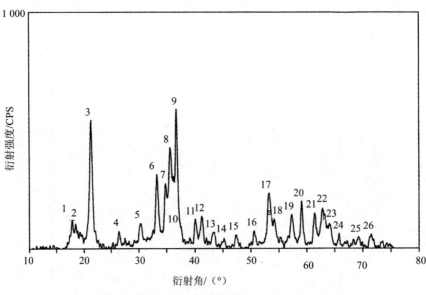

（b）通气量 0.04 m^3/L

图 10-32   不同通气量下生成晶种的 X 射线衍射图

空气通入量对晶种色相的影响见表 10-12。

表 10-12　不同通气量生成晶种的色相

空气通入量/ (m³/h)	0.04	0.1	0.14	0.2
色相	黑色	鲜红棕色	红棕色	暗红棕色

从表 10-12 可以看出，随着空气通入量增加，晶种的颜色从黑色逐渐变为红棕色，但是空气通入量增加过高，晶种的颜色从鲜红棕色变为暗红棕色。

由图 10-32 可以看出，（a）、（b）两图中都有明显的衍射峰，说明它们都是晶型结构。（a）图中的衍射峰，图谱数据显示其为 α-FeOOH；（b）图中的衍射峰，图谱数据显示其为 Fe_3O_4。通过物相分析可以看出，空气通入量小时，反应生成铁黑晶种。这主要是因为空气通入量小，反应进行得比较缓慢，氢氧化亚铁胶体氧化转为 Fe_2O_3 的速度比较慢，来不及反应的氢氧化胶体可能会和反应生成的 Fe_2O_3 反应生成 Fe_3O_4 晶核。空气量大时，生成的晶种的物相还是 α-FeOOH，颜色变暗主要是因为通气量过大使大量形成的晶核因过多的摩擦而形状各异，根据光学原理可知，其反射光的能力下降，因此其外观颜色显得比较暗。所以，根据以上分析，可以确定晶种制备过程中最佳的空气通入量为 0.1 m³/h。

10.6.4.4　硫酸亚铁浓度对晶种制备的影响

硫酸亚铁浓度对晶种制备的影响明显，硫酸亚铁浓度对 Fe^{2+} 的转化率的影响，见图 10-33。

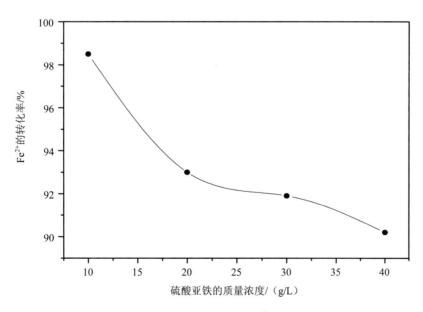

图 10-33　硫酸亚铁质量浓度对 Fe^{2+} 转化率的影响

实验中取硫酸亚铁浓度为 10 g/L、20 g/L、30 g/L、40 g/L 作为研究对象，其他实验条件：溶液体积为 300 mL，温度为 15℃左右，pH 为 9～10，空气通入量为 0.1 m³/h，研究硫酸亚铁浓度对晶种制备的影响。

从图 10-33 中可以看出，随着硫酸亚铁浓度的增加，Fe^{2+} 的转化率逐渐下降。

硫酸亚铁浓度对晶种色相和物相的影响分别见表 10-13 和图 10-34。

表 10-13   不同硫酸亚铁质量浓度条件下形成晶种的色相

硫酸亚铁质量浓度/（g/L）	10	20	30	40
色相	红棕色	红棕色	暗红棕色	黑色

从表 10-13 中可以看出，随着硫酸亚铁浓度的升高，生成晶种的色相由红棕色逐渐变为黑色。

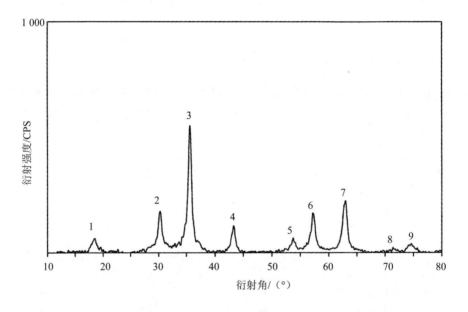

图 10-34   硫酸亚铁高质量浓度下生成晶种的 X 射线衍射图

图 10-34 中衍射曲线有明显的衍射峰，说明它是晶型结构，图谱数据显示其为 Fe_3O_4。这说明随着硫酸亚铁质量浓度的升高，生成的晶种的物相发生了变化，此晶种不能用来进行二次氧化制备铁红颜料。硫酸亚铁质量浓度低，可以生成铁红晶种，但是如果质量浓度太低，晶核的生成速度小于晶核的成长速度，形成晶核的粒径会比较大，在二步氧化中很快长大，因此会影响最终生成的铁红颜料的性能。所以，晶种制备过程合适的硫酸亚铁质量浓度为 20 g/L。

10.6.4.5   分散剂对晶种制备的影响

在实验中，选用酒石酸作分散剂，其用量为溶液中硫酸亚铁的量的 1%，其他实验条件：溶液体积为 300 mL，温度为 15℃左右，pH 为 9~10，空气通入量为 0.1 m^3/h，硫酸亚铁质量浓度为 20 g/L，研究分散剂对晶种制备的影响。

分散剂的添加方式对晶种悬浮液的影响见图 10-35。从图可以看出，在氨水调 pH 生成氢氧化亚铁胶体后加入分散剂酒石酸，最后生成晶种的悬浮液的沉降时间最长。这说明这种分散剂的添加方式使晶种悬浮液的分散效果最好。

分散剂的分散效果见图 10-36（a）。而图 10-36（b）是不加分散剂的。

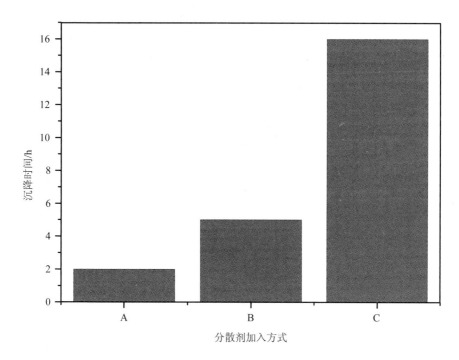

A—全部反应完后加入；B—氨水调 pH 前加入；C—氨水调 pH 后加入

图 10-35   不同分散剂添加方式下生成晶种悬浮液的沉降时间

图 10-36（a）中的晶核分布比较均匀，形貌比较统一，而图 10-36（b）中的晶核分布杂乱无章，形貌比较复杂。通过比较这两幅透射图像，可以看出加入的分散剂不但起到了分散晶核避免其团聚的作用，而且还对晶核的生长起了一定的作用，使晶核向着规则的形状生长，这对于最后生成粒度分布比较均匀的纳米氧化铁红颜料起到重要的作用。

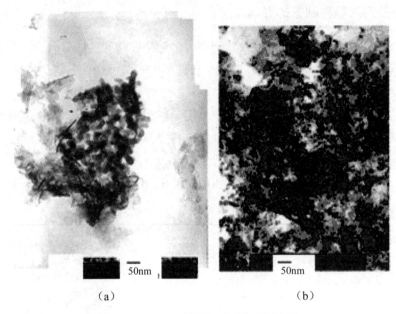

（a）　　　　　　　　　　　　　（b）

图 10-36　加分散剂的晶种的透射电镜

10.6.5　二步氧化

　　晶种制备工序中制得的晶核，并不具有颜料的性能，它需要通过二步氧化长大成为氧化铁红颜料。把铁红晶种加热，调 pH 为酸性，然后加入尿素和硫酸亚铁，通空气氧化。影响二步氧化的因素有温度、pH、空气通入量、尿素和硫酸亚铁的摩尔比等。

10.6.5.1　温度对铁红色相的影响

　　在二步氧化中，选取温度为 60～65℃、70～75℃、80～85℃、90～95℃作为研究对象，另外的实验条件：pH 为 3～4，空气通入量为 0.14 m^3/h，尿素和硫酸亚铁的摩尔比为 3.5∶1，其实验结果见表 10-14。

表 10-14　不同温度范围内生成物质的色相

温度/℃	60～65	70～75	80～85	90～95
色相	黄色	橘红色	鲜红色	紫红色

　　从表 10-14 可以看出，随着温度的升高，二步氧化生成物质的色相由浅变深。温度为 60～65℃时，生成铁黄；80～85℃时，生成铁红；温度再升高，反应生成铁红的色光偏紫相。这主要是因为，在铁红生成的循环反应中，有一个 α-FeOOH 脱水过程，它和温度密切相关。较低的温度下脱水速度慢，晶核逐渐长大成为铁黄颜料。随着温度升高，脱水速

度加快,但是在 70~75℃下由于所得铁红中晶体中含部分的结晶水,因此颜色偏黄。而在较高的温度下,脱水很及时,生成的铁红颜色的饱和度高色光鲜艳。若反应温度维持过高,α-FeOOH 脱水速度加快,使得铁红很快成熟,二步氧化周期短,色光比较偏紫相。因此,通过以上分析,可以确定二步氧化的反应温度应该掌握在 80~85℃为好。

10.6.5.2　pH 对铁红色相的影响

实验中,pH 选取 2~3、3~4、4~5、5~6 作为研究对象,其他反应条件:温度为 80~85℃,空气通入量为 0.14 m³/h,尿素和硫酸亚铁的摩尔比为 3.5∶1,研究二步氧化中 pH 对生成铁红色相的影响。实验结果见表 10-15。

表 10-15　不同 pH 范围内生成物质的色相

pH	2~3	3~4	4~5	5~6
色相	黄色	鲜红色	紫红色	暗红色

从表 10-15 可以看出,随着反应液中 pH 的升高,最后生成物质的色相由浅变深。二步氧化在 pH 为 2~3 时进行,最后生成的物质是铁黄,而不是希望得到的铁红。在 pH 为 3~4 时进行,生成色光比较明亮的铁红。当二步氧化在更高的 pH 范围内进行时,生成铁红的色相偏深。如果想要获得色光相近的铁红,二步氧化在高 pH 范围内进行的时间短,使得生成铁红的硬度降低,大大影响了氧化铁红颜料的使用性能。因此,二步氧化在 pH 为 3~4 时进行是比较好的。

10.6.5.3　空气通入量对铁红色相的影响

在温度为 80~85℃、pH 为 3~4、尿素和硫酸亚铁的摩尔比为 3.5∶1 的实验条件下,通入量选取 0.08 m³/h、0.14 m³/h、0.20 m³/h 作为研究对象,研究空气通入量对铁红色相的影响,其实验结果见表 10-16。

表 10-16　不同空气通入量条件下生成物质的色相

空气通入量/(m³/h)	0.08	0.14	0.20
色相	暗红色	鲜红色	黄色

由表 10-16 可以看出,随着空气通入量的增加,生成物质的色相由深变浅,当空气通入量达到 0.2 m³/h 时,生成物质不是铁红而是铁黄。这主要是因为,空气通入量的大小和硫酸亚铁的氧化速度密切相关,当空气通入量小时,硫酸亚铁的氧化速度慢,这就会使尿素水解产生的氨水和溶液中的硫酸亚铁反应生成氢氧化亚铁沉淀,从而影响了铁红的颜色,使它的颜色变暗;当空气通入量过大时,硫酸亚铁的氧化速度过快,这就使反应生成

的 FeOOH 来不及脱水，从而使色光变黄得不到铁红，而是生成铁黄。因此，二步氧化中鼓入的空气并不是越多越好，它应存在一个适当的范围。根据实验研究，空气通入量为 0.14 m³/h 时效果还是比较好的。

10.6.5.4　尿素和硫酸亚铁的摩尔比的确定

从晶种制备工序可以看出制得晶核的粒径约为几纳米到几十纳米，这为硫酸亚铁用量的确定提供了一定的参考基础，再结合二步氧化中铁红的色光的变化，可以确定硫酸亚铁的用量。

尿素和硫酸亚铁的摩尔比对二步氧化反应液中 pH 的稳定起到一定的作用。因为尿素水解产生的氨水可以中和硫酸亚铁氧化产生的酸，使反应液的 pH 在一个稳定的范围内。所以，如果想要获得一个稳定的 pH 范围，必须使尿素水解产生的氨水和硫酸亚铁氧化产生的酸基本上完全中和。

尿素在低 pH、70～100℃时水解的速度很小，而硫酸亚铁在此种条件下氧化的速度比较快。为了能完全中和硫酸亚铁氧化产生的酸，必须增加尿素的投入量。表 10-17 为尿素和硫酸亚铁在不同摩尔比下反应液的变化情况。

表 10-17　尿素和硫酸亚铁不同摩尔比下反应液的变化情况

尿素和硫酸亚铁的摩尔比	反应液中的变化情况
1∶1	pH 为 2 左右，反应液颜色变黄
2∶1	pH 为 3，反应液颜色变黄
3.5∶1	pH 为 4，反应液颜色由红棕色逐渐变为红色
5∶1	pH 不断升高，反应液颜色逐渐变黑

分析表中的现象可以看出，尿素和硫酸亚铁的摩尔比小时，尿素水解产生的氨水不能够完全中和硫酸亚铁氧化产生的酸，反应液中 H$^+$ 浓度的升高不但造成 pH 的降低，而且还抑止了硫酸亚铁的氧化，使反应液中的 Fe^{2+} 和尿素水解产生的氨水反应生成铁黄。

当尿素和硫酸亚铁的摩尔比过大时，尿素水解产生的氨水除中和硫酸亚铁氧化产生的酸外，还会和溶液中的来不及氧化的硫酸亚铁反应生成 Fe(OH)$_2$，Fe(OH)$_2$ 会与存在于溶液中的高铁进行加成反应形成铁黑。因此，二步氧化中尿素和硫酸亚铁的最佳摩尔比为 3.5∶1。

10.6.5.5　表面活性剂对铁红粒度分布的影响

在二步氧化结束后，往铁红颜料的悬浮液中加入阴离子表面活性剂十二烷基磺酸钠（其质量为形成晶种的硫酸亚铁质量的 1%），然后用搅拌器搅拌 1 h 后停止，取一部分作透射电镜分析得图 10-37。

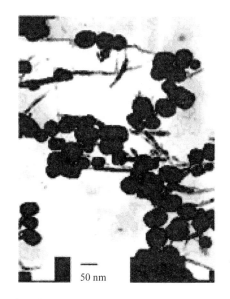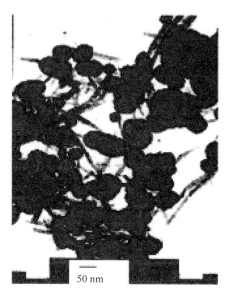

（a）加比表面活性剂处理的铁红的透射电镜图　　　（b）不加比表面活性剂处理的铁红的透射电镜图

图 10-37　表面活性剂处理前后的铁红的透射电镜图

比较图 10-37（a）和图 10-37（b）可以看出，图 10-37（a）中的铁红粒子分散性比较好，粒度比较均匀，而图 10-37（b）中的粒子团聚现象比较严重，造成铁红粒子分布极度不均。因此，表面活性剂十二烷基磺酸钠的加入，对铁红粒子的粒度分布确实起到了很大的作用。

10.6.5.6　氧化铁红产品的检测结果

不同除杂方法得到的铁红质量不同，由铁还原净化得到氧化铁红的物相组成见图 10-38。

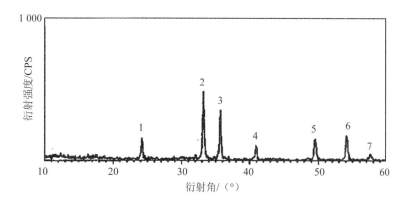

图 10-38　铁红物相的 X 射线衍射图

图 10-38 为制的产品的 X 射线衍射图，从图谱数据可以读出其物相为 α-Fe_2O_3。

同时由此获得氧化铁红的粒度分布见图 10-39。

图 10-39 为自制铁红样品的粒度分布，从图中可看出其粒度分布范围比较窄，且绝大部分都在 100 nm 范围内。

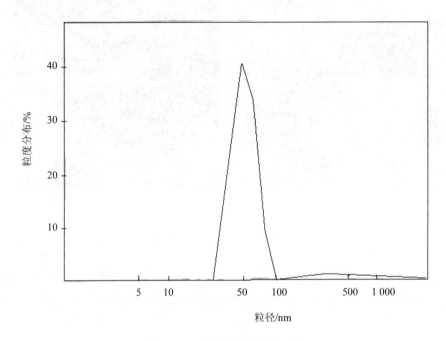

图 10-39   铁红产品的粒度分布

由上述方法获得铁红产品的质量参数检测如下：

主含量（以 Fe_2O_3 计）为 92.76%；吸油量为 32 g/100 g；水萃取液 pH 为 6.4；水分为 0.8%。

另外由铁还原后的硫酸亚铁在经过进一步净化后可以获得铁红含量 95% 以上的一级产品。

10.7   硝酸氧化液的直接净化——TBP-MIBK 协同萃取高硫高砷金精矿氧化液中的铁

氧化铁是一种重要的无机非金属材料，化学性能稳定，催化活性高，具有优越的耐光、耐高温、耐碱、耐大气影响等性能，广泛应用于磁性材料、颜料、催化剂和生物医学等领域。而我国生产氧化铁的主要原料为铁皮、铁屑、生产钛白粉的副产物硫酸亚铁、轧钢厂酸洗废液及其他一些废副产物，难以满足市场需求。根据我国高硫高砷难处理金矿资源丰富，含有贵金属和铁含量高的特点，如能用来生产高纯氧化铁，即可拓宽氧化铁原料的途径，又可为高硫高砷难处理金矿开辟新的深加工领域；同时酸不溶残渣因金属氧化物溶解，金品位提高，一些原先无工业价值的金也可用氰化法方便地加以回收。

其中铁盐溶液的除杂是制备氧化铁的关键因素。溶剂萃取除杂具有选择性高、回收率高、设备简单、操作简便及能耗低和污染少等优点，金属溶剂萃取的应用领域越来越广泛。TBP（磷酸正三丁酯）和 MIBK（甲基异丁基甲酮）均是中性络合萃取剂，资料表明：给定酸度条件下，MIBK 对 Fe^{3+} 萃取率低于 TBP。同时由于 MIBK 具有闪点低、高蒸发压、易溶于水相、适合低浓度铁溶液及酸度高（>6 mol/L）等缺点，另外 TBP 具有易产生第三相、反萃难等缺点。TBP 还具有闪点高、无毒性、高度化学稳定性等特点，MIBK 是用于金属氯化物萃取最常用的酮类溶剂。文献表明：在一定条件下，MIBK 从 HCl 中萃取 Fe^{3+} 可达到极大值，约为 10^4，而对 Ag^+、Al^{3+}、Ca^{2+}、Mg^{2+}、Mn^{2+} 及 Cr^{3+} 等的萃取率不足 0.01%，MIBK 对 Fe^{3+} 具有很高的选择性。因此本书采用 TBP-MIBK 协同萃取体系从硝酸氧化液的盐酸溶液介质中萃取铁。

10.7.1　实验

10.7.1.1　试剂与仪器

试验材料：本试验采用的矿样为河南产的高硫高砷难选金精矿。应用 JSM-6700 扫描电镜+Link 能谱仪对试验用金精矿做二次电子图像（SE）分析，在 As、Fe、S 的密集分布区 Au 有明显的密集分布显示，说明该金精矿中 Au 与 Fe、As、S 的关系均非常密切，金主要以微细颗粒分布于黄铁矿和毒砂中，黄铁矿（FeS_2）和毒砂（FeAsS）是金的主要载体，有必要进行预处理。表 10-18 列出了 XRF（X 射线荧光）金精矿的元素分析结果。

表 10-18　金精矿的元素分析

元素	Au	Ag	Fe	As	S	Si	Ca	Mg	Al
含量	48.03 g/t	8.46 g/t	14.3%	7.54%	4.44%	8.42%	2.29%	1.09%	3.35%

10.7.1.2　实验步骤[44]

将金精矿用粉碎机机械粉碎后，经振筛机过 100 目筛得粉状样品。在原料配比（硝酸和金精矿质量比）为 3:1、硝酸初始浓度为 30%、氧化初始温度为 80℃、搅拌速度为 600 r/min 的条件下，对样品进行溶解和氧化，制备硝酸浸出液，真空抽滤后得到含 Fe^{3+} 溶液，用氨水调节 pH 为 4，真空抽滤、洗涤，滤渣 102℃烘干 2 h，用盐酸溶解作为试验用原料。在水浴恒温振荡器中将按照一定相比待萃 Fe^{3+} 溶液和有机相倒入梨形分液漏斗中，振荡混合，静置分液后，采用 EDTA 容量法测定萃取余相中 Fe^{3+} 含量，并计算萃取率和分配比。通过差减法计算有机相中的铁浓度。反萃实验的操作步骤同上。ICP-AES 用于分析萃取前后各种元素含量。

10.7.2　结果与讨论

10.7.2.1　TBP-MIBK 复萃取铁的正交试验 $L_9(3^4)$ 设计

选取影响铁萃取率的 4 个因素：原料液 Fe^{3+} 质量浓度、盐酸浓度、油水相比、萃取时间。设定三个水平，进行四因素三水平萃取正交试验，试验温度为 30℃。正交实验安排见表 10-19 和实验结果见表 10-20。

表 10-19　$L_9(3^4)$ 正交实验设计表

水平	萃取时间/min	油水相比	水相铁质量浓度/（mg/L）	水相盐酸浓度/（mol/L）
1	5	0.5	9 275.14	3.07
2	10	1	12 100.18	4.09
3	15	1.5	18 089.12	6.14

10.7.2.2　正交实验结果讨论

正交试验结果表明：在选定的试验水平范围内，对萃取率影响最大的因素依次为：油水相比、盐酸浓度、原料液 Fe^{3+} 质量浓度、萃取时间。

各因素变化对萃取率的影响趋势见图 10-40（a）～（d）。

表 10-20　正交实验结果

因素	Fe^{3+} 质量浓度/（mg/L）	盐酸浓度/（mol/L）	油水相比	萃取时间/min	实验结果
1	1	1	1∶1	1	0.70
2	1	2	2∶1	2	0.86
3	1	3	3∶1	3	0.95
4	2	1	2∶1	3	0.79
5	2	2	3∶1	1	0.88
6	2	3	1∶1	2	0.82
7	3	1	3∶1	2	0.81
8	3	2	1∶1	3	0.68
9	3	3	2∶1	1	0.91
均值 1	0.850	0.780	0.747	0.843	—
均值 2	0.830	0.807	0.853	0.830	—
均值 3	0.800	0.893	0.880	0.807	—
极差	0.050	0.113	0.133	0.036	—

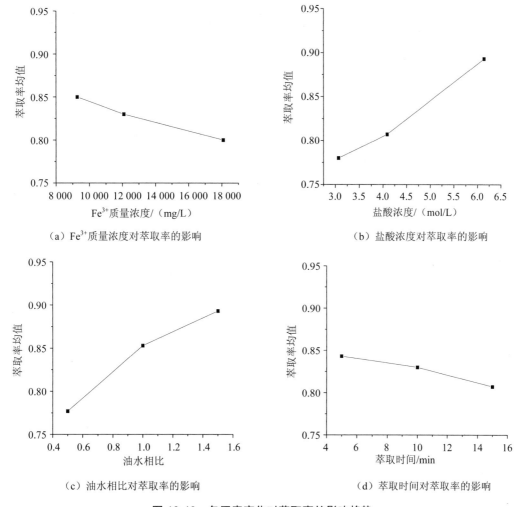

（a）Fe³⁺质量浓度对萃取率的影响　（b）盐酸浓度对萃取率的影响

（c）油水相比对萃取率的影响　（d）萃取时间对萃取率的影响

图 10-40　各因素变化对萃取率的影响趋势

从图 10-40 中可以看出：原料液铁浓度增加，萃取率降低。随着盐酸浓度增加，萃取率显著提高，因此可以判断尽量增加盐酸浓度可以显著提高萃取率。

当油水相比为 0.5、1、1.5 时，萃取率均值分别为 0.747、0.853、0.880，可见，当相比由 0.5 提高到 1 时，萃取率显著提高，而当相比由 1 提高 1.5 时，萃取率提高幅度较小，考虑节约萃取剂，因此合适的油水相比为 1。

当萃取时间为 5 min、10 min、15 min，萃取率均值小幅度降低，可能是由于有机溶剂挥发增大，或者溶液水增加，萃取率降低，因此控制萃取时间在 5 min。

10.7.2.3　初始料液浓度对铁萃取率的影响

萃取条件如下：油水相比为 1∶1（10 mL∶10 mL），TBP∶MIBK=7∶3，萃取温度为（30±2）℃，振荡时间为 5 min，澄清时间为 5 min；盐酸浓度为 6.14 mol/L，萃取结果见图 10-41。

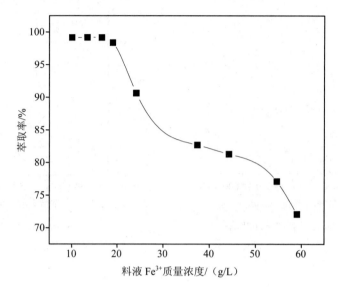

图 10-41　料液质量浓度对 Fe^{3+} 萃取率的影响

从图 10-41 可知，初始料液中 Fe^{3+} 质量浓度由 7.148 g/L 增至 59.001 g/L，萃取率由最高的 99.23%降至 72.07%。可见，料液 Fe^{3+} 质量浓度越高，铁萃取率越低。当初始料液质量浓度低于 20 g/L 时，萃取率高于 98%。

将水相和有机相在相比 1∶1 下接触直至达到平衡，然后进行相分离。放出水相，取一定体积有机相和水相，分别分析铁含量；再按原来相比往分液漏斗加入新鲜水相与留下的有机相接触，两项再次平衡后与前次一样取样分析，如此重复多次，直到有机相铁负荷量达到饱和，根据结果绘制铁萃取平衡等温线，见图 10-42。

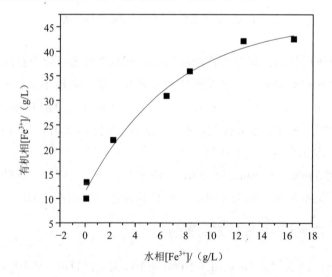

图 10-42　30%MIBK∶70%TBP 铁萃取平衡等温线

由图 10-42 可知，有机相中饱和容量为 M_{Fe}=0.425 1/55.847=7.611×10^{-3}（mol）

有机相中 TBP 的含量为 M_{TBP}=ρ×V×M=2.557×10^{-2}（mol）

有机相中 MIBK 的含量为 M_{MIBK}=ρ×V×M=2.399×10^{-2}（mol）

有机相中 TBP 与 Fe 的摩尔比为 2.557×10^{-2}/7.611×10^{-3}=3.36

有机相中 MIBK 与 Fe 的摩尔比为 2.399×10^{-2}/7.611×10^{-3}=3.15

说明萃取过程中分别有 3 个 TBP 和 MIBK 参加了配位。

10.7.2.4　盐酸浓度的影响

不同盐酸浓度对铁萃取的影响如图 10-43 所示。

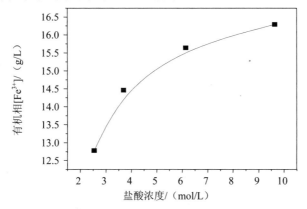

图 10-43　盐酸浓度对有机相铁萃取的影响

保持水相[Fe^{3+}]为 18.09 g/L 恒定，其他条件与图 10-42 相同。当盐酸质量浓度由 2.54 mol/L 增至 9.64 mol/L 时，有机相[Fe^{3+}]从 12.78 g/L 增至 16.29 g/L，盐酸浓度增加，萃取率提高。在萃取体系中以 HCl+NaCl 混合，增加 Cl$^-$浓度，实验结果见图 10-44。

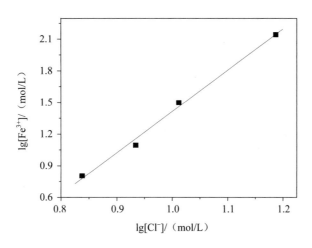

图 10-44　盐酸浓度对铁萃取的影响

图 10-44 中直线斜率为 3.9，接近 4，表明在萃取体系中 4[Cl$^-$]与 1[Fe^{3+}]相结合。图 10-45 直线斜率为 1，表明在本实验条件下经计算，萃合物的组成为 H[FeCl$_4$]，与 Reddy 和 bhaskara 报道的 TBP 的盐酸溶液中萃合物组成为 H[FeCl$_4$]相符合。

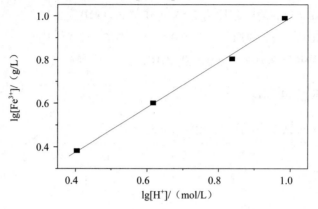

图 10-45　[H$^+$]对铁萃取的影响

在 TBP-MIBK 萃取体系中，主要包括以下反应：

$$HCl_{aq}=H^+{}_{aq}+Cl^-{}_{aq} \tag{10-1}$$

$$Fe^{3+}{}_{aq}+iCl^-{}_{aq}=FeCl_{iaq} \tag{10-2}$$

$$Fe^{3+}{}_{aq}+H^+{}_{aq}+4Cl^-{}_{aq}+3S_{org}=HFeCl_4\cdot 3S_{org} \tag{10-3}$$

式中：S——萃取剂分子。

10.7.2.5　萃取相比的影响

其他实验条件如 10.7.2.3 节，1∶2 蒸馏水反萃取。考察油水相比 0.5、1、1.5 时铁的萃取率，实验结果见图 10-46。

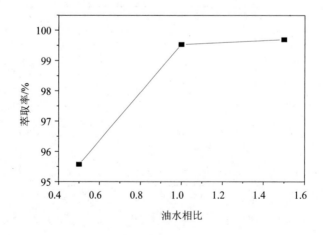

图 10-46　不同油水相比下的萃取率

实验结果表明，当油水相比提高，萃取率增加，萃余水相铁含量降低，当油水相比为0.5、1、1.5 时，萃余水相铁质量浓度分别为 801.049 mg/L、83.771 mg/L、55.847 mg/L，萃取率分别为95.57%、99.53%、99.69%。可以看出油水相比为 1 和 1.5 时萃取率变化不大，因此适宜的萃取油水相比为 1∶1。

10.7.2.6　有机相组成对铁萃取率的影响

其他实验条件如 10.7.2.3 节，考察了 TBP∶MIBK 比值为 5∶1、5.6∶1、4.7∶1、3.8∶1、2∶1 时铁的萃取率。实验结果见图 10-47，铁的萃取率分别为96.92%、97.82%、99.32%、99.60%，因此适宜的 TBP∶MIBK 为 7∶3。

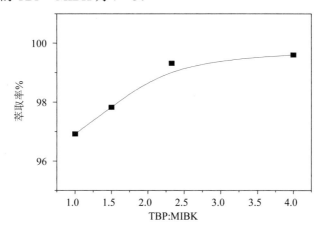

图 10-47　不同 TBP∶MIBK 比值下的萃取结果

10.7.2.7　铁的反萃取

有机相含铁为 17.97 g/L，油水相比为 1∶2，蒸馏水反萃，振荡时间为 5 min，澄清时间为 5 min，反萃率在99%以上，铁基本上被反萃取完全。

10.7.2.8　萃取前后元素分析

在初始料液质量浓度为 18.09 g/L，盐酸浓度为 6.14 mol/L，有机相组成为 TBP∶MIBK=7∶3，相比为 1∶1，萃取温度为（30±2）℃；振荡时间为 5 min，澄清时间为 5 min 条件下，以蒸馏水反萃，含铁 17.97 g/L 的有机相在相比为 1∶2 时的 ICP-AES 元素分析见表 10-21。

经过萃取，影响铁红质量的污染物质钙、镁、硅、铝、铜、铅和锰大幅度下降，仅有87%砷去除，需要利用其他方法脱除。利用 P$_2$O$_4$—仲辛醇协同萃取体系可以大大提高砷的去除率，最佳条件下无砷检出。

表 10-21   萃取前后溶液 ICP-AES 分析元素含量

单位: mg/L

元素	Fe[*]	Ca	Mg	Si	Al	Cu	Pb	As	Mn
萃取前	18.09	3 284.50	873.76	68.60	815.85	20.56	6.90	7 585.77	99.64
反萃取后	16.56	1.72	3.31	0.29	0.69	≤0.001	≤0.001	1 034.56	3.13

注: Fe[*] 的单位为 g/L。

10.7.3   氧化铁制备

10.7.3.1   制备方法

纳米氧化铁具有良好的耐候性、耐光性、磁性和对紫外线具有良好的吸收和屏蔽效应,可广泛应用于闪光涂料、油墨、塑料、皮革、汽车面漆、电子、高磁记录材料、催化剂以及生物医学过程等方面,因此了解和掌握纳米氧化铁的各种制备方法无疑具有重要的现实意义。

纳米氧化铁的制备方法总体上可以分为湿法和干法。湿法多以工业绿矾、工业氯化(亚)铁或硝酸铁等为原料,采用水热法、均匀沉淀法、溶胶-凝胶法、胶体化学法、水溶胶-萃取法等;干法常以羰基铁 $[Fe(CO)_5]$ 或二茂铁 $[Fe(CP)_2]$ 等为原料,采用火焰热分解、气相沉积、固相研磨法、低温等离子化学气相沉积法(PCVD)或激光热分解法制备。由于湿法具有原料易得且可仅需适当净化处理就可直接使用、操作简便、粒子可控等优点,因而研究广泛且工业生产多用此法;而湿法中又以均匀沉淀法为优,它既改进了水热法合成粉体中存在的反应物混合不均匀、反应速率不可控等缺点,又克服了溶胶-凝胶法使用的金属醇盐成本高的缺点。本书以尿素为均匀沉淀剂,氯化铁为原料,采用相对简单的工艺合成粒径可控、分散性好的纳米氧化铁粉体,并探讨合成条件对粒径和形貌的影响以及均匀沉淀法合成纳米氧化铁的机理。

10.7.3.2   实验部分

纳米 Fe_2O_3 合成过程: 氯化铁溶液+尿素→溶解→搅拌水浴加热反应→静置陈化→离心分离洗涤→干燥→产品。

改变反应条件,获取不同产物,通过表征(XRD,透射电镜 SEM),比较各产物粒径、形貌、分散性,优化选择,得到最佳反应条件,其基本反应如下。

尿素分解反应:

$$CO(NH_2)_2 + 3H_2O = CO_2 \uparrow + 2NH_3 \cdot H_2O \tag{10-4}$$

沉淀反应:

$$Fe^{3+} + 3NH_3 \cdot H_2O = FeOOH \downarrow + H_2O + 3NH_4^+ \tag{10-5}$$

热处理:

$$2FeOOH=Fe_2O_3+H_2O \qquad (10\text{-}6)$$

表征所用产物的合成条件是：Fe^{3+} 浓度为 0.2 mol/L，Fe^{3+} 与尿素的量比为 1∶3，在 95℃下反应 4 h，300℃下煅烧 3 h。

在 Cu（40 kV，300）把 X 射线衍射仪上进行产品纳米 Fe_2O_3 X 射线粉末衍射实验，扫描范围 2θ=4°～80°，扫描速度是 10°/min，所得谱见图 10-48。通过 XRD 所得谱的几个衍射峰数据与 α 型 Fe_2O_3 的标准衍射峰数据基本匹配。从表 10-22 也同样可以看出，制得的 α 型 Fe_2O_3 的纳米粉体纯度高，晶型完整。

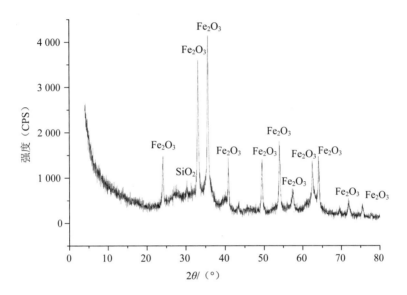

图 10-48　目标产物的 XRD 图

10.8　间歇式稀硝酸催化氧化高硫高砷金精矿动力学

金在金精矿中被包裹，阻碍了金的浸出。为了提高金的浸出率，必须进行预处理以破坏包裹，使金裸露出来。预处理方法包括高温焙烧、加压氧化和生物氧化。而焙烧工艺产生大量的 SO_2 和 As_2O_3，对环境污染比较严重；加压氧化工艺虽然实用性广，具有很好的竞争力，但由于在高温高压下操作，相应的投资、维修及操作成本费用也较高；生物氧化工艺需要的反应周期比较长。

基于这些原因，提出了催化氧化的方法对高硫高砷难选金精矿进行预处理，该工艺在密闭反应器中进行矿的氧化反应，向系统内通入氧气，催化剂在反应器内直接得以回收再用，无有毒有害气体放出，操作条件好，所需压力低，对设备要求不严格，制作费用不高，相应的配套设施与能耗等费用也较其他工艺大为降低。针对硝酸氧化高硫高砷金精矿做基础研究，为 NO_x 的流化床中催化氧化高硫高砷金精矿和尾渣做基础。

10.8.1　溶液中的铁含量的测定

采用 EDTA 法测试溶液中的铁含量。水样经酸分解使其中铁全部溶解并将亚铁氧化成高铁，加入氨水调节至 pH 为 2 左右，用磺基水杨酸作指示剂，EDTA 络合物滴定法测定样品中的铁含量。

10.8.2　铁氧化率的计算

铁氧化率（C_r）按照下式计算：

$$C_{ri} = \frac{(V - \sum_{i=1}^{i-1} V_i)X_i + \sum_{i=1}^{i-1} V_i X_i}{m(X/100)}$$ （10-7）

式中：C_{ri}——样 i 中铁的浸出率；

　　　V——溶液初始体积，mL；

　　　V_i——样 i 体积，mL；

　　　X_i——样 i 中铁离子质量浓度，mg/L；

　　　m——初始矿样质量，g；

　　　X——初始矿样中的铁的含量，%。

10.8.3　实验装置

实验装置如图 10-49 所示。其中间歇反应器为 1 000 mL 的烧瓶。

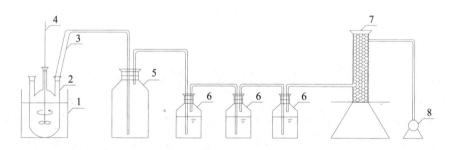

1—水浴锅；2—四口烧瓶；3—冷凝管；4—机械搅拌进；

5—缓冲瓶；6—NaOH 吸收瓶；7—干燥塔；8—空气压缩机

图 10-49　实验装置

10.8.4　实验步骤[45]

将预先确定用量的蒸馏水置于烧瓶中，并在恒温水浴锅中预热到规定温度，然后将一定质量的硝酸和矿样加入烧瓶中，并开动搅拌器，产生的 NO$_x$ 被碱吸收瓶吸收。在适当的时间，取出 1 mL 反应液稀释、过滤，测定铁的含量。反应至某一给定时间即停止搅拌。过滤全部料浆，料饼用来提金，料液可以用来制备铁红等颜料，实验参数如表 10-22 所示。

表 10-22　产物 XRD 谱的主要衍射峰与 Fe_2O_3 标准数据的对比

d/nm		I/I_0	
标准数据	实验值	标准数据	实验值
3.684 0	3.692 6	30.0	29.2
2.700 0	2.702 6	100	83.4
2.519 0	2.518 5	70.0	100
2.207 0	2.207 8	20.0	22.7
2.077 9	2.084 2	3.0	4.5
1.840 6	1.841 3	40.0	32.5
1.694 1	1.697 3	45.0	39.9
1.636 7	1.641 8	1.0	3.6
1.603 3	1.601 5	5.0	11.2
1.485 9	1.487 4	30.0	25.2
1.453 8	1.454 4	30.0	28.8
1.349 7	1.350 5	3.0	3.2
1.311 5	1.313 0	10.0	8.7
1.259 2	1.258 2	8.0	6.4
1.227 6	1.225 5	4.0	1.9

依靠以上数据计算铁红的粒度大约为 50 nm。

表 10-23　实验参数

序号	粒径/μm	初始硝酸含量（质量分数）/%	温度/℃	搅拌速度/（r/min）
1	—	30	65	600
2	74～154	—	65	600
3	74～154	10，25	—	600
4	74～154	25	65	—

10.8.5　正交实验

选择影响金精矿预处理效果的 4 个因素：反应温度、反应时间、初始硝酸浓度、初始矿样浓度。设定三个水平，进行四因素三水平的预处理条件正交试验。试验选择的固定因素：矿样粒度为 100～200 目，搅拌速率为 600 r/min。正交试验因素水平如表 10-24 所示。

采用 $L_9(3^4)$ 正交试验法确定硝酸氧化高硫高砷金精矿最佳工艺条件。因为失重率与矿样中铁的浸出率具有相同的变化规律，因此本正交试验指标选为金精矿中铁的浸出率。正交试验与极差分析结果列于表 10-25 中。

表 10-24　正交试验的因素与水平表

代码	因素	水平
A	温度/℃	25、45、65
B	时间/h	1.5、2.5、3.5
C	初始硝酸浓度/%	15、25、35
D	初始矿样浓度/%	10、20、30

表 10-25　正交试验表及分析结果

因素	A	B	C	D	氧化率/%
实验 1	25	1.5	15	10	16.7
实验 2	25	2.5	30	20	66.8
实验 3	25	3.5	45	30	56.9
实验 4	45	1.5	30	30	56.8
实验 5	45	2.5	45	10	98.0
实验 6	45	3.5	15	20	34.8
实验 7	65	1.5	45	20	78.1
实验 8	65	2.5	15	30	20.3
实验 9	65	3.5	30	10	96.2
均值 1	46.8	50.6	23.9	70.3	—
均值 2	63.2	61.7	73.2	59.9	—
均值 3	64.9	62.6	77.7	44.7	—
极差 R	18.097	12.100	53.743	25.643	—

极差的大小代表该因素变化对指标值的影响程度。由表 10-25 中 R 项可知，极差最大的因素为 C，R 达到 53.743，其次是 D，$R=25.643$，再次为 A 和 B，R 值分别为 18.097 和 12.100。因此，各因素对金精矿中铁的浸出率影响的显著顺序为：$C>D>A>B$。

由表 10-25 还可以看出，因素 A（预处理温度）以 A_3 的平均浸出最高，达到 64.9，即 A_3 为 A 因素的较优水平。同样，因素 B 的较优水平为 B_3，因素 C 的较优水平为 C_3，因素 D 的较优水平为 D_1。将这四个因素的该水平组合，则得到 $A_3 B_3 C_3 D_1$ 为最佳水平组合。按 $A_3 B_3 C_3 D_1$ 组合条件进行氧化试验，得到矿样中铁的浸出率为 96.24%。

10.8.6　氧化参数选择

10.8.6.1　粒径对氧化率的影响

从图 10-50 可以看出，金精矿的粒径越小，颗粒表面积越大，其氧化率就越大。这意味着氧化反应发生在颗粒表面,这和金精矿的微观结构(金精矿可以看成是实心的球体)一致。

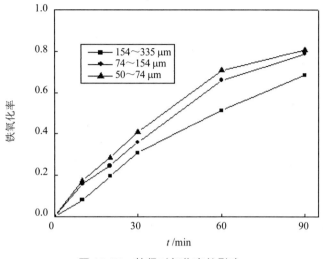

图 10-50　粒径对氧化率的影响

10.8.6.2　初始硝酸浓度对氧化率的影响

图 10-51 表示初始硝酸浓度对氧化率的影响。显然,随着初始浓度的增加,氧化率显著增加。初始酸浓度增加,溶液中氢离子浓度及活性增加,传质推动力增大,氧化率提高。可见,氢离子浓度的变化对氧化过程影响非常显著。当硝酸浓度为 30%时,90 min 后铁的浸出率达到 80%以上。

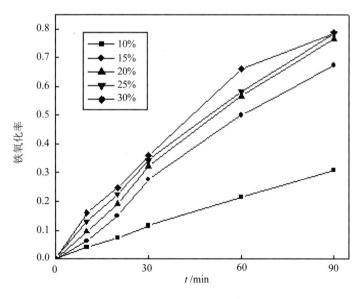

图 10-51　初始硝酸浓度对氧化率的影响

10.8.6.3　温度对氧化率的影响

图 10-52 为不同硝酸浓度下温度对氧化率的影响。由图 10-52（a）可以看出，硝酸浓度为 10%时，即使在 85℃下，氧化率依然很低。从图 10-52（b）可以看出，温度对氧化率影响显著，25℃时，氧化率为 19%，85℃时，氧化率高达 99%。

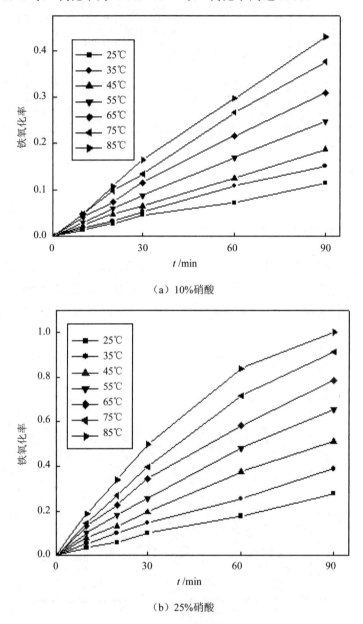

（a）10%硝酸

（b）25%硝酸

图 10-52　温度对氧化率的影响

10.8.6.4　搅拌速度对氧化率的影响

由图 10-53 可以看出，随着搅拌速度的提高，氧化率相应提高，说明在本实验条件下，硝酸氧化金精矿存在液膜传质阻力。当搅拌速度增加时，液相湍动强度增加，液膜减薄，传质速率增加，氧化率提高。当搅拌机转速大于 800 r/min 时，物料开始飞溅，且动力消耗大大增加。同时，可以看出，从 600 r/min 增加到 800 r/min 时，氧化率增加幅度不大，故搅拌速度可以选为 600 r/min。

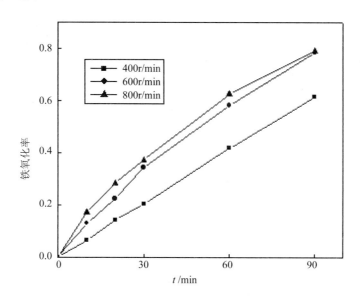

图 10-53　搅拌速度对氧化率的影响

10.8.7　硝酸氧化金精矿动力学

10.8.7.1　硝酸氧化基本原理

硝酸是一种具有强氧化性并且不稳定的强酸。它的浓度越大，氧化性越强。这可以通过以下几个方面解释。

从结构上看，浓硝酸以 HNO$_3$ 存在，而稀硝酸以 NO$_3^-$ 离子存在。

硝酸分子是平面结构，其中氮原子采用 sp^2 杂化轨道与三个氧原子形成三根 σ 键，在其 π 轨道上的一对 π 电子和由两个氧原子各自提供的一个成单 π 电子相互平行重叠，形成与一个垂直于 sp^2 杂化轨道平面的三中心四电子的不定域大 π 键，其稳定性较 NO$_3^-$ 离子中的大 π 键小得多，容易得到电子满足稳定结构，其氧化性就强得多。

稀硝酸中的 NO$_3^-$ 离子为平面结构，每个 O—N—O 所成的键角为 120°，氮原子采用 sp^2 杂化轨道与三个氧原子形成三根 σ 键，氮原子 π 轨道上的一对 π 电子和三个氧原子各提一

个成单 π 电子，再加上一个外来的电子也填入 π 轨道，形成六电子四中心的不定域大 π 键。该大 π 键就整体上来看，结构对称，电荷分布均匀，其稳定性比较大，氧化性必然就较弱。

硝酸的强氧化性还可以从它的标准电极电势得到解释。有关硝酸的标准电极电势如下：

$$NO_3^- + 2H^+ + e \rightarrow NO_2 \uparrow + H_2O，\quad E^\ominus = 0.80V \tag{10-8}$$

$$NO_3^- + 10H^+ + 8e \rightarrow NH_4^+ + H_2O，\quad E^\ominus = 0.87V \tag{10-9}$$

$$NO_3^- + 4H^+ + 3e \rightarrow NO \uparrow + 2H_2O，\quad E^\ominus = 0.95V \tag{10-10}$$

从上面的数据可以看出，NO_3^- 离子不论还原成 NO_2、NO 还是 NH_4^+，它都具有较大的标准电极电势，显然硝酸的强氧化性是可以理解的。从电极电势上还可以看出，由于 H^+ 与氧化型的 NO_3^- 在电极反应的同一边，因此 H^+ 浓度越大，电极电势越大。

溶液的酸性不同，硝酸的氧化性不同，以硝酸还原为 NO_2 的半反应为例：

$$E = E^\ominus + \frac{0.0592}{n} \lg \frac{[H^+]^2[NO_3^-]}{P_{NO_2}} \quad (25℃) \tag{10-11}$$

当 $[H^+] = 10^{-7}$ mol/L，$[NO_3^-] = 1.0$ mol/L，$P_{NO_2} = 10^5$Pa 时，电势为 -0.03V：

$$E = E^\ominus + 0.0592 \lg[H^+]^2 = 0.80 + 2 \times 0.0592 \times (-7) = -0.03(V) \tag{10-12}$$

当 $[H^+] = 10$ mol/L 时，电势为 $+0.92$V：

$$E = E^\ominus + 0.0592 \lg[H^+]^2 = 0.80 + 2 \times 0.0592 \times 1 = 0.92(V) \tag{10-13}$$

上述计算说明：硝酸的浓度越大，氧化性越强；硝酸的浓度越稀，氧化性越弱。在中性溶液以及极稀的稀硝酸溶液中，NO_3^- 离子就没有氧化性了。

10.8.7.2   化学反应

在浸出反应过程中，可以看到有少量的单质硫产生，悬浮在溶液当中。随着时间的增大，单质硫先增多后减少。因为 HNO_3 过量，单质硫最终被氧化为硫酸盐。因此，单质硫可以看作为一种中间产物。硝酸和金精矿之间的反应是一种复杂的过程，并且对温度和浓度很敏感。式（10-16）仅作为对本实验条件的简化反应描述。

$$FeS_2 + 4HNO_3 \longrightarrow Fe(NO_3)_3 + 2S + NO \uparrow + 2H_2O \tag{10-14}$$

$$2HNO_3 + S \longrightarrow H_2SO_4 + 2NO \uparrow \tag{10-15}$$

$$2FeS_2 + 10HNO_3 \longrightarrow Fe_2(SO_4)_3 + H_2SO_4 + 10NO \uparrow + 4H_2O \tag{10-16}$$

10.8.7.3　反应动力学[46]

由前述可知，在本实验条件下，硝酸与金精矿的反应属于典型的液固反应，可以用粒度缩小的缩芯模型加以描述。假设：①反应过程是拟稳定过程，即反应界面的移动速率远较液体反应物的移动速率小；②固体内的温度是均匀的；③颗粒均为球形，实际颗粒用当量球体表示。若金精矿初始颗粒半径为R_s，至反应时间t时缩小为R_c，按每个颗粒计算，单位时间内液相中反应物 A 通过液膜扩散到达反应界面的量为：

$$-\frac{\mathrm{d}n_A}{\mathrm{d}t} = 4\pi R_c^2 k_g C_{Ag} \tag{10-17}$$

式（10-17）表示单位时间内反应物 A 的消耗量等于通过液膜扩散传递的量，其中k_g为反应物 A 的扩散传质系数。根据球形颗粒的几何特性，式（10-17）可转变为

$$\begin{aligned}\frac{\mathrm{d}n_B}{\mathrm{d}t} &= \frac{\rho_B}{M_B}\frac{\mathrm{d}(4\pi R_c^3/3)}{\mathrm{d}t} \\ &= \frac{4\pi R_c^2 \rho_B}{M_B}\frac{\mathrm{d}R_c}{\mathrm{d}t}\end{aligned} \tag{10-18}$$

根据反应的化学计量系数关系和式（10-17），可得

$$\frac{1}{a}\frac{\mathrm{d}n_A}{\mathrm{d}t} = \frac{1}{b}\frac{\mathrm{d}n_B}{\mathrm{d}t} = \frac{4\pi R_c^2 \rho_B}{bM_B}\frac{\mathrm{d}R_c}{\mathrm{d}t} \tag{10-19}$$

结合式（11-17）和式（11-19），得

$$\frac{\mathrm{d}R_c}{\mathrm{d}t} = -\frac{bM_B k_g}{a\rho_B}C_{Ag} \tag{10-20}$$

根据经验：

$$\frac{k_g d_p y_i}{D} = 2 + 0.6\left(\frac{\mu}{\rho D}\right)^{1/3}\left(\frac{u\rho d_p}{\mu}\right)^{1/2} \tag{10-21}$$

处于滞流状态的液膜，式（10-21）变为

$$k_g = \frac{2D}{d_p y_i} = \frac{D}{R_c y_i} \tag{10-22}$$

将式（10-22）代入式（10-20），得

$$\frac{\mathrm{d}R_c}{\mathrm{d}t} = -\frac{bDM_B}{a\rho_B R_c y_i}C_{Ag} \tag{10-23}$$

式（10-23）的积分值取决于C_{Ag}随时间的变化和反应器内的流型而异。在本实验中其关系随反应条件的不同而变化，比较复杂。现假设液相主体浓度随时间的变化关系为$C_{Ag} = C_{A0}f(t)$，式（10-23）积分为：

$$-\frac{bDM_{\mathrm{B}}C_{\mathrm{A0}}}{a\rho_{\mathrm{B}}R_{c}y_{i}}\int_{0}^{\tau}f(t)\mathrm{d}t = \frac{1}{2}(R_{c}^{2}-R_{s}^{2})$$

$$\frac{2bDM_{\mathrm{B}}C_{\mathrm{A0}}}{a\rho_{\mathrm{B}}R_{c}y_{i}}\int_{0}^{\tau}f(t)\mathrm{d}t = 1-\left(\frac{R_{c}^{2}}{R_{s}^{2}}\right) \qquad (10\text{-}24)$$

反应物 B 的转化率与为反应芯之间的关系可以表示为

$$X_{\mathrm{B}} = 1-\left(\frac{R_{c}}{R_{s}}\right)^{3} \qquad (10\text{-}25)$$

式（11-25）代入式（11-24）可得

$$t^{*} = 1-(1-X_{\mathrm{B}})^{2/3} \qquad (10\text{-}26)$$

式中：

$$t^{*} = \frac{2bDM_{\mathrm{B}}C_{\mathrm{A0}}}{a\rho_{\mathrm{B}}R_{c}y_{i}}\int_{0}^{\tau}f(t)\mathrm{d}t \qquad (10\text{-}27)$$

由式（11-27）可以看出，固体反应物 B 的氧化率与液相主体浓度、固体反应物粒度、反应温度、搅拌强度、反应时间等因素有关。

图 10-54 给出了 $1-(1-X_{\mathrm{B}})^{2/3}$ 与 t 的线性拟合，相关系数达到 0.99。因此可表示为式：

$$1-(1-X_{\mathrm{B}})^{2/3} = k_{p}t \qquad (10\text{-}28)$$

式中， $k_{p} = f(T, C_{\mathrm{A0}}, R_{s})$ 为表观速率常数。

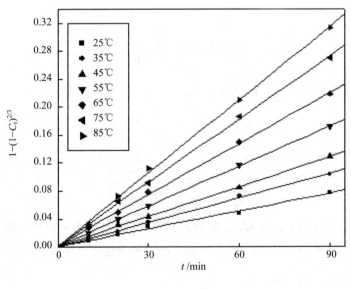

（a）10%硝酸

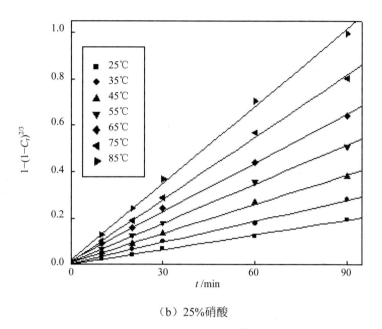

（b）25%硝酸

图 10-54　不同温度下 1−（1−C_r）$^{2/3}$ 与 t 的线性关系

表 10-26 和表 10-27 给出了各参数关系大小。

表 10-26　不同反应温度下 1−（1−X）$^{2/3}$=kt 各参数关系（10%硝酸）

温度/K	斜率 k	相关系数 R	SD	n	ρ	$T^{-1}\times10^3$/K^{-1}	$-\ln k$
298	8.33×10^{-4}	0.995 0	2.84×10^{-3}	5	3.10×10^{-4}	3.36	7.08
308	1.2×10^{-3}	0.999 0	2.39×10^{-3}	5	<0.000 1	3.25	6.75
318	1.4×10^{-3}	0.999 0	1.38×10^{-3}	5	<0.000 1	3.14	6.56
328	1.9×10^{-3}	0.999 4	7.89×10^{-4}	5	<0.000 1	3.05	6.26
338	2.4×10^{-3}	0.999 6	2.48×10^{-3}	5	<0.000 1	2.96	6.02
348	3.0×10^{-3}	0.999 6	3.21×10^{-3}	5	<0.000 1	2.88	5.81
358	3.5×10^{-3}	0.999 3	4.87×10^{-3}	5	<0.000 1	2.79	5.66

表 10-27　不同反应温度下 1−（1−X）$^{2/3}$=kt 各参数关系（25%硝酸）

温度/K	斜率 k	相关系数 R	SD	n	ρ	$T^{-1}\times10^3$/K^{-1}	$-\ln k$
298	2.1×10^{-3}	0.998 18	4.85×10^{-3}	5	<0.000 1	3.36	6.16
308	2.99×10^{-3}	0.998 72	5.71×10^{-3}	5	<0.000 1	3.25	5.80
318	4.15×10^{-3}	0.999 23	6.17×10^{-3}	5	<0.000 1	3.14	5.47
328	5.54×10^{-3}	0.999 58	6.06×10^{-3}	5	<0.000 1	3.05	5.18
338	6.89×10^{-3}	0.999 35	9.40×10^{-3}	5	<0.000 1	2.96	4.96
348	8.88×10^{-3}	0.999 13	1.40×10^{-3}	5	<0.000 1	2.87	4.71
358	1.09×10^{-2}	0.999 09	1.75×10^{-2}	5	<0.000 1	2.79	4.50

作 ln$k$ 与 $\dfrac{1}{T} \times 10^3$ 的关系曲线，如图 10-55 所示。

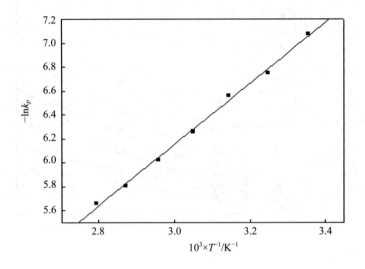

（a）10%硝酸

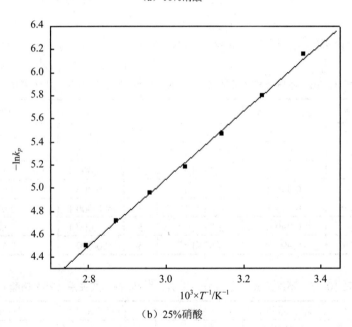

（b）25%硝酸

图 10-55 −ln$k$ 对 1 000/T 的关系

由图 10-55（a）可知，ln$k$ 与 1 000/T 呈现很好的直线关系，相关系数 R 达到 0.998 2，并得到一元线性回归方程：

$$-\ln k = -1.512\,33 + 2.555\,(1\,000/T) \qquad (10\text{-}29)$$

$$= -1.512\,33 + 2\,555\,(1/T)$$

即：

$$\ln k = 1.512\,33 - 2\,555\,(1/T)$$

反应速率常数与预处理温度的关系可用阿累尼乌斯（Arrhenius）公式 $k = A \cdot \exp(-E/RT)$ 或其变形 $\ln k = \ln A - \dfrac{E}{RT}$ 表示，式中 A 为频率因子，E 为反应的表观活化能，R 为气体常数。

所以，当 A=4.537 29，E/R=2 555 时，因 R 为常数 8.314 5J/mol·K，则反应的表观活化能 E 为 10.7 kJ/mol。此值小于 42 kJ/mol，表明扩散为氧化反应的控制步骤。

由图 10-55（b）可知，$\ln k$ 与 1 000/T 呈现很好的直线关系，相关系数 R 达到 0.998 8，并计算出反应的表观活化能为 E_a=12.25 kJ/mol（25%硝酸），属于液膜传质控制的反应过程。此值小于 42 kJ/mol，表明扩散为控制步骤。不同的硝酸浓度下，活化能略有不同，可能是由于发生的反应有所差别。目前，对于反应机制还不明朗，需要进一步研究。

10.9　本章小结

1）在本实验条件下，硝酸氧化金精矿的氧化率受反应温度、硝酸含量、矿样粒径、反应时间、搅拌速度等因素的影响。随着搅拌速度、反应温度、硝酸含量、矿样细度的增加，氧化率均有所提高。在反应温度为 25～85℃、硝酸初始含量为 10%～30%，矿样粒径为 74～154 μm、搅拌速度为 600 r/min 的条件下，氢离子通过液膜扩散到反应界面是反应过程的控制步骤，因此，加速流体湍动、减少液膜厚度是强化该过程的首要措施。

2）在本实验条件下，硝酸氧化高硫高砷金精矿的反应过程可以用粒径缩小的缩芯模型来描述。对实验数据进行拟合，得到的宏观动力学模型，活化能 E_a=10.7 kJ/mol（10%硝酸）及 12.25 kJ/mol（25%硝酸），属于液膜传质控制的反应过程。

第11章 三相流化床NO$_x$氧化金精矿基础研究

从硝酸间歇反应的分析可以看出,加速流体湍动、减少液膜厚度是强化硝酸氧化高硫高砷难选冶金精矿过程的首要措施。而流化床流化性能比较好,正好可以强化这一过程。

11.1 三相流化床中硝酸直接氧化矿物研究

11.1.1 实验装置与方法

实验装置如图 11-1 所示。

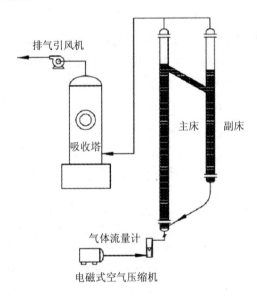

图 11-1 三相流化床催化氧化难选金精矿工艺流程

所设计的三相流化床包括一个主床,在主床下部为进气的进口,其特点是:在主床一侧设置一个副床,在主床和副床上下之间分别设置上连通管和下连通管,在副床的上部设置为出水段;主床和副床是平行设置。与内循环三相流化床相比,外循环三相流化床具有以下优点:

1)由于设置了互相平行的主床和副床,并在主床和副床上下之间分别设置上连通管和下连通管，由此可以将气、液、固三相分离分别在主床、副床内进行，其中，气、液分离在主床内实现，液、固分离在副床内进行，从而避免了气泡对液、固分离的影响，提高了三相分离效率。

2）由于通过上连通管、下连通管实现载体和流体在主床、副床之间循环流动，减小了流体和固体的循环阻力，使得它们的循环速度提高；而流体和固体循环速度的提高，对提高物质传递速率、提高氧气利用率、增强反应器的抗冲击能力、降低动力消耗均十分有利。

外循环三相流化床的主要特征：在主床、副床内均存在气、液、固三相的循环流动，利用这种循环流动强化氧气和底物的传递，提高氧气的利用效率。其工作情况：在主床内进气、进水，由于主床内流体的密度小于副床内流体的密度，液体将在主床、副床之间作循环流动。循环流动的液相带动固相运动，从而使得固相也在主床、副床之间循环流动。虽然副床内未曝气，但由于液相的循环流动，液体将夹带部分气体循环到副床，同时上升速度小于液体循环速度的小气泡也被夹带循环到副床。这种循环运动使得气、液相界面不断更新，大大强化气体和液体之间的传质、液体和固体之间的传质。

11.1.2　实验方法

取一定量的蒸馏水加入三相流化床中，加热至所需温度，加入一定量的矿样和硝酸，反应到适当时间，取样、过滤、测试。产生的 NO_x 被碱吸收，反应液和尾渣分别用来制备铁红和提金。

金精矿的酸解动力学与气体流量、反应温度、硝酸浓度、矿样粒径和反应时间有关，故选择这些因素进行动力学实验，以得到反应动力学模型。

11.1.3　试验参数对氧化率影响

11.1.3.1　气速对氧化率的影响

气速对氧化率的影响如图 11-2 所示。由此可见，随着气速的增加，矿样氧化率提高。这是因为鼓气有利于传质和扩散过程的进行，增加流体与颗粒之间的相对运动，加强液相固相之间的接触；增加了硝酸与金精矿之间的接触机会，有利于颗粒表面更新。但从图中也发现，气速增大，氧化率的增加值并不大，说明气速对硝酸氧化金精矿的影响不太敏感，该工况下的体系不是液膜传质控制过程，而是化学控制的化学反应过程。

11.1.3.2　硝酸含量的影响

图 11-3 反映了硝酸含量对氧化率有很大的影响。在不同的硝酸含量中，氧化速度有很大的差别。随着硝酸含量的增大，氧化速度加快，氧化率提高。在同一含量条件下，随着反应时间的增加，氧化率不断增大。采用 12.5% 的硝酸，反应 60 min 后大约有 95% 的铁被浸出。

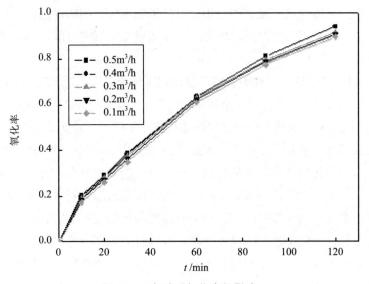

图 11-2   气速对氧化率的影响

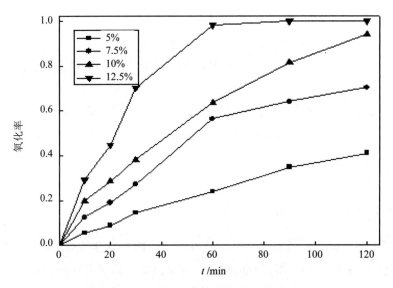

图 11-3   硝酸含量对氧化率的影响

图 11-4 为不同含量硝酸氧化后的反应渣的 XRD 图。可以明显看出，随着硝酸含量的增加，硫铁矿和毒砂含量降低，氧化率增大。

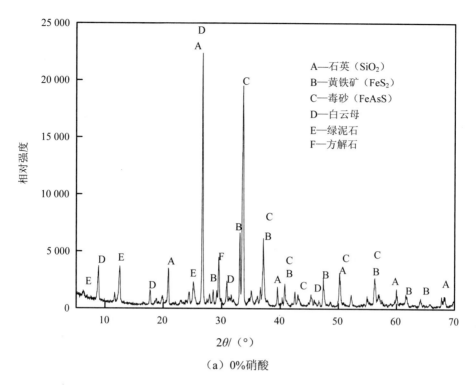

（a）0%硝酸

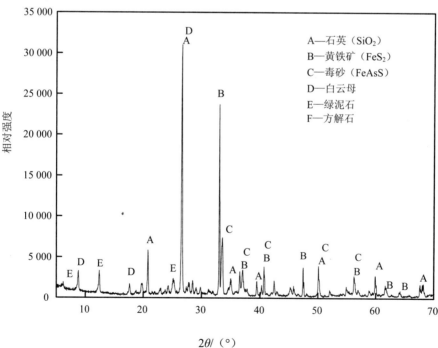

（b）5%硝酸

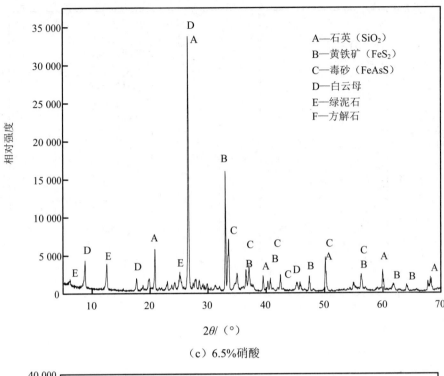

（c）6.5%硝酸

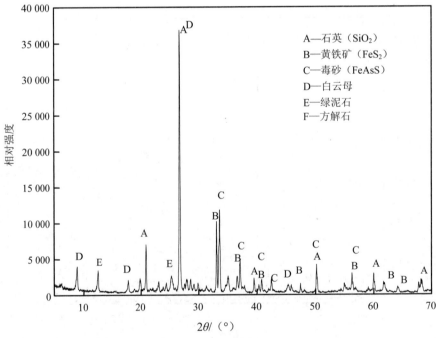

（d）10%硝酸

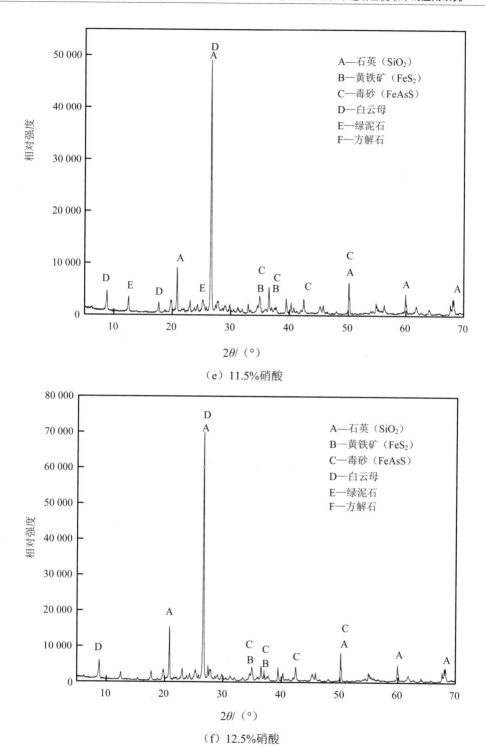

（e）11.5%硝酸

（f）12.5%硝酸

图 11-4　经过不同含量硝酸氧化后反应渣的 XRD

反应条件：粒度为 100～200 目；气速为 0.4 m³/h；温度为 65℃；反应时间为 1 h。

11.1.3.3 温度的影响

温度能影响化学反应平衡、化学反应速度以及各种反应物、生成物的传递性质，实验数据可以反映其综合的效果。图 11-5 表示 100～200 目的金精矿在 10%硝酸中不同温度下氧化率与时间的关系。由图 11-5 可以看出，反应温度对氧化率有很大的影响。随着温度升高，氧化率增加。35℃时，铁氧化率相对很低，但是随着温度的升高，氧化率急剧增大，75℃时，达到了 90%以上。这是因为：温度升高，降低了液相粒度，增加了离子运动速度，减小了扩散阻力，有利于传质过程的进行，同时表面反应速度也加快，这些均有利于提高矿样的氧化率。

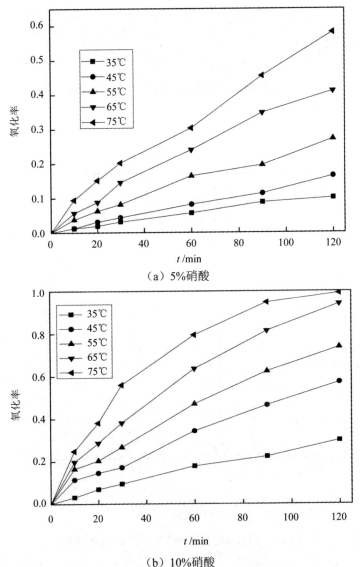

（a）5%硝酸

（b）10%硝酸

图 11-5 温度对硝酸浓度的影响

11.1.3.4　粒径的影响

矿样颗粒尺寸直接关系到化学反应接触面积的大小，是化学反应速度的重要影响因素。三种不同粒度的矿样，氧化率与时间的关系如图 11-6 所示。从图可以看出，在矿样粒径较大时，氧化率较低。在相同的条件下，减小矿样的粒度，氧化率会有较显著的增加。这是因为硝酸氧化金精矿反应为液固复相反应，矿样颗粒越小，比表面积越大，反应的接触面积也越大，反应速率越快，从而矿样氧化率越高。

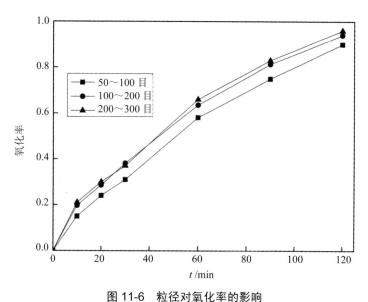

图 11-6　粒径对氧化率的影响

11.1.4　反应动力学

11.1.4.1　模型的建立

金精矿与硝酸化学反应过程是一个液固多相反应过程。金精矿与硝酸一旦发生化学反应，固体颗粒金精矿将不断被反应物溶解，固体颗粒粒径逐渐缩小。图 11-7 为最佳反应条件下，反应渣与原矿的扫描电镜照片。由图 11-7 可以看出，金精矿上基本没有单质硫附着，不会阻碍硝酸溶液与金精矿表面的接触反应。

图 11-7　最佳反应条件下反应渣与原矿扫描电镜

　　因此，可以选择颗粒缩小的锁芯模型，根据这一模型，液体和固体反应可以用下式表示：

$$A（Fluid）+B（Solid）=C（Products）$$

式中：A——反应物 HNO_3；

　　　　B——反应物金精矿视为球形颗粒；

　　　　C——反应产物。

则 HNO$_3$ 的扩散速率为

$$-\frac{\mathrm{d}n_A}{\mathrm{d}t} = k_1 4\pi r^2 (C_{Al} - C_{Ac}) \tag{11-1}$$

假定硝酸的反应为一级反应，则在 r_c 处反应速率为

$$-\frac{\mathrm{d}n_A}{\mathrm{d}t} = k(4\pi r_C^2)C_{AC} \tag{11-2}$$

由式（11-1）、式（11-2）解出：

$$C_{AC} = k_1 C_{Al} / (k + k_1) \tag{11-3}$$

对每个金精矿固体颗粒反应速率由式（11-3）代入式（11-2）可得

$$-\frac{\mathrm{d}n_A}{\mathrm{d}t} = 4\pi r_C^2 C_{Al} \cdot kk_1 / (k + k_1) \tag{11-4}$$

由于 r_C 随反应进行而减小，它是一个变量，根据金精矿的几何形状，其反应速率为

$$-\frac{\mathrm{d}n_B}{\mathrm{d}t} = \frac{\rho_B d}{M_B \mathrm{d}t}\left(\frac{4}{3}\pi r_C^3\right) = \frac{4\pi r_C^2 \rho_B \mathrm{d}r_C}{M_B \mathrm{d}t} \tag{11-5}$$

根据化学反应计量关系得

$$-\frac{\mathrm{d}n_A}{\mathrm{d}t} = -\frac{\mathrm{d}n_B}{b\mathrm{d}t} = -\frac{4\pi r_C^2 \rho_B \mathrm{d}r_C}{bM_B \mathrm{d}t} \tag{11-6}$$

结合式（11-2）可得

$$-\frac{\mathrm{d}r_C}{\mathrm{d}t} = \frac{bM_B k}{\rho_B}C_{AC} \tag{11-7}$$

将式（11-3）代入式（11-7），得

$$\frac{\mathrm{d}r_C}{\mathrm{d}B} = -\left(\frac{bM_B k}{\rho_B}\right)\frac{k_1 C_{Al}}{k + k_1} \tag{11-8}$$

当 $t=0$ 时，$r_C=r_s$ 积分可得

$$r_C - c_s = -\left(\frac{bM_B k}{\rho_B}\right)\frac{k_1 C_{Al}}{k + k_1}t \tag{11-9}$$

令量纲为 1 的时间：

$$t^* = \frac{bM_B k(C_{Al})}{\rho_B r_s}t \tag{11-10}$$

结合式（11-9），则有

$$t^* = \left(1 - \frac{r_C}{r_s}\right)\left(1 + \frac{k}{k_1}\right) \tag{11-11}$$

由于金精矿的氧化率可表示为

$$X_B = \frac{初始质量 - t 时的质量}{初始质量} \tag{11-12}$$

即

$$X_B = 1 - \left(\frac{r_C}{r_s}\right)^3 \tag{11-13}$$

令 $Y = k_L^{-1}/k^{-1} = k/k_1$ 代入式（11-11）可得

$$t^* = \left[1 - (1 - X_B)^{1/3}\right](1 + Y) \tag{11-14}$$

式（11-14）为伴有液膜扩散影响的液固反应过程动力学过程。但在金精矿酸解反应过程中，前述的动力学特征实验结果表明，液膜扩散过程对金精矿酸解过程影响较小，该反应属于化学反应控制过程，即液膜扩散传质阻力可忽略不计，此时 $k_l = k$，$b=1$，由此可得该反应的动力学方程：

$$t = \frac{\rho_B r_s}{b M_B k_l C_{Al}}\left[1 - (1 - X_B)^{\frac{1}{3}}\right] \tag{11-15}$$

令 $K = b M_B k_l C_{Al} / (\rho_B r_s)$，可得

$$K_t = 1 - (1 - X_B)^{1/3} \tag{11-16}$$

11.1.4.2　动力学模型的检验

反应速率常数及反应活化能：实验测定了不同温度下，矿样与硝酸反应的氧化率，如表 11-1 所示。

表 11-1　不同温度条件下矿样的氧化率

t/min	温度/℃				
	35	45	55	65	75
0	0	0	0	0	0
10	0.031 765	0.114 353	0.165 176	0.196 941	0.247 764
20	0.069 882	0.146 117	0.203 294	0.285 882	0.381 176
30	0.095 294	0.171 529	0.266 823	0.381 176	0.559 058
60	0.177 882	0.343 058	0.470 117	0.635 293	0.794 116
90	0.222 352	0.463 764	0.622 587	0.813 175	0.946 586
120	0.298 588	0.571 764	0.736 94	0.940 233	0.991 057

由 Arrhenius 方程得

$$K = K_0 \exp(-\frac{E}{RT}) \tag{11-17}$$

$$-\ln K = -\ln K_0 + \frac{E}{R} \times \frac{1}{T} \tag{11-18}$$

根据动力学模型［式（11-16）］，由实验数据关联可得 $1-(1-X_B)^{1/3}=t$ 的关系（图 11-8）。从图 11-8 可见，$1-(1-X_B)^{1/3}$ 与 t 呈很好的线性关系。

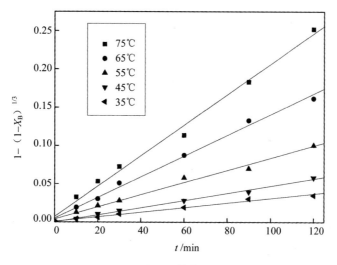

（a）5%硝酸

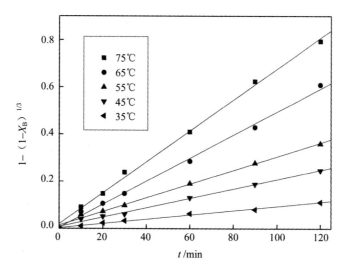

（b）10%硝酸

图 11-8　不同温度下 1-（1-X$_B$）$^{1/3}$ 与时间 t 的关系

ln$k$ 与 1/T 之间的关系如图 11-9 所示。由实验数据回归的反应速率常数与温度的关系，说明式（11-2）对硝酸一级反应的假设是合理的。可以看出，硝酸氧化金精矿活化能为 43.2 kJ/mol。Habashi（F. Habashi，1969）[47]，认为化学控制过程活化能通常大于 41.84 kJ/mol。所以说该过程为化学控制过程。

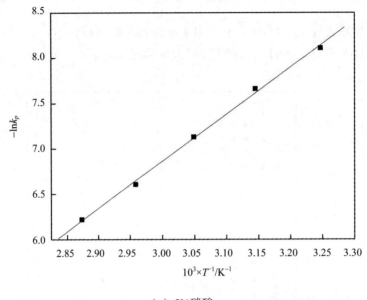

（a）5%硝酸

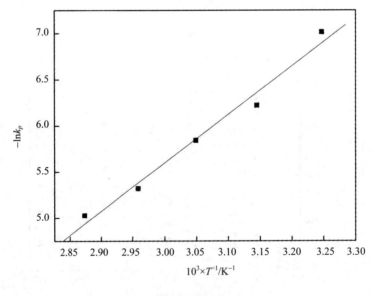

（b）10%硝酸

图 11-9　硝酸氧化金精矿 ln$k$ 与 1/T 的关系

11.1.5　流化床和间歇反应条件下硝酸氧化高硫高砷金精矿比较

流化床中硝酸氧化高硫高砷金精矿反应过程属于化学控制，而间歇条件下反应过程属于扩散控制。这可能是由于流化床条件下流化效果比较好，离子扩散性能佳，扩散过程不再占据控制地位。

11.1.6　小结

三相流化床中硝酸与高硫高砷金精矿反应过程是液固多相反应，该反应属于化学控制过程，其反应的活化能为 43.2 kJ/mol。

11.2　在三相流化床中 NOx 循环氧化矿物研究

本章实验在图 11-10 实验装置中进行，课题组多年致力于研究硝酸催化氧化难浸金矿和氰化尾渣，进行了大量的小试正交试验，初步得到了氧化反应规律和各影响因素在小试中的影响程度。本节把小试扩大，在流化床中进行氧化反应，依次研究氧化温度、氧化时间、硝酸用量、硫酸用量、循环气速、分布板孔径等条件对氰化尾渣中铁的浸出率和尾渣失重率的影响，并得出最佳的反应条件。

针对氰化尾渣中金元素存在形式的特点，本实验以尾渣中铁的浸出率和尾渣的失重率为预处理效果的表征。

11.2.1　实验原料及试剂

实验所用的氰化尾渣取自河南三门峡中原黄金冶炼厂。该氰化尾渣泥化现象较重，含有一定数量的 CN⁻ 和部分残余药剂，可以闻到刺激性气味；它的粒度很小，敲碎烘干，小于 300 目的占 92% 以上。将烘干后的氰化尾渣混匀，装袋备用。采用 X 射线衍射仪探明主要金属矿物组分是黄铁矿（FeS_2），脉石矿物以石英（SiO_2）为主，其特点是金以微细粒自然金的形式呈微细粒包体嵌布在载金矿黄铁矿中。用 X 荧光衍射（XRF）法测得试验所采用物料的元素含量分析结果如表 11-2 所示。

表 11-2　氰化尾渣的元素分析

元素	Au	Ag	Cu	Fe	Pb	S
含量	2.21 g/t	40.4 g/t	3.84%	22.91%	3.84%	25.14%

本试验所用的氰化尾渣由于粒度很小，不需要进行粒度筛分，敲碎烘干后直接用于实验。由表 11-2 可知，氰化尾渣中铁、硫的含量很高，且主要以黄铁矿的形式存在。由于该尾渣富含铁，所以可以开发铁系列产品。又由于金以微细粒自然金的形式呈微细粒包体嵌

布在载金矿黄铁矿中，想提高该尾渣中金的回收率，必须剥落裹在金外表的黄铁矿，所以氧化去除黄铁矿成为提金的关键。

11.2.2　实验装置和仪器

气—液—固三相流化床研究始于 20 世纪 60 年代，由于其具备相间接触面积大、相间混合均匀、传热传质效果好和温度易于控制等优点而得到了广泛的应用。鉴于流化床的优点，参考流化床的一些基本参数，结合本课题研究中气体循环的特点，自行设计了一套封闭的三相流化床反应系统。整个实验装置如图 11-10 所示。

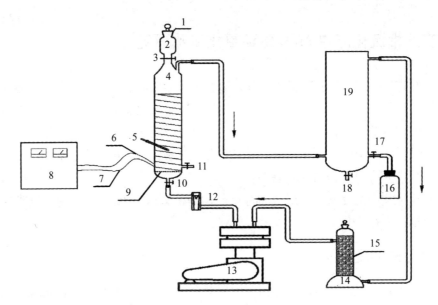

1—进料口；2—贮料室；3—进料阀门；4—反应器；5—放温度计的盲管；6—温控仪加热带；7—温控仪传感仪；8—温控仪；9—气体分布板；10—进气阀门；11—放料口；12—气体流量计；13—隔膜式空气压缩机；14—气体干燥塔；15—变色硅胶干燥剂；16—供氧系统；17—进氧气阀门；18—放料口；19—气体缓冲罐

图 11-10　实验装置

11.2.3　实验方法和测试手段

根据课题实验的设计，制定了如图 11-11 所示实验流程来研究 NO_x 循环催化氧化氰化尾渣的预处理效果。

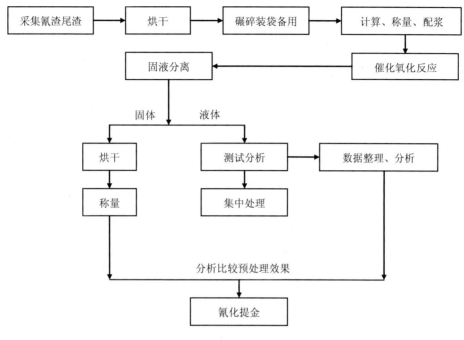

图 11-11　实验流程图

具体的氧化反应操作过程如下：如图 11-10 所示，先用硅胶管子把反应器 4 的出气口连接到气体缓冲罐 19 的进气口，19 的出气口通过干燥塔连接到隔膜式空气压缩机 13 的进气口，13 的出气口经过气体流量计 12 连接到 4 的进气口，形成一个封闭循环的气路。供氧系统 16 连接到 19 的另一个进气口，给体系提供足够的氧气。温控仪加热带 6 缠在 4 的外筒壁上，温控仪传感仪 7 也绑在其上，通过调控温控仪 8 给体系加热并控制加热温度。在实验开始时，先准备好实验所需，连接好管路，关上反应器 4 的进气阀门 10，放料口 11 和气体缓冲罐 19 的放料口 18，把实验所用的水通过进料口 1 加到贮料室 2 中，盖上进料口的塞子，打开进料阀门 3，水流入反应器 4 中，关上进料阀门 3，打开温控仪 8 给水加热，当温度计指示达到预设定的温度，把硝酸和硫酸一次性加入反应器 4 中，然后加入一定量的水和氰化尾渣的混合物，立即关上进料阀门 3，打开进气阀门 10，启动隔膜式空气压缩机 13，使气体在封闭系统中循环运动，气相、液相和固相在反应器 4 中混合，形成悬浮流化状态，这个过程中催化氧化难浸金矿或氰化尾渣。在反应的过程中，打开进氧气阀门 17，给体系补充氧气。间隔一段时间，先打开气体缓冲罐 19 的放料口 18，把其中的冷凝水回加到反应器 4 中，然后从反应器 4 放料口 11 取出一部分的混合液进行测试，再加入同样量的水和尾渣，使反应持续进行。当达到一次实验设计加料次数和设定的反应时间后，先停止加热，关上隔膜式空气压缩机 13，同时关上进气阀门 10，断开管路连接并用 NaOH 溶液吸收掉尾气，把所有反应液从反应器 4 放料口 11 取出进行固液分离，一次反应终止。

本实验重点研究 NO$_x$ 循环催化氧气、氧化氰化尾渣的预处理效果,预处理结果的好坏是以尾渣中铁的浸出率和尾渣的失重率为主要表征参数。测试方法有以下几种:

1)氰化尾渣中铁浸出率的测定:由于反应液中铁浓度很高,所以采用 EDTA 滴定法。原理是:滤液水样经酸解把所有的铁氧化成高价铁,用氨水调节 pH 到 2,用磺基水杨酸作指示剂。EDTA 是一种有机络合剂,能与铁离子形成稳定的 1:1 螯合物而使液体颜色发生变化从而可以测量铁的含量。取 1 mL 水样稀释到 10 mL 再取稀释液 2 mL 放入洗干净的 250 mL 锥形瓶中,加蒸馏水至 100 mL,加硝酸 5 mL,加热煮沸至剩余液体为 70 mL,待冷却后加蒸馏水至 100 mL,用 1+1 氨水调节 pH 到 2,将调节好 pH 的试液加热到 60℃,加入 50 g/L 的磺基水杨酸 2 mL,用 EDTA 标准滴定溶液滴定至深红色,放慢滴定速度,至紫色消失而呈现淡黄色为止,记录消耗的 EDTA 标准液的量。再利用公式计算出溶液中铁的含量。氰化尾渣中铁浸出率采用以下公式计算:

$$X(\text{Fe}) = \frac{\text{浸出到溶液中的铁的质量}}{\text{原试验样品中铁的质量}} \times 100\% \qquad (11\text{-}19)$$

2)氰化尾渣失重率的测定:采用前后重量变化计算失重率,先记录反应加入氰化尾渣的量,再把抽滤后的固体烘干称其重量。氰化尾渣的失重率用下列公式计算:

$$X(\text{WL}) = \frac{\text{原试验样品的质量-氧化后剩余样品的质量}}{\text{原试验样品的质量}} \times 100\% \qquad (11\text{-}20)$$

3)提金率的测定:采用氰化提金法测定。把固液分离后的固体氧化渣洗涤至中性,然后在烘箱中将温度调至 105℃烘干,把氧化渣和氰化尾渣在同一条件下进行氰化实验。利用 X 射线荧光光谱仪(XRF)测定氰化前后金的含量,从而计算出氰化提金率。

4)反应液总氮的测定:由于实验用蒸馏水作为水介质,所以液体中的氮元素唯一来源是加入的硝酸,溶液中的总氮只有硝酸盐氮和亚硝酸盐氮两种。采用碱性过硫酸钾消解紫外分光光度法测定。由于反应液总氮的浓度超过测量限,所以先将反应液稀释 1 000 倍,取 10 mL 稀释液置于 50 mL 比色管中,加入配好的碱性过硫酸钾溶液 5 mL,用塑料皮扎紧管口,将比色管竖直放在医用手提灭菌器中,在温度 120~124℃加热 0.5 h,冷却加盐酸(1+9)1 mL,用无氨水稀释至 25 mL,混匀,在紫外分光光度计上分别在 220 nm 和 275 nm 的波长下测定吸光度,然后根据公式计算总氮。

5)样品元素的测定:通过 X 射线荧光光谱仪(XRF)分析样品元素组分及含量。

6)样品物相分析:通过 X 射线衍射仪(XRD)分析样品的物相。D/max 2 550V X 射线衍射仪可进行材料的物相鉴定和定量分析,并对材料的晶体结构、晶胞参数、晶粒大小、择优取向、热膨胀各向异性、相变、应力、极图等进行研究。

7)通过扫描电子显微镜 SEM、EDS 能谱仪进行氰化尾渣、氧化渣表面形貌分析。JSM-6700F 场发射扫描电镜可进行纳米材料显微结构、尺寸及相互作用,材料微结构、相组成及相分布的扫描,以及材料中元素定性分析、定量分析、线分析、面分析,材料失效分析。

11.2.4　实验原理

本实验主要有两个部分：①研究各种因素对 NO_x 在流化床中循环催化氧气氧化氰化尾渣的影响；②比较 NO_x 循环利用与 NO_x 不循环利用的区别以及 NO_x 循环催化氧化时氮元素的转化平衡。两部分都是化学反应过程，所以涉及的化学反应多并且很复杂，因此弄清主要反应发生的可能性或者说反应可能进行的最大限度是很必要的，应通过化学热力学原理对相关化学反应进行分析和讨论。

11.2.4.1　硝酸氧化

硝酸是一种具有强氧化性并且不稳定的强酸。浓度越大，它的氧化性越强。这可以通过以下几方面来解释。

从结构上来看，浓硝酸以 HNO_3 存在，而稀硝酸以 NO_3^- 存在。

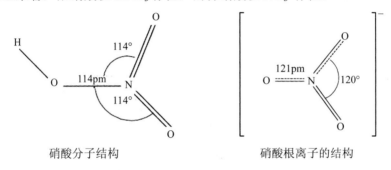

硝酸分子结构　　　　　　　　硝酸根离子的结构

河南三门峡中原黄金冶炼厂的氰化尾渣中主要的矿物成分是黄铁矿。黄铁矿是地壳中分布最广的硫化物，可形成于各种不同的地质条件，主要由热液作用形成。它的化学式是 FeS_2，等轴晶系，其晶体结构是 NaCl 型的衍生结构，常呈立方体和五角十二面体。

在硝酸氧化的过程中主要发生的是黄铁矿和硝酸的反应。根据硝酸的氧化性和硝酸浓度的关系，再结合观察到的实验现象，硝酸氧化过程的反应式如下。

硝酸浓度高时：

$$2FeS_2 + 10HNO_3（浓）\longrightarrow Fe_2(SO_4)_3 + H_2SO_4 + 10NO\uparrow + 4H_2O \qquad （11\text{-}21）$$

$$2NO + O_2 \longrightarrow 2NO_2 \qquad （11\text{-}22）$$

当硝酸浓度变稀后：

$$2FeS_2 + 8HNO_3（稀）\longrightarrow Fe_2(SO_4)_3 + S\downarrow + 8NO\uparrow + 4H_2O \qquad （11\text{-}23）$$

$$2NO + O_2 \longrightarrow 2NO_2 \qquad （11\text{-}24）$$

11.2.4.2　硫酸作用

硫酸也是一种强酸，若在硝酸氧化氰化尾渣的过程中加入一定量的硫酸，首先，由于溶液的酸性不同，硝酸的氧化能力不同，加入硫酸可以提高硝酸的氧化力；其次，硝酸氧化氰化尾渣能产生部分硫酸，加入硫酸不带入杂质，接着加入硫酸能给体系增加硫酸根离子，便于形成硫酸铁。最后实验证明，加入硫酸，不仅能减少硝酸用量，也能达到同样的预处理效果。硝酸浓度的降低，使得加入氰化尾渣瞬间产生的 NO$_x$ 的量减少，降低了封闭流化床系统中气体的量：①降低了系统内的压力，提高了安全系数；②系统内压力降低，更有利于加料的进行，使连续操作更易进行。

11.2.4.3　NO$_x$还原成硝酸

NO$_x$ 的吸收为化学过程，再通入氧气，使得伴随化学吸收反应的还有 NO 的氧化反应。吸收过程主要发生的化学反应有：

$$3NO_2 + H_2O \longrightarrow 2HNO_3 + NO + Q \tag{11-25}$$

$$2NO + O_2 \longrightarrow 2NO_2 \tag{11-26}$$

传质机理可以认为遵循双膜理论。由于液相有化学反应进行，可极大提高其传质效率，因而该吸收过程为一气膜控制过程。硝酸氧化氰化尾渣产生大量的 NO，再通入氧气，使之氧化成 NO$_2$，再用循环泵抽回到反应液中生成稀硝酸；稀硝酸又能促进 NO$_2$ 的吸收，因为在这个吸收过程中发生了物理吸附。由反应式（11-21）、式（11-22）、式（11-25）可得如下方程式：

$$4FeS_2 + 15O_2 + 2H_2O \longrightarrow 2Fe_2(SO_4)_3 + 2H_2SO_4 \tag{11-27}$$

可见在这一过程中，硝酸只起了催化的作用，实际反应过程不消耗硝酸，这为 NO$_x$ 循环催化氧气氧化奠定了理论基础。

11.2.4.4　三相流化床设备

硝酸氧化氰化尾渣的反应过程有气、液、固三相参与，而且气体在反应过程中起催化剂的作用，结合三相流化床优点和流化床技术，设计了三相流化床反应器及气体缓冲罐，如图 11-1 所示，其构成一个封闭的系统。在三相流化床反应器底部设计了一层气体分布板，其目的是：①使气体均匀分布，在底部不形成死角，能更好地吹浮起固体；②把气体粒径分小，提高气体与液体接触面积，从而提高 NO$_2$ 吸收效果。缓冲罐能起到缓冲贮存反应瞬间产生的气体以及冷却气体，使气体能更好地被吸收。隔膜式压缩机提供气体循环的动力，而且由于压缩机的抽动和气体通过反应液遇到的阻力，使反应器液面以上形成负压，有利于加料进行，实验也证明了这一点。本节结合化学反应的特点和流化床的优点，设置一个封闭的系统处理氰化尾渣，取得了很好的处理效果。

11.2.5　实验结果与讨论

11.2.5.1　氧化温度对氰化尾渣转化率的影响

反应条件：反应总质量为 2 kg，硝酸质量分数为 15%，硫酸质量分数为 1%，尾渣质量分数为 15%，气体流速为 0.5 m³/h，氧化时间为 4 h，分布板采用布氏漏斗孔径，反应温度对铁的浸出率和尾渣失重率的影响如图 11-12 所示。

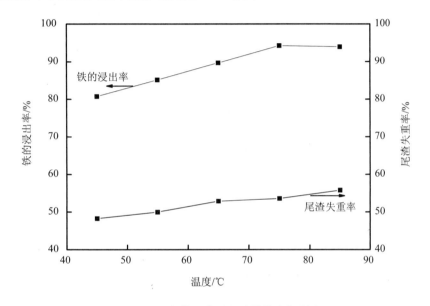

图 11-12　氧化温度对尾渣转化率的影响

温度是化学反应的一个重要参数，它能影响化学反应平衡、化学反应速度以及各种反应物、生成物间的传递性质。由图 11-12 所知，氧化温度对氰化尾渣的转化率有重要影响。随着氧化温度的升高，铁的转化率和尾渣的失重率都有明显的提高。在常温下，加入氰化尾渣，反应比较平缓，反应放出大量的热量，使温度维持在 45℃ 左右。在温度较高时，加入尾渣，反应剧烈，瞬间产生大量红棕色气体。温度升高，降低了液相粒度，增加了离子的运动速度，减少了扩散阻力，有利于传质过程的进行，同时加快了尾渣表面反应速度，这些都提高了尾渣的氧化率。当温度达到 75℃ 时，铁的浸出率达到了 90% 以上，尾渣失重率也达到了 50% 以上。再提高温度，增加的效果不明显，而提高反应温度需要大量的能量，所以从经济的角度考虑，75℃ 是最佳的反应温度。

11.2.5.2　氧化时间对氰化尾渣转化率的影响

反应条件：反应总质量为 2 kg，硝酸质量分数为 15%，硫酸质量分数为 1%，尾渣质量分数为 15%，气体流速为 0.5 m³/h，分布板采用布氏漏斗孔径，反应温度为 75℃，铁的浸出量随时间的变化如图 11-13 所示。

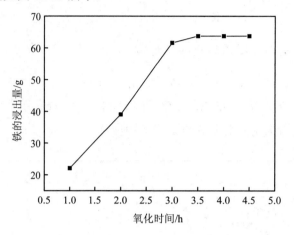

图 11-13　75℃时，氧化时间对铁的浸出量的影响

由图 11-13 所知，铁的浸出量随着时间的增加而提高，在反应的前 3.5 h，铁的浸出量提高得很快，3.5 h 以后，趋于平缓。正如实验现象一样，在反应开始阶段，反应很剧烈，产生大量红棕色的气体，随着反应的进行，反应趋向稳定。在反应 3.5 h 也即加完尾渣 1 h 后，铁的浸出量达到了 94%，再继续反应，铁的转化率几乎不变，故在该条件下反应时间控制在 3.5 h。

11.2.5.3　硝酸质量分数对氰化尾渣转化率的影响

反应条件：反应总质量为 2 kg，硫酸质量分数为 1%，尾渣质量分数为 15%，气体流速为 0.5 m³/h，分布板采用布氏漏斗孔径，反应温度为 75℃，反应时间控制在 3.5 h，铁的浸出率和尾渣的失重率随硝酸质量分数的变化如图 11-14 所示。

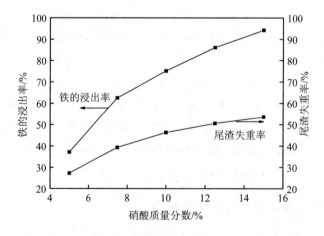

图 11-14　75℃时，硝酸质量分数对尾渣氧化率的影响

图 11-14 表明，硝酸用量对氰化尾渣转化率有比较明显的影响，随着硝酸用量的提高，氰化尾渣的转化率提高得很快。硝酸用量的提高，使反应液中氢离子浓度及活性增加，传质推动力增加，更有利于氧化氰化尾渣。当硝酸质量分数为 15%时，铁的浸出率达到了 95%，尾渣失重率达到了 54%，综合考虑，15%的硝酸为宜。

11.2.5.4　硫酸质量分数对氰化尾渣转化率的影响

反应条件：反应总质量为 2 kg，硝酸质量分数为 10%，尾渣质量分数为 15%，气体流速为 0.5 m³/h，分布板采用布氏漏斗孔径，反应温度为 75℃，反应时间控制在 3.5 h，硫酸质量分数对铁的浸出率和尾渣的失重率的影响如图 11-15 所示。

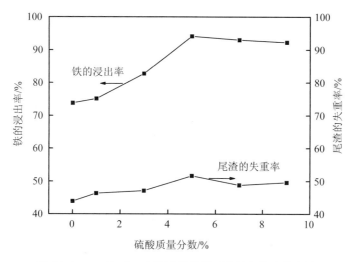

图 11-15　75℃时，硫酸质量分数对尾渣氧化率的影响

由图 11-15 可知，溶液中随着硫酸含量的增加，铁的浸出率增加，从 0%到 5%提高得很快，含量大于 5%时，基本还没有变化。过高的硫酸不仅不能提高铁的浸出率，而且大量浪费，综合考虑，认为 5%的硫酸是合适的。

11.2.5.5　气速对氰化尾渣转化率的影响

反应条件：反应总质量为 2 kg，硝酸质量分数为 10%，硫酸质量分数为 5%，尾渣质量分数为 15%，分布板采用布氏漏斗孔径，反应温度为 75℃，反应时间控制在 3.5 h，气速大小对铁的浸出率和尾渣失重率的影响如图 11-16 所示。

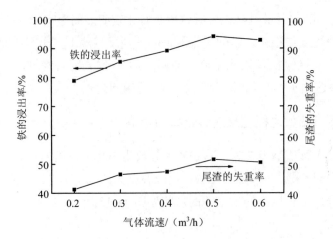

图 11-16　75℃时，气体流速对尾渣氧化率的影响

由图 11-16 所示，随着气量的增加，氰化尾渣的转化率也提高，这是因为：①鼓气有利于传质和扩散过程的进行，增加流体与颗粒之间的相对运动，加强硝酸和氰化尾渣的接触机会，加快氰化尾渣表面硝酸的更新；②气体流速加快，挥发出来的水蒸气更多，缓冲罐中冷却水增加，回用的硝酸增加也导致氰化尾渣转化率的提高。当气速为 0.2 m³/h 时，随着尾渣的加入，氰化尾渣浓度超过 10% 时，就有很多颗粒沉淀下来，当气速为 0.5 m³/h 时，基本上没有颗粒沉淀，铁的浸出率达到了 94% 以上，再增加气速，铁的浸出率变化不明显，所以气速为 0.5 m³/h 时是较合适的。

11.2.5.6　分布板孔径对氰化尾渣转化率的影响

反应条件：反应总质量为 2 kg，硝酸质量分数为 15%，硫酸质量分数为 1%，尾渣质量分数为 15%，反应时间控制在 3.5 h，气体流速为 0.5 m³/h，两种分布板孔径在不同温度下对铁的浸出率的影响如图 11-17 所示。

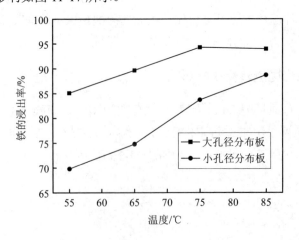

图 11-17　两种分布板在不同温度下对尾渣氧化率的影响

由图 11-17 可知，分布板的孔径对氰化尾渣转化率的影响是比较明显的。在实验中，采用 3 号砂心漏斗孔径的分布板，由于孔径小、阻力增大，在气体流量为 0.5 m³/h 时，随着尾渣的增加，有许多颗粒沉淀下来。而且孔径小，细小的尾渣极易堵塞分布板，阻力进一步加大，使更多的颗粒下沉。每次用完必须进行反冲洗，增加了试验工序。采用布氏漏斗孔径的分布板优势很明显，但是孔径过大，大量的尾渣通过分布板进入管路，给后续实验带来不便。所以在设备的设计过程中要选择一个合理的分布板孔径，实验中采用布氏漏斗孔径是比较合适的。

11.2.5.7　在最佳条件下，该系统预处理金精矿和氰化尾渣的比较

本实验所用的金精矿取自河南三门峡中原黄金冶炼厂，其铁的含量为 26.15%。在上述实验得出的最佳反应条件下，用该流化床反应系统预处理了金精矿和氰化尾渣，其中金精矿中铁的浸出率达到了 95.29%，失重率达到了 72.68%；氰化尾渣在该条件下，铁的浸出率达到了 97.92%，失重率达到了 58.73%，由此可见，该方法对金精矿和氰化尾渣来说，都是一种行之有效的预处理方法。

11.3　氧化预处理反应装置及工艺设计

11.3.1　氧化预处理反应装置设计

在课题组的研究基础上，根据本实验研究目的和氧化反应本身的特点，结合流化床技术优点，自行设计了一整套氧化反应装置。在反应装置设计过程中，先查阅了相关流化床设计资料，再根据实验设计的要求，设计并定作一套初步的反应装置进行探索实验。在多次摸索实验中检验反应装置设计的合理性，改变设计中不符合实际的地方，再重新定作新的反应装置，经过装置设计—装置定作—实验检验—修改装置设计—重新装置定作—再实验检验—确定装置设计—确定反应装置—进行课题实验。在这一过程中，定作了三次流化床反应器和两个气体缓冲罐，最后才确定实验所需的反应系统。

11.3.2　反应装置设计出现的问题和可能解决的方法

11.3.2.1　反应装置设计出现的问题

根据实验设置固体和液体的用量，设计了圆柱形流化床反应器。在探索实验过程中发现，在气速较大、反应剧烈时，常有部分固体和液体吹出流化床流入气体缓冲罐，影响了后续反应设备及反应最终实验数据测定。

在探索实验过程中发现，每半小时加 50 g 尾渣，由于气体缓冲罐体积偏小，产生的大量气体短时间内很难被完全吸收，缓冲罐里面有压力，使得加料很难进行，同时加料时有

NO_x 逃逸出来，不仅污染环境，而且造成资源浪费。

由于氰化尾渣很细小，设计中采用 3 号砂心做流化床的分布板。在探索实验过程中发现，在矿浆浓度较高时，很容易使颗粒沉淀下来，同时经过多次氧化反应，极易堵塞分布板，增加了气体经过分布板的阻力，使颗粒很难悬浮起来。这种情况一是降低了氧化效率，二是增加了体系气体循环动力，浪费了能量。

11.3.2.2　可能的解决方法

针对上述出现的问题，提出了以下改进方法：①把流化床的有效高度设计为 45 cm，直径不变，在以后实验中，基本上没有固体和液体的混合物吹出流化床流入气体缓冲罐；②把缓冲罐的直径设计为 30 cm，高度为 70 cm，使缓冲罐内的压力减少，在实验中发现，每半小时加 50 g 尾渣，加入比较顺利，而且逃逸出来的 NO_x 较少；③把分布板的孔径改成用玻璃板扎空，孔径为 1~2 mm，孔与孔之间距离为 4~7 mm，在整个分布板的面上扎了 120 多个空。实验发现，同样的气量，固体颗粒悬浮效果较好，而且固体颗粒很少穿过分布板。

11.3.3　氧化预处理工艺设计

在课题组原有研究的基础上，结合反应装置设计过程中进行探索实验得到的一些规律，通过对氧化预处理过程中影响氰化尾渣氧化率的因素的研究分析，再结合生产过程中能源的消耗和过程控制等因素，设计出预处理的工艺流程，其步骤为：

1）实验装置连接好之后，加入一次实验所需的水量，关上进料阀门，启动温控仪给体系加热，当达到实验需要的温度时，一次加入全部的硝酸和硫酸；

2）把 50 g 氰化尾渣和 50 mL 水混合搅拌成浆，加入反应器中，每隔半小加一次尾渣；

3）在两次加尾渣之间，给体系加氧气；

4）反应结束后，放出反应液，进行抽滤。滤渣烘干称量测尾渣的失重率，取部分滤液，计算铁的浸出率；

5）滤渣进行氰化提金，滤液进入下一个程序净化综合利用。

11.3.4　预处理出现的问题和可能的解决方法

11.3.4.1　预处理出现的问题

在氰化尾渣的预处理实验过程中，出现了以下问题：①氰化尾渣加水调浆后，在加入反应釜的过程中会堵塞进料口，而且尾渣很难一次性全部加入，影响了生产的连续性和计算的精确性；②给体系通氧气时，没有压力指示变化，每次只根据缓冲罐气体颜色的变化来确定通氧气时间，氧气的用量比较模糊；③随着反应液中固体量的增加，气体阻力增大，在压缩机循环气速不变时，有颗粒沉淀下来，如随反应增大循环气速，则每次实验很难进行对比；③由于预处理完后剩下的渣的粒度非常小，在抽滤的过程中，部分氧化渣会穿透滤纸进入滤液，减少了金的回收，而且会影响滤液中铁的测定；④用 EDTA 法测滤液中铁的含量，由于要调节 pH 到 2，在加热的过程中有黄色的沉淀物生成，该物溶于盐酸而不溶于硝酸，判定是砷酸铁，影响了铁的测定。

11.3.4.2　可能的解决方法

针对以上出现的问题，提出了以下的改进方法：①适当降低渣浆浓度，从 50 g 尾渣∶30 mL 水改为 50 g 尾渣∶50 mL 水，取得了明显的效果；②建议在气体缓冲罐上连接一个压力表来指示压力变化；③维持气速不变，降低氰化尾渣的浓度，固体含量从 20% 降到 15%，基本上没有颗粒下沉；④重复抽滤滤液，滤液清澈，效果明显；⑤砷酸铁沉淀的生成，只有当铁离子浓度和砷酸根离子的乘积达到一定时才能形成沉淀物，适当降低取样量，从 0.5 mL 改为 0.2 mL，则没有黄色沉淀物，测量铁的效果较好。

11.3.5　小结

本节在大量实验基础上得出以下结论：

1）在自行设计的三相流化床反应系统中，实现了低温常压下催化剂 NOₓ 循环利用，显著减少了 NOₓ 尾气排放，对环境友好，而且操作简单方便并可连续氧化提高了氧化效率。

2）在探索实验的基础上，确定各个氧化影响因素，研究各个影响因素对氰化尾渣氧化率的影响。实验得出在该反应系统中最佳氧化条件：反应温度为 75 ℃、反应时间为 3.5 h、硝酸质量分数为 15%、硫酸质量分数为 5%、气速为 0.5 m³/h、分布板孔径为 1～2 mm，孔与孔之间距离为 4～7 mm。氰化尾渣在最佳氧化条件下预处理，铁的浸出率达到 97.92%，尾渣的失重率达到 58.73%，氧化效果好。

3）在该反应系统中金精矿在最佳氧化条件下，铁的浸出率达到 95.29%，尾渣的失重率达到 72.68%，可见这是一种行之有效的预处理黄铁矿包裹型金矿的方法。

另外，本节还介绍了氧化预处理装置设计及工艺设计，针对装置设计和氧化预处理过程中出现的问题，提出一些问题的改进方法。

11.4　氰化尾渣氧化前后组分的微观分析及氰化提金

金的电离势高，难以失去外层电子成正离子，也不易接受电子成阴离子，其化学性质稳定，与其他元素的亲和力微弱。因此，金绝大多数以自然金的形式存在于地壳之中，它的赋存状态一般比较简单。经过漫长、复杂的地理演化，金常以大小不同的颗粒被包裹在其他矿物中，当载金矿物的颗粒小到几个微米时，常规传统的化学分析方法很难将此粒度的矿物准确分析出来，只有寻求在微观尺度上采用微区分析的方法[78]解决这一难题。随着科学技术的发展，X射线衍射仪、扫描电子显微镜等仪器的问世，为微区分析提供了技术支持。

本节对氰化尾渣及氧化渣的组分进行了多个方面的仪器测量，分析比较了测量结果。同时采用电感耦合等离子体发射光谱仪（ICP-AES）对预处理后的氧化液中金、银离子进行了分析，结果表明金、银不会进入液相而流失。在以下的描述中，氧化渣是指氰化尾渣经过NO$_x$在流化床中循环催化氧化后的剩余固体。

11.4.1 X射线衍射分析

X射线在晶体中的衍射，实质是大量原子散射波干涉的结果，每种晶体所产生的衍射花样都反映出晶体内部的原子分布规律。晶体由有序排列的质点组成，当X射线与质点相遇时，首先被晶体各个原子中的电子散射，每个电子都是一个新的辐射波源，其波长与原射线相同。原子在晶体中是周期排列，散射波之间存在着固定的位相关系，它们之间会在空间产生干涉。原子在晶体中的周期性排列使得X射线散射在一些特定的方向加强，而在其他方向减弱。本书对氰化尾渣和在最佳条件下的氧化渣分别做了X射线衍射图，进行了结果分析，与理论预测相一致。

氰化尾渣是由多种矿物组分组成的，为了研究各主要成分具体是何种物质，利用X射线衍射仪对试验所用氰化尾渣进行物相分析，X射线衍射图谱见图11-18。根据图11-18，探明试验所用氰化尾渣的主要矿物组分为黄铁矿（FeS$_2$），与由X荧光衍射（XRF）法测得的铁元素和硫元素接近占总量的50%基本一致。黄铁矿是试验所用氰化尾渣的主要载金矿物成分，是造成氰化尾渣氰化提金率低的原因。石英是主要的脉石矿物，其次是金云母和地开石等。

氰化尾渣是在最佳的氧化条件下氧化后的氧化渣，其矿物组分如何，利用X射线衍射仪对氧化渣进行物相分析，X射线衍射图谱见图11-19。根据图11-9，黄铁矿（FeS$_2$）的峰已无明显的显示，衍射峰与对应的结构在被测样品中的含量有关，含量越高，强度也越大。可见黄铁矿被氧化了，氧化渣的主要成分变为石英、金云母和地开石等。并且，衍射结果表明，在最佳氧化条件下的氧化渣中，单质硫的峰没有出现，说明预处理过程中没有硫单质的生成，不会影响后续氰化浸金。

通过图11-18和图11-19的对比，可知黄铁矿经过预处理后，基本被氧化，这与实验中氰化尾渣的失重率达到50%以上相一致。结果表明该预处理工艺对处理黄铁矿是非常有效的。

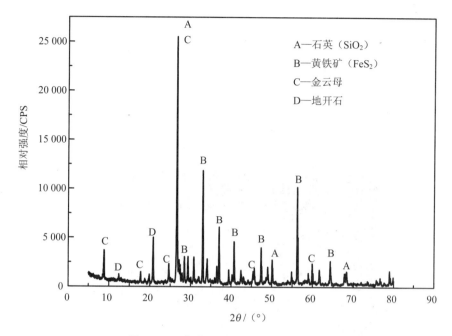

图 11-18　氰化尾渣的 X 射线衍射图谱

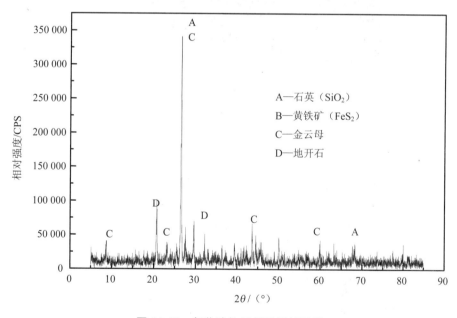

图 11-19　氧化渣的 X 射线衍射图谱

11.4.2　氰化尾渣和氧化渣的微区分析

扫描电镜和能谱仪可以将微区的选择和测定相结合，不仅能完成线扫描测定，而且可以进行面扫描测定，其扫描空间范围正好处于微米尺寸，对微细粒包裹型金矿中金的赋存状态微区分析有良好的效果。

　　本节采用 JSM-5600 扫描电镜和 Link 能谱仪,对载金矿物及其组成元素进行二次电子扫描(SE)和特征 X 射线线扫描及面扫描图像分析,研究微细粒包裹型金矿中载金矿物的微区分布与载金矿物元素的关系。

　　采用 JSM-5600 扫描电镜和 Link 能谱仪对实验所用的氰化尾渣进行二次电子扫描(SE)和特征 X 射线线扫描分析,图 11-20 为氰化尾渣矿物表面形态的二次电子图(SE)和线扫描的位置图。

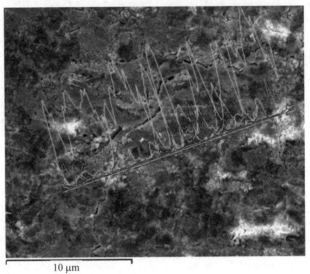

10 μm

图 11-20　氰化尾渣表面形态的二次电子图和线扫描的位置

　　在图 11-20 中,标出了氰化尾渣中各主要元素的含量分布和位置分布,从扫描图中可以看出,该氰化尾渣中铁的分布与硫的分布密切相关,呈现共生的现象。而从氧和硅元素的扫描图也可以看出,氧含量高的地方,硅的含量也高,也有正相关的关系。这与 XRD 分析得出该氰化尾渣主要矿物是黄铁矿(FeS$_2$)、主要的脉石是二氧化硅(SiO$_2$)相一致。氰化尾渣各主要元素在扫描线上的含量分布如图 11-21 所示。

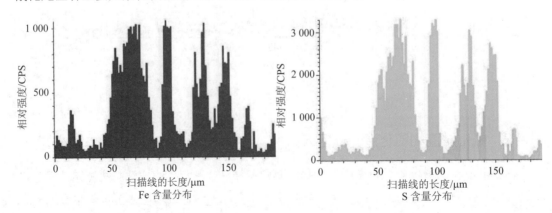

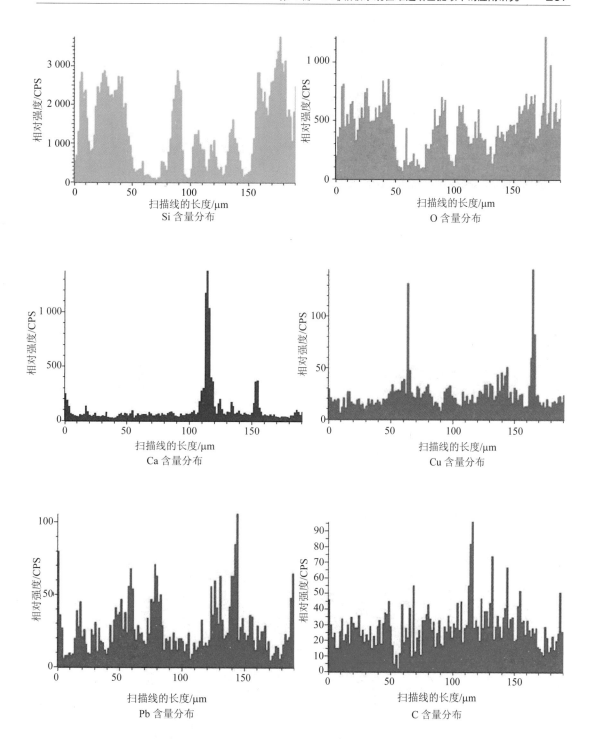

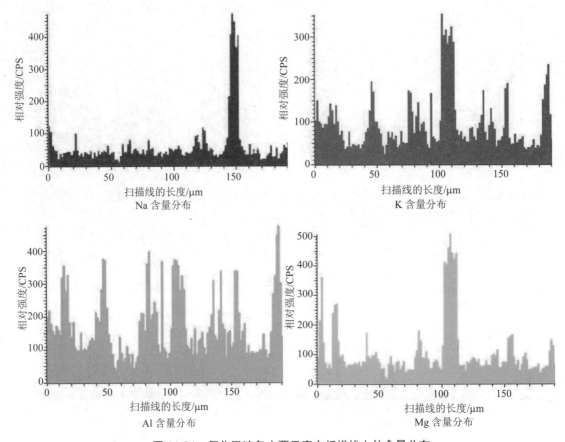

图 11-21　氰化尾渣各主要元素在扫描线上的含量分布

采用 JSM-5600 扫描电镜和 Link 能谱仪对在最佳氧化条件下的氧化渣进行二次电子扫描（SE）和特征 X 射线线扫描分析，图 11-22 为氧化渣矿物表面形态的二次电子图（SE）和线扫描的位置图。

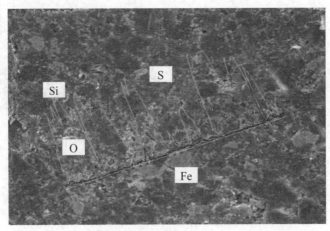

图 11-22　氧化渣表面形态的二次电子图和线扫描的位置

在图 11-22 中，标出了最佳条件下的氧化渣中各主要元素的含量分布和位置分布，从扫描图中可以看出，氧化渣中铁的含量已经很低，与实验测得铁的浸出率达 90%以上相符。铁和硫的相关性已没有在氰化尾渣那么高，表明黄铁矿的晶体结构被破坏，已经氧化脱除。而氧和硅的相关性与氰化尾渣中基本一致，说明氰化尾渣氧化后的主要成分变为二氧化硅（SiO_2）。这与 XRD 分析相一致，再次说明该预处理工艺对处理黄铁矿是一种有效的方法。氧化渣各主要元素在扫描线上的含量分布如图 11-23 所示。

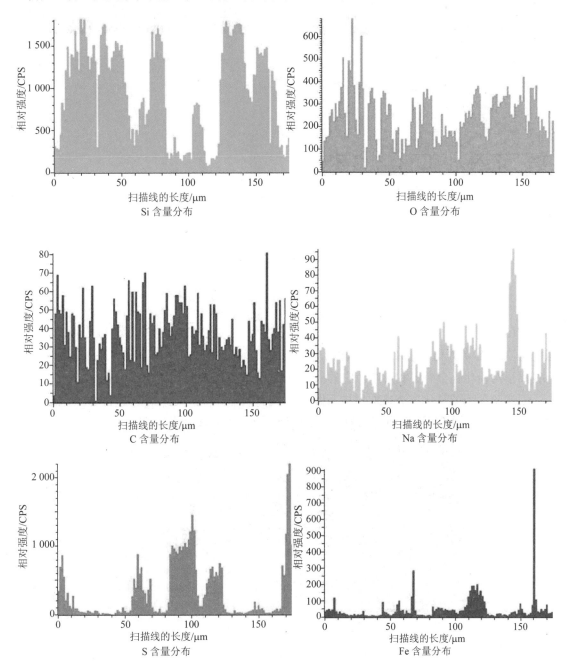

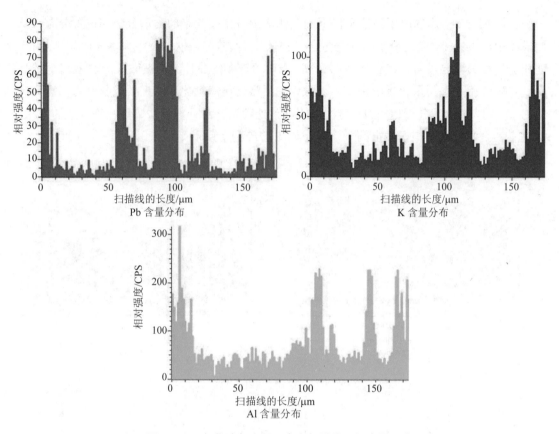

图 11-23　氧化渣各主要元素在扫描线上的含量分布

把图 11-20 与图 11-22 进行对比，发现铁含量锐减，同时氧化渣中不含铜元素，而原氰化尾渣经 X 荧光衍射（XRF）法测得有将近 4%的铜，这表明铜矿被溶解进入液相中，而铜离子对氰化提金有不利影响，它的减少有利于后续氰化提金。

对实验所用的氰化尾渣选取扫描面做 X 射线面扫描分析，其结果如图 11-24 所示。

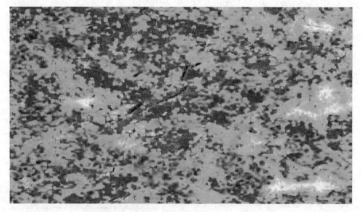

绿色—氧；白色—硅；红色—铁；蓝色—硫

图 11-24　氰化尾渣在 X 射线扫描面上的元素分布混合图

图 11-24 中不同颜色代表不同元素。白色周围总有绿色包围，可见二氧化硅是氰化尾渣主要的矿石，红色也与蓝色分布密切相关，再次证明黄铁矿是氰化尾渣主要矿物。氰化尾渣中各元素在面扫描上的分布图如图 11-25 所示。

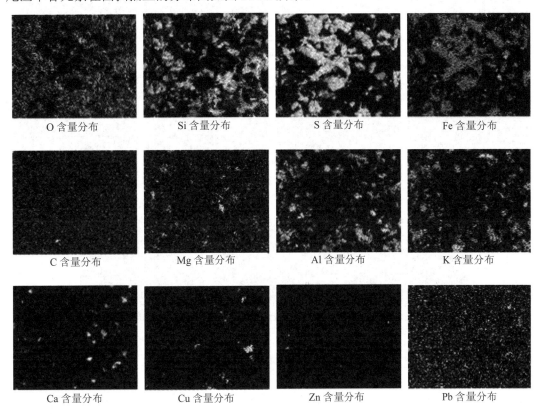

O 含量分布	Si 含量分布	S 含量分布	Fe 含量分布
C 含量分布	Mg 含量分布	Al 含量分布	K 含量分布
Ca 含量分布	Cu 含量分布	Zn 含量分布	Pb 含量分布

图 11-25　氰化尾渣 X 射线扫描面上的元素分布图

图 11-26 为氧化渣在 X 射线扫描面上的元素分布混合图，图 11-27 为氧化渣 X 射线扫描面上的元素分布图。

图 11-26　氧化渣在 X 射线扫描面上的元素分布混合图

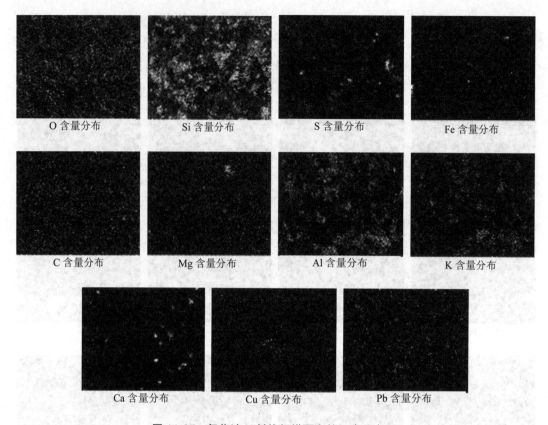

O 含量分布　　Si 含量分布　　S 含量分布　　Fe 含量分布

C 含量分布　　Mg 含量分布　　Al 含量分布　　K 含量分布

Ca 含量分布　　Cu 含量分布　　Pb 含量分布

图 11-27　氧化渣 X 射线扫描面上的元素分布图

由图 11-26 与图 11-27 明显可以看出，铁、硫元素大量减少，尤其是在图 11-27 中，铁元素基本没有显示。而且图 11-26 与图 11-24 相比，少了铜元素的分布，可见铜矿被氧化溶解了，与线扫描结果相符合。

针对氰化尾渣和氧化渣中矿物颗粒表面形状及大小做扫描电镜，其 SEM 图如图 11-28 和图 11-29 所示。

10 μm

图 11-28　氰化尾渣的 SEM 图

10 μm

图 11-29   氧化渣的 SEM 图

从以上两幅图对比中可以明显看出，氰化尾渣颗粒比较大，经过催化氧化预处理后的氧化渣，颗粒更小更均匀，已无大颗粒物质存在，说明大颗粒物质在反应过程中被氧化了，使大颗粒物质中被包裹着的金裸露出来，有利于提高氧化渣的氰化提金率。

扫描电镜和 EDS 能谱分析仪可以从线和面的角度分别对金矿中的元素进行分析，可以发现主要载金矿物和脉石矿物分别在矿物中的赋存状态，对于研究微细粒包裹型难处理金矿的工艺矿物学具有重要的指导意义。

11.4.3   最佳氧化条件下氧化液的 ICP-AES 分析

氰化尾渣经氧化处理后分为氧化渣和氧化液两部分，本章对最佳条件的氧化渣进行了 X 射线衍射、X 射线线扫描和 X 射线面扫描等微观仪器测试分析，因微观分析方法的局限性，均没有能够扫描出氧化渣中金的状态和含量。因此本研究采用电感耦合等离子体发射光谱仪对经过预处理后的氧化液元素成分进行分析，结果如表 11-3 所示。

表 11-3   氧化液的主要元素组分分析

元素	Au	Ag	Fe	Cu	Pb
质量浓度/（μg/mL）	≤DL	≤DL	256.32	250.04	3.77

注：检出限 DL 为 0.01 μg/mL。

由表 11-3 可以看出，最佳条件下的氧化液中金、银的质量浓度都低于检出限，铁、铜离子的质量浓度很高。可见氰化尾渣经过预处理后，载金矿物被氧化溶解到液体中，液相中铜离子质量浓度高与氧化渣进行面扫描发现铜元素基本没被发现相符合。而金、银等富集到氧化渣中，提高了氧化渣中金、银的品位，这使得氧化渣更有利于后续氰化提金，使资源最大限度地回收利用。

11.4.4   氰化尾渣和氧化渣的氰化提金

氰化法提金是目前国内外处理含金矿物原料的常用方法。氰化法是一种可以从矿石、精矿和尾矿等含金原料提取金的最经济且简单的方法，它同时具有成本低、回收率高和对矿石适应性广等优点。

目前世界上新建的金矿中有 80%以上都用氰化法提金。该工艺最早出现于 1890 年，并且很快取代了其他可与之竞争的工艺，其原因主要是在经济上的可行性。

标准的氰化浸出工艺是将矿石磨到 0.074 mm，细度为 80%，然后将矿石与水混合制成矿浆，每吨矿浆加入两磅氰化钠，并加入足够的生石灰以使矿浆的 pH 保持在 11.0 左右。矿浆的固体浓度为 50%，矿浆依次通过一系列的混合搅拌槽，其停留时间约为 24 h，形成的含金溶液为贵液。贵液在浓密槽或真空过滤机中与浸出固体分离，尾矿在排出之前要经过洗涤除去金和氰化物。这种分离和洗涤是在一系列的被称为逆流倾析法（CCD）的装置中进行的。采用锌沉淀法从含金溶液中回收金，溶液再返回浸出和破碎阶段重新利用。

氰化提金工艺主要包括以下几种：渗滤氰化槽浸法，渗滤氰化堆积法，搅拌氰化浸出法，炭浆法，炭浸法，磁炭法，树脂矿浆法等。

随着近年来技术的进步，氰化提金工艺也得到一定的改进，大大节省了氰化提金的消耗，提高了金的浸出率，其中最为显著的是氰化助浸工艺的应用。

氰化助浸工艺主要包括几个方面：富氧浸出和过氧化物助浸，氨氰助浸工艺，加温加压助浸工艺，加 Pb(NO$_3$)$_2$ 助浸工艺。

富氧浸出和过氧化物助浸中具有代表性的助浸工艺是在浸出过程中使用氧化剂，氧化剂能有效地提高金的浸出率，特别是对含耗氧和耗氰化物的硫化矿物效果更加明显。氧化剂可大大加快浸出速度，缩短浸出时间，并提高浸出的选择性，降低氰化物消耗，减少硝酸铅的用量；使用氧化剂能使氰化物分解，有利于保护环境。

氨氰助浸工艺是指在氰化过程中加入氨，使其生成 Au(CN)$_2^-$ 的同时，形成 Cu(NH$_3$)$_4^{2+}$，以有利于金的浸出和铜沉淀形成，从而减少氰化物的无益损耗。

加压氰化法是综合利用流体力学、空气动力学原理，在高压空气作用下，将压缩空气以射流状态均匀弥散在矿浆中，形成强力旋搅，使固、液、气三相充分接触，使浸出所需的氧气和氰化物迅速扩散到矿物表面发生氰化反应，缩短浸出时间，以显著提高金浸出率。

加 Pb(NO$_3$)$_2$ 助浸工艺是在浸出前和浸出过程中加入 Pb(NO$_3$)$_2$，它能使钝化的金粒表面恢复活性，防止产生硫化金薄膜的钝化作用；沉淀可溶性的硫化物，降低矿浆中可溶性金属的含量；与矿浆中的可溶性硫离子生成硫酸盐沉淀。

氰化提金工艺经过多年的发展已越来越先进。但是受制于实验室条件和氰化钠的严格管理，我们委托中原黄金冶炼厂对样品做氰化提金实验。送了四个样品，即金精矿、金精矿氧化渣、氰化尾渣及氰化尾渣氧化渣。样品化验结果表明该预处理工艺对不同的原料中金、银都有不同程度的富集作用。尤其是金精矿的富集比较明显。金精矿中金的品位为 21.47 g/t，而其氧化渣中金的品位达到了 50.11 g/t。

中原黄金冶炼厂按照我们的要求在液固比为 5∶1、pH 为 9～10、NaCN 用量为 2.0～3.0 g/L、氰化时间为 24 h 的实验条件下进行氰化提金实验，四个样品依次为金精矿、金精矿氧化渣、氰化尾渣及氰化尾渣氧化渣，消耗的 NaOH、NaCN 的量依次为 26 g、31.92 kg/t，12 g、8.76 kg/t，14 g、4.92 kg/t，30 g、10.78 kg/t。在上述实验条件下，氰化提金率依次为 74.65%、96.38%、66.44%、99.39%。可见样品经过本书设计的预处理工艺处理后，氰化提金率都提高了很多，使资源得到更大利用。从而说明本书设计的处理方法和工艺是一种提高难选冶金矿或氰化尾渣氰化提金率的有效方法。

11.4.5　小结

1）通过 X 射线衍射、X 射线线扫描和面扫描对预处理前后样品物相分析比较，可以看出经过预处理后，黄铁矿在 XRD 图谱中已经无明显显示；线、面元素扫描也表明氧化渣中 Fe、S 的含量已经非常低，可以看出 NOₓ循环流化床催化氧化工艺可以高效氧化载金矿物，使其溶出到氧化液中，从而实现金的解离。

2）通过 ICP-AES 对预处理后的氧化液进行分析，可知金、银并没有溶出到氧化液中，而是富集于氧化渣中，提高了氧化渣金的品位，更有利于后续氰化提金及资源综合回收利用。

3）通过氰化提金实验，结果表明金精矿的提金率从 74.65%提高到 96.38%，氰化尾渣的提金率从 66.44%提高到 99.39%，可见 NOₓ在流化床中循环催化氧化工艺是一种有效提高难选冶金矿氰化提金率的预处理工艺。

11.5　预处理工艺中催化剂 NOₓ循环的作用及氮的转化平衡

NOₓ在封闭的三相流化床系统中循环催化氧气氧化预处理金精矿或氰化尾渣是在传统硝酸预处理方法的基础上改进的一种新型、低温常压、环保、节能的预处理方法。大量文献表明，采用稀硝酸吸收 NOₓ与用水吸收相比有更好的效果。首先，稀硝酸吸收法可以回收稀硝酸（含量可达 40%），具有一定的经济效益；其次，与水相比，NO 在硝酸中有较大的溶解度，且溶解度随硝酸浓度的增大而增大，有利于提高 NOₓ的吸收效率。而预处理工艺中的反应液恰好是稀硝酸介质，这提高了 NOₓ直接循环使用的效率。

实验是在图 11-10 实验装置中进行的，做 NOₓ吸收排空的实验时，断开 13 和 14 之间的管路，在 14 后面连接上三个洗气罐，采用三级吸收，吸收液为 NaOH 溶液，吸收尾气，防止污染环境。在 NOₓ循环利用和吸收排空两种情况下，从对同一硝酸处理同量尾渣铁浸出率的大小、不同硝酸处理同量尾渣铁浸出率的大小、一定硝酸在 NO$_x$ 循环利用下最多能处理尾渣的量，以及 NO$_x$ 循环利用和吸收排空对溶液中残留硝酸的影响、不同加料方式在 NO$_x$ 循环利用时对溶液中残留硝酸的影响、不同硝酸用量在 NO$_x$ 循环利用时对溶液中残留硝酸的影响等方面研究了 NO$_x$ 循环使用的作用。硝酸残留率是指反应结束后反应液中剩余的硝酸量与反应初始加入的硝酸量的比值。

11.5.1　试验结果与讨论

反应条件：反应物总质量为 2 kg，硝酸质量浓度分数为 15%，硫酸质量浓度分数为 1%，尾渣质量分数为 15%，分 6 次加料，气体流速为 0.5 m^3/h，温度为 75℃，分布板采用布氏漏斗孔径，反应时间为 4.5 h，反应在 NO$_x$ 循环利用和 NO$_x$ 吸收排空两种条件下进行，两种情况对铁的浸出率的影响如图 11-30 所示。

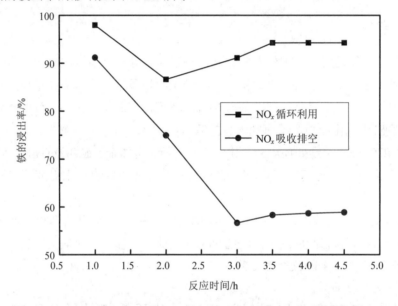

图 11-30　同一硝酸在两种情况下对尾渣氧化率的影响

由图 11-30 可知，NO$_x$ 循环利用效果是比较明显的。在 NO$_x$ 吸收排空的条件下，随着氰化尾渣的加入，铁的浸出率急速下降，到 3 h 尾渣加完后，铁的浸出率维持在 50% 多，可见反应液中硝酸的浓度很低，而在 NO$_x$ 循环利用的条件下，在反应的前 2 h，铁的浸出率下降，而随后浸出率提高，这是由于反应开始阶段，硝酸的初始浓度较高，反应剧烈，生成 NO$_x$ 的速率大于 NO$_x$ 循环生成硝酸的速率，所以反应液中硝酸的浓度下降，降低了铁的浸出率；在 2 h 以后，NO$_x$ 循环生成硝酸的速率大于 NO$_x$ 的生成速率，所以铁的浸出率提高，反应 3.5 h 铁的浸出率达到 95% 以上，反应基本完全。可见 NO$_x$ 循环利用能节约资源，对环境友好。

反应条件：反应物总质量为 2 kg，硫酸质量分数为 1%，尾渣质量分数为 15%，分 6

次加料，反应时间控制在 3.5 h，气体流速为 0.5 m³/h，分布板采用布氏漏斗孔径，反应温度为 75℃，反应在 NO$_x$ 循环利用和 NO$_x$ 吸收排空两种条件下进行，不同硝酸量在这两种情况下对铁的浸出率的影响如图 11-31 所示。

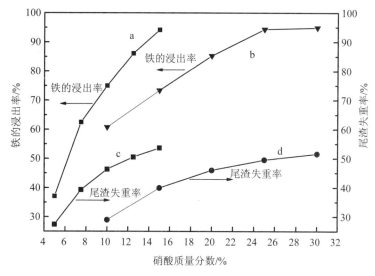

a—NO$_x$循环利用；b—NO$_x$吸收排空；c—NO$_x$循环利用；d—NO$_x$吸收排空

图 11-31　不同硝酸在两种情况下对尾渣氧化率的影响

从图中可以看出，在这两种情况下，铁的浸出率都是随着硝酸量的增加而提高的，尾渣的失重率也随着硝酸量的增加而提高。这说明硝酸量是氧化反应的主要影响因素。在 NO$_x$ 循环利用条件下，当硝酸质量分数达 15%时，铁的浸出率已经达到了 95%左右，尾渣的失重率达到 52%，而当 NO$_x$ 吸收排空时，硝酸质量分数达 20%时，铁的浸出率才 80%多，尾渣的失重率为 45%；当硝酸质量分数达 25%时，铁的浸出率才达到 94%，尾渣的失重率接近 50%，可见 NO$_x$ 直接当吸收排空，处理同量的尾渣需要更多的硝酸。

反应条件：反应物总质量为 2 kg，其中硝酸质量分数为 15%，硫酸质量分数为 1%，尾渣质量为 50 g，气体流速为 0.5 m³/h，分布板采用布氏漏斗孔径，反应温度为 75℃，反应 0.5 h。取样 50 mL，补充加入 50 g 尾渣、50 mL 水，硝酸 10 mL，反应持续进行，铁的浸出率随时间变化如图 11-32 所示：

从图中可知，总体来说，铁的浸出率随时间变化幅度不大，说明溶液中硝酸浓度变化小。但是在反应初始阶段，由于剧烈产生的 NO$_x$ 聚集在气体缓冲罐，使得反应液中硝酸浓度降低，导致铁的转化速率下降，随着时间的进行，当生成 NO$_x$ 的速率和 NO$_x$ 溶解与液体生成硝酸的速率相等时，铁的转化率随时间的累积而提高。当反应继续 5.5 h 后，铁的转化率开始下降，这是由于反应持续进行，吸收塔吸收了 NO$_x$ 导致损失部分硝酸，以及每次进料及缓冲罐冷凝液体回用会逸出部分 NO$_x$ 气体而损失硝酸。补充 10 mL 硝酸是为了弥补取样 50 mL 损失的硝酸量。可见改善进料方式及取出氧化渣而不损失硝酸就能使反应持续得更久，也就能处理更多的尾渣。

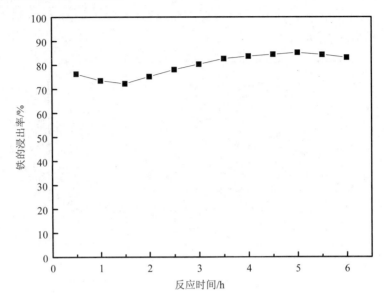

图 11-32　尾渣的氧化率随时间变化图

反应条件：反应物总质量为 2 kg，硝酸质量分数为 15%，硫酸质量分数为 1%，尾渣质量分数为 15%，气体流速为 0.5 m³/h，反应温度为 75℃，反应在 NO$_x$ 循环利用和 NO$_x$ 吸收排空两种条件下进行，两种情况下反应液中硝酸残留率随时间变化如图 11-33 所示。

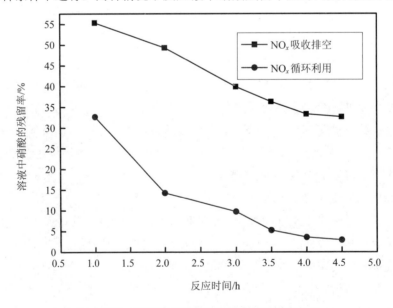

图 11-33　反应液中硝酸的残留率随时间变化图

硝酸唯一来源就是反应开始加入的。图 11-33 表明，在两种情况下，溶液中硝酸的残留率都是随时间而下降的。这是由于反应产生了 NO$_x$，液相硝酸转化为气相 NO$_x$。在反应前 2 h，在 NO$_x$ 吸收排空的情况下，溶液中硝酸浓度急速下降，到 2 h，硝酸只残留 13% 多点，当反应结束时，溶液中残留的硝酸很少，在 3% 以下，基本没有了。而在 NO$_x$ 循环利用的实验中，反应 2 h 时，硝酸还剩余 50% 以上，在反应结束时还剩余 1/3。在反应前 2 h，前者的硝酸下降速度明显高于后者。可见尾气循环利用明显延缓了溶液中硝酸浓度的下降，使得最后溶液中剩余硝酸量多。

　　反应条件：反应总质量为 2 kg，硝酸质量分数为 15%，硫酸质量分数为 1%，气体流速为 0.5 m^3/h，反应温度为 75℃，尾渣质量分数为 15%，实验分两种情况进行：一种每次加尾渣 30 g，一种每次加 50 g，加料间隔时间相同。两种情况下溶液中硝酸的残留率随时间变化如图 11-34 所示。

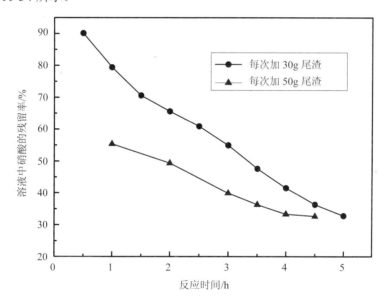

图 11-34　不同加料方式对溶液中硝酸残留率随时间变化

　　在封闭的反应系统中，溶液初始硝酸经过反应，变成一部分在液相中，一部分在气相中。由化学平衡的理论可知，影响化学平衡的因素主要有反应物浓度、反应压强、反应温度。而在这两种实验中，这些因素都相同，只是反应物进料方式不同，影响了达到化学反应平衡所需时间，而不影响反应平衡，也就是在这两种情况下，液相和气相中的氮元素的量是相同的。从图中可以看出，两种情况下，随着尾渣的加入，反应持续进行，液相中的硝酸都是下降的，而且两种情况下，硝酸最后残留率都维持在 1/3 左右，而且每次加尾渣 50 g 都能很快达到化学平衡。这为在较短的时间内处理更多的尾渣提高了理论依据，但是在实验中发现，在短时间内加入更多尾渣，产生的尾气来不及吸收，使反应系统内压力增大，不利于下次加料以及有安全隐患。

11.5.2　NO$_x$在扩大三相流化床中循环催化氧化预处理氰化尾渣

在大量小试循环催化氧化实验的基础上，摸索出了一些反应控制参数，能使反应向需要的方向进行，氰化尾渣的预处理效果和NO$_x$循环利用的效果都比较明显，反应的条件比较温和，实验操作也较简单方便。为了进一步验证循环催化技术的可行性和三相流化床预处理工艺的实用性，也为了能把实验室小试技术转化为工业生产中的工艺，我们进行了扩大实验，为把研究技术转化为工艺积累经验。

实验装置在图 11-10 的基础上各主要部分体积都扩大数十倍。流化床设有主床和副床两个，在主床和副床上下各有一根管道相连，使液体在两床之间循环流动。在缓冲罐和干燥塔之间增加一个冷凝设备，降低循环气体温度，提高NO$_x$的吸收。采用耐硝酸恒流泵加硝酸，并把尾渣配成矿浆用泵进料，采用泵进料不仅能避免小试实验中进料时有NO$_x$逸出，而且提高了操作的方便性、安全性和便于工业化应用。

在扩大三相流化床中预处理氰化尾渣，采用两种不同加料方式，进行了两组实验，其结果见表 11-4 和表 11-5。

表 11-4　三相流化床催化氧化氰化尾渣实验结果（1）

反应时间/h	[NO$_3^-$]/（mol/L）	[总 Fe]/（g/L）	铁的浸出率/%
1	2.94	6.17	47.01
2	2.51	8.44	48.22
3	2.34	10.28	48.72
4	1.77	13.01	54.02
5	1.66	16.09	60.54
6	1.23	16.11	56.21
7	1.26	18.12	65.82
8	0.82	18.14	68.38
9	0.69	18.16	70.82
10	0.62	18.73	75.34
11	0.54	18.09	74.82
12	0.50	18.00	76.35
13	0.50	18.18	78.90
14	0.50	18.26	80.88
15	0.52	18.34	82.77
16	0.55	18.41	84.47

本组实验条件：①先加水 11 L，浓硝酸 5 L，温度为 65℃，氧气流速为 0.3 m³/h；②加尾渣 1 000 g，1 h 后取样，前 6 h 每小时取样 2 L，以后每小时取样 2.2 L，取样后加渣浆 2 L（即渣 500 g，前 5 h；之后 200 g），每次先取样后加渣浆再补充硝酸，前 6 h 每小时补加浓硝酸 500 mL，以后每小时加浓硝酸 200 mL。

表 11-5　三相流化床催化氧化氰化尾渣实验结果（2）

反应时间/h	$[NO_3^-]/(mol/L)$	$[总 Fe]/(g/L)$	铁的浸出率/%
1	2.75	1.42	53.25
2	2.62	2.70	53.57
3	3.15	4.00	58.31
4	3.23	5.21	63.08
5	3.15	7.04	75.05
6	3.71	8.07	78.11
7	3.62	9.14	82.64
8	3.54	10.03	86.11
9	3.54	10.48	86.44
10	3.55	11.21	89.67
11	3.54	11.86	92.69
12	3.55	12.72	97.59

本组实验条件：加水 8 L，浓硝酸 5 L，加 2 L 渣浆（含 200 g 尾渣），温度为 65℃，氧气流速为 0.3 m^3/h，间隔 1 h 取样，取样 3 L，取样后补加 2 L 渣浆（含 200 g 尾渣）、浓硝酸 1 000 mL。

　　从表 11-4 和表 11-5 中可以看出，氰化尾渣中铁的浸出率都是随着时间的增长而提高的。在表 11-4 中，每次补加的硝酸量少，不能弥补缓冲罐冷凝、干燥塔吸收、取样而损失的硝酸，所以随着反应的持续进行，液相中的硝酸浓度逐渐下降，从而使铁的浸出率不高，最后达到 84.47%。在表 11-5 中，增加了每次补加硝酸的量，液相中硝酸浓度也逐渐提高，达到了较好的处理效果，铁的浸出率高达 97.59%。在两种情况下，都是补充了少量的硝酸就能使反应持续进行，减少了硝酸的用量，这证实了 NO_x 循环催化技术的可行性和三相流化床预处理工艺的实用性。

11.5.3　小结

　　1）NO_x 循环使用的作用是明显的。同量硝酸处理一定尾渣，NO_x 循环使用时铁的浸出率达到 95%，而 NO_x 排空时铁的浸出率不到 60%；处理一定量的尾渣，达到同样的处理效果，NO_x 循环使用时需要的硝酸量只有 NO_x 排空的 60% 左右；NO_x 循环使用使得反应液中硝酸含量较高，提高了反应速率。

　　2）在小试和中试两种情况下，实现了只补充入少量的硝酸，能使反应持续进行，预处理效果随时间而提高；大大减少了硝酸的用量，实现了低温常压下 NO_x 循环使用，提高了硝酸的利用效率。

11.6 氰化浸金实验

氰化提金法因其具有工艺成熟、操作简单且氰化废水的处理易达标排放等特点，虽历经百年但仍在黄金工业中具有支配地位。氰化法自 19 世纪中期提出以来，经过改进和完善，形成了炭吸附、解吸电积的氰化新工艺，可以说，工艺自身的不断完善与发展是该法能够统领当今冶金业的一个重要原因。

金是很稳定的金属，溶解标准电位是 0.38V，在一般溶液里性质稳定不被浸取。但是在碱金属氰化物溶液中，它能与氰酸根离子生成稳定的氰金络合物，氰金络合物的稳定常数 K 为 38.30，在氰化反应过程中，被氧化的金能够不断和氰化物形成稳定氰金络合物，从而促使溶金化学反应的进行。氰化物体系可简单地表述为[CN$^-$+O$_2$+OH$^-$]，其浸出特点表现在：①只需大气中的氧而不必外加氧化剂，故操作方便、成本低；②氰化物使用浓度低，一般 1/1 000 左右，有时可低至 3/10 000，这是 CN$^-$ 这种强络合剂所特有的优势；③介质通过 OH$^-$ 调整为碱性，既抑制了伴性组分如氧化铁矿物（这种矿物在氧化矿中占有很大的比重）的溶出，又使浸出设备的防腐和维护十分简单。

11.6.1 实验原理

对氰化物溶液中溶解金的反应机理有多种理论解释，但归纳起来主要有以下六种理论。

（1）埃尔斯纳的氧论

该理论认为，金在氰化物溶液中溶解时，氧是必不可少的，其反应方程式为

$$4Au+8NaCN+O_2+2H_2O \longrightarrow 4NaAu(CN)_2+4NaOH \tag{11-28}$$

（2）杰宁的氢论

该理论不承认氧对氰化物溶解金必不可少的论述，认为反应过程中必然会释放出氢，过程可以用下式表示：

$$2Au+4NaCN+2H_2O \longrightarrow 2NaAu(CN)_2+2NaOH+H_2 \tag{11-29}$$

（3）博得兰德的过氧化氢理论

该理论认为，金在氰化物溶液中的溶解分两步进行，中间生成过氧化氢，并可以从溶液中检测出来：

$$2Au+4NaCN+O_2+2H_2O \longrightarrow 2NaAu(CN)_2+2NaOH+H_2O_2 \tag{11-30}$$

$$H_2O_2+2Au+4NaCN \longrightarrow 2NaAu(CN)_2+2NaOH \tag{11-31}$$

此两反应式相加，其结果和埃尔斯纳方程是相同的。

（4）克里斯蒂的氰理论

该理论认为，对金的溶解而言，释放出氰气必须有氧，且生成的氰是促使金起反应的活化剂。

$$O_2+4NaCN+2H_2O \longrightarrow 2(CN)_2+4NaOH \tag{11-32}$$

$$2Au+2NaCN+(CN)_2 \longrightarrow 2NaAu(CN)_2 \tag{11-33}$$

但后来，斯凯和帕克提出了明确的证据，证实了含氰的水溶液不可能溶解金，否定了克里斯蒂的氰论。

（5）汤姆森的腐蚀论

该理论认为金在氰化物溶液中的溶解类似于金属腐蚀，在该过程中，溶于溶液中的氧气被还原为过氧化氢和羟基离子，所以金氰化浸出过程的电化学反应可表示为

$$O_2+2H_2O+2e \longrightarrow H_2O_2 + 2OH^- \tag{11-34}$$

$$H_2O_2+2e \longrightarrow 2OH^- \tag{11-35}$$

$$Au \longrightarrow Au^+ + e \tag{11-36}$$

$$Au^+ + CN^- \longrightarrow AuCN \tag{11-37}$$

$$AuCN+CN^- \longrightarrow Au(CN)_2^- \tag{11-38}$$

这些反应已被后来的实验所证实。

（6）哈巴什的电化学溶解理论

通过浸出动力学研究指出，氰化物溶液浸出金的动力学实质上是电化学溶解过程，大致遵循下列反应方程式：

$$2Au+4NaCN+O_2+2H_2O \longrightarrow 2NaAu(CN)_2+2NaOH+H_2O_2 \tag{11-39}$$

该结论基于下述事实：

1）每溶解 2 mol 金，便消耗 1 mol 氧；

2）每溶解 1 mol 金，便消耗 2 mol 氰化物；

3）溶解金时形成过氧化氢，每溶解 2 mol 金便产出 1 mol 过氧化氢；

4）实验表明，无氧存在时，金在氰化物与过氧化氢溶液中的溶解是一个缓慢的过程。

$$2Au+4NaCN+H_2O_2 \longrightarrow 2NaAu(CN)_2+2NaOH \tag{11-40}$$

因为以上反应是很少发生的。事实上，当溶液中存在大量过氧化氢时，会将氢离子氧化为对金不起作用的氰根离子而抑制金的溶解：

$$CN^- + H_2O_2 \longrightarrow CNO^- + H_2O \tag{11-41}$$

尽管上述几种金在氰化物中溶解的理论存在差异，但 R.W.朱里等通过收集和测量从金表面扩散出来（不再参与反应）的 H_2O_2 的实验表明：85%的金是按照博得兰德的过氧化氢理论溶解的，只有 15%的金是按照埃尔斯纳的氧理论溶解的，即 O_2 的还原不是直接生成 OH^-，而总是涉及中间产物 H_2O_2 的生成，而生成的 H_2O_2 又能促进 $Au(CN)^{2-}$ 的形成：

$$O_2 + 2H_2O + 2e \longrightarrow H_2O_2 + 2OH^- \tag{11-42}$$

$$2Au + 4CN^- + H_2O_2 \longrightarrow 2Au(CN)_2^- + 2OH^- \tag{11-43}$$

这一反应是通过向溶液中溶解 O_2 来实现的。这个结论通过向溶液中加入少量 H_2O_2 能使金的氰化溶解速度稍微增加，若大量加入 H_2O_2 则会使金粒表面钝化而降低溶解速度得到了有力的证明。

综上所述，在本节中，金氰化溶解的化学反应方程也可以表示为

$$2Au + 4CN^- + O_2 + 2H_2O \longrightarrow 2Au(CN)_2^- + 2OH^- + H_2O \tag{11-44}$$

$$2Au + 4CN^- + H_2O_2 \longrightarrow 2Au(CN)_2^- + 2OH^- \tag{11-45}$$

其综合式为

$$4Au + 8CN^- + O_2 + 2H_2O \longrightarrow 4Au(CN)_2^- + 4OH^- \tag{11-46}$$

11.6.2　制备矿样

采用前面的三相循环流化床技术催化氧化金精矿，得到 5 个不同预处理效果的矿样，见表 11-6。

表 11-6　不同预处理效率的矿样

	原矿	矿样 1	矿样 2	矿样 3	矿样 4	矿样 5
铁转化率/%	0	17.00	35.07	68.03	82.00	98.00
失重率/%	0	11.00	18.70	29.10	40.70	50.7
金品位	47.5	53.2	58.4	67.0	80.1	93.0

11.6.3　浸出试验

11.6.3.1　氰化钠低用量时的浸出试验

试验流程见图 11-35，试验条件：氰化钠用量为 200 g/t，液固比=3：1，浸出时间为 10 h，浸出 pH=9～10。试验结果见表 32。图 11-36 为氰化装置图，图 11-37 为 11-4$^{#}$矿样水洗过滤后的滤液。

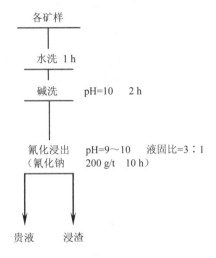

图 11-35　氰化钠低用量时浸出试验流程

图 11-36　浸出装置图

图 11-37   11-4#矿样水洗过滤后清液

表 11-7   氰化钠低用量时浸出试验结果

编号	检测样	产率/%	品位/（g/t）	残留率/%	浸出率/%
原矿	浸渣	95.85	36.2	73.05	26.95
	浸出前试样	100.00	47.5	100.00	0.00
1	浸渣	96.41	31.4	56.90	43.10
	浸出前试样	100.00	53.2	100.00	0.00
2	浸渣	93.34	32.1	51.31	48.69
	浸出前试样	100.00	58.4	100.00	0.00
3	浸渣	94.28	37.5	52.77	47.23
	浸出前试样	100.00	67.0	100.00	0.00
4	浸渣	93.35	49.2	57.34	42.66
	浸出前试样	100.00	80.1	100.00	0.00

从表 11-7 中可以看出，各矿样金浸出率普遍偏低，考虑浸出剂氰化钠用量不够，因此做了氰化钠高用量对金浸出率的影响试验。

11.6.3.2   氰化钠高用量时浸出试验

试验流程见图 11-38，试验条件：氰化钠用量为 3 000 g/t，液固比=3∶1，浸出时间为 10 h，浸出 pH=9～10，试验结果见表 11-8。

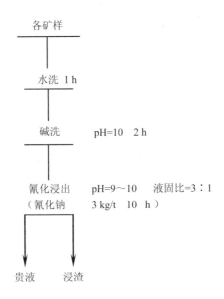

图 11-38　浸出校核试验流程

表 11-8　浸出校核试验结果

编号	名称	产率/%	品位/（g/t）	残留率/%	浸出率/%
原矿	浸渣	96.65	25.4	51.68	48.31
	浸出前试样	100.00	47.5	100.00	0.00
1	浸渣	95.51	27.1	48.65	51.35
	浸出前试样	100.00	53.2	100.00	0.00
2	浸渣	93.84	19.2	30.85	69.15
	浸出前试样	100.00	58.4	100.00	0.00
3	浸渣	93.18	17.1	23.78	76.22
	浸出前试样	100.00	67.0	100.00	0.00
4	浸渣	94.24	25.4	29.88	70.12
	浸出前试样	100.00	80.1	100.00	0.00

　　从表 11-8 中可以看出，原矿直接浸出，浸出率偏低，只有 48.31%，3$^{\#}$矿样浸出率最好，可达到 76.22%。

　　没有 100%的浸出率，说明还有部分单质金被脉石或氧化不完全的矿物包裹。为此，我们进行了矿样解离度分析。图 11-39 和图 11-40 分别为原矿和最佳反应条件下得到的渣中不同颗粒的解离度分析图。由图 11-41 可以看出该矿种的复杂性。图 11-40 代表铁脱除率达到 82%时尾渣的物相组成。明显可以看出，部分黄铁矿和砷铁矿没有被脱除，且它们少部分被脉石包裹，难以脱除，影响了金的提取。从表 11-8 也同样可以看出，铁的转化率越高，金的浸取率就越高。

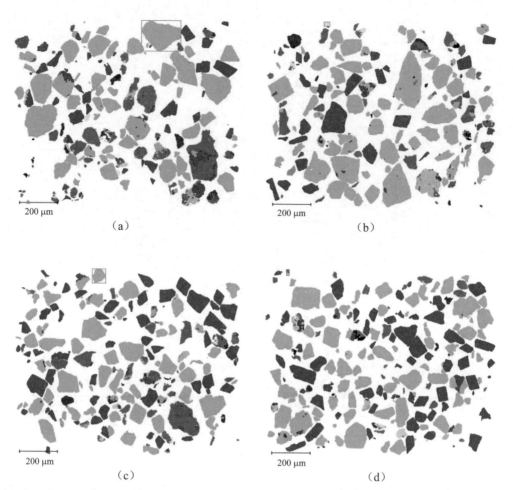

（a）

（b）

（c）

（d）

浅绿色—黄铁矿；蓝色—砷黄铁矿；深绿色—石英；浅蓝色—白云母；紫红色—黑云母；灰色—钙长石

图 11-39　原矿中不同颗粒的解离度分析图

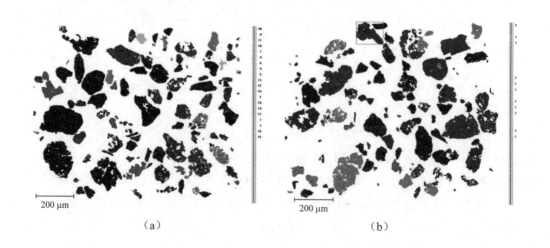

（a）

（b）

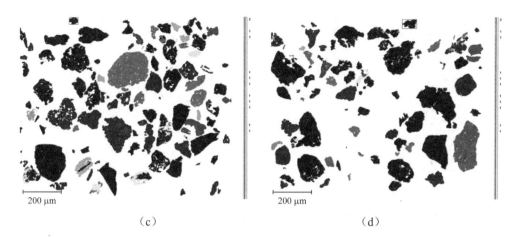

（c）　　　　　　　　　　　　　　　　（d）

紫红色—石英；蓝色—白云母；浅蓝色—辉石；浅绿色—黄铁矿；

绿色—黑云母；浅绿色—砷黄铁矿；黄色—绿泥石

图 11-40　最佳反应条件下得到的渣中的不同颗粒的解离度分析图

针对上述氰化试验时间短和铁的脱除率低的问题（仅仅 10 h），课题组延长氰化时间至 24 h，矿样铁的去除率高达 100%，并在同样条件下对一种氰化尾渣和金精矿进行了预处理和氰化试验，结果表明金的浸出率分别达到了 93%和 99%。

11.6.3.3　小结

依据氰化提金理论，进行了三相循环流化床中催化氧化高硫高砷金精矿实验，得出了 5 个不同预处理效果的矿样，对原矿和 5 个矿样的氰化提金效率做了比较，证明三相循环流化床催化氧化技术确实提高了金的浸出率，提高大约 1 倍。

11.7　流化床装置与改造

主要进行了以下几个方面的改造：

（1）测试系统改造

由溶解氧仪、硝酸根离子测试仪、电导率仪和压力传感器、数据采集卡组成，可以用于测试流化床基本参数，测试了大部分数据，数据正在处理。

（2）固液分离系统

固液分离系统如图 11-41 所示，经过气液搅拌和重力作用，将反应完全预处理氧化渣与未反应的黄铁矿分离。

图 11-41   流化床反应器

（3）尾气回收或再生系统

尾气回收或再生系统见图 11-42，由喷淋塔、液体槽、风机和回液泵等组成。

图 11-42   尾气回收系统

第 12 章　高铁催化剂催化氧化高硫高砷金精矿

在高铁催化剂存在条件下，为突出臭氧的氧化优势，进行了 3 组对比试验：直接用高铁氧化；用高铁和氧气氧化；用高铁和臭氧同时进行氧化。

12.1　高铁催化氧化实验研究

高硫高砷矿矿样取自某黄金冶炼厂，矿样磨碎至 50～300 目。

12.1.1　实验步骤[48,49]

称取定量的矿样和高铁，放入三颈反应瓶中，加入 250 mL 的水和 20 mL 的浓硫酸，再将反应瓶放在可控温磁力搅拌器上，设定相应温度及转速，并将臭氧发生器的出气管与反应瓶相连。开启制氧机和臭氧发生器。反应定量时间结束后，将反应液固液分离，分别测定硫与铁的含量。表 12-1 为实验用因素水平设计表，图 12-1 为实验装置示意图。

表 12-1　因素水平表

水平	（A）温度/℃	（B）时间/h	（C）液固比	（D）FeCl$_3$ 质量浓度/（g/L）
1	80	8	6∶1	140
2	90	12	8∶1	105
3	100	16	10∶1	70

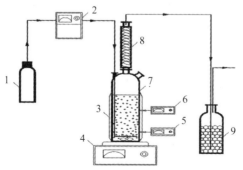

1—氧气瓶；2—臭氧发生器；3—加热套；4—磁力搅拌器；5—温度监控器；
6—pH 监控器；7—反应釜；8—蛇形回流冷凝管；9—干燥瓶

图 12-1　实验装置示意图

12.1.2　结果与讨论

采用高铁或氧气高铁混合氧化剂来氧化高硫高砷金精矿,实验结果分别如表 12-2 和表 12-3 所示。各个因素对失重率影响的程度对比如图 12-2 至图 12-5 所示。

表 12-2　高铁氧化结果

试验号	（A）	（B）	（C）	（D）	尾渣失重率/%
1	1	1	1	1	17.8
2	1	2	2	2	20.5
3	1	3	3	3	16.1
4	2	1	2	3	22.5
5	2	2	3	1	17.4
6	2	3	1	2	22.9
7	3	1	3	2	27.2
8	3	2	1	3	21.9
9	3	3	2	1	31.0
K_{1j}	18.1	22.5	20.9	22.1	
K_{2j}	20.9	19.9	24.7	23.5	
K_{3j}	26.7	23.3	20.2	20.2	
R_j	25.7	10.2	13.3	10.1	

表 12-3　（氧气＋高铁）氧化结果

试验号	（A）	（B）	（C）	（D）	尾渣失重率/%
1	1	1	1	1	21.4
2	1	2	2	2	23.7
3	1	3	3	3	24.3
4	2	1	2	3	25.2
5	2	2	3	1	22.9
6	2	3	1	2	26.4
7	3	1	3	2	30.5
8	3	2	1	3	24.7
9	3	3	2	1	31.9
K_{1j}	23.1	25.7	24.2	25.4	
K_{2j}	24.8	23.8	26.9	26.9	
K_{3j}	29.0	27.5	25.9	24.7	
R_j	17.7	11.3	8.3	6.4	

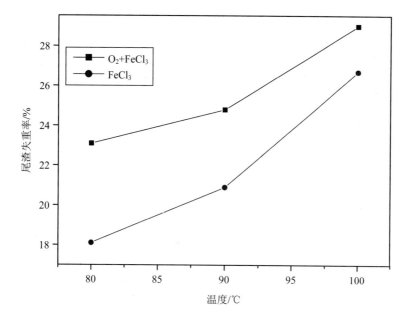

图 12-2　温度对矿物失重率的影响

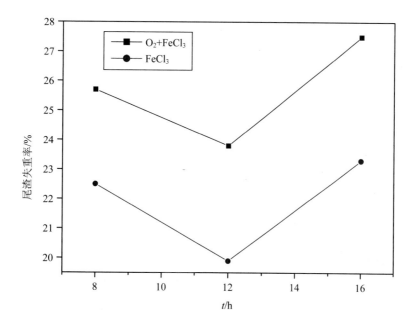

图 12-3　时间对矿物失重率的影响

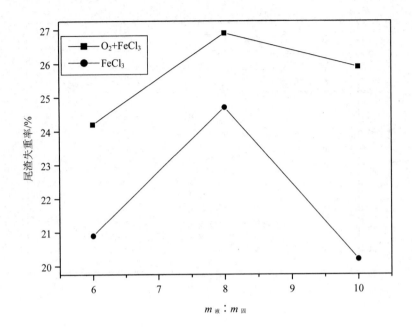

图 12-4　液固比对矿物失重率的影响

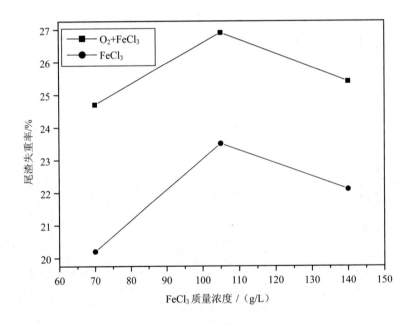

图 12-5　FeCl₃浓度对矿物失重率的影响

　　由以上结果可以看出，在高铁作氧化剂的情况下，因素的影响程度大小依次是：温度＞液固比＞时间＞高铁浓度，最佳组合为温度为 100℃、液固比为 8∶1、反应时间 16 h、高铁质量浓度 105 g/L。在高铁和氧气作氧化剂的情况下，因素的影响程度大小依次是：

温度＞时间＞液固比＞高铁质量浓度，最佳组合为温度为 100℃、液固比为 10∶1、反应时间为 8 h、高铁质量浓度为 105 g/L。

12.2　臭氧高铁氧化高硫高砷金精矿

12.2.1　试验方法[50, 51]

在特制的反应釜（图 12-1）中加入一定量的经研磨后的金精矿、去离子水和助氧化剂 $FeCl_3$，并加入一定的浓硫酸，控制 pH 在 1.0 左右，配制成难选金矿石的浆液，向浆液中通入臭氧，以 800 r/min 的速度不断搅拌，控制温度。反应一段时间后降温过滤得到残渣，干燥，残渣中的单质硫用二硫化碳浸取，再次进行过滤并干燥称重，最后对残渣进行常规氰化浸出。

通过臭氧氧化作用，浸出铁和硫分解黄铁矿，使被包裹的金暴露出来，以便浸金时金能和浸金剂直接接触。铁和硫的浸出率越高，说明黄铁矿分解得越彻底，金暴露得越充分，臭氧氧化预处理效果也越好。分别按 GB/T 7739.7—2007，GB/T 7739.8—2007 测定氧化矿渣中铁和硫的含量，最后按下式计算得出铁和硫的浸出率：

$$\eta = \frac{m_1 w_1 - m_2 w_2}{m_1 w_1} \tag{12-1}$$

式中：　m_1 —— 反应前矿样的质量，g；

　　　　m_2 —— 反应后矿样的质量，g；

　　　　w_1 —— 反应前矿样中的铁或硫的质量分数，%；

　　　　w_2 —— 反应后矿样中的铁或硫的质量分数，%；

　　　　η —— 浸出率，%。

12.2.2　实验原理

臭氧的氧化还原电势大约是 2.07V，其氧化还原电位仅次于氟（2.5V），化合键能量为 47 kcal/mol[①]。由于大多数分子的化合键能量为 25～35 kcal/mol，臭氧足以打开多数分子的化合键，它的强氧化能力能氧化各种金属、硫化物和砷的化合物，铁元素能够起到催化作用和促进氧气和臭氧在水中溶解和转化作用，同时 $FeCl_3$ 为强氧化剂，$E^\ominus$（Fe^{3+}/Fe^{2+}）为 0.77V，高于除 Ag_2S 以外其余 MeS 的 $E^\ominus$值，$FeCl_3$ 可以将黄铁矿氧化，打破包裹金的硫化物：

$$FeS_2 + 2FeCl_3 \longrightarrow 3FeCl_2 + 2S \tag{12-2}$$

在 $FeCl_3$ 溶液氧化黄铁矿过程中，Fe^{3+} 还原为 Fe^{2+}；精矿中铁以 Fe^{2+} 形式进入浸出液。在有酸和 O_3 存在的条件下，采用臭氧催化氧化，可将 $FeCl_2$ 再生为 $FeCl_3$，在反应体系内

---

① 1 kcal/mol=4.186 8 kJ/mol。

部实现 $FeCl_3$ 的再生循环。

$$O_3 + H_2O \longrightarrow O_2 + 2HO\cdot \qquad （12-3）$$

$$2Fe^{2+} + 4H^+ + O_2 \longrightarrow 2Fe^{3+} + 2H_2O \qquad （12-4）$$

12.2.3 实验结果与讨论

12.2.3.1 实验参数选择

实验以臭氧+高铁氧化高硫高砷金精矿作为条件，表 12-4 为摸索实验及其结果。

表 12-4 （臭氧＋高铁）氧化结果

试验号	温度/℃	时间/h	液固比	高铁/（g/L）	矿样/g	矿渣/g	尾渣失重率/%
1	93	9	50∶7	140	35	23.33	33.3
2	90	9	20∶1	65	10	6.97	30.3
3	98	9	8∶1	105	30	17.5	41.7
4	100	16	6∶1	140	42	15.54	63.0

注：试验所用溶液为 200 mL 的水和 5 mL 的浓硫酸。

从表 12-4 可以看出，处理温度高、反应时间长和固液比低有利于金精矿的氧化和预处理。

12.2.3.2 臭氧通气量对臭氧预处理的影响

在液固比为 1∶8、$FeCl_3\cdot6H_2O$ 用量为 420 g/L、反应温度为 100℃、反应时间为 16 h 时，臭氧的通气量对矿样臭氧预处理效果见图 12-6。

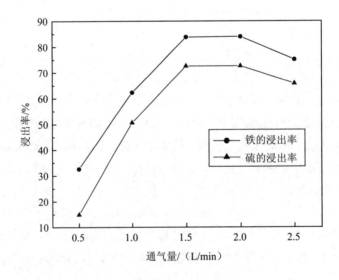

图 12-6 臭氧通气量对浸出率的影响

图 12-6 表明，过低或过高的臭氧通气量对铁和硫的浸出率都不利。当臭氧通气量由 0.5 L/min 增大到 1.5 L/min，铁和硫的浸出率显著升高；当增大通气量至 2.0 L/min 时，浸出率增加较小；继续增大通气量至 2.5 L/min，铁和硫的浸出率反而减小。这是因为增大通气量可促使臭氧在矿浆中溶解量不断升高，有利于反应的正方向进行，但通气量过大会使臭氧和水接触的时间减少，活性氧在水中浓度降低，且使得水蒸气来不及冷凝而流失。从图 12-6 看出，对于本实验矿样，适宜的通气量为 1.5～2.0 L/min。

12.2.3.3　液固比对臭氧预处理的影响

在臭氧通气量为 1.8 L/min、FeCl$_3$·6H$_2$O 用量为 420 g/L、反应温度为 100℃、反应时间为 16 h 时，液固比对矿样臭氧预处理效果见图 12-7。

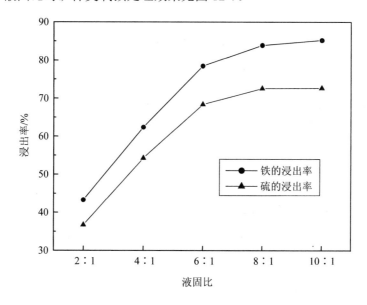

图 12-7　液固比对浸出率的影响

图 12-7 表明：当液固比由 2∶1 升高到 8∶1 时，铁和硫的浸出率也不断增大，继续增大液固比至 10∶1 时，铁和硫的浸出率变化较小。这是由于液固比越大，矿浆浓度越低，臭氧在液相中的传质阻力越小，气体与矿样细粒的接触更充分，浸出效果就越好。综合考虑过低的矿浆浓度于经济性不利，矿浆浓度应选定为 1∶8。

12.2.3.4　反应温度对臭氧预处理的影响

当液固比为 1∶8、臭氧通气量为 1.8 L/min、FeCl$_3$·6H$_2$O 用量为 420 g/L、反应时间为 16 h 时，液固比对矿样臭氧预处理效果见图 12-8。

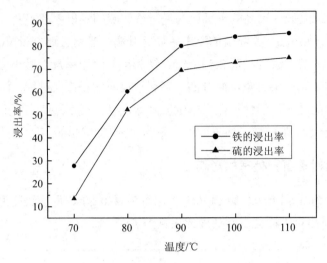

图 12-8   反应温度对浸出率的影响

由图 12-8 可知，温度对铁和硫的浸出率有明显的影响，随着氧化温度的提高，铁和硫浸出率几乎呈线性递增的关系。可见升高温度有利于硫的浸出。但在常压和该实验条件下，当反应温度升高到 100℃时，铁的浸出率达到 83.96%，硫的浸出率已达到 72.56%，继续升高温度硫的浸出率提高较小。为了避免大量的能量消耗，并且尽可能地减少成本，合适的反应温度为 100℃。

12.2.3.5   反应时间对臭氧预处理的影响

当液固比为 1:8、臭氧通气量为 1.8 L/min、$FeCl_3 \cdot 6H_2O$ 用量为 420 g/L、反应温度为 100℃时，反应时间对矿样臭氧预处理效果见图 12-9。

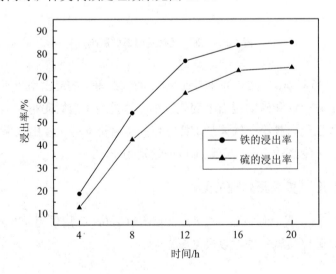

图 12-9   反应时间对浸出率的影响

图 12-9 表明，随着反应时间的增加，铁和硫浸出率也随着递增。在 4～12 h 时，反应浸出率增加较快，当反应进行到 12～16 h 时，反应浸出率增加较慢。而当反应进行到 16 h 时，再延长反应时间，浸出率增加幅度较小。可见在该实验条件下，若综合考虑，反应时间宜控制在 16 h。

12.2.3.6　FeCl$_3$·6H$_2$O 用量对臭氧预处理的影响

当液固比为 1∶8、臭氧通气量为 1.8 L/min、反应温度为 100℃、反应时间为 16 h 时，FeCl$_3$·6H$_2$O 用量对矿样臭氧预处理效果见图 12-10。

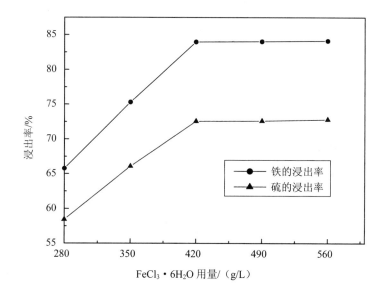

图 12-10　FeCl$_3$·6H$_2$O 用量对浸出率的影响

图 12-10 表明，当 FeCl$_3$·6H$_2$O 用量从 280 g/L 上升到 420 g/L 时，铁和硫的浸出率显著升高，当 FeCl$_3$·6H$_2$O 用量达到 420 g/L，再增加 FeCl$_3$·6H$_2$O 的用量，铁和硫的浸出率增加幅度较小。综合考虑，FeCl$_3$·6H$_2$O 用量宜为 420 g/L。

12.3　臭氧与硫酸亚铁共催化氧化金精矿

12.3.1　材料与方法

本实验中所用的矿样取自河南省灵宝市的金精矿。用 X 射线荧光做的元素分析表明，矿样含黄铁矿含量为 24%，毒砂含量为 17%，石英含量为 17%，二氧化钛含量为 2%，白云母含量为 37%。

在实验的各个步骤中使用分析纯级的化学试剂和去离子水。

12.3.2　分析方法

矿样中的铁含量按照《金精矿化学分析方法　第 7 部分：铁量的测定》（GB/T 7739.7 —2007）由滴定方法测定，结果为两次测定的平均值。

矿样中的硫含量按照《金精矿化学分析方法　第 8 部分：硫量的测定》（GB/T 7739.8 —2007）由重量方法测定，结果为两次测定的平均值。

12.3.3　装置

实验装置见图 12-1。在恒温油浴中放置三口反应瓶，并在反应瓶中放置磁力搅拌子、回流冷凝管、数显温度计及通气管，测温精度为；向反应瓶中加入一定浓度的硫酸铁溶液，待溶液达到设定温度之后，按表所示，加入定量的金精矿，并持续通入一定浓度的臭氧气体；反应完成后，定量分析氧化渣中的铁含量。

12.3.4　黄铁矿和毒砂的氧化机理

对于典型的金银难选冶矿，贵金属包裹于硫化物中，在氰化前需要氧化预处理才能提高金银的氰化率。本研究的目的就是改变黄铁矿和毒砂的基体，使贵金属可被氰化物浸提。黄铁矿和毒砂的氧化机理可由下列方程表示：

$$FeS_2（s）+ 7/2O_2 + H_2O \longrightarrow Fe^{2+} + 2SO_4^{2-} + 16H^+ \tag{12-5}$$

$$FeS_2 + 2Fe^{3+} \longrightarrow 3Fe^{2+} + 2S^0 \tag{12-6}$$

$$FeS_2（s）+14Fe^{3+} +8H_2O \longrightarrow Fe^{2+} + 2SO_4^{2-} + 16H^+ \tag{12-7}$$

$$FeAsS + 13Fe^{3+} + 8 H_2O \longrightarrow 14Fe^{2+} + 13 H^+ + H_3AsO_4 + SO_4^{2-} \tag{12-8}$$

$$FeAsS + 7Fe^{3+} + 4 H_2O \longrightarrow 8Fe^{2+} + 5H^+ + H_3AsO_4 + S^0 \tag{12-9}$$

$$FeAsS + 2Fe^{3+} \longrightarrow 3Fe^{2+} + 2S^0 \tag{12-10}$$

$$FeAsS + 5 Fe^{3+} \longrightarrow S^0 + As^{3+} + 6 Fe^{2+} \tag{12-11}$$

$$Fe^{3+}（aq）+ H_3AsO_4（aq）+2H_2O \longrightarrow FeAsO_4·2H_2O（s）+ 3H^+（aq） \tag{12-12}$$

$$2Fe^{2+} + 1/2 O_2 + 2H^+ \longrightarrow 2Fe^{3+} + H_2O \tag{12-13}$$

$$2S^0 + 3 O_2 + 2H_2O \longrightarrow 2H_2SO_4 \tag{12-14}$$

$$FeAsS + 7/2O_2 + H_2O+ H^+ \longrightarrow Fe^{3+} + SO_4^{2-} + H_3AsO_4 \tag{12-15}$$

$$2FeAsS + 4O_2 + 6H^+ \longrightarrow 2Fe^{3+} + 2S + 2H_3AsO_4 \tag{12-16}$$

$$FeAsS + 4O_3 +3 H^+ \longrightarrow Fe^{3+} + S + H_3AsO_4 +4O_2 \tag{12-17}$$

$$FeAsS + 7O_3 + H^+ + H_2O \longrightarrow Fe^{3+} + H_3AsO_4 + 7O_2+ SO_4^{2-} \tag{12-18}$$

12.3.5　$L_9（4^3）$正交设计试验中各因素对铁的氧化率的影响

以上这些方程表明了氧气、臭氧、Fe^{3+}都能氧化黄铁矿和毒砂。大量的研究证明了难选冶金矿中金的氰化浸出率与硫化物的脱除直接相关，金的提取率随着硫化物氧化程度的提高而增加。

　　为探索难选冶金矿预处理的最佳条件，研究了各个因素对试验结果的影响。根据经验，选择反应温度、硫酸铁的质量浓度、反应时间、固液比作为研究的四因素。正交试验用来研究反应温度、硫酸铁的质量浓度、反应时间、固液比对铁的氧化率的影响。因素水平见表 12-5，L$_9$（4^3）正交实验结果见表 12-6。

表 12-5　因素水平表

水平	温度/℃	时间/h	液固比	硫酸铁质量浓度/（g/L）
1	80	8	6∶1	140
2	90	12	8∶1	105
3	100	16	10∶1	70

表 12-6　L$_9$（4^3）正交设计实验结果

实验号	温度 T	时间 t	固液比 R'	硫酸铁质量浓度 M	铁的浸出率/%
1	1	1	1	1	47.84
2	1	2	2	2	60.81
3	1	3	3	3	54.38
4	2	1	2	3	62.04
5	2	2	3	1	54.81
6	2	3	1	2	63.96
7	3	1	3	2	67.79
8	3	2	1	3	64.92
9	3	3	2	1	77.24
K_1	163.02	177.66	176.73	179.88	
K_2	180.81	180.54	200.1	192.57	
K_3	209.94	195.57	176.97	181.35	
$K_{1/3}$	54.34	59.22	58.91	59.96	
$K_{2/3}$	60.27	60.18	66.70	64.19	
$K_{3/3}$	69.98	65.19	58.99	60.45	
R	15.64	5.97	7.79	4.23	

　　K_1 代表水平 1 的铁的总氧化率。K_2 代表水平 2 的铁的总氧化率，K_3 代表水平 3 的铁的总氧化率，R 代表极差。方差分析的结果列于表 12-7 中。表 12-6 和表 12-7 说明了影响最显著因素是反应温度，由于该正交表没有误差列，因此最显著因素可用均方差来比较。在所选的试验范围内，硫酸铁的质量浓度、时间、液固比对铁的氧化率都没有显著影响，最佳的试验因素是 $T_3 t_3 R_2 M_1$。

表 12-7   方差分析结果

	$\sum S^2$	自由度	均方差
T	374.08	2	187.04
t	61.69	2	30.84
C	120.03	2	60.02
R	32.06	2	16.03

12.3.5.1   单因素试验

根据正交试验结果，反应温度比其他因素对铁的氧化率有更大的影响。但是，在常压下不可能使反应温度高于硫酸铁溶液的沸点。于是，反应温度、搅拌速度、液固比及臭氧浓度对铁氧化率的影响需进一步用单因素试验来研究。在单因素试验中，反应时间为 8 h，反应溶液为 0.7 mol/L 的硫酸铁溶液。

12.3.5.2   搅拌速度的影响

图 12-11 列出了搅拌速度对金矿中铁的氧化率的影响。结果表明在 860～1 300 r/min 时，铁的氧化率是与转速无关的。这表明了在这种转速下，矿粒完全悬浮。因此在对其他因素影响的试验中搅拌速度设定为 860 r/min。

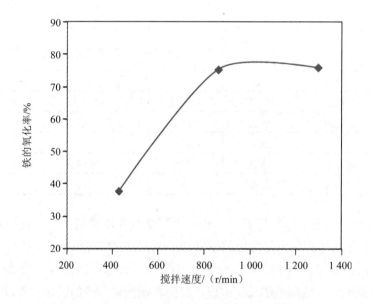

图 12-11   搅拌速度对金矿中铁的氧化率的影响

12.3.5.3　臭氧浓度的影响

在使用气体的过程中，气体流速是重要的参数。气体通过多孔喷嘴喷射入反应瓶中，多孔喷嘴使得产生的气泡均一。为研究臭氧含量对铁氧化率的影响，在 100℃和 8 h 的反应条件下，用不同的氧气流速进行试验。气体中的臭氧含量由进入臭氧发生器中的氧气气速决定。在本试验中，臭氧的量为 5.4～9.9 g/h，也就是（66～330）×10⁻⁶。当臭氧含量低于 54×10⁻⁶ 时，铁的氧化率随臭氧的含量增加而增加。但是当臭氧的含量大于 $5.4×10^{-5}$，氧化过程迅速下降。

在多数情况下，当气体流速增加时，溶解会加快，质量传递会增加，但当到达一定阶段后，传递效率开始下降。由于气液接触面的增大而使溶解速度加快。当氧气的流速过快，臭氧的浓度会变低，臭氧从气相到液相的传递会减少。因此，铁的氧化率会突然降低。试验结果表明当氧气流速为 2 L/min（臭氧含量是 54×10⁻⁶），臭氧从气相到液相的传递效率是最高的。对于以下试验均使用臭氧最佳值 2 L/min。

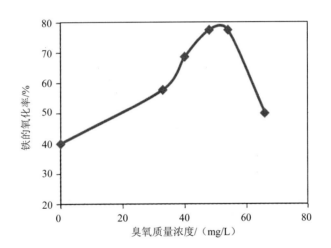

图 12-12　臭氧质量浓度对铁的氧化率的影响

12.3.5.4　液固比的影响

由图 12-13 可以看出，铁的氧化率随着液固比的减少而增加。

12.3.5.5　温度的影响

图 12-14 表明了不同温度下铁的氧化率。铁的氧化率随着温度的升高而增加。如前所述，温度对氧化率的影响最大。

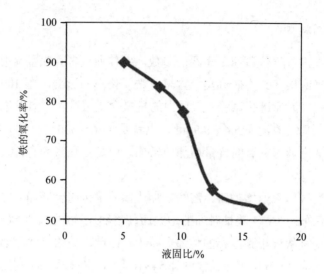

图 12-13   液固比对铁的氧化率的影响

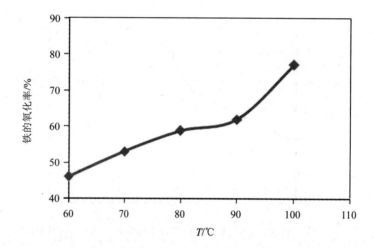

图 12-14   温度对铁的氧化率的影响

第13章 Fenton试剂催化氧化高硫高砷金精矿基础研究

我国有丰富的微细粒浸染型高硫高砷难处理金矿资源,采用常规氰化法处理这类金矿资源无法达到满意的浸金率,主要是因为这些金矿石中的金细粒包裹于毒砂和黄铁矿等载金矿物中,阻止了金粒与浸金试剂的有效接触,妨碍了金的浸出。因此,在氰化浸金之前必须对此类矿物进行适当的预处理,以达到理想的金浸出率。由于对环境要求的日益提高,以焙烧法为代表的高硫高砷难选金精矿的预处理方法受到了限制,开发对环境友好的预处理方法成了金精矿预处理的主要研究方向。本试验采用了对环境几乎无污染、被视为"最清洁"的 Fenton 试剂作为氧化剂,在酸性条件下对河南某黄金冶炼厂的高硫高砷金精矿进行预处理试验研究。

13.1 试验

13.1.1 试验样品和装置[52]

表 13-1 列出了 XRF（X 射线荧光）金精矿的元素分析结果。

将试验矿样粉碎并磨细制成粒度为 100～200 目的试验矿样,烘干后置于干燥器中存放。本试验采用 500 mL 的三颈瓶作为金精矿氧化预处理的反应器,采用磁力加热搅拌器实现反应过程的恒温和搅拌。

表 13-1 金精矿的 XRF 法多元素分析

元素	Au	Ag	Fe	As	S	Si	Ca
含量	48.03 g/t	8.46 g/t	14.3%	7.54%	4.44%	8.42%	2.29%

13.1.2 试验与测试方法

本试验主要研究了氧化剂（过氧化氢）的浓度、酸液（硫酸）的浓度和温度对金精矿氧化预处理效果的影响。将矿样、水和酸液的混合液置于 500 mL 的三颈瓶中,加热到指定温度,加入过氧化氢氧化剂开始浸出,按规定时间中止反应,测定浸出液中的铁离子含量,以尾渣失重率和矿样中铁元素的浸出率作为预处理效果的评价指标。溶液中铁元素的分析采用 EDTA 滴定法，失重率 R_w 和铁的浸出率 R_f 分别采用式（13-1）和式（13-2）计算：

$$R_w = \frac{经预氧化处理过的矿样重量}{试验原有的矿样重量} \times 100\% \qquad (13\text{-}1)$$

$$R_f = \frac{浸出到溶液中的铁元素重量}{矿样中原有的铁元素重量} \times 100\% \qquad (13\text{-}2)$$

试验表明，当搅拌速度为 100 r/min 时，反应器中溶液被充分搅拌，矿样颗粒处于悬浮状态。搅拌速度大于 100 r/min 时，铁元素的浸出率随搅拌速度变化甚小，以下试验中搅拌速度均采用 100 r/min。

13.2 反应机理探讨

过氧化氢作为湿法冶金的一种氧化剂，它的主要优点是无污染，其还原产物是水，不会对环境造成二次污染，在 pH 低于 10 时的氧化作用为

$$H_2O_2 + 2H^+ + 2e^- = 2H_2O \qquad E^\ominus = 1.776V \qquad (13\text{-}3)$$

鉴于过氧化氢在酸性条件下的强氧化性，从理论上可以氧化所有的硫化物矿，理论氧化反应方程式为

$$2FeS_2 + 15H_2O_2 \longrightarrow 2Fe^{3+} + 2H^+ + 4SO_4^{2-} + 14H_2O \qquad (13\text{-}4)$$

$$2FeS_2 + 3H_2O_2 + 6H^+ \longrightarrow 2Fe^{3+} + S^0 + 6H_2O \qquad (13\text{-}5)$$

$$2FeAsS + 12H_2O_2 + 8H^+ \longrightarrow 2As^{3+} + 2Fe^{3+} + 16H_2O + 2SO_4^{2-} \qquad (13\text{-}6)$$

$$FeAsS + 3H_2O_2 + 6H^+ \longrightarrow As^{3+} + Fe^{3+} + S^0 + 6H_2O \qquad (13\text{-}7)$$

由于硫酸的初始浓度对氧化预处理的效果影响明显，因此可以推断硫酸可以释放金精矿中的部分铁元素到反应液中，从而引发了经典的 Fenton 反应：

$$Fe^{2+} + H_2O_2 \longrightarrow Fe^{3+} + OH\bullet + OH^- \qquad (13\text{-}8)$$

$$Fe^{2+} + OH\bullet \longrightarrow Fe^{3+} + OH^- \qquad (13\text{-}9)$$

羟基自由基（OH·）与过氧化氢相比具有更强的氧化还原电位：

$$OH\bullet + H^+ + e^- \longrightarrow H_2O \qquad E^\ominus = 2.80V \qquad (13\text{-}10)$$

因此，Fenton 试剂氧化预处理高硫高砷难选金精矿的原理为：在过氧化氢剂和羟基自由基的联合作用下，氧化分解包裹金精矿的硫化物矿（黄铁矿、毒砂），金属元素被浸出到氧化液中，而硫元素部分被氧化为 SO_4^{2-} 和单质硫。生成单质硫可经过四氯化碳洗涤氧

化渣后重量减少得到验证。

13.3　试验结果与讨论

13.3.1　氧化条件对氧化效果的影响

选择影响金精矿预氧化浸出的 4 个因素：矿浆浓度、过氧化氢浓度、氧化温度、氧化时间，设定三个水平，进行四因素三水平的预氧化条件正交试验。为了防止溶液中已浸出的铁离子发生再沉淀反应，试验在酸性条件下进行，控制反应液的 pH 在 1 以下，反应液中硫酸的初始浓度为 0.3 mol/L。正交试验结果见表 13-2 及图 13-1 至图 13-4。

表 13-2　正交试验表及分析结果

试验号	矿浆质量浓度/（g/L）	过氧化氢浓度/（mol/L）	温度/K	时间/min	铁的浸出率/%	失重率/%
1	20	4	303	60	90.54	50.52
2	20	6	313	120	99.08	53.07
3	20	8	323	180	99.58	53.74
4	40	4	313	180	73.74	42.88
5	40	6	323	60	79.12	45.47
6	40	8	303	120	90.63	48.33
7	80	4	323	120	45.21	24.68
8	80	6	303	180	59.02	36.06
9	80	8	313	60	65.37	36.61
K_1	289.20	209.49	240.189	235.03		
K_2	243.49	237.22	238.19	234.92		
K_3	169.66	255.56	223.91	232.34		
均值 1	96.400	69.830	80.063	78.343		
均值 2	81.163	79.073	79.397	78.307		
均值 3	56.533	85.193	74.637	77.447		
极差	39.867	15.363	5.426	0.896		

正交试验结果表明：在选定的试验水平范围内，对金精矿氧化预处理效果影响较大的因素依次是矿浆浓度＞过氧化氢浓度＞温度＞时间。从图 13-1 到图 13-4 可以看出，在矿浆质量浓度为 20 g/L 时，Fenton 试剂对金精矿预处理容易达到比较好的浸出效果，在温度 313K，过氧化氢浓度为 6 mol/L 时，金精矿中铁的浸出率为 99.08%，而过氧化氢浓度为 8 mol/L 时，矿样中的铁元素几乎全部浸出，达到 99.58%。因此对于比较低的矿浆浓度，采用 Fenton 试剂在酸性条件下氧化难选金精矿可以达到比较好的预处理效果。而在矿浆质量浓度为 80 g/L 时，正交试验中铁的浸出率均比较低，在过氧化氢浓度为 8 mol/L 时，铁

的浸出率也只达到 65.37%。而在矿浆质量浓度为 40 g/L 时，正交试验中铁的浸出率变化比较大，因此可以通过控制试验条件，达到高硫高砷金精矿比较好的预处理效果。以下试验中矿浆质量浓度均为 40 g/L。

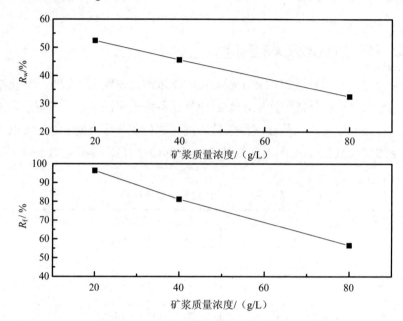

图 13-1　正交试验中矿浆质量浓度对氧化预处理效果的影响

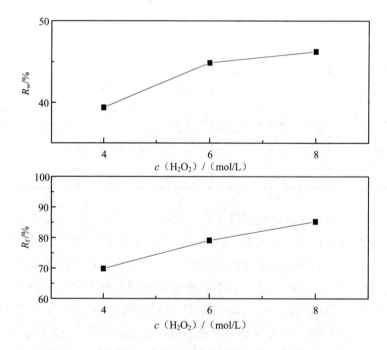

图 13-2　正交试验中过氧化氢浓度对氧化预处理效果的影响

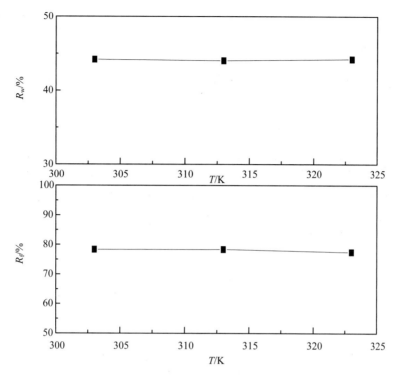

图 13-3　正交试验中温度对氧化预处理效果的影响

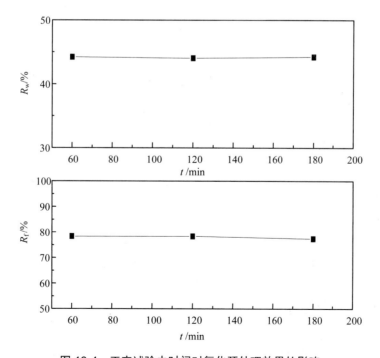

图 13-4　正交试验中时间对氧化预处理效果的影响

由图 13-1 可以看出，在反应时间达到 60 min 时，预处理氧化反应已经全部完成，因此在以下的试验中，氧化时间均为 60 min。

在温度对氧化预处理效果的影响方面，通过图 13-4 可以看出，在 303K 和 313K 的情况下，氧化预处理的效果几乎是相同的，而在温度达到 323K 时，氧化预处理效果明显变差，可见温度的升高并不会提高预处理的效果，所以在以下的试验中，均采用 313K 的反应温度。

13.3.2 过氧化氢浓度对预处理效果的影响

根据正交试验的结果，进一步做了单因素过氧化氢初始浓度对预处理效果的影响试验，试验中硫酸初始浓度为 0.3 mol/L。试验结果见图 13-5 和图 13-6。

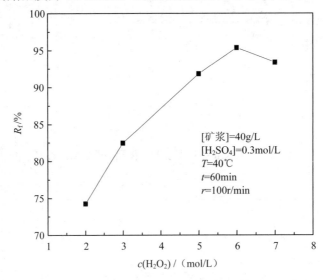

图 13-5   过氧化氢的初始浓度对氧化预处理效果元素铁的浸出率的影响

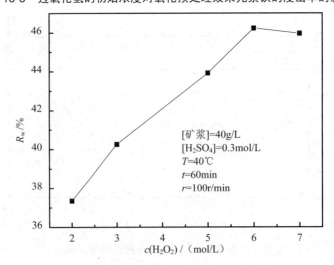

图 13-6   过氧化氢的初始浓度对矿样失重率的影响

从图 13-5 和图 13-6 可以看出，过氧化氢的初始浓度对氧化预处理的效果影响比较明显，在过氧化氢初始浓度为 2 mol/L 时，铁元素的浸出率和失重率分别为 74.23%和 37.35%，在过氧化氢的初始浓度为 6 mol/L 时，铁元素的浸出率和失重率为 95.36%和 46.23%，而当在增加过氧化氢的浓度时，铁元素的浸出率呈下降趋势，因此过氧化氢的最佳初始浓度为 6 mol/L。

13.3.3　硫酸浓度对预处理效果的影响

试验发现，增加硫酸的初始浓度可以改善高硫高砷难选金精矿的预处理效果。因此，为了找出更好的预处理效果条件，在上述试验基础上，又研究了硫酸的初始浓度对预处理效果的影响，试验结果见图 13-7 和图 13-8，结果表明，硫酸初始浓度对氧化预处理的影响相当明显，在氧化剂过氧化氢的浓度为 6 mol/L 时，增加硫酸的初始浓度，可以进一步提高预处理的试验效果，铁的浸出率和失重率分别达到了 99.06%和 46.33%，可视为最佳的氧化预处理条件。

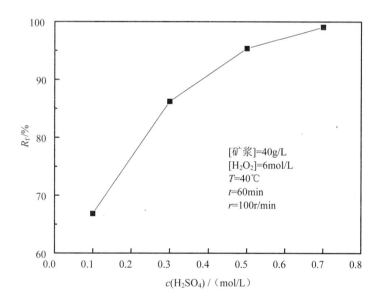

图 13-7　硫酸的初始浓度对元素铁的浸出率的影响

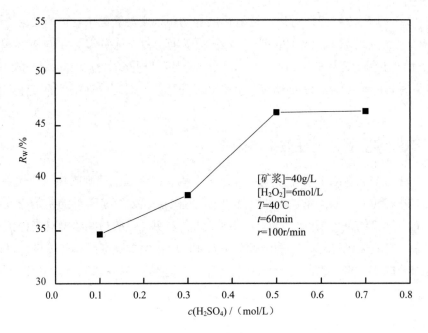

图 13-8   硫酸的初始浓度对矿样失重率的影响

13.3.4   矿样粒径对铁的浸出率的影响

粒径对试验中铁的浸出率的影响见表 13-3。

表 13-3   粒径对铁的浸出率的影响

粒径/目	铁的浸出率/%	矿样失重率/%	结论
100 以下	68.94	38.31	
100～200	86.23	32.37	
200 以上	91.82	46.19	浸出率最好

由表 13-3 可见，粒径对试验中铁的浸出率的影响比较大，粒径越小，元素铁的浸出率越大。

13.3.5   最佳预处理氧化条件确定

综上试验，Fenton 试剂在酸性条件下对 100～200 目的高硫高砷金精矿的预处理可以在表 13-4 所列条件下达到比较理想的预处理效果。

表 13-4　Fenton 试剂预处理高硫高砷金精矿最佳氧化条件

搅拌速度/(r/min)	矿浆质量浓度/(g/L)	温度/K	过氧化氢浓度/(mol/L)	时间/min	硫酸浓度/(mol/L)	铁的浸出率/%	矿样失重率/%
100	40	313	6	60	0.7	99.06	46.33

13.3.6　Fenton 试剂预氧化效果

根据试验结果，包裹于微细金粒子表面的黄铁矿和毒砂中的铁元素的大部分浸出到了氧化液中，从而除掉了包裹金的硫化物，在氰化过程中能够增加金与浸出剂的接触机会，从而能够提高金的回收率。

利用 X 射线衍射仪对预氧化前后的氧化渣进行矿物物相分析（图 13-9 和图 13-10），从矿物组分的变化分析 Fenton 试剂对金精矿的氧化分解效果。由图 13-9 和图 13-10 可以看出，经过 Fenton 试剂在酸性条件下预处理后，矿样中的黄铁矿和毒砂在 X 射线衍射图中已无明显显示，表明金精矿中元素铁和元素砷经过预处理后可有效浸出到溶液中，从而破坏了包裹金的载金矿物，而石英和白云母等脉石矿物为处理后金精矿的主要成分。

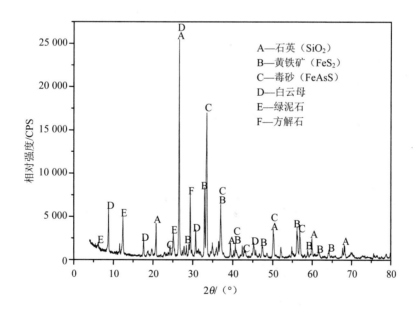

图 13-9　未经预处理的高硫高砷金精矿 X 射线衍射图

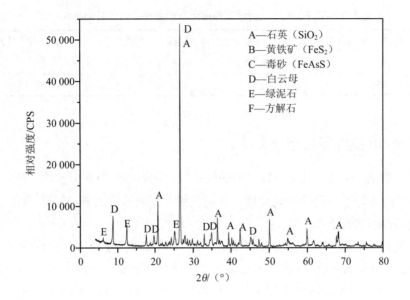

图 13-10   Fenton 试剂预处理后的金精矿 X 射线衍射图

13.3.7   过氧化氢氧化预处理高硫高砷金精矿的动力学分析

浸出速率的液固相反应动力学的模型有界面反应模型和容积反应模型两种。

13.3.7.1   界面反应模型

对界面反应模型，当假定浸出过程为化学反应速率控制时，浸出速率 $\dfrac{\mathrm{d}X}{\mathrm{d}t}$ 可表示为

$$\frac{\mathrm{d}X}{\mathrm{d}t} = k_1 \cdot \frac{3V}{r_0^{\,3}}(1-X)^{2/3} \qquad\qquad (13\text{-}11)$$

式中：k_1——反应速率常数；

t——反应时间；

r_0——矿粒粒径；

V——反应物摩尔体积；

X——金精矿中铁元素的浸出率。

对式（13-11）进行积分，得浸出率与反应时间的关系式为

$$1-(1-X)^{1/3} = k_1' t \qquad\qquad (13\text{-}12)$$

式中：k_1'——表观反应速率常数。

当假定固体内的扩散为控制步骤时，其浸出率与反应时间的关系为

$$1 - 3(1-X)^{2/3} + 2(1-X) = k_1''t \tag{13-13}$$

式中：k_1''——视矿粒为球形颗粒时的表观反应速率常数。

因此，由式（13-12）或（13-13）对反应时间 t 作图，如呈直线，则可由直线的斜率求得表观速率常数。

13.3.7.2　容积反应模型

对容积反应模型，当假定扩散影响可以忽略时，其浸出速率可表示为

$$\frac{dX}{dt} = k_2 c_H^m (1-X)^n \tag{13-14}$$

式中：k_2——反应速率常数；

　　　m，n——分别为反应级数；

　　　c_H——溶液中的酸浓度。

本动力学研究中，由于硫酸大量过量，可认为 c_H 近似为定值，则式（7-14）近似为定值，式（13-14）可改写为

$$\frac{dX}{dt} = k_2'(1-X)^n \tag{13-15}$$

式中：k_2'——表观反应速率常数。

由式（13-15），用 $\dfrac{dX}{dt}$ 和 $(1-X)$ 的双对数作图，由直线的斜率可求得反应级数 n。这里求浸出速率 $\dfrac{dX}{dt}$ 时，采用各时间点前后两点，由最小二乘法进行两次曲线拟合，并由该拟合近似求得微分值 $\dfrac{dX}{dt}$。

13.3.7.3　Fenton 试剂浸出高硫高砷金精矿中的铁元素的动力学试验

在不同的反应温度下，试验分析了金精矿中元素铁的浸出率随时间的变化，试验结果见表 13-5 和图 13-11。

表 13-5　金精矿中元素铁随时间变化的浸出率

温度	0 min	2 min	5 min	10 min	20 min	30 min	60 min
30℃	0	56.40	76.29	88.43	92.88	94.36	97.42
40℃	0	67	69.96	72.49	73.34	75.03	99.06

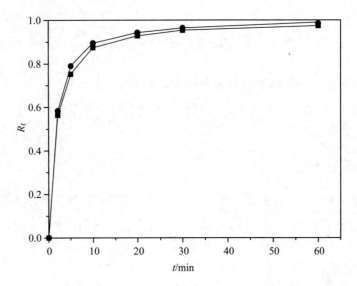

图 13-11　金精矿中元素铁随时间变化的浸出率

以界面反应模型的化学反应和扩散反应分别对表 13-5 数据作图，结果发现，均得不到直线，表明在 Fenton 试剂对金精矿的元素铁浸出过程中，界面反应不能适用。

以容积反应模型对表 13-5 中数据作图 13-12，不同温度下，其 $(1-R_f)^{-1}-1$ 与 t 关系较好地符合直线关系，故 Fenton 试剂浸出金精矿中元素铁的反应属于容积反应。

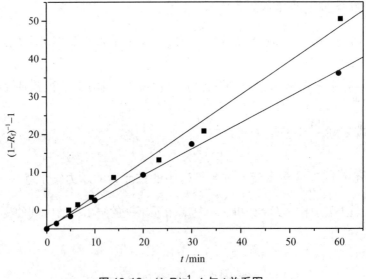

图 13-12　$(1-R_f)^{-1}-1$ 与 t 关系图

13.3.8　结语

试验所用的金精矿属高硫高砷、硫化物包裹型金精矿，大部分的金以微细颗粒包裹分布于黄铁矿、毒砂以及脉石中，黄铁矿和毒砂是金的主要载体。在选择的试验条件下，氧化剂对硫化物矿的氧化比较充分，这是大幅度提高金浸出率的根本原因。并且根据动力学试验得出，该反应符合容积反应模型。

　　该方法对高硫高砷的难浸金精矿采用常温常压预处理，先氧化分离金精矿中的砷、硫，以消除有害杂质对氰化浸金的不良影响，在矿浆质量浓度为 40 g/L 时，通过优化实验条件，元素铁的浸出率和矿样的失重率分别为 99.06% 和 46.33%，达到了比较好的预处理效果。试验在常压低温下进行，反应条件温和，H_2O_2 和·OH 的还原产物均为完全无污染的水，是一种对环境极其友好的预处理方法。另外，该工艺还具有投资少、生产成本低、技术风险小等特点，为该类型的高硫高砷金精矿提供了一条简单有效的预处理新方法。

第 14 章　锰系催化剂催化氧化试验

14.1　Mn^{2+}氧化试验与结果

14.1.1　物料性质

本试验的试验物料为产自河南三门峡中原黄金冶炼厂的浮选金精矿氰化尾渣，尾渣中金的含量为 2.21 g/t，该尾渣在未经预处理的情况下再次直接氰化，金浸出率几乎为 0，因此，可将该批尾渣作难处理金矿看待。采用 X 射线衍射仪探明金属矿物组分主要为黄铁矿（FeS_2），脉石矿物以石英（SiO_2）为主，金以微细粒自然金的形式包裹在载金矿物黄铁矿中。矿物的 X 射线物相分析结果如图 14-1 所示。

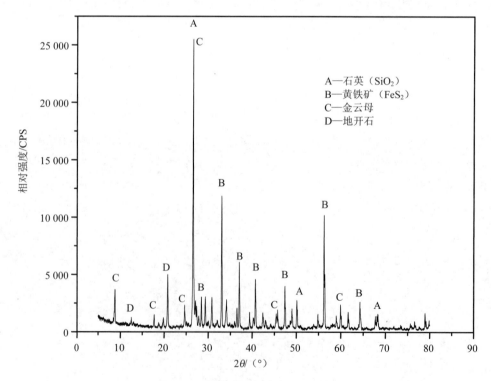

图 14-1　氰化尾渣的 X 射线衍射图

应用 JSM-6700 扫描电镜和 Link 能谱仪对试验用氰化尾渣进行矿物表面形态及 Si（Ka）、S（Ka）、Fe（Ka）、O（Ka）、Cu（Ka）、Pb（Ka）特征 X 射线面扫描图像分析。放大 2000 倍的矿样 SEM 图、X 射线面扫描图分别如图 14-2、图 14-3 所示。

10 μm

图 14-2　氰化尾渣 SEM 图

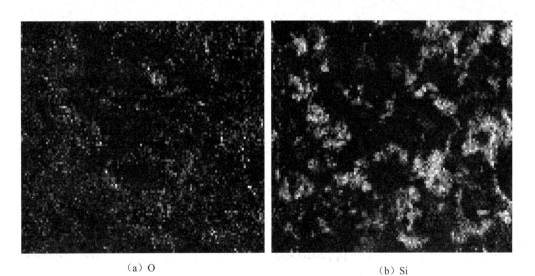

（a）O　　　　　　　　　　　　　　　（b）Si

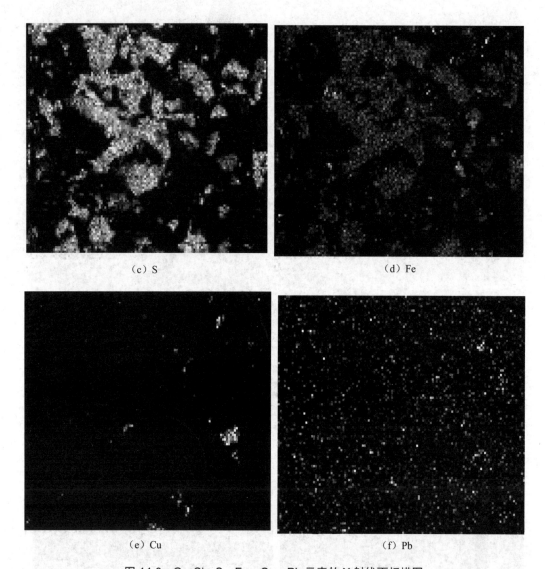

(c) S　　　　　　　　　　　　　　　(d) Fe

(e) Cu　　　　　　　　　　　　　　(f) Pb

图 14-3　O、Si、S、Fe、Cu、Pb 元素的 X 射线面扫描图

　　由图 14-3 可以看出，O 和 Si 的密集分布区以及 S 和 Fe 的密集分布区面积广大且十分相似，说明在该矿样中，元素 O、Si 和 S、Fe 分别处在同一种矿物形态中，这与矿样的 X 射线衍射分析结果一致，由此判断，氰化尾渣中主要的脉石矿物为 SiO$_2$，黄铁矿是主要的载金矿物。通过矿样的面扫描还发现氰化尾渣中有少量 Cu 和 Pb 存在。

　　X 荧光衍射法（XRF）测得试验所采用物料的元素分析结果如表 14-1 所示。

表 14-1　氰化尾渣主要元素分析结果

元素	Au	Ag	Cu	Fe	Pb	S
含量	2.21 g/t	40.4 g/t	3.84%	22.91%	3.84%	25.14%

矿样中 Fe 比例较大，在回收贵金属金银的同时，有效利用其中的铁，对氰化尾渣二次资源的综合利用具有重要的意义。

14.1.2　试验装置

本课题的实验分为两个部分，第一部分是以高锰酸钾作为氧化剂预氧化氰化尾渣，第二部分以 Mn^{2+} 作为催化剂，催化臭氧化预处理氰化尾渣。两部分实验采用的装置大体相同，只有略微的区别。

采用高锰酸钾作为氧化剂，反应体系是典型的液固相化学反应，通常使用的反应装置是搅拌槽式反应器。本实验的主体反应在一个特制的 0.5 L 柱形三口烧瓶中进行，该烧瓶置于油浴恒温槽中，加热介质为二甲基硅油，采用恒温磁力搅拌器来保证反应过程中的恒温和搅拌。另外，在反应器上安装了电子温度计来实时测定反应的温度变化，烧瓶上方接有蛇形冷凝管使高温蒸汽冷却回流，减少物料损失。

采用 Mn^{2+} 催化臭氧化氰化尾渣，实验装置略有不同：主体反应器不变，加入了臭氧发生装置、进气多孔喷嘴以及尾气排放装置，由于气体的流动，故在冷凝管后添加一干燥吸收瓶。

14.1.3　试验仪器

试验仪器如表 14-2 所列。

表 14-2　试验所用仪器表

序号	仪器名称	型号	生产厂家
1	精密酸度仪	Phs-3B	上海三信仪表厂
2	电子天平	CA1004	上海菁海仪器有限公司
3	恒温加热磁力搅拌器	DF-101S	上海予华仪器有限责任公司
4	标准振筛机	XSB-88	上海新正机械仪器制造有限公司
5	倾斜式高速万能粉碎机	FW-400A	北京中兴伟业仪器有限公司
6	电器热风烘箱	101-3	上海开贵金属机械厂
7	电热板	SB-3.6-4	上海华晏电炉厂制造
8	超声波清洗器	SK-3300 LHC	上海科导超声仪器有限公司
9	循环水式多用真空泵	SHB-B95A	上海豫康科教仪器设备公司
10	臭氧发生器	KT-OZ-15G	上海康特环保科技发展有限公司
11	离心机	TDL-40B	上海安亭科学仪器厂
12	变压器吸制制氧设备	PSAHG/O-3-90	上海空气之星工业气体设备有限公司
13	X 射线衍射仪	D/Max-2550V	日本理学电机
14	扫描电子显微镜	JSM-5600-LV	日本 JEOL
15	EDS 能谱仪	IE300X	英国 Oxford
16	X 射线荧光光谱仪	XRF-1800	日本岛津公司

14.1.4　试验试剂和药品

表 14-3 列出了试验所用的主要实验试剂与药品。

表 14-3　试验试剂和药品一览表

序列	试剂名称	分子式	规格	制造商
1	硫酸	H_2SO_4	分析纯	上海试剂四厂昆山分厂
2	硝酸	HNO_3	分析纯	国药集团化学试剂公司
3	氨水	$NH_3 \cdot H_2O$	分析纯	上海波尔化学试剂公司
4	乙二胺四乙酸二钠	$C_{10}H_{14}Na_2 \cdot 2H_2O$	分析纯	国药集团化学试剂公司
5	硫酸高铁铵	$FeNH_4(SO_4)_2 \cdot 12H_2O$	分析纯	国药集团化学试剂公司
6	重铬酸钾	K_2CrO_7	分析纯	上海远航试剂厂
7	高锰酸钾	$KMnO_4$	分析纯	国药集团化学试剂公司
8	硫酸锰	$MnSO_4$	分析纯	国药集团化学试剂公司
9	磺基水杨酸	$C_7H_6O_6S$	分析纯	国药集团化学试剂公司
10	六次甲基四胺	$C_6H_{12}N_4$	分析纯	国药集团化学试剂公司
11	氢氧化钠	$NaOH$	分析纯	国药集团化学试剂公司
12	碘化钾	KI	分析纯	国药集团化学试剂公司

14.1.5　试验方法与测试方法[53]

本节分别采用两种不同的氧化方式深度预氧化氰化尾渣，使其中的载金矿物充分氧化，为后续提金以及回收铁打下基础。预处理效果的好坏是以铁的浸出率以及矿样的失重率来表征的。矿样失重率、铁的浸出率越高，预处理效果越好，后续氰化效果也越好。溶液中的铁的含量由 EDTA 络合滴定法测定，残渣经烘干后称重。

矿样失重率 X（WL）和铁的浸出率 E（Fe）分别采用式（14-1）和式（14-2）计算：

$$X（WL）= \frac{试验原有矿样质量 - 预氧化后矿样质量}{试验原有矿样质量} \times 100\% \qquad （14\text{-}1）$$

$$E（Fe）= \frac{浸出到溶液中的铁的质量}{试验原有铁的质量} \times 100\% \qquad （14\text{-}2）$$

14.1.5.1　试验方法

试验所用尾渣经过氰化后粒度已经很小，绝大部分可过 300 目筛，无需再次破碎细磨，只须烘干干燥后待用。

（1）工艺条件试验步骤

以高锰酸钾作为氧化剂时，固定溶液质量 150 g，转速 700 r/min，根据固液比、高锰酸钾浓度及硫酸浓度，确定矿粉、硫酸、高锰酸钾和水的用量，将适宜浓度的硫酸和高锰酸钾配成溶液置于恒温槽的三口烧瓶中，待溶液升至所需温度，加入计量矿粉，开始搅拌，待预处理反应达到规定时间，停止搅拌，将烧瓶从油浴锅中取出，趁热过滤，滤饼用水洗涤数次，分析滤液中铁含量，计算 E（Fe）。滤饼用水洗涤数次，将滤饼干燥后对其称重，计算 X（WL）。

采用 Mn^{2+} 催化臭氧化氰化尾渣，试验方法与上述相似。固定溶液质量 200 g，矿样浓度 2.5%，根据硫酸锰浓度及硫酸浓度，确定硫酸、硫酸锰和水的用量，将适宜浓度的硫酸和硫酸锰配成溶液置于恒温槽的三口烧瓶中，待溶液升至所需温度，加入定量矿粉，调节搅拌速率，将臭氧通过多孔喷嘴鼓进溶液中。待预处理反应达到规定时间，停止搅拌和鼓气，将烧瓶从油浴锅中取出，趁热过滤，滤饼用水洗涤数次，分析滤液中铁含量，计算 E（Fe）。滤饼用水洗涤数次，将滤饼干燥后对其称重，计算 X（WL）。

（2）动力学研究试验步骤

本节研究了 Mn^{2+} 催化臭氧化氰化尾渣浸出过程的反应动力学。每隔固定时间用移液管从反应器中抽取若干矿浆，经离心分离后，提取一定体积的上清液，用 EDTA 滴定法计算浸出在溶液中的铁的含量。在硫酸和硫酸锰浓度变化可以忽略的条件下，反应动力学由总铁浸出率随时间的变化曲线确定。

铁的浸出率可以反映氰化尾渣的氧化程度，为了计算 Cr，本书忽略了反应体系体积和质量损失，修正公式为

$$E_i = \frac{\left(V - \sum_{i=1}^{i-1} V_i\right) X_i + \sum_{i=1}^{i-1} V_i X_i}{m(X/100)} \tag{14-3}$$

式中：E_i——样品 i 的 Fe 浸出率；

　　　V——初始溶液体积，mL；

　　　V_i——样品 i 的体积，mL；

　　　X_i——样品 i 中铁离子的浓度，mg/L；

　　　m——进入反应器的氰化尾渣的初始质量，g；

　　　X——初始氰化尾渣中 Fe 的质量分数，%。

14.1.5.2　测试方法

（1）溶液中铁的测定方法

溶液中 Fe 的测定方法采用 EDTA 滴定法。

原理：水样经酸分解，使其中铁全部溶解，Fe^{2+}氧化成 Fe^{3+}，氨水调至 pH=2 左右，磺基水杨酸作指示剂，EDTA 络合物滴定法测定样品中铁含量。

试剂：硝酸、硫酸、盐酸、1+1 氨水、精密 pH 试纸、磺基水杨酸溶液 50 g/L、六次甲基四胺溶液 300 g/L、铁标准溶液 0.010 mol/L、EDTA 标准滴定溶液 0.01 mol/L。

标定：吸取 20.00 mL 铁标准溶液置锥形瓶中，加水至 100 mL，滴加 1+1 氨水调至 pH=2 左右，在电热板上加热至 60℃左右，加磺基水杨酸溶液 2 mL，用 EDTA 标准滴定溶液滴定至深紫红色变浅，放慢滴定速度，至紫红色消失而呈淡黄色为终点，记下消耗 EDTA 标准滴定溶液的毫升数（V_0），计算 EDTA 标准滴定溶液的准确浓度。

$$c(\text{EDTA}) = 0.010\ \text{mol/L} \times 20.00 / V_0 \qquad (14\text{-}4)$$

试样制备：取适量水样（合铁量为 5～20 mg）于锥形瓶中，加水至约 100 mL，加硝酸 5 mL，加热煮沸至剩余溶液约为 70 mL，使 Fe^{2+}全部氧化为 Fe^{3+}。冷却加水至 100 mL。往处理过的水样中滴加 1+1 氨水，调节至 pH=2 左右。

操作步骤：将调节好 pH 的试液，加热至 60℃，加磺基水杨酸溶液 2 mL，摇匀。用 EDTA 标准滴定溶液滴定至深紫红色变浅，放慢滴定速度，至紫色消失而呈现淡黄色为终点，记录消耗 EDTA 标准滴定溶液的毫升数（V_2）。

计算公式为

$$c_{\text{铁}}(\text{Fe, mg/L}) = c(\text{EDTA}) \times 55.847 \times 1\,000 \times V_1 / V_2 \qquad (14\text{-}5)$$

式中：V_1——滴定所消耗 EDTA 标准滴定溶液体积，mL；

V_2——水样体积，mL；

$c(\text{EDTA})$——EDTA 标准滴定溶液的浓度，mol/L；

55.847——Fe 的摩尔质量，g/mol。

（2）物相仪器分析方法

1）X 射线衍射分析方法（XRD）。

X 射线衍射分析是利用 X 射线衍射，对晶体物质内部原子在空间分布状况的结构进行分析的方法。将具有一定波长的 X 射线照射到结晶性物质上时，X 射线因在结晶内遇到规则排列的原子或离子而发生散射，散射的 X 射线在某些方向上相位得到加强，从而显示与结晶结构相对应的特有的衍射现象。将求出的衍射 X 射线强度和面间隔与已知的表对照，即可确定试样结晶的物质结构，此即定性分析。从衍射 X 射线强度的比较出发，可进行定量分析。本法的特点在于可以获得元素存在的化合物状态、原子间相互结合的方式，从而可进行价态分析，可用于对环境固体污染物的物相鉴定，如大气颗粒物中的风沙和土壤成分、工业排放的金属及其化合物（粉尘）、汽车排气中卤化铅的组成、水体沉积物或悬浮物中金属存在的状态等等。

本研究采用该仪器测定氰化尾渣及其反应后氧化渣的物相组成，利用晶体的晶格衍射所得的衍射峰的位置和峰强与 ASTM 标准进行对照来得知物相。试验所用仪器为 D/max-2550PC 型 X 射线衍射仪，最大功率为 18 kW（电压：20～40 kV，电流：10～450 mA），测量角度 2θ 范围为 0.5°～145°。

2）X 射线荧光光谱分析（XRF）。

X 射线荧光分析又称 X 射线次级发射光谱分析。本法系利用原级 X 射线光子或其他微观粒子激发待测物质中的原子，使之产生次级的特征 X 射线（X 光荧光）而进行物质成分分析和化学态研究的方法。不同元素具有波长不同的特征 X 射线谱，而各谱线的荧光强度又与元素的浓度呈一定关系，测定待测元素特征 X 射线谱线的波长和强度就可以进行定性和定量分析。本法具有谱线简单、分析速度快、测量元素多、能进行多元素同时分析等优点，是目前大气颗粒物元素分析中广泛应用的三大分析手段之一。

本研究采用该仪器测定氰化尾渣的元素组成。试验所用仪器为日本岛津公司生产的 XRF-1800 型 X 射线荧光光谱仪，分析元素 80-92U（4Be-7N 选配），X 射线管 4 kW 薄窗，Rh 靶，分光器 10 晶体可交换、5 种狭缝可交换，高次线轮廓功能、超高速稳定性（300°/min），局部分析功能可分析直经 500 mm。

（3）微区仪器分析方法

1）SEM 扫描电子显微镜。

SEM 的工作原理是用一束极细的电子束扫描样品，在样品表面激发出次级电子，次级电子的多少与电子束入射角有关，也就是说与样品的表面结构有关，次级电子由探测体收集，并在那里被闪烁器转变为光信号，再经光电倍增管和放大器转变为电信号来控制荧光屏上电子束的强度，显示出与电子束同步的扫描图像。图像为立体形象，反映了标本的表面结构。为了使标本表面发射出次级电子，标本在固定、脱水后，要喷涂上一层重金属微粒，重金属在电子束的轰击下发出次级电子信号。

本研究采用该仪器进行矿物表面形貌分析，试验所用仪器为日本 JEOL 公司生产的 JSM-5600-LV 型扫描电子显微镜。主要技术指标：高真空分辨率为 3.5 nm，低真空分辨率为 4 nm；放大倍数范围为 18～300 000。

2）X 射线能谱分析仪。

X 射线能谱分析仪（EDS）作为扫描电子显微镜的一个基本附件，其工作原理是利用聚焦的电子束作用于被观察试样的微小区域上，激发试样所含元素的特征 X 射线，再将这些信息捕获、处理和分析，而获得试样的元素定性、半定量分析结果。由于电子显微镜具有很高的空间分辨率，能谱分析可以在微米和亚微米尺度下进行。同时，通过线扫描和面分布可以获得直观的微区元素分布数据。

本研究采用该仪器对氰化尾渣及其氧化渣进行 X 射线线扫描和 X 射线面扫描微区分析。试验所用仪器为英国 Oxford 生产的 IE300X 型能谱仪 EDS。Mn 的 Ka 处的分辨率优于 132 eV，可测元素范围为 ^{4}Be～^{92}U。

14.1.6　高锰酸钾氧化实验

高锰酸钾亦名"灰锰氧""PP 粉"，是众所周知的一种常见的强氧化剂，应用广泛，在工业上用作消毒剂、漂白剂等，在实验室，高锰酸钾因其强氧化性和溶液颜色鲜艳而被用于物质的鉴定，酸性高锰酸钾是氧化还原滴定的重要试剂。

在难浸矿物的湿法化学氧化预处理方面，高锰酸钾也发挥了巨大的作用，主要适用于硫化矿、含砷矿物和石英脉矿石，能够加速浸出速度，提高浸出率。之前就有研究者针对上述类型的矿石，研究了高锰酸钾对氰化浸金浸出率的影响，采用高锰酸钾先预处理后浸金，金的浸出率有大幅度的提高。

本课题中，为了实现氰化尾渣这种二次资源的全面回收利用，采用湿法化学氧化法预处理氰化尾渣。本实验利用酸性高锰酸钾溶液深度预氧化氰化尾渣，考察不同固液比、反应温度、反应时间、高锰酸钾用量、硫酸初始浓度等条件对预处理效果的影响，并得出最佳实验条件。

高锰酸钾在酸性条件下具有强氧化性，其强氧化能力可以氧化各种金属和硫化物。酸性条件下高锰酸钾的还原产物通常为稳定的 Mn^{2+}，E^ϕ（MnO_4^-/Mn^{2+}）=1.51V，高于黄铁矿的氧化还原电位，理论上可以氧化黄铁矿，打破黄铁矿对金的包裹。可能发生的氧化还原反应方程式为

$$16H^+ + 6MnO_4^- + 2FeS_2 \longrightarrow 2Fe^{3+} + 4SO_4^{2-} + 6Mn^{2+} + 8H_2O \tag{14-6}$$

$$24H^+ + 3MnO_4^- + 5FeS_2 \longrightarrow 5Fe^{3+} + 10S + 3Mn^{2+} + 12H_2O \tag{14-7}$$

高锰酸钾溶液在与矿样反应过程中会不断生成 Mn^{2+}，酸度不够的情况下，生成的二价锰离子可能会与高锰酸钾发生归一反应，生成副产物二氧化锰。

$$2MnO_4^- + 3Mn^{2+} + 4OH^- \longrightarrow 5MnO_2 + 2H_2O \tag{14-8}$$

二氧化锰的生成对反应是不利的，它不仅消耗了高锰酸钾，而且会包裹于矿样表面，阻碍高锰酸钾对矿样的进一步氧化，因此该反应过程应该保持足够的酸度。

14.1.7　结果与讨论

14.1.7.1　固液比对预处理效果的影响

反应条件：反应时间为 5 h，搅拌速率为 700 r/min，高锰酸钾用量为 70 g/L，反应温

度为 80℃，硫酸初始浓度为 1.3 mol/L，固液比对矿样失重率及铁的浸出率影响如图 14-4 所示。

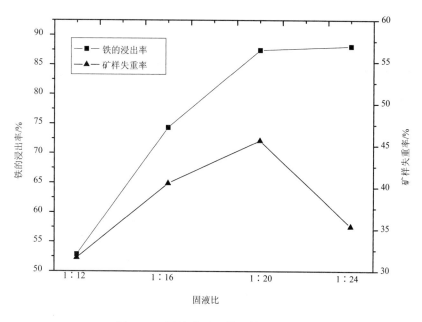

图 14-4　固液比对预处理效果的影响

由图 14-4 可以看出，固液比对预处理的效果有较大的影响，随着固液比的增加，铁的浸出率逐渐增大，当固液比小于 1：20 时，铁的浸出率随固液比的增加较明显，矿样失重率的变化与铁的浸出率保持相同的趋势，当固液比大于 1：20 时，铁的浸出率几乎不再变化，维持在 88%左右，而矿样失重率反而大幅下降。这是因为：随着固液比的增加，矿样浓度减小，矿样在溶液中的分散程度较好，与高锰酸钾可以更加充分地反应，因此使铁的浸出率逐渐增大；当固液比增大到一定程度后，高锰酸钾过量，过多的高锰酸钾在与矿样的反应中放出大量的热量，使部分矿样发生结焦现象，矿样反应不完全，矿样的失重率反而降低。当固液比为 1：20 时，预处理效果最好，后面的实验中均固定固液比为 1：20。

14.1.7.2　高锰酸钾用量对预处理效果的影响

反应条件：反应时间为 5 h，搅拌速率为 700 r/min，固液比为 1：20，反应温度为 80℃，硫酸初始浓度为 1.3 mol/L，高锰酸钾用量对矿样失重率及铁的浸出率影响如图 14-5 所示。

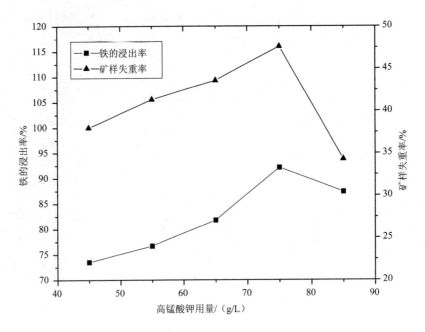

图 14-5 高锰酸钾用量对预处理效果影响

如图所示，随着高锰酸钾用量的增加，铁的浸出率与矿样失重率的变化保持相同的趋势，在高锰酸钾用量从 45 g/L 增加到 75 g/L 的过程中，铁的浸出率和矿样失重率均逐步提高，当高锰酸钾用量达到 75 g/L 时，预处理效果达到最好，铁的浸出率为 92.11%，几乎全部浸出，矿样失重率也达到 47.6%。进一步增加用量，铁的浸出率和矿样失重率反而降低，这与固液比对预处理效果的影响的原因类似，也是由于高锰酸钾过量，造成预处理效果不理想。因此，本试验最佳高锰酸钾用量为 75 g/L。

14.1.7.3 反应时间对预处理效果的影响

反应条件：高锰酸钾用量为 75 g/L，搅拌速率为 700 r/min，固液比为 1∶20，反应温度为 80℃，硫酸初始浓度为 1.3 mol/L，反应时间对铁的浸出率影响如图 14-6 所示。

图 14-6 表明，随着反应时间的增加，铁浸出率也随着递增。时间为 1～4 h 时，铁的浸出率增加较快；当反应进行到 4～6 h 时，反应浸出率增加较慢；而当反应进行到 5 h 以后，浸出率基本不再变化，铁浸出率最终为 92.56%，反应近乎完全，可见在该条件下，反应时间宜控制在 5 h，以下试验反应时间均控制在 5 h。

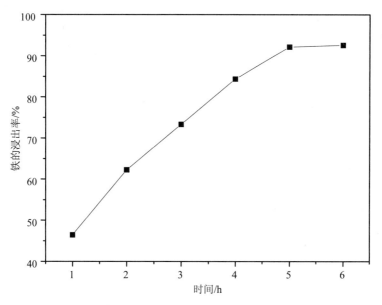

图 14-6　反应时间对预处理效果的影响

14.1.7.4　反应温度对预处理效果的影响

反应条件：反应时间为 5 h，搅拌速率为 700 r/min，固液比为 1∶20，高锰酸钾用量为 75 g/L，硫酸初始浓度为 1.3 mol/L，反应温度对矿样失重率及铁的浸出率影响如图 14-7 所示。

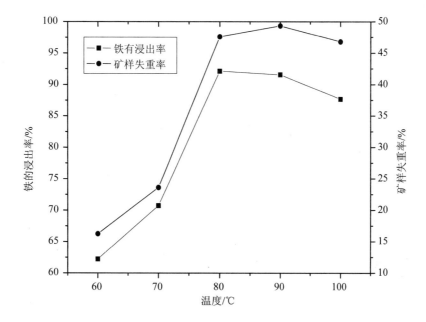

图 14-7　反应温度对预处理效果的影响

由图 14-7 可知，随着反应温度的增加，铁的浸出率与矿样失重率的变化保持相同的趋势，反应温度对预处理效果有很大的影响，升高温度可以明显改善预处理的效果。当温度从 60℃增加到 80℃时，铁的浸出率和矿样失重率逐步增高，尤其在 70～80℃，反应速率明显增加，铁的浸出率由 70.73%迅速增加到 92.11%；当温度从 80℃增加到 100℃时，铁的浸出率和矿样失重率略有降低，可能是高温下高锰酸钾有所分解，低价态的锰抑制了反应活性所致。观察整个试验过程发现，温度越高，矿浆由紫红色转变为泥黄色消耗的时间越短（表明高锰酸钾消耗殆尽，反应趋于完全），说明升高温度可以提高整个反应的反应活性，加快反应速率。为了避免过多的能耗，确定合适的反应温度为 80℃。

14.1.7.5 硫酸初始浓度对预处理效果的影响

反应条件：反应时间为 5 h，搅拌速率为 700 r/min，固液比为 1∶20，高锰酸钾用量为 75 g/L，反应温度为 80℃，硫酸初始浓度对铁的浸出率影响如图 14-8 所示。

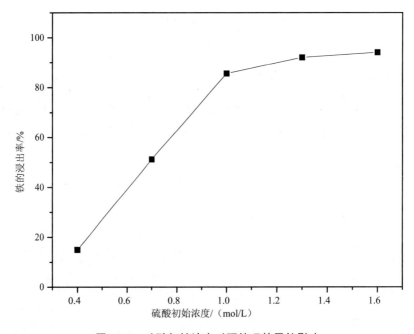

图 14-8　硫酸初始浓度对预处理效果的影响

由图 14-8 可以看出，随着硫酸初始浓度的增加，铁的浸出率逐渐增大，当浓度由 0.4 mol/L 增至 1.0 mol/L 时，铁的浸出率增长较快，此后再增加硫酸初始浓度，对铁的浸出率影响不大，铁的浸出率增长趋于平稳。同时，实验中发现，随着硫酸初始浓度的增大，氧化渣的质量依次降低，但当初始浓度为 0.4 mol/L 和 0.7 mol/L 时，氧化渣与原矿相比质量反而增加，没有达到富集金的效果，这是因为溶液酸度过低，反应过程中生成的二价锰离子与高锰酸钾发生归一反应，产生大量不易溶解的二氧化锰沉淀，包裹于矿样表面，阻碍反应的进行。本实验最佳硫酸初始浓度为 1.3 mol/L。

14.1.7.6　最佳预处理条件下的试验

通过一系列试验，确定了氰化尾渣的最佳预处理条件，在反应时间为 5 h、搅拌速率为 700 r/min、固液比为 1∶20、高锰酸钾用量为 75 g/L、反应温度为 80℃、硫酸初始浓度为 1.3 mol/L 情况下进行浸出实验，得到如表 14-4 的浸出试验结果，铁的浸出率和矿样失重率分别达到 92.82% 和 47.94%，预处理效果较理想。

表 14-4　最佳条件下的浸出试验结果

试验序列	铁的浸出率/%	矿样失重率/%
1	92.11	47.60
2	93.52	48.27
平均	92.82	47.94

最佳条件下的氧化渣利用 X 射线衍射仪对其进行矿物物相分析，利用能谱仪 EDS 进行 X 射线面扫描图像分析，分别如图 14-9、图 14-10 所示。从图 14-9 可以看出，与处理前尾渣的 X 射线衍射图进行对比，经过高锰酸钾预处理后，主要载金矿物黄铁矿的峰值已无明显显示，而石英等脉石矿物为深度预处理后尾渣的主要成分；图 14-10 也证实了与原矿相比，S、Fe 在氧化渣中的分布区域变得十分稀疏，表明尾渣中元素铁和硫有效浸出到溶液中，从而打破了载金矿物对金的包裹，为后续氰化打下了基础。

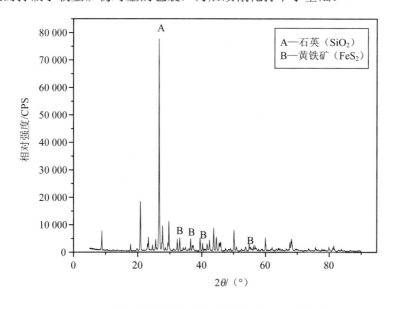

图 14-9　深度预处理后氰化尾渣的 X 射线衍射图谱

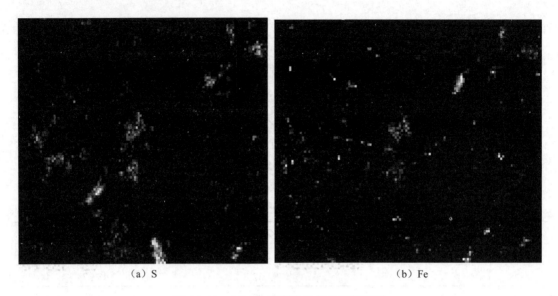

（a）S　　　　　　　　　　（b）Fe

图 14-10　S、Fe 元素的 X 射线面扫描图

氰化尾渣中铁的含量较高，反应液中大量存在的铁离子，是可以利用的二次资源。本课题组利用氰化尾渣预处理后得到的反应液，开发出一套新的工艺，将反应液中的铁离子回收利用，制备出高性能的铁系颜料纳米氧化铁红，不仅有效防止了废液对环境的污染，而且给企业带来了巨大的经济效益。

14.1.7.7　小结

试验所用氰化尾渣的主要矿物成分为黄铁矿，金以微细粒的形式包裹于黄铁矿中，高锰酸钾是一种有效的氧化剂，可以打破黄铁矿对金的包裹。

固液比、高锰酸钾用量、反应时间、反应温度，硫酸初始浓度对氰化尾渣的预处理效果均有一定的影响。在所研究的试验条件下，最佳反应条件为：固液比为 1：20，高锰酸钾用量为 75 g/L，反应时间为 5 h，反应温度为 80℃，硫酸初始浓度为 1.3 mol/L，对应的铁浸出率及矿样失重率分别为 92.82% 和 47.94%，预处理效果较好。

高锰酸钾在酸性环境中有很强的氧化性，氧化速率快且放出大量的热量。本实验中，温度较高时，高锰酸钾对矿物的氧化反应剧烈，反应难以控制。高锰酸钾投加量要控制在一定的范围内，过多的高锰酸钾会使部分矿样发生结焦现象，矿样反应不完全。

实验中要保持足够的酸度，一方面可以加强高锰酸钾的氧化能力；另一方面酸度过低时，高锰酸钾会与反应过程中生成的二价锰离子作用形成黑色的二氧化锰沉淀，重新包裹于矿样表面，阻碍黄铁矿的浸出。

高锰酸钾预氧化氰化尾渣有氧化速率快、铁的浸出率高的优点，但是高锰酸钾的氧化过于剧烈、反应难以控制，且该过程在短时间放出大量热量，矿样结焦现象时有发生，同时工业用高锰酸钾成本较高，限制了该方法的工业应用。为了避免上述情况，使矿样的氧化过程更加温和以满足实际运行的要求，现决定改进工艺。本课题组先前以高铁盐为催化剂催化臭氧化金精矿，得到了较好的预处理效果，但反应时间略长，以下实验决定以硫酸锰为催化剂催化氧化氰化尾渣，重点考察该工艺对氰化尾渣的预处理效果。

14.2　Mn^{2+}催化臭氧氧化深度预处理氰化尾渣的试验研究

14.2.1　臭氧氧化技术

　　臭氧催化氧化是目前饮用水深度处理研究中的热点技术。臭氧催化氧化工艺的目的是在常温常压下将那些难以用臭氧单独氧化的有机物氧化降解，强化臭氧对水中微量、高稳定性有机污染物的氧化去除[77]。同其他高级氧化技术如 O$_3$/H$_2$O$_2$、UV/O$_3$、TiO$_2$/UV 和 UV/H$_2$O$_2$ 一样，金属催化臭氧化技术也主要是利用反应过程中产生氧化性自由基（羟基自由基）来氧化分解水中的有机物从而达到水质净化的目的。根据所用催化剂的不同，可以将金属催化臭氧化技术分为均相催化臭氧化和非均相催化臭氧化。

　　常用的均相催化剂为过渡金属离子催化剂，主要有 Fe^{2+}、Ni^{2+}、Co^{2+}、Cd^{2+}、Cu^{2+}、Ag$^+$、Cr^{3+}、Zn^{2+}等。当水中加入过渡金属离子时，会引发臭氧产生高氧化性的 · OH，这些自由基无选择性，容易与水中的有机污染物发生反应，达到降解水中有机物的目的。均相催化剂催化降解有机污染物效果优于单独臭氧化，但均相催化剂在反应过程中易流失，反应结束后难以分离和回收利用，存在后续金属离子去除的问题，造成处理成本增加，且均相催化剂引入的金属离子对人体有害，对水质有影响。

　　非均相催化剂除具有活化臭氧分子的功能外，还可以吸附有机物，使臭氧氧化更高效。过渡金属有较好的空电子轨道，容易接受电子对，水处理时不需要提供太多的能量，易于生成配合物作反应的中间体，可用作催化臭氧氧化催化剂。这些过渡金属的氧化物也是催化臭氧氧化的合适催化剂。多孔材料如 TiO$_2$、SiO$_2$、Al$_2$O$_3$、活性炭、沸石有好的吸附性能，将上述的催化活性组分用化学或物理的方法负载在这些载体上形成的金属、金属氧化物负载型催化剂也是催化臭氧氧化的常用非均相催化剂。由于非均相催化剂与废水分离简单，较少存在催化剂二次污染的问题，非均相催化在水处理领域有更加广阔的应用前景。

　　近几年，随着臭氧氧化技术研究的深入，臭氧的氧化应用延伸到冶金行业。Scheiner 和 Linstrom 最早于 1973 年用臭氧在 1～5 mol/L 的次氯酸介质中处理碳质金矿石，并申请了专利。最近又有一些学者进行了臭氧浸出金属及臭氧预处理-氰化浸金的研究，但总的来说，这方面的研究还略显稀少，金属催化臭氧化对矿物的预处理更是从未报道过。

　　在金属催化臭氧化运用到的众多均相催化剂中，Fe^{3+}、Mn^{2+}以其良好的催化特性受到了广大研究者的关注，很多研究都集中在这两种金属离子对有机物降解效果的影响上。为了不引入其他固体成分，避免对后续浸金造成影响，本课题以金属离子作为催化剂，由于先前已经完成了三氯化铁和臭氧浸取高硫高砷难选金精矿的研究，这里在溶液中仅加入硫酸锰，考察 Mn^{2+} 催化臭氧化对氰化尾渣预处理效果的影响。

本实验依次研究了 Mn^{2+} 投加量、硫酸初始浓度、臭氧体积流量、反应温度、搅拌速率、反应时间对铁的浸出率和矿样失重率的影响，并分析得出了最佳实验条件，然后运用缩芯反应模型预测浸出反应控制步骤及相关动力学参数。

14.2.2　结果与讨论

14.2.2.1　单独臭氧化和 Mn^{2+} 催化臭氧化功效比较

反应条件：矿浆含量为 2.5%，反应时间为 5 h，搅拌速率为 700 r/min，$MnSO_4$ 用量为 40 g/L，反应温度为 60℃，硫酸初始浓度为 1 mol/L，O_3 质量流量为 15 g/h，体积流量为 80 L/h，臭氧化和 Mn^{2+} 催化臭氧化对矿物预氧化效果的影响如图 14-11 所示。

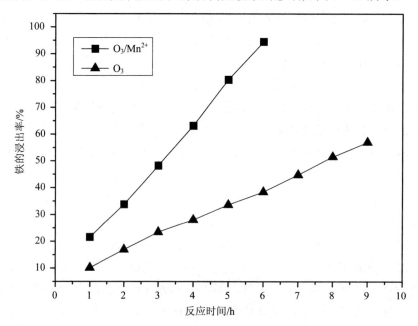

图 14-11　Mn^{2+} 催化臭氧氧化对预处理效果的影响

由图 14-11 可以看出，单独臭氧化对氰化尾渣的氧化速率相对缓慢，反应进行 9 h 后，铁的浸出率仅为 57.04%，臭氧的氧化能力非常强，但其在水中传质缓慢，影响了对溶液中矿物的氧化。以 Mn^{2+} 为催化剂时，铁的浸出率有了明显增加，反应进行 4 h 的氧化效果相当于单独臭氧化 9 h 的水平，且反应进行 6 h 时，铁的浸出率达到了 94.48%，说明以 Mn^{2+} 为催化剂的催化臭氧化对氰化尾渣有较好的预处理效果。

14.2.2.2　Mn^{2+}投加量对预处理效果的影响

反应条件：矿浆含量为 2.5%，反应时间为 5 h，搅拌速率为 700 r/min，反应温度为 60℃，硫酸初始浓度为 1 mol/L，O$_3$ 质量流量为 15 g/h，体积流量为 80 L/h，Mn^{2+}投加量对矿物预氧化效果的影响如图 14-12 所示。

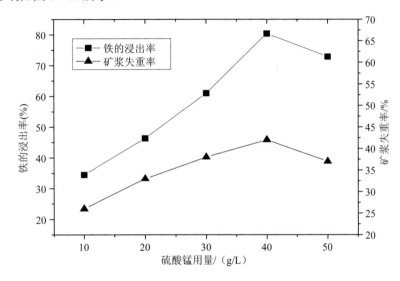

图 14-12　Mn^{2+}投加量对预处理效果的影响

由图 14-12 可以看出，随着硫酸锰用量的增加，铁的浸出率与矿样失重率的变化保持相同的趋势，但并非随着硫酸锰用量的增加而不断提高，Mn^{2+}投加量为 40 g/L 时，预处理效果最好，当投加量增加到 50 g/L 时，铁的浸出率和矿物失重率反而有所降低，这与第 13 章中高锰酸钾用量对预处理效果的影响结果一致，大量 Mn^{2+}催化臭氧化水中有机物的实验也证实了这样的结果。可能是由于过量的 Mn^{2+}消耗了系统中生成的高价锰盐，降低了体系对矿样的氧化能力，说明在以 Mn^{2+}/O$_3$ 体系处理氰化尾渣时，也存在一个 Mn^{2+}投加量的最佳值。

14.2.2.3　硫酸初始浓度对预处理效果的影响

反应条件：矿浆含量为 2.5%，反应时间为 5 h，搅拌速率为 700 r/min，反应温度为 60℃，Mn^{2+}投加量为 40 g/L，O$_3$ 质量流量为 15 g/h，体积流量为 80 L/h，硫酸初始浓度对矿物预氧化效果的影响如图 14-13 所示。

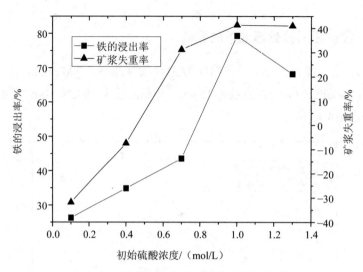

图 14-13　硫酸初始浓度对预处理效果的影响

由图 14-13 可知，硫酸初始浓度对氰化尾渣预处理效果影响显著。铁的浸出率随着硫酸初始浓度的增加先增高后降低，在 0.7～1.0 mol/L 时，幅度最大。同时，在酸度浓度较低的情况下，矿渣反而增重（失重率为负表示矿样增重），直到硫酸初始浓度达到 0.5 mol/L 左右后矿样失重率才迅速提高，在 1.0 mol/L 后又趋于平缓。

酸度较低时，观察滤饼发现渣成黑色，说明反应有 MnO$_2$ 沉淀生成，这是因为在弱酸条件下，Mn^{2+} 易被氧化成 MnO$_2$，生成的沉淀包裹于矿样表面，降低了反应体系对氰化尾渣的氧化速率，并且使矿样增重。酸度过高对反应也有不利影响，有关文献指出，H$_2$SO$_4$ 浓度越高，溶液中臭氧浓度显著降低，不利于矿物的浸出，然而过多的硫酸可以进一步与尾渣中的脉石矿物反应，因此矿样失重率并未降低。

14.2.2.4　臭氧体积流量对预处理效果的影响

反应条件:矿浆含量为 2.5%,反应时间为 5 h,搅拌速率为 700 r/min,反应温度为 60℃，Mn^{2+} 投加量为 40 g/L，O$_3$ 质量流量为 15 g/h，硫酸初始浓度为 1 mol/L，臭氧体积流量对矿物预氧化效果的影响如图 14-14 所示。

由图 14-14 可知，随着臭氧体积流量的增加，铁的浸出率和矿样失重率均有所上升，但臭氧气体流量过大反而降低了尾渣的预处理效果，铁的浸出率和矿样失重率保持相同的变化趋势。臭氧气体流量对氰化尾渣的氧化有正负两方面效应。传质效果、气泡数目、气泡大小、气泡停留时间、气泡扰动状态和气液接触面积等均会随臭氧体积流量的改变而改变。一方面，臭氧体积流量增加使气泡内臭氧实际含量变大，加快了臭氧对溶液中的传质速率；另一方面，臭氧体积流量增大，导致气泡变大、数目减少、气泡停留时间缩短、气泡扰动加剧、气泡聚合现象增多、气液接触面积减小，臭氧在水中的溶解度反而变小，不利于反应的进行，因此应控制臭氧体积流量在合适的范围之内。

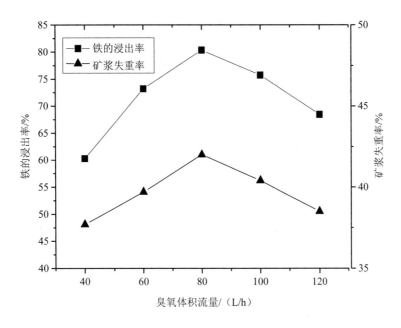

图 14-14　臭氧体积流量对预处理效果的影响

14.2.2.5　温度对预处理效果的影响

反应条件：矿浆含量为 2.5%，反应时间为 5 h，搅拌速率为 700 r/min，Mn^{2+}投加量为 40 g/L，臭氧质量流量为 15 g/h，臭氧体积流量为 80 L/h，硫酸初始浓度为 1 mol/L，反应温度对矿物预氧化效果的影响如图 14-15 所示。

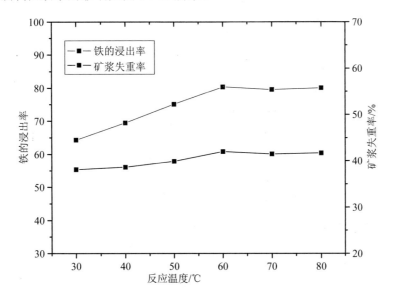

图 14-15　反应温度对预处理效果的影响

图 14-15 表明，温度对反应并没有显著影响，随着温度升高，矿样失重率基本保持不变，铁的浸出率在略微升高后趋于平缓，在常温下，铁的浸出率就可以达到 64.32%。

高价态的锰离子具有很强的氧化性，在酸性溶液中易与矿物进行反应，升高温度对反应速率应该有较大的影响，但在高温下，臭氧在水中分解较快，臭氧利用率低，因此高价态锰离子对臭氧在溶液中的传质起了主导作用。

观察整个实验过程可以发现，当温度为 30℃时，反应结束后矿浆的颜色为肉红色，随着反应温度的升高，矿浆的颜色逐步加深，温度为 80℃时，矿浆呈深褐色，说明温度升高，反应中生成 MnO$_2$ 沉淀的可能性就越大，这也是氰化尾渣氧化效果随温度变化不显著的原因。

14.2.2.6　搅拌速率对预处理效果的影响

反应条件：矿浆含量为 2.5%，反应时间为 5 h，反应温度为 60℃，Mn^{2+}投加量为 40 g/L，臭氧质量流量为 15 g/h，臭氧体积流量为 80 L/h，硫酸初始浓度为 1 mol/L，搅拌速率对矿物预氧化效果的影响如图 14-16 所示。

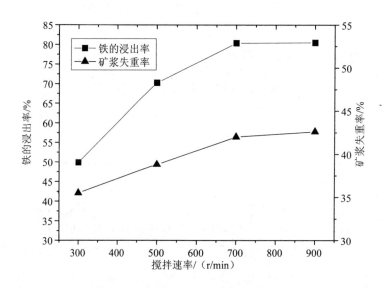

图 14-16　搅拌速率对预处理效果的影响

由图 14-16 可知，搅拌速率对预处理效果影响较大，随着搅拌速率的增加，铁的浸出率和矿样失重率均有较大幅度提高，当搅拌速率超过 700 r/min 时，铁的浸出率不再受搅拌速率支配。此结果表明提高搅拌速率，强化了臭氧在液相的传质以及溶液中活化分子的扩散能力，传质扩散很可能是该浸出过程的主导控制因素。

14.2.2.7　反应时间对预处理效果的影响

反应条件：矿浆含量为 2.5%，搅拌速率为 700 r/min，反应温度为 60℃，Mn^{2+} 投加量为 40 g/L，臭氧质量流量为 15 g/h，臭氧体积流量为 80 L/h，硫酸初始浓度为 1 mol/L，反应时间对矿物预氧化效果的影响如图 14-17 所示。

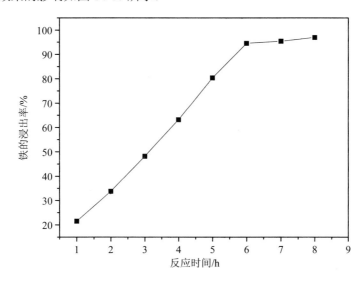

图 14-17　反应时间对预处理效果的影响

由图 14-17 可以看出，随着反应时间的延长，铁的浸出率几乎保持线性增长的趋势，直到反应 6 h 后，铁的浸出率才基本保持不变，达到 94.48%。说明反应基本结束，氰化尾渣中的黄铁矿几乎被完全氧化。

14.2.2.8　最佳预处理条件下的实验

通过一系列试验，确定了 Mn^{2+} 催化臭氧化氰化尾渣的最佳预处理条件，在矿浆含量 2.5%、搅拌速率为 700 r/min、反应温度为 60℃、Mn^{2+} 投加量为 40 g/L，臭氧质量流量为 15 g/h、臭氧体积流量为 80 L/h、硫酸初始浓度为 1 mol/L，反应时间为 6 h 情况下进行浸出实验，得到如表 14-5 的浸出试验结果，铁的浸出率和矿样失重率分别达到 94.85% 和 48.89%，预处理效果理想。

表 14-5　最佳条件下的浸出试验结果

试验序列	铁的浸出率/%	矿浆失重率/%
1	94.48	48.63
2	95.21	49.14
平均	94.85	48.89

最佳条件下的氧化渣利用 X 射线衍射仪对其进行矿物物相分析，利用能谱仪 EDS 进行 X 射线面扫描图像分析，分别如图 14-18、图 14-19 所示。从图 14-18 可以看出，经过 Mn^{2+} 催化臭氧化处理后，矿样中的黄铁矿在 X 射线衍射图谱中几乎检测不出，黄铁矿的主要峰值有所减弱；图 14-19 也显示了与高锰酸钾预处理法比较，S、Fe 在氧化渣中的分布区域变得更加稀疏，表明在矿样浓度较低的情况下，Mn^{2+} 催化臭氧化氰化尾渣比高锰酸钾预处理法的氧化效果略好。

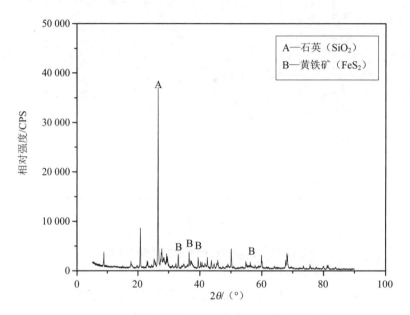

图 14-18　深度预处理后氰化尾渣的 X 射线衍射图谱

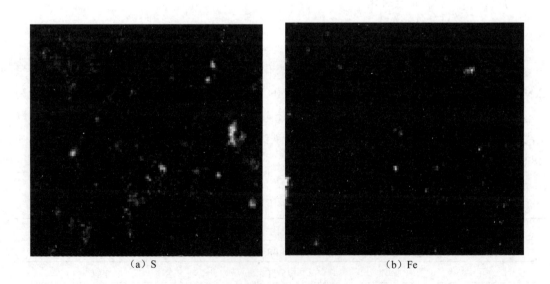

（a）S　　　　　　　　　　　　　（b）Fe

图 14-19　S、Fe 元素的 X 射线面扫描图

14.3　Mn^{2+}/O$_3$体系浸出氰化尾渣的化学反应过程

14.3.1　反应原理

随着金属催化氧化技术在水处理方面的应用，广大科技工作者就不同金属离子的催化性能做了广泛而深入的研究，其中 Mn^{2+}以其良好的催化性能得到了最多的关注。不少研究者以 Mn^{2+}为催化剂，研究了在其参与下的臭氧催化降解水中有机污染物的机理。然而目前催化作用机理尚不十分清楚，主要的认识集中在以下三个观点：一是羟基自由基的观点，二是络合氧化的观点，三是高价态金属盐的氧化观点。这三个观点所阐述的过程并不是孤立的，可能同时作用于一个反应体系中。

羟基自由基的观点是目前众多研究中最被认可的。马军在以 Mn^{2+}为催化剂，臭氧化降解阿特拉津的研究中推测出反应遵循羟基自由基反应机理，其具体反应如下：

$$Mn^{2+} + O_3 + 2H^+ \longrightarrow Mn^{4+} + O_2 + H_2O \tag{14-9}$$

$$MnO_2 + H_2O \longleftrightarrow MnO_2 \text{-} H_2O \tag{14-10}$$

$$MnO_2 - H_2O \longleftrightarrow MnO_2 - OH^- + H^+ \tag{14-11}$$

$$MnO_2 - OH^- + O_3 \longleftrightarrow MnO_2 - OH\cdot \tag{14-12}$$

$$MnO_2 - OH\cdot + M \longleftrightarrow P_1 \tag{14-13}$$

式中：M——目标污染物；
　　　P_1——反应生成物。

当溶液中通入 O$_3$后，溶液中的 Mn^{2+}与 O$_3$生成水合态固体，这种 Mn^{4+}水合态表面可以形成活性基团，吸附溶液中的 OH$^-$，Mn^{4+}水合态固体表面的 OH$^-$浓度要高于溶液其他地方的浓度，臭氧与 OH$^-$作用，并在 MnO$_2$表面生成羟基自由基·OH，羟基自由基·OH 再氧化水中的有机物。

Hua Xiao 等研究了二氯苯酚在含 Mn^{2+}的臭氧化催化作用下的矿化过程，发现加入羟基自由基清除剂对二氯苯酚的矿化有抑制作用，并利用电子自旋共振技术检测羟基自由基的存在，结果显示实验中有大量羟基自由基产生。

Andreozzi 等提出络合氧化观点，认为在 Mn^{2+}催化臭氧化有机物过程中，目标有机物与 Mn^{2+}首先形成络合物，该络合物更容易被臭氧化。有关反应如下：

$$MnO^- + 2H^+ \longrightarrow MnOH_2^+ \tag{14-14}$$

$$MnOH_2^+ + A \longrightarrow Mn-A + H_2O \tag{14-15}$$

$$Mn-A + O_3 \longrightarrow P_2 \tag{14-16}$$

MnO^- 和 $MnOH_2^+$ 扮演着催化剂表面活化中心的角色，A 代表目标有机污染物。Kiyokazu Okawa 等在乙酸溶液中臭氧化降解氯化有机物的研究中也认同此观点。

臭氧具有强烈的氧化性，能立刻将溶液中的二价锰氧化为更高价态的金属锰离子，这些高价态的锰离子也可以氧化降解水中有机污染物。Chung-Hsin Wu 等对各种金属离子在鼓泡反应器中对活性红 2 染料的降解作用进行了研究，发现 Mn^{2+} 的催化机理与其他金属离子有所不同，根据实验结果，得出羟基自由基在反应体系中不是主要的活性物质，因为加入自由基清除剂乙醇后对有机物去除效果基本没有影响，并认为 Mn^{3+} 和 Mn^{7+} 是最主要的氧化剂。

高价态金属锰离子虽然有很强的氧化性，但并不能氧化所有的有机物，其对有机物的氧化具有选择性。臧兴杰等利用 Mn^{2+}/O_3 氧化体系降解了草酸，探讨并定量化解析了 Mn^{2+} 催化臭氧化降解草酸的作用机制，Mn^{2+}/O_3 降解草酸的途径主要包括以下三种方式：①臭氧的直接氧化反应；②羟基自由基（水中溶解臭氧分解产生）的氧化反应；③Mn^{4+} 和 Mn^{7+} 等高价锰对草酸的氧化反应。酸性条件下主要以高价锰的氧化作用为主；在偏中性以及碱性条件下以羟基自由基的作用为主，就其绝对值的大小而言，前者高于后者。

本课题中，氰化尾渣是含有多种矿物成分的化学混合物，主要化学成分是 FeS_2，以 Mn^{2+} 为催化剂的臭氧催化氧化涉及气、液、固三相，该体系与矿物的反应极其复杂。本研究在最初的探索性试验中尝试过在碱性环境下单独用臭氧氧化氰化尾渣，矿样几乎不反应，说明羟基自由基的氧化机理在此不适用。同时，根据以上理论，无论是羟基自由基观点，还是络合氧化观点，MnO_2 都是整个反应过程中最重要的中间活性物质，然而该实验中 MnO_2 沉淀的出现并没有使浸出效果有显著提高，反而降低了浸出率，证明络合氧化的观点也不能解释该浸出过程。并且，只有在一定的酸性环境下，反应才能进行。

在硫酸足量的情况下，在整个实验过程中能观察到特殊的紫红色，说明有 Mn^{3+} 的生成。当臭氧通入溶液后，O_3 将 Mn^{2+} 首先氧化成 Mn^{3+}。Mn^{3+} 是一种很强的氧化剂，容易将黄铁矿氧化成硫酸和硫酸铁，同时高价态的锰被还原为低价态。被还原的 Mn^{2+} 又被 O_3 氧化成 Mn^{3+}，至此，Mn^{3+} 对黄铁矿的氧化处在一个循环往复的平衡过程中。实验中可能涉及的反应如下：

$$2FeS_2 + 5O_3 + H_2O \longrightarrow Fe_2(SO_4)_3 + H_2SO_4 \tag{14-17}$$

$$Mn^{2+} + O_3 + 2H^+ \longrightarrow Mn^{4+} + O_2 + H_2O \tag{14-18}$$

$$Mn^{4+} + 1.5O_3 + 3H^+ \longrightarrow Mn^{7+} + 1.5O_2 + 1.5H_2O \tag{14-19}$$

$$Mn^{2+} + Mn^{4+} \longrightarrow 2Mn^{3+} \tag{14-20}$$

$$Mn^{2+} + O_3 + H^+ \longrightarrow Mn^{3+} + O_2 + \cdot OH \tag{14-21}$$

$$8H_2O + 15Mn^{3+} + FeS_2 \longrightarrow 16H^+ + Fe^{3+} + 2SO_4^{2-} + 15Mn^{2+} \tag{14-22}$$

14.3.2　Mn^{2+} 催化臭氧化氰化尾渣化学反应动力学研究

以上我们讨论了各因素对氰化尾渣催化臭氧化预处理效果的影响，发现在酸性条件下该方法可以达到比较好的预处理效果。目前，有关矿物金属催化氧化的动力学研究还未见报道，为了更深入研究 Mn^{2+} 催化氧化浸出矿物的机理，本节在前面实验的基础上，对该浸出过程的动力学进行基础分析，预测反应控制步骤，并获得相关的反应动力学参数。

Mn^{2+} 催化臭氧化氰化尾渣的浸出过程涉及气、液、固三相的复杂化学反应，该过程中，矿样在液相主体中，尾渣中黄铁矿的浸出主要依靠溶液中高价态锰的化学氧化作用，与之相比，O_3 的直接氧化影响较小，我们可以采用拟流固相非催化反应模型进行动力学研究，由于尾渣颗粒致密紧实，呈无孔状态，湿法冶金中常用的模型是收缩未反应芯模型。

14.3.2.1　收缩未反应芯模型

收缩未反应芯模型简称缩芯模型（shrinking core model），它的特征是反应只在固体产物与未反应固相的界面上进行，反应表面由表及里不断向颗粒中心缩小，反应开始时流体与颗粒外表面完全反应，生成新的固体产物层，其内则是未反应芯，二者的交界面为反应面，流体通过固相产物层到达反应界面与未反应的固相反应，固相产物层不断向外扩展，未反应芯逐渐缩小，反应界面也不断由外向内移动，所以整个反应过程中，反应表面不断缩小。

缩芯模型分为两种情况：①反应过程中颗粒大小不变，即有固相产物层存在；②反应过程中颗粒不断缩小，即无固相产物层，产物仅为流体。

14.3.2.2　粒径不变时缩芯模型的反应速率

根据缩芯模型的特征，建立宏观反应速率时，除了颗粒等温的假定外，还假定反应过程是拟定态过程，考虑气相反应物在产物层内扩散模式，反应界面近似认为是不动的。为简便计，以下均讨论一级不可逆的气—固相反应。

对于气—固相反应，反应速率用单位时间内每颗颗粒上气相反应物 A 的摩尔量 n_A 的减少数来表示，每颗颗粒的宏观反应速率为

$$-\frac{dn_A}{dt} = 4\pi R_c^2 C_{Ag} k / [1 + (R_c^2 / R_s^2)(k / k_g) + (k R_c / D_{eff})(1 - R_c / R_s)] \tag{14-23}$$

式中：R_c——未反应核半径；

R_s——颗粒半径；

C_{Ag}——气相主体浓度；

k——反应速率常数；

k_g——传质系数；

D_{eff}——扩散系数。

R_c 与反应时间的微分式为

$$-\frac{dR_c}{dt} = \frac{bM_BkC_{Ag}/\rho_B}{1+\left(\dfrac{R_c}{R_s}\right)^2\left(\dfrac{k}{k_g}\right)+\left(\dfrac{kR_c}{D_{eff}}\right)\left(1-\dfrac{R_c}{R_s}\right)} \tag{14-24}$$

式中：b——固体反应物 B 的化学计量系数；

M_B——其分子量；

ρ_B——颗粒密度。

当 C_{Ag} 为常数时，可按 $t=0$ 时，$R=R_s$ 将式（14-24）积分：

$$-\frac{bM_BkC_{Ag}}{\rho_B}t = \int_{R_s}^{R_c}\left[1+\left(\frac{R_c}{R_s}\right)^2\left(\frac{k}{k_g}\right)+\left(\frac{kR_c}{D_{eff}}\right)\left(1-\frac{R_c}{R_s}\right)\right]dR_c \tag{14-25}$$

令 $Y_1=D_{eff}/(k_gR_s)$ 及 $Y_2=kR_s/D_{eff}$，并令 t^* 为量纲为 1 的时间参数：

$$t^*=bM_BkC_{Ag}t/(\rho_BR_s) \tag{14-26}$$

将式（14-25）积分，得

$$t^* = \left(1-\frac{R_c}{R_s}\right)\left\{1+\frac{Y_1Y_2}{3}\left[\left(\frac{R_c}{R_s}\right)^2+\frac{R_c}{R_s}+1\right]+\frac{Y_2}{6}\left[\left(\frac{R_c}{R_s}+1\right)-2\left(\frac{R_c}{R_s}\right)^2\right]\right\} \tag{14-27}$$

固相反应物 B 的转化率 X_B 可用下式表示：

$$X_B = \frac{初始量-t时量}{初始量} = \frac{\frac{4}{3}\pi R_s^2\rho_B-\frac{4}{3}\pi R_c^2\rho_B}{\frac{4}{3}\pi R_s^2\rho_B} = 1-\left(\frac{R_c}{R_s}\right)^3 \tag{14-28}$$

以上计算是在假设 C_{Ag} 和 R_s 为常数，颗粒等温和一级不可逆反应时得到的，有了上述公式，可以进一步讨论不同控制步骤时的反应速率。

1）气体滞留膜扩散控制。此时，气膜阻力远大于其他各步阻力，颗粒外表面的浓度 C_{As} 等于未反应芯界面上的浓度 C_{Ac}，而 C_{Ac} 等于平衡浓度 C_A^*，对于不可逆反应，平衡浓度 $C_A^*=0$。

由于气膜阻力远大于其他步骤的阻力，当 Y_1Y_2 值很大时，式（14-27）为

$$t^* = \left(1 - \frac{R_c}{R_s}\right)\frac{Y_1 Y_2}{3}\left[\left(\frac{R_c}{R_s}\right)^2 + \frac{R_c}{R_s} + 1\right] = \frac{k}{3k_g}\left[1 - \left(\frac{R_c}{R_s}\right)^3\right] \tag{14-29}$$

由式（14-26）及（14-28）可得

$$t = \frac{\rho_B R_s}{3bM_B k_g C_{Ag}}\left[1 - \left(\frac{R_c}{R_s}\right)^3\right] \tag{14-30}$$

当固相反应物 B 完全反应，即 $R_c=0$、$X_B=1$ 时的完全反应时间为

$$t_f = \rho_B R_s / (3bM_B k_g C_{Ag}) \tag{14-31}$$

由式（14-28）及式（14-30）可得

$$t / t_f = \left[1 - \left(\frac{R_c}{R_s}\right)^3\right] = X_B \tag{14-32}$$

反应时间 t 与完全反应时间 t_f 之比，又称时间分率，对于气膜控制过程即为转化率。

2）固相产物层内扩散控制。此时，气膜阻力和化学反应阻力都远小于固相产物层内的扩散阻力，$C_{Ag}=C_{As}$，$C_{As} \geqslant C_{Ac}$，对于不可逆反应 $C_{Ac} = C_A^* = 0$。

由于固相产物层扩散阻力远大于其他各步骤阻力，故 $Y_1=0$，而 Y_2 很大，此时式（14-27）变为

$$t^* = \left(1 - \frac{R_c}{R_s}\right)\frac{Y_2}{b}\left[\frac{R_c}{R_s} + 1 - 2\left(\frac{R_c}{R_s}\right)^2\right] = \frac{Y_2}{b}\left[1 - 3\left(\frac{R_c}{R_s}\right)^2 + 2\left(\frac{R_c}{R_s}\right)^3\right] \tag{14-33}$$

有 t^* 及 Y_2 的定义，可得反应时间：

$$t = \frac{\rho_B R_s^2}{6D_{eff} bM_B C_{Ag}}\left[1 - 3\left(\frac{R_c}{R_s}\right)^2 + 2\left(\frac{R_c}{R_s}\right)^3\right] \tag{14-34}$$

当固相反应物 B 完全反应时，$R_c=0$，完全反应时间：

$$t_f = \frac{\rho_B R_s^2}{6D_{eff} bM_B C_{Ag}} \tag{14-35}$$

反应时间分率为

$$t / t_f = \left[1 - 3\left(\frac{R_c}{R_s}\right)^2 + 2\left(\frac{R_c}{R_s}\right)^3\right] \tag{14-36}$$

按定义，用 X_B 代入，故式（14-36）可写为

$$t / t_f = [1 - 3(1 - X_B)^{2/3} + 2(1 - X_B)] \tag{14-37}$$

式（14-37）即固相产物层扩散控制时反应时间分率与转化率的关系式。

3）化学反应控制。此时化学反应的阻力比其他步骤大，$C_{Ag}=C_{As}=C_{Ac}$，反应过程速率只取决于气相反应物 A 与固相反应物 B 的反应速率，显然与反应界面的面积有关。化学反应控制时，$Y_2=0$，由式（14-30）可得

$$t = \frac{\rho_B R_s}{b M_B k C_{Ag}} \left(1 - \frac{R_c}{R_s} \right) \tag{14-38}$$

完全反应时间为

$$t_f = \frac{\rho_B R_s}{b M_B k C_{Ag}} \tag{14-39}$$

反应时间分率为

$$t / t_f = 1 - \frac{R_c}{R_s} = 1 - (1 - X_B)^{1/3} \tag{14-40}$$

14.3.2.3　颗粒缩小时缩芯模型的反应速率

该过程无固相产物生成，随着反应的进行，颗粒将不断缩小，最终全部消失。由于无固相产物层，未反应颗粒外表面即为反应界面，仅需考虑气膜扩散与外表面化学反应两个步骤。

1）气流滞留膜扩散控制。此时，气膜传质系数因颗粒缩小也随之而变，一般采用下列经验式来表达：

$$\frac{k_g d_p Y_i}{D} = 2 + 0.6 \left(\frac{\mu}{\rho_f D} \right)^{1/3} \left(\frac{d_p \mu \rho_f}{\mu} \right)^{1/2} \tag{14-41}$$

式中：Y_i——惰性组分在扩散膜两侧的平均摩尔分率。

在滞留区，式（14-41）变为

$$k_g = \frac{2D}{d_p Y_i} = \frac{D}{R_c Y_i} \tag{14-42}$$

设球形颗粒初始半径为 R_s，经过反应时间 t 时缩小到 R_c，则：

$$-\frac{dn_A}{dt} = 4\pi R_c^2 k_g C_{Ag} \tag{14-43}$$

根据化学反应计量关系可知：

$$-\frac{dn_A}{dt} = -\frac{1}{b}\frac{dn_B}{dt} = \frac{4\pi R_c^2 \rho_B}{b M_B}\frac{dR_c}{dt} \tag{14-44}$$

由式（14-43）、式（14-44）可得

$$\frac{\mathrm{d}R_\mathrm{c}}{\mathrm{d}t} = \frac{bM_\mathrm{B}k_\mathrm{g}}{p_\mathrm{B}}C_\mathrm{Ag} \tag{14-45}$$

由式（14-42）代入式（14-45），积分可得

$$t = \frac{\rho_\mathrm{B}Y_iR_\mathrm{s}^2}{2bDM_\mathrm{B}C_\mathrm{Ag}}\left[1 - \left(\frac{R_\mathrm{c}}{R_\mathrm{s}}\right)^2\right] \tag{14-46}$$

最后得时间分率为

$$t/t_\mathrm{f} = 1 - (R_\mathrm{c}/R_\mathrm{s})^2 = 1 - (1 - X_\mathrm{B})^{2/3} \tag{14-47}$$

2）化学反应控制。当反应过程系化学反应控制时，与颗粒大小不变时的情况完全一样。

14.3.2.4　动力学反应试验条件的确定

本工艺影响氰化尾渣深度预处理效果的主要因素有预处理温度，反应时间，硫酸锰投加量、硫酸初始浓度，臭氧体积流量，搅拌速度等。

深度预处理过程中，硫酸初始浓度的变化对铁的浸出率有一定的影响，硫酸浓度过低，使反应生成沉淀，浓度过高，溶液中臭氧浓度急剧下降，都会降低体系对矿物的氧化速率，本化学反应动力学研究均控制硫酸初始浓度为 1.0 mol/L。在硫酸锰投加量选取方面，选择 40 g/L 最为适宜。

反应中采用磁力搅拌，通过提高搅拌速率的方式消除液固传质阻力。实验结果表明，当搅拌速率从 300 r/min 提高到 700 r/min 时铁的浸出率随搅拌速率提高而增大，但搅拌速率再从 700 r/min 提高到 900 r/min 时，铁的浸出率基本不变。因此，可以认为 700 r/min 的搅拌速率下液固传质阻力基本消除，以下动力学实验中搅拌速率均采用 700 r/min。

选取预处理时间为 60 min、120 min、180 min、240 min、300 min，预处理温度为 30～60℃，矿浆含量为 2.5%，臭氧体积流量为 80 L/h，臭氧质量流量为 15 g/h。

由于氰化尾渣颗粒极细，90% 以上可以过 300 目筛，动力学研究中不单独考虑矿样粒度对反应速率的影响。

14.3.2.5　反应控制步骤的预测

在确定的化学反应动力学研究试验条件下，通过试验获得铁的浸出率与预处理时间的关系数据。

反应条件：搅拌速率为 700 r/min，矿浆含量为 2.5%，硫酸初始浓度为 1.0 mol/L，Mn^{2+} 投加量为 40 g/L，臭氧体积流量为 80 L/h，臭氧质量流量为 15 g/h，预处理温度为 30℃、40℃、50℃、60℃。试验数据列于表 14-6 中。

表 14-6　铁的浸出率与预处理时间关系数据表　　　　　　　单位：%

温度/℃	t/min				
	60	120	180	240	300
30	15.57	27.36	40.21	52.87	64.32
40	17.43	29.65	42.71	56.37	69.46
50	19.87	30.69	45.73	61.19	75.08
60	21.54	33.77	48.2	63.14	80.35

根据以上数据，做出相应的铁的浸出率随时间变化曲线图，如图 14-20 所示。

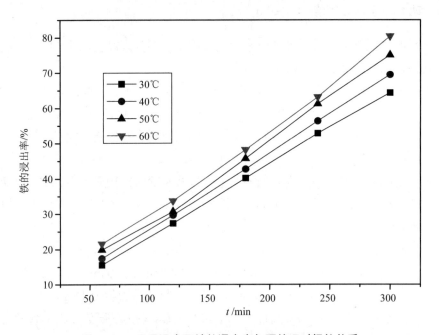

图 14-20　不同温度下铁的浸出率与预处理时间的关系

由图 14-20 可以看出，反应温度对氰化尾渣深度预处理的影响并不明显，同一时间节点上，低温下铁的浸出率增长幅度较小。

本实验中，在硫酸浓度足够大的情况下，Mn^{2+}主要转化为 Mn^{3+}，FeS_2 被氧化为高价铁盐，反应无固相产物生成。根据实验结果分析可以看出扩散传质对尾渣的浸出起到了关键的作用，因此可以假定 Mn^{3+} 从液相到黄铁矿表面的扩散是该浸出过程的控制步骤。

表 14-7 列出了缩芯模型中颗粒大小不变和颗粒缩小两种不同情况的反应速率计算式。

表 14-7　两种不同情况下的反应速率表达式

类型	流体滞留膜扩散控制	固体产物层内扩散控制	化学反应控制
颗粒大小不变	$x = k_p t$	$1-3(1-x)^{2/3}+2(1-x)=k_p t$	$1-(1-x)^{1/3}=k_p t$
颗粒缩小	$1-(1-x)^{2/3}=k_p t$	无	$1-(1-x)^{1/3}=k_p t$

注：x 为反应物转化率；k_p 为化学反应速率常数，cm/min；t 为反应时间，min。

当反应为流体滞留膜扩散控制时，其动力学方程表达式为

$$1-(1-x)^{2/3}=k_p t \qquad (14\text{-}48)$$

将表 14-7 中的实验数据按 $1-(1-x)^{2/3}$ 处理，处理结果列于表 14-8 中，并作出相应的函数随时间的变化曲线，如图 14-21 所示。

表 14-8　$1-(1-x)^{2/3}$ 与预处理时间 t 的关系数据表

温度/℃	t/min				
	60	120	180	240	300
30	0.106 7	0.191 9	0.290 3	0.394 4	0.496 9
40	0.119 9	0.209	0.310 2	0.424 7	0.546 5
50	0.137 3	0.216 8	0.334 7	0.467 9	0.604
60	0.149 3	0.240 2	0.355	0.485 9	0.662

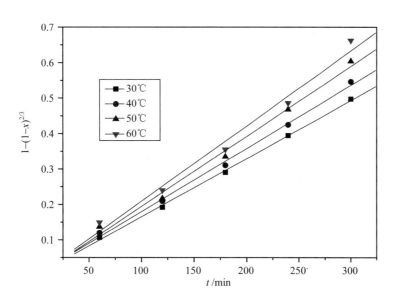

图 14-21　不同温度下 $1-(1-x)^{2/3}$ 随时间的关系

由图 14-21 可看出 $1-(1-x)^{2/3}$ 与 t 呈良好的线性关系，氰化尾渣中铁的浸出率与预处理时间之间较好地满足了式（14-48），证实了 Mn^{2+} 催化臭氧化浸出氰化尾渣的过程受

Mn^{3+}的扩散作用控制。

14.3.2.6 表观活化能的确定

根据图 14-21 中 $1-(1-x)^{2/3}$ 与 t 的线性关系，用回归分析法计算不同温度下每条直线的斜率值，即为该温度下的化学反应速率常数，表 14-9 列出了不同温度下参数值。

表 14-9　不同温度下的参数表

T/K	303	313	323	333
k_p	0.001 6	0.001 8	0.002 0	0.002 1
$10^3 T^{-1}/K^{-1}$	3.3	3.194 9	3.096	3.003
$\ln k_p$	−6.437 8	−6.32	−6.214 6	−6.165 8

反应温度对反应速率常数的影响可由阿伦纽斯方程表示：

$$k_p = A \cdot \exp(-E_a/RT) \tag{14-49}$$

式中：A——频率因子；

$\quad\quad E_a$——反应的表观活化能；

$\quad\quad$R——摩尔气体常数，其值为 8.314J/（mol·K）。

式（14-49）两边取对数变形为

$$\ln k_p = \ln A - E_a/RT \tag{14-50}$$

做出$-\ln k_p$ 和 1 000/T 的关系曲线，如图 14-22 所示。

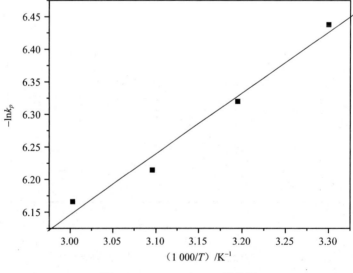

图 14-22　$-\ln k_p$ 与 1/T 的关系

由图 14-22 可知，$-\ln k_p$ 和 1/T 呈良好的线性关系，并得到一元线性回归方程：

$$-\ln k_p = 0.934\ 3 \cdot 1\ 000/T + 3.342\ 8 \qquad (14\text{-}51)$$

将式（14-51）与式（14-49）对应，可计算出 E_a=7.76 kJ/mol。通常，扩散控制过程的反应活化能为 4.18～12.54 kJ/mol，因此在 Mn^{2+}催化臭氧化氰化尾渣的过程中，铁的浸出反应符合颗粒缩小的流体滞留膜扩散控制模型。

14.4　本章小结

1）Mn^{2+}催化臭氧化被证实是一种有效的预处理氰化尾渣的方法，与单独臭氧化相比，矿物浸出率高，反应速率快。

2）本章实验考察了 Mn^{2+}投加量、硫酸初始浓度、臭氧体积流量、反应温度、搅拌速率等因素对尾渣预处理效果的影响。铁浸出率随着 Mn^{2+}投加量、臭氧体积流量的增加先升高后降低，Mn^{2+}的投加量以及臭氧体积流量的控制均存在一个最佳值。硫酸初始浓度对尾渣预处理有较大的影响。酸度过低，反应中易生成 MnO$_2$沉淀；酸度过高，溶液中臭氧浓度急剧下降，都会降低体系对矿物的氧化速率。温度的改变对反应影响较小，加快搅拌速率可以显著提高 Fe 的浸出率，臭氧的液相传质对整个反应起到决定性的作用。

3）试验确定了 Mn^{2+}催化臭氧化氰化尾渣的最佳预处理条件。在矿浆含量为 2.5%、搅拌速率为 700 r/min、反应温度为 60℃、Mn^{2+}投加量为 40 g/L、臭氧质量流量为 15 g/h、臭氧体积流量为 80 L/h、硫酸初始浓度为 1 mol/L，反应时间为 6 h 的实验条件下，铁的浸出率和矿样失重率分别达到 94.85%和 48.89%，预处理效果理想。

4）尾渣中黄铁矿的浸出主要是依靠溶液中高价态锰的化学氧化作用，与之相比，O$_3$的直接氧化影响较小。整个反应过程中，O$_3$首先将溶液中的 Mn^{2+}氧化成 Mn^{3+}，然后在 Mn^{3+}和 O$_3$的共同作用下氧化黄铁矿，同时 Mn^{3+}被还原成 Mn^{2+}，被还原的 Mn^{2+}又被 O$_3$氧化成 Mn^{3+}，继续氧化黄铁矿，实现了 Mn^{2+}→Mn^{3+}→Mn^{2+}的循环过程。

5）动力学研究采用收缩未反应芯模型，经实验数据拟合分析得出该浸出过程由 Mn^{3+}的液相扩散所控制，表观反应活化能为 7.76 kJ/mol，与扩散控制相吻合。

第 15 章　三相循环流化床中气液固流动特性研究

反应物系中同时存在气、液、固三相的化学反应称气液固三相反应，进行气液固三相反应的设备称为三相床反应器。由于气液固三相床反应器具有其他类型的接触设备所无法比拟的优点，如固体粒子的可动性，压力降小，传质、传热效果好，连续相内温度、浓度基本均一等。因此，近年来不论在其基础理论研究方面还是在实际应用上都得到很快的发展。在煤的液化、石油炼制、湿法冶金、污水处理，甚至在离子交换剂的再生和抗生素的生产中都得到具体的应用。

三相床反应器能够提供良好的物质接触和传质效果，使反应更加充分和彻底。但是，传统三相床主要应用于低液速及粗、重颗粒体系。随着新的生物化工及能源加工过程的兴起，细、轻颗粒床的应用越来越多。因此，针对细轻颗粒体系夹带增加的特点，梁五更等提出了有颗粒外循环的气液固三相循环流化床反应器，进而研究了在高液速、具有颗粒夹带条件下的床层流体力学特性。韩社教等研究了三相循环流化床中液相扩散行为，结果表明，三相循环床作为一种新型的反应器具有良好的应用前景。

通过研究压降、电导率与各操作参数之间的关系，为三相循环流化床催化氧化高硫高砷金精矿和尾渣提供理论上的指导。

15.1　压力信号采集与分析

以气、液、固三相循环流化床为研究对象，以空气、水和高硫高砷难选冶金精矿为实验物系，实验装置如图 15-1 所示。

15.1.1　实验步骤

首先将高硫高砷金精矿烘干、粉碎后，筛选出实验所需的尺寸。加入适量的水到流化床中，然后把经过筛选的金精矿从颗粒加入口直接加入流化床中。来自电磁式空气压缩机的空气经过缓冲罐后，经过空气转子流量计，流经气体分布板，进入三相循环流化床，与流化床内的液体和固体颗粒混合，经流化床顶部放空。由水和气体共同作用，固体开始流化。

打开动态信号测试系统，当测试条件和操作条件稳定后，在不同的颗粒粒径、颗粒质量和表观气速下，测得三相循环流化床在不同测试位置上的压力信号。

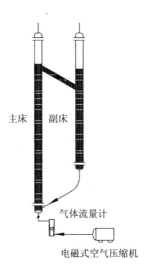

主床　副床

气体流量计

电磁式空气压缩机

图 15-1　实验装置

15.1.2　波动信号的去噪

实际采集到的压力波动信号中含有噪声，只有降噪处理后才能有效地表现原信号中有用的信息。信号降噪有时域和频域两种方法，但是归根到底是利用噪声和信号在频域上分布的不同而进行的：信号主要分布在低频区域，而噪声主要分布在高频区域。传统的傅里叶分析方法可以将信号的高频成分滤除，虽然也能够达到降低噪声的效果，但却影响了信号的某些重要特征。如何构造一种既能降低信号噪声，又能保持信号某些重要特征的降噪方法是此项研究的目标，而这在小波变换这种强有力的信号分析工具出现以后已经成为可能。由于小波变化同时具有时域和频域上的局部特性，由于傅里叶变换，所以它一出现，就很快被普遍应用于信号处理中。本节采用小波变换对压力波动信号进行消噪。

15.1.2.1　小波变换用于降噪的基本原理

一个含噪声的一维信号的模型可以表示成如下的形式：

$$s(i) = f(i) + ae(i) \tag{15-1}$$

式中：$f(i)$——真实信号；

$e(i)$——噪声信号；

$s(i)$——含噪声信号；

a——噪声系数。

在这里，以一个最简单的噪声模型详细加以说明。$e(i)$为高斯白噪声，满足 $N(0, 1)$，噪声级为 1。在实际的工程中，有用信号通常表现为低频信号或一些比较平稳的信号，而噪声信号则表现为高频信号。所以信号消噪的过程可按如下方法进行处理：首先，对信号进行小波分解，如进行三层分解，分解过程如图 15-2 所示，则噪声部分通常包含在 CD1、

CD2、CD3 中；其次，以门限阈值等形式对小波系数进行处理；最后，对信号进行重构，即可以达到消噪的目的。对信号 $s(i)$ 消噪的目的就是要抑制信号中的噪声部分，从而在 $s(i)$ 中恢复出真实信号 $f(i)$。

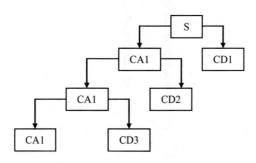

图 15-2   三层小波分解示意图

15.1.2.2   应用小波分解与重构的方法降噪具体步骤

1）信号分解：选择一种小波函数并确定小波分解的层数 N，然后对信号进行 N 层小波（小波包）分解。

2）作用阈值：对分解得到的各层系数选择一个阈值，并对细节系数作用软阈值处理。关键的问题是如何选取阈值和如何进行阈值的量化。

在小波域上，噪声的能量分布在所有的小波系数上，而信号的能量分布在以小部分的小波系数上，所以把小波系数分成两类：第一类是重要的、规则的小波系数；第二类是非重要的或者受噪声干扰较大的小波系数。给定一个阈值 δ，所有绝对值小于某个阈值 δ 的小波系数被看成噪声，它们的值用零代替；而超过阈值 δ 的小波系数的数值用阈值 δ 缩减后再重新取值。根据信号小波分界的这个特点，对信号的小波系数设置一个阈值，大于它的认为属于第二类系数，可以简单保留或进行后续操作；而小于阈值的则去掉。这样达到了降低噪声的目的，同时保留了大部分信号的小波系数，因此可以较好地保持细节信号。"软阈值化"和"硬阈值化"是对超过阈值 δ 的小波系数进行缩减的两种主要方法。

"软阈值化"用数学公式表示为

$$W_\delta = \begin{cases} \mathrm{sgn}(W)(|W|-\delta), & |W| \geqslant \delta \\ 0, & |W| < \delta \end{cases} \tag{15-2}$$

"硬阈值化"用数学公式表示为

$$W_\delta = \begin{cases} W, & |W| \geqslant \delta) \\ 0, & |W| < \delta \end{cases} \tag{15-3}$$

阈值化处理的关键问题是选择核实的阈值 δ。如果阈值（门限）太小，去噪后的信号仍然有噪声存在；相反，如果太大，重要信号特征将被滤掉，引起偏差。从直观上讲，对于给定小波系数，噪声越大，阈值 δ 就越大。大多数阈值选择过程是针对一组小波系数，即根据本组小波系数的统计特性，计算出一个阈值 δ。

Donoho 等[26]提出了一种典型阈值选取方法，从理论上给出并证明阈值与噪声的方差成正比，其大小为 $\delta_j = \sqrt{2\lg N_j}\sigma_j$，式中 N_j 为在地层子带上的小波系数个数，σ_j 为噪声的方差。

3）重建信号：将处理后的小波系数通过小波（小波包）重建信号。

15.1.2.3　噪声在小波分解中的特性

在这里，将噪声看成一个普通的信号，并对它进行分析，那么有三个特征需要注意，即相关性、频谱和频率分布。

总体上，一个一维离散的信号，它的高频部分影响的是小波分解的高频第一层，低频部分影响的是小波分解的最深层及其低频层。如果对一个只有白噪声组成的信号进行小波分解，则可以看出：高频系数的幅值随着分解层次的增加而很快地衰减，并且，高频系数的方差也很快地衰减。当通过滤波器将有色噪声引入后，该信号就不是白噪声了。对噪声用小波分解的系数仍用 $C_{j,k}$ 表示，其中 j 表示小波尺度，k 表示时间，我们可以对噪声信号引入一些常用的属性。

如果所分析的信号 s 是一个平稳、零均值的白噪声，则小波分解系数是不相关的。如果 s 是一个高斯噪声，则其小波分解系数是独立的，也是高斯分布的。

如果 s 是一个有色、平稳、零均值的高斯噪声序列，则其小波分解系数也是高斯序列。如果 s 是一个含噪信号，那么噪声信号主要表现在各个尺度的信号中的一组数据得出其高频信号部分。

15.1.3　压力波动信号的采集

抽取流化床中间段信号波形如图 15-3 所示。由图 15-3 可以看出，由于随机噪声的影响，真实信号被淹没其中。由此信号信噪比比较低，必须对信号进行处理。

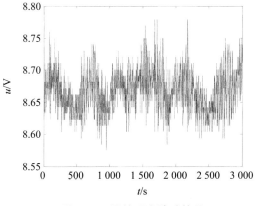

图 15-3　原始压力波动信号

15.1.4 信号的去噪处理

利用小波消噪的基本原理，首先选择一个小波 db7，然后确定小波分解的层数 N（在这里，暂取为 3）。从小波消噪处理的方法上说，一般有 3 种。

1）强制消噪处理。该方法把小波分解结构中的高频系数全部变为 0，即把高频部分全部滤除掉，然后再对信号进行重构处理。这种处理方法比较简单，重构后的消噪信号也比较光滑，但容易丢失信号的有用成分。

2）默认阈值消噪处理。该方法利用 ddencmp 函数产生信号的默认阈值，然后利用 wdencmp 函数进行消噪处理。

3）给定软（或硬）阈值消噪处理。在实际的消噪处理中，阈值往往可以通过经验公式获得，而且这种阈值比默认阈值更具有可信度。在进行阈值化处理中可以用 wthresh 函数进行。

针对图 15-3 中的压力信号，分别用上面三种方法进行消噪处理，并对消噪的结果加以对比，见图 15-4。

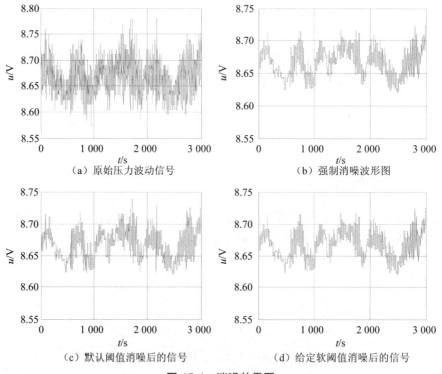

（a）原始压力波动信号　　　　　　　　（b）强制消噪波形图

（c）默认阈值消噪后的信号　　　　　　（d）给定软阈值消噪后的信号

图 15-4　消噪效果图

由图 15-4 可以看出，强制消噪处理后的信号较为光滑，但它有可能失去信号中的有用部分。而默认阈值消噪处理和给定阈值消噪处理则更实用一些。

15.1.5　压力波动信号的小波消噪

选取图 15-3 所示的实测压力波动信号，采用一维离散小波分析对信号进行小波分解和重构处理。

（1）对信号进行小波分解

首先选择一个合适的小波，并确定分解的层次。经过多次分解对比，选取 db2 小波，分解层次 $n=4$。

比较不同分解层数去噪后的效果，如图 15-5 所示，可以看出随着小波分解层数的增加去噪效果变好，但是分解层次增加到 4 层以后，去噪效果改善已经不明显，此时反而增加了计算代价。通过反复分析比较，确定 4 层分解效果较为理想。

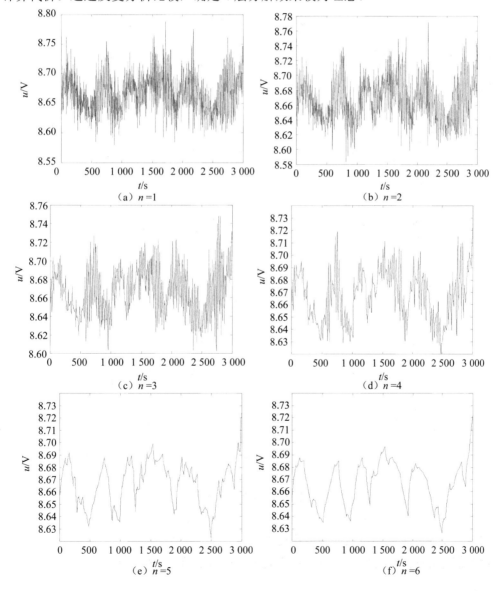

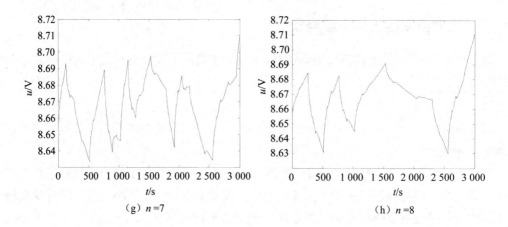

（g）*n* =7　　　　　　　　　　（h）*n* =8

图 15-5　消噪效果图

该信号 4 层小波分解结构如图 15-6 所示，s=a4+ d4+d3+d2+d1，噪声通常含在 d1、d2、d3、d4 中。

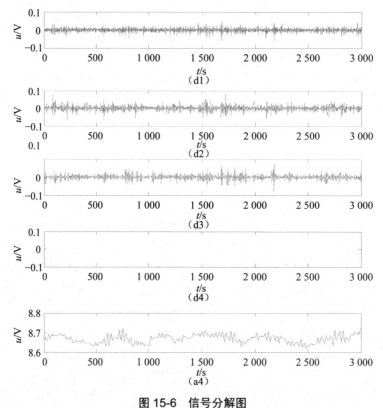

图 15-6　信号分解图

（2）对小波分解高频系数的阈值化处理

对该信号分解后的各级系数进行适当处理，对第 1 到第 4 层的小波，分别选取一个合适的阈值。这里选取软阈值消噪。

（3）信号的重构

对软阈值量化处理后的各级小波系数进行信号的小波重构，系数重构为分解的逆运算。重构后压力波动信号已经明显不含干扰成分，从而得到真实的压力波动信号，以便于进一步的小波分析。

15.2　压降与各操作参数之间的关系

把流化床主床有效体积部分等距离划分为 3 部分：上部、中部、下部。首先对采集到的压力波动信号按照 15.1 节所述方法进行去噪处理，然后分别讨论在各个高度段压降与各操作参数之间的关系，见图 15-7 至图 15-9。

15.2.1　粒径对压降的轴向分布的影响

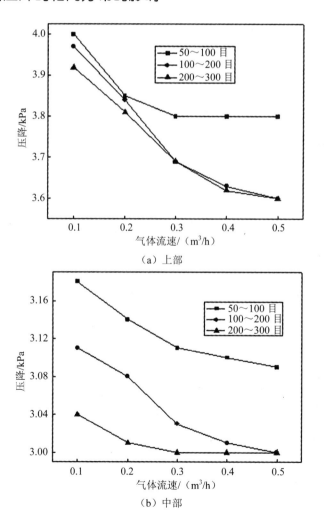

（a）上部

（b）中部

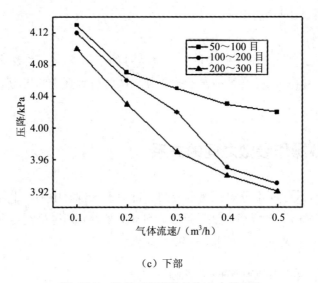

（c）下部

图 15-7   粒径对压降的轴向分布的影响

由图 15-7 可以看出，在气体流速、矿样浓度不变的情况下，颗粒平均粒径越大，流化床两点间压降值越大。

15.2.2   气体流速对压降轴向分布的影响

图 15-8 所示的为不同固含量的三相循环流化床上、中、下部不同高度处床层压降的变化规律。

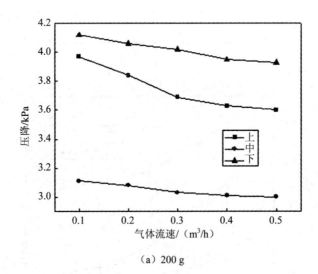

（a）200 g

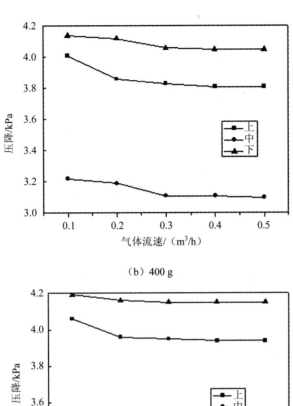

（b）400 g

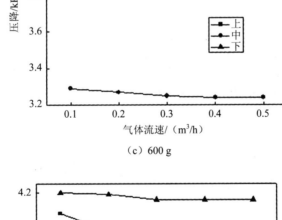

（c）600 g

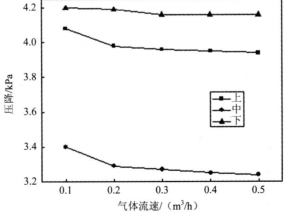

（d）800 g

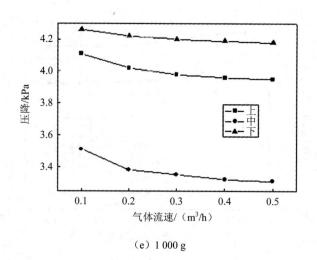

（e）1 000 g

图 15-8　气体流速对压降轴向分布的影响

由图 15-8 可以看出，在初始阶段，随着气体流速的增加，两点间压降下降。这是因为气体流速增加，流化床内含气率增加，导致流体平均密度减小，重力压降下降，最终导致总压减小。但是随着气体流速进一步增加，压降变换不大，这是因为气体流速增加使湍动加剧，从而使固含率有所增加。这样缓和了重力压降下降的程度。

从图 15-8 中还可以看出，下部压降最大，上部次之，中部最小。这可能是由于气体分布不均匀、颗粒返混等原因引起颗粒沿提升管轴向分布不均。

15.2.3　固含率对压降轴向分布的影响

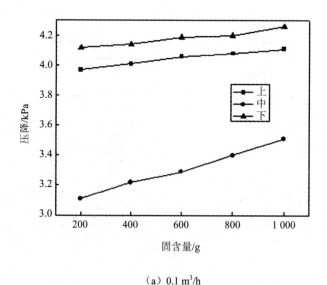

（a）0.1 m^3/h

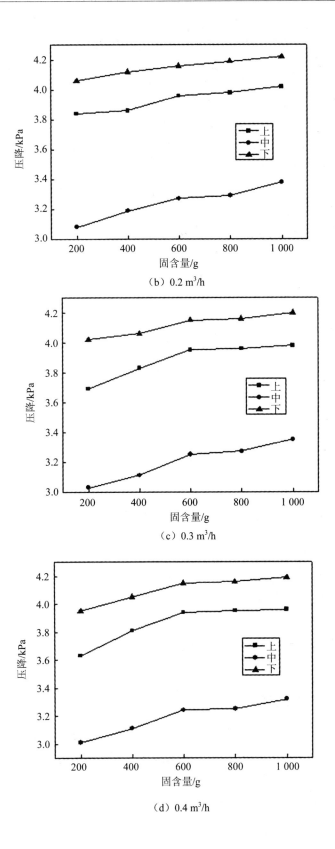

（b）0.2 m³/h

（c）0.3 m³/h

（d）0.4 m³/h

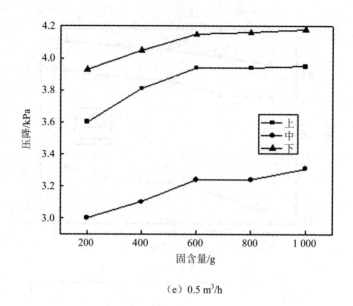

（e）0.5 m³/h

图 15-9　不同气速下，固含量对压降轴向分布的影响

由图 15-9 可知，随着固含量的增加，两点间压降增大。这是因为在其他操作条件不变的情况下，固含量增加，流化床内固含率必然增加，最终使压降增大。

15.2.4　小结

采用压力传感器取得了在不同操作条件下的压力波动信号，经过小波去噪处理，研究了压降和操作参数之间的关系，发现：

1）在气体流速、矿样浓度不变的情况下，颗粒平均粒径越大，流化床两点间压降值越大。

2）在初始阶段，随着气体流速的增加，两点间压降下降。随着气体流速进一步增加，压降变换不大。下部压降最大，上部次之，中部最小。

3）随着固含量的增加，两点间压降增大。

15.3　流化床中氧气在各相间传质研究

15.3.1　相间传质研究进展

穿过气-液界面的质量传递速率由 3 个因素决定，即总体质量传递系数、相界面积和浓度差。在流化床中，质量传递系数和相界面积取决于床层流体动力学特性。实际上，在估算气-液质量传递时，一般情况下，气相的质量传递阻力可以忽略不计，因此，总体质量传递系数就简化为液相质量传递系数。研究气-液质量传递的普遍方法是将质量传递系数与相界面积结合成一个全塔高平均的体积质量传递系数。已有研究工作发现，气液两相体积质量传递系数随气速的增大而增大；固体粒子的直径和粒子的加入量增加，传递系数随之增大，但液速的影响比较复杂。尽管许多研究者作了不少工作，并且提出了许多关联式，但真正可适用于各种体系的式子至今未见报道，多数关联式仅适用于得出关联式的实验体系。

已有许多学者对流化床中液固之间的质量传递进行了实验研究。Hassanien 等研究了液相物理性质与液固质量传递系数之间的关系，同时还研究了气速、液速、粒子直径及粒子密度的影响。Arters 等在空气-水-粒子体系中考察了气速、液速和粒子尺寸对液固质量传递的影响。

但总的来看，这方面的研究工作做得还很少，特别是有关流固非固相催化剂型流化床的流态化和相间质量传递有必要作进一步系统的研究。

15.3.2　分布器变化对相间传质的影响

图 15-10 给出了新型锐孔分布器示意图。

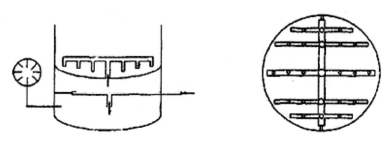

图 15-10　新型锐孔分布器示意图

本课题组研究了几种分布器，利用溶解氧仪测试溶解氧分布，发现锐型分布器对溶解氧提高率最大，传质效果最佳。

15.4　流体动力学试验

15.4.1　试验原理与原料分析

三相循环流化床技术具有高处理能力、低阻力降、较好的相分散效果、结构简单及易连续操作等优点，且具有多种操作方式[1]，且其具备相间接触面积大、相间混合均匀、传热传质效果好和温度易于控制等优点引起了相关领域学者们的广泛关注，近 10 多年来，随着三相流化床的成功设计、放大、最优化操作及有效控制，其被广泛应用于石油、化工、环境、生物、金属冶炼等领域。在三相流化床中应用 NOₓ 循环催化氧化高硫高砷金精矿和尾渣工艺，实现在常压下可连续、NO_x易回用、回用率较高并且回收系统简单的预处理难选金精矿或尾渣，以期望低成本、低能耗、低投资和最大化地综合利用该类难选冶资源，消除其对环境的污染，达到清洁生产目的。对三相流化床中的流体动力学行为进行试验研究是十分重要内容，局部相含率是流化床动力学的特征参数，对相含率进行轴向径向上的分布以及影响因素的研究是十分必要的，进行流体动力学数值模拟必不可少。应用电导率仪，把流化床中流体的电导率转化成电压进行局部相含率计算是动力学试验研究的基础，本章对试验样品和原理进行分析说明。

　　试验首先用玻璃颗粒作为固相对相含率进行研究，接着用高硫高砷金精矿和尾渣进行试验研究，其中金精矿和尾渣取自中原河南黄金冶炼厂。用小型的粉碎机（FW-400A 型，北京中兴伟业仪器有限公司）将样品进一步粉碎至 50～300 目。粉碎后的样品保存在室温条件下的真空干燥器中。

　　为了对高硫高砷金精矿及其尾渣有较全面的了解，为本次研究提供方便，对金精矿和氰化尾渣进行分析测试，分析测试技术如下。

　　仪器名称：D/max-rB 型 X 射线衍射仪（日本理学）。

　　测试方法：将待测粉末样品在样品槽中压片，然后置于仪器中进行 X 射线衍射测试。

　　测试条件：设定环境温度为 20℃，Cu 靶，电压为 40 kV，电流为 300 mA，步长为 0.02°/步，扫描速度为 0.12°/s。

　　测试地点：东华大学分析测试中心

　　从图 15-11 和图 15-12 中不难发现，金精矿中的主要成分为石英、黄铁矿、毒砂、白云母、绿泥石、方解石等。氰化后的金精矿成分还是不变的，只是脉石矿物含量减少，含金矿物的含量增加。

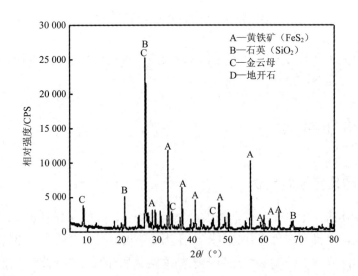

图 15-11　高硫高砷金精矿 X 射线衍射图

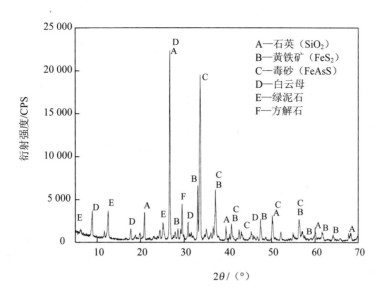

图 15-12　氰化尾渣 X 射线衍射图

15.4.2　试验原理

文献中对平均相含率的研究最多，对局部相含率的研究很少。为了能全面地了解相含率的局部变化情况，从中总结出局部相含率的分布规律及其影响因素，作者在实验室应用瑞士进口的电导率仪，通过 Windows 98 操作系统，应用软件 tiamo2.0，数据经过实时采集和处理后，通过自行编制的数据处理软件，获得所需的试验数据，电导探针测试系统示意图如图 15-13 所示。

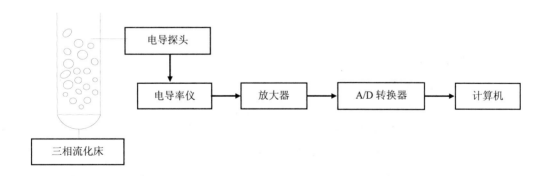

图 15-13　电导探针测试系统示意图

在三相局部相含率的测量中，应用电导微元探头及电导率仪实现相含率→电导率→电压（U）的线性变化，关系如下：

$$U = K \cdot \varepsilon \qquad (15\text{-}4)$$

式中，K 为常数。

气含率可以用在一段采样时间内气泡包围探头的时间 $\sum \Delta t_i$ 与 T 之比来计算，即

$$\varepsilon_g = \frac{\sum \Delta t_i}{T} = \frac{\sum \Delta t_i U_0}{T U_0} \qquad (15\text{-}5)$$

式中：$\dfrac{\sum \Delta t_i U_0}{T U_0}$——积分的面积之比；

U_0——电极处于完全被液体浸没时所对应的电压值。

将 $U_{(t)}$ 对 t 在 0 至 T 时间内积分，其积分值与时间 ($T-\sum\Delta t_i$) 之比即为在时间 $T-\sum\Delta t_i$ 内的平均电压值，即

$$\varepsilon_s = \varepsilon_{sl} \left(1 - \frac{\bar{U} - U_1}{U_0 - U_1} \right) \qquad (15\text{-}6)$$

$$\bar{U} = \frac{\int_0^T U_{(t)} \mathrm{d}t}{T - \sum \Delta t_i} \qquad (15\text{-}7)$$

$$\varepsilon_l = 1 - \varepsilon_g - \varepsilon_s \qquad (15\text{-}8)$$

式中：U_0——电极处于完全被液体浸没时对应的电压；

$\sum \Delta t_i$——气泡通过第 i 个气泡时间；

T——采样时间；

ε_g——局部气含率；

ε_s——局部固含率；

ε_l——局部液含率；

ε_{sl}——球形颗粒组成的静止床的固含率；

U_1——充液固定床对应的电压；

$\bar{U}$——在时间 $T - \sum \Delta t_i$ 内的平均电压。

完整的数据采集系统包括：电导探头、电导率仪、电脑（Windows XP 系统）、tiamo 2.0. 电导探头、电导率仪以及组成系统（图 15-14）。电导探头如图 15-15 所示。

电导率仪的工作条件见表 15-1，电导探头的基本参数见 15-2。

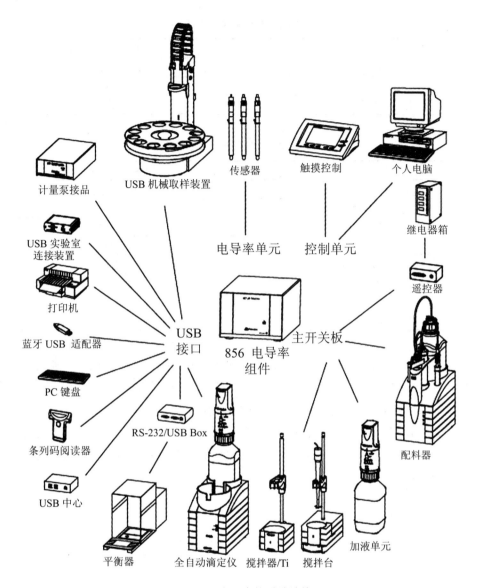

计量泵接品

USB 机械取样装置

传感器

触摸控制

个人电脑

USB 实验室
连接装置

打印机

蓝牙 USB 适配器

PC 键盘

条列码阅读器

USB 中心

USB
接口

电导率单元

856 电导率
组件

控制单元

继电器箱

遥控器

主开关板

配料器

RS-232/USB Box

平衡器

全自动滴定仪

搅拌器/Ti

搅拌台

加液单元

图 15-14　电导率仪系统结构图

图 15-15　电导探头系统图

表 15-1   电导率仪工作条件

电压	100V，…，240V
频率	50Hz，…，60Hz
功率	45W
保险丝熔断器	2×1.6ATH

表 15-2   电导探头基本参数

型号	856 电导率模型
电导率/（μS/cm）	5～2 000（理想状态）
连续温度/℃	0～70
间断温度/℃	0～70
杆长/mm	125
最小浸没深度/mm	34
指示器电极型号	Pt
温度传感器	Pt 1000
电池常量/cm^{-1}	0.7

在 300 s 内采样，因为单个估计数据没有任何意义，必须将一个运行周期的所有数据综合考虑，才能反映装置的运行过程。因此，需将这些数据经过相关的处理，绘成图表显示出来。这一过程可借助于 Microsoft Excel 97 来完成。

鉴于此，采用了 Microsoft Excel 97 作为本系统处理数据的后台工具，主要是利用了 Excel 的功能核心——公式的输入来实现。将实验中获得的各相局部含率的变化可在 Origin 6.0 中完成各种图表。

15.4.3   实验试剂与设备

本实验所用的羧甲基纤维素钠均为市售的试剂，具体见表 15-3。仪器和设备如表 15-4 所示。

表 15-3   实验所用试剂

试剂	规格	生产厂家
羧甲基纤维素钠	分析纯	国药集团化学试剂公司

表 15-4   实验所用仪器设备

序号	仪器名称	型号	厂家
1	电导率仪	856	瑞士万通公司
2	电热恒温水浴锅	DK-S11	上海森信实验仪器有限公司
3	电磁式空气压缩机	ACO-16	浙江森森实业有限公司
4	电子天平	CA1004	上海菁海仪器有限公司

序号	仪器名称	型号	厂家
5	强力电动搅拌机	JD90-D	上海标本模型厂
6	倾斜式高速万能粉碎机	FW-400A	北京中兴伟业仪器有限公司
7	标准振筛机	XSB	上海新正机械仪器有限公司
8	转子流量计	LZB-4	振兴流量仪表厂

15.5　气液固三相循环流化床流场模型设计

计算流体动力学（computational fluid dynamics，CFD）是以流体为研究对象的数值模拟技术，相对于传统的实验流体动力学而言，它具有资金投入少、计算速度快、信息完备且不受模型尺寸限制等优点，是研究流体动力学的有力工具。计算流体力学数值模拟依赖于系统的流体力学知识和比较深入的数理基础，对普通的使用者提出了要求较高，但是随着计算机硬件和软件技术的发展和实质计算方法的日趋成熟，出现了基于现有流动理论的商用 CFD 软件。商用 CFD 软件使许多不擅长 CFD 的其他专业研究人员能够轻松地进行流体数值计算，从而把研究人员从编制复杂、重复性的程序中解放出来，以更多的精力投入考虑所计算的流体问题的运动本质、问题的提法、边界（数值）条件、计算结果的合理解释等重要方面，这样也为解决实际的工程问题提供了条件。CFD 方法强大的数值计算能力可以解决用解析法无法求解的方程，它的出现大大丰富了流体力学的研究方法。尽管 CFD 技术本身还存在着一定的局限性，如对物理模型、经验技巧有一定的依赖，然而由于其在研究流体流动方面的巨大优势，可以预见到它与理论分析、实验观测紧密结合起来，相互促进，在化工领域内必然能发挥越来越多的作用。目前众多学者开始采用 CFD 软件进行数值模拟，辅以各种新型测量技术对流态化床设备内的流动细节如颗粒浓度与流速分布等参数进行研究，进而计算多相流及反应过程、计算传质过程，进行过程的分析、模拟、优化、集成等。

15.5.1　三相流化床动力学模型的选取[54, 55]

在物理上，流化床中物质的相分为气相、液相和固相，在多相流的系统中相的概念意义更广泛。在多相流中，一相被定义为一种对其浸没其中的流体及势场有特定的惯性响应及相互作用的可分辨的物质。多相流以两相流动最为常见，两相流主要有四种类型：气-液两相流、液-液两相流、气-固两相流和液-固两相流。多相流总是由两种连续介质（气体或液体），或一种连续介质和若干种不连续介质（如固体颗粒、水泡、液滴等）组成。连续介质称连续相，不连续介质称为分散相（或非连续相、颗粒相等）。把多相流中的各相都分别看成连续介质，用各相的体积分数描述其分布，导出各相的守恒方程并引入本构关系使方程组封闭，这种模型通常称为多流体模型；多流体模型对各相连续介质的数学描述及处理方法均采用欧拉方法，因此属欧拉—欧拉型模型。在由流体（气体或液体）和分散相（液滴、气泡或尘粒）组成的弥散多相流体系中，将流体相视为连续介质，分散相视作离散介质处理，这种模型称为分散颗粒群轨迹模型或分散相模型（Discrete Phase Model，DPM）。其中，连续相的数学描述采用欧拉方法，求解时均 N-S 方程得到速度等参量；分散相采用拉格朗日方法描述，通过对大量质点的运动方程进行积分运算得到其运动轨迹。因此这种模型属欧拉—拉格朗日型模型，或称为拉格朗日分散相模型。分散相与连续相可以交换动量、质量和能量，即实现双向耦合求解。如果只考虑单个颗粒在已确定流场的连续相流体中的受力和运动，即单向耦合求解，则模型称为颗粒动力学模型。把多相流中的各相都分别看成连续介质，用各相的体积分数描述其分布，导出各相的守恒方程并引入本构关系使方程组封闭，这种模型通常称为多流体模型；对于两相流的情况则称为双流体模型。多流体模型对各相连续介质的数学描述及处理方法均采用欧拉方法，因此属欧拉—欧拉（Euler-Euler）型模型。

在 Euler-Euler 型模型中，不同相在数学上被看作互相穿插的连续统一体，一相的体积不能被其他相占据，因此引入相体积分数（phase volume fraction）的概念。相体积分数是空间和时间的连续函数，且在同一空间位置同一时间各相体积分数之和为 1。对每一相均可导出一组守恒方程，方程组应用本构关系或者统计运动学理论封闭。

Fluent 有三种 Euler-Euler 型多相流模型：VOF（Volume of Fluid）模型、混合（mixture）模型和 Euler 模型。VOF 模型适用于有清晰的相界面的流动，而混合模型和 Euler 模型适用于各相相互混合且弥散相的体积分数超过 10%的情况。

VOF 模型是应用于固定的 Euler 网格上的两种或多种互不溶流体的界面追踪技术。在 VOF 模型中，各相流体共享一个方程组，每一相的体积分数在整个计算域内被追踪。适用 VOF 模型的多相流应用包括分层流、有自由表面流动、液体灌注、容器内液体振荡、液体中大气泡运动、堰流、喷注破碎的预测和气-液界面的稳态与瞬态追踪等。混合模型的相可以是流体或颗粒，并被看作互相穿插的连续统一体。混合模型求解混合物动量方程，以设定的相对速度描述弥散相。适用混合模型的应用包括低载粉率的带粉气流、含气泡流、沉降过程和旋风分离器等。混合模型还可以用于模拟无相对速度的匀质弥散多相流。Euler 模型对每一相求解动量方程和连续性方程。通过压力和相间交换系数实现耦合。处理耦合的方式取决于相的类型。对于流-固颗粒流，采用统计运动学理论获得系统的特性。相间的动量交换取决于混合物的类型。适用 Euler 模型的应用包括气泡柱、浇铸冒口、颗粒悬浮和流化床等。VOF 模型适用于有清晰的相界面的流动。而混合模型和 Euler 模型适用于各相相互混合且弥散相的体积分数超过 10%的情况。如果弥散相体积分数小于 10%，则应采用 DPM 模型模拟。如果弥散相的颗粒尺寸分布和空间分布均较为分散，应首选采用混合模型。如果弥散相集中于计算域的局部，则应采用 Euler 模型。如果相间阻力规律已知，则 Euler 模型比混合模型更精确。如果相间阻力未知，则应采用混合模型。混合模型比 Euler 模型求解的方程数少，计算量小。Euler 模型计算精度高，但计算量大，且稳定性较差。

综合上述分析，结合高硫高砷金精矿和氰化尾渣三相流化床的特征，本实验选用

Euler-Euler 型模型中的 Euler 模型，模型基于以下假设：

1）单一的压力是各相共享的；

2）动量和连续性方程是对每相求解；

3）固体颗粒尺寸与计算微元大小相比小得多；

4）气泡是刚性、球形体，大小恒定。

在应用欧拉模型进行流化床数值模拟的过程中存在固体有效黏度设定的问题。结合本实验的固相特征和前人的工作基础，本节选用对整体计算结果没有显著影响的固体有效黏度的有效值范围 $10^{-4}\sim10^{-1}$ Pa/s 进行数值模拟。另外，对连续相和分散相的动量守恒方程本质的区别给予考虑。区别表现在动量守恒方程右端的动量交换项。连续相动量守恒方程的动量交换项的滑移速度 $|u_c - u_d|$ 具有连续性；而分散相动量守恒方程的动量交换项的滑移速度 $|u_s - u_g|$ 具有间歇性，且将气泡尾涡夹带固体颗粒过程纳入分散相动量守恒方程的动量交换项中，但不能直接应用连续相与分散相的曳力系数计算式 $C_{c,d} = \dfrac{3}{4}\dfrac{C_D}{d_p}\varepsilon_d\rho_c|u_d - u_c|$ 来计算动量交换参数 $C_{c,d}$。本书利用 RNG k-ε 湍动方程模拟液体湍动对多相流的影响。

15.5.2　三相流化床流动特征控制方程

三相流化床流动特征控制方程包括：质量守恒方程、连续相动量守恒方程和分散相动量守恒。

（1）质量守恒方程

$$\frac{\partial}{\partial t}\left(\rho_j\varepsilon_j\right) + \frac{\partial}{\partial x_i}\left(\rho_j\varepsilon_j u_{j,i}\right) = 0 \tag{15-9}$$

$$\sum_{j=1}^{3}\varepsilon = 1.0 \tag{15-10}$$

（2）连续相动量守恒

$$\frac{\partial}{\partial t}\left(\rho_c\varepsilon_c u_{c,j}u_{c,i}\right) + \frac{\partial}{\partial x_j}\left(\rho_c\varepsilon_c u_{c,j}u_{c,i}\right) = -\varepsilon_c\frac{\partial p}{\partial xi} + \frac{\partial}{\partial xj}\varepsilon_c\mu_c\left(\frac{\partial u_{c,i}}{\partial x_j} + \frac{\partial u_{c,j}}{\partial x_i}\right) + \rho_c\varepsilon_c g_i + M_{c,i} + L_{c,i}$$

$$\tag{15-11}$$

（3）分散相动量守恒

$$\frac{\partial}{\partial t}\left(\rho_d\varepsilon_d u_{d,i}\right) + \frac{\partial}{\partial x_j}\left(\rho_d\varepsilon_d u_{d,j}u_{d,i}\right) = -\varepsilon_d\frac{\partial p}{\partial x_i} + \frac{\partial}{\partial x_j}\varepsilon_d\mu_d\left(\frac{\partial u_{d,i}}{\partial x_j} + \frac{\partial u_{d,j}}{\partial x_i}\right) + \rho_d\varepsilon_d g_i + M_{d,i} + L_{d,i}$$

$$\tag{15-12}$$

（4）连续相和分散相动量守恒

1）湍动能（k）方程。

$$\frac{D}{Dt}(\rho_c k) = \frac{\partial}{\partial x_i}\left(\alpha_k \mu_{\text{eff}}\frac{\partial k}{\partial x_i}\right) + G_k + G_b - \rho_c \varepsilon - Y_M + S_k \qquad (15\text{-}13)$$

2）湍动能耗散率（ε）方程。

$$\frac{D}{Dt}(\rho_c \varepsilon) = \frac{\partial}{\partial x_i}\left(\alpha_\varepsilon \mu_{\text{eff}}\frac{\partial \varepsilon}{\partial x_i}\right) + C_{ls}\frac{\varepsilon}{k}(G_k + C_{3s}G_b) - C_{2s}\rho_c\frac{\varepsilon^2}{K} - R + S_\varepsilon \qquad (15\text{-}14)$$

其中：$G_k = \mu_t S^2, S = \sqrt{2S_{ij}S_{ij}}, S_{ij} = \left(\dfrac{\partial u_j}{\partial x_i} + \dfrac{\partial u_i}{\partial x_j}\right)\dfrac{\partial u_j}{\partial x_i}$ $\qquad (15\text{-}15)$

$$G_b = -\beta g_i\frac{\mu_t}{P_r}\frac{\partial T}{\partial r}, \mu_t = \rho C_\mu\frac{k^2}{\varepsilon} \qquad (15\text{-}16)$$

$$Y_M = 2\rho\varepsilon M_t^2, Mt = \sqrt{\frac{k}{\alpha^2}}, R = \frac{C_\mu\rho\eta^3\left(1 - \dfrac{\eta}{\eta_0}\right)\varepsilon^2}{1 + \beta\eta^3}\frac{\varepsilon^2}{k}, \eta = \frac{S_k}{\varepsilon} \qquad (15\text{-}17)$$

其中，α_k 和 α_ε 是关于 k 和 ε 有效 prandtl 数的倒数，由下式得到

$$\left|\frac{\alpha - 1.392\,9}{\alpha_0 - 1.392\,9}\right|^{0.632\,1}\left|\frac{\alpha + 2.392\,9}{\alpha_0 + 2.392\,9}\right|^{0.367\,9} = \frac{\mu_{\text{mol}}}{\mu_{\text{eff}}} \qquad (15\text{-}18)$$

有效黏度 μ_{eff} 由下式求得

$$d\left(\frac{\rho^2 k}{\sqrt{\varepsilon\mu}}\right) = 1.72\frac{v}{\sqrt{v^3 - 1 + C_v}}dv$$

其中 $v = \dfrac{\mu_{\text{eff}}}{\mu}$，作为源相的 $S_k = 0, S_\varepsilon = 0$。

15.5.3 流体动力学模拟步骤

采用 CFD 软件对三相流化床进行模拟，主要包括以下步骤。

（1）建立数学模型

1）具体地说就是要建立反映流化床内部各个量之间关系的微分方程及相应的定解条件，这也就是流化床模拟的出发点。三相流化床的基本控制方程通常包括质量守恒方程、动量守恒方程、能量守恒方程，以及这些方程的定解条件。

2）寻找合适的计算方法，即建立针对控制方程的数值离散化方法。

3）计算。这部分计算包括计算网格划分、初始条件和边界条件的输入、控制参数的设立等，本书使用 CFD 软件对三相流化床进行网格划分，输入相应的初始和边界条件，

进行计算求解。

　　4）显示计算结果。计算结果一般通过图表等方式表示，这对检查和判断分析质量和结果有重要参考意义。

　　FLUENT 软件包括以下几个软件，各软件之间的关系如图 15-16 所示。

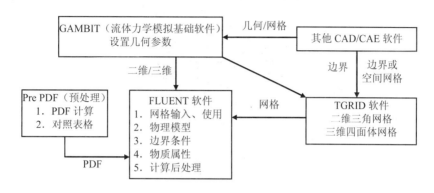

图 15-16　FLUENT 软件各组件之间的关系

　　利用 FLUENT 软件模拟三相流化床流场，主要的模拟过程分为 3 部分，即前处理、求解和后处理。前处理首先要利用 FLUENT 软件包中的 GAMBIT 软件建立三相流化床的计算区域，并且定义该计算区域的边界条件类型，前处理中的主要包括以下步骤。

　　（1）构建几何模型

　　利用 GAMBIT 软件，创建几何模型。在模拟三相流化床的流场时，按照三相流化床的物理原始参数，即二维模型，遵从点到线、从线到面的原则建立相应的计算区域。在玻璃珠三相流化床中即分别建立高为 1.6 m、直径为 90 mm 和高为 0.9 m、直径为 150 mm 的圆柱体，以及上直径为 90 mm、下直径为 150 mm、高为 50 mm 的圆台，将三个体按照物理原型合并后，即建立三相流化床的计算区域。在高硫高砷金精矿和氰化尾渣三相流化床中分别建立高为 1.6 m、直径为 90 mm 和高为 0.9 m、直径为 150 mm 的圆柱体，以及上直径为 90 mm、下直径为 150 mm、高为 50 mm 的圆台，以及高为 1.5 m、直径为 90 mm，高为 0.9 m、直径为 90 mm 和高为 0.5 m、直径为 48 mm 的圆柱体，将几何体按照物理原型合并后，即建立三相流化床的计算区域。

　　（2）划分网格

　　控制区域划分网格需要输入一系列参数，如单元类型、网格类型及有关选项。

　　如模拟三相流化床时，把流化床划分为 3 个部分：大圆柱体、小圆柱体和圆台。使用 cooper 网格划分方式，把控制区域划分为 850 个四面体结构非均匀网格如图 15-17 所示，控制单元为 17 365 个，计算是在 P4 双核 2.8G 计算机上完成，内存为 2G，利用 Fluent 6.3.26 软件实施计算。以流化床动力学试验测试为依据，模拟时间大约为 300 s，计算机所需时间大约 12 h。

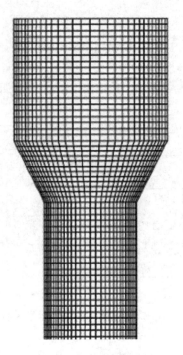

图 15-17   二维计算模型网格

（3）指定边界条件的类型

边界类型包括壁面边界、入口边界、出口边界、对称边界等。如在模拟玻璃珠颗粒三相流化床时，入口边界采用速度入口。分别气体的流速和方向。在进口处，气液固相间无滑移，气相的速率均匀分布，由表观气体速度推知各相相含率；壁面处取不渗透及非滑移条件，各相速度为零，即与壁面平行的流速和垂直的流速均为零。对靠近壁面的第一个网格结点，采用壁面函数方法处理；在轴对称处：

$$\frac{\partial u_{\mathrm{g}}}{\partial r} = \frac{\partial u_1}{\partial r} = \frac{\partial u_{\mathrm{s}}}{\partial r} = \frac{\partial k}{\partial r} = \frac{\partial \varepsilon}{\partial r} = 0 \tag{15-19}$$

$$\frac{\partial \varepsilon_{\mathrm{g}}}{\partial r} = \frac{\partial \varepsilon_1}{\partial r} = \frac{\partial \varepsilon_{\mathrm{s}}}{\partial r} = 0 \tag{15-20}$$

$$u_{\mathrm{g}} = u_1 = u_{\mathrm{s}} \tag{15-21}$$

出口边界为压力出口，出口见面为自由出口，各相参数均充分发展，即

$$\frac{\partial u_{k,x}}{\partial z} = \frac{\partial u_{k,r}}{\partial z} = \frac{\partial k_{\mathrm{c}}}{\partial z} = \frac{\partial \varepsilon_{\mathrm{c}}}{\partial z} = 0 \tag{15-22}$$

（4）输出网格文件

计算区域网格划分完毕，边界条件定义完毕之后，网格文件要从 GAMBIT 软件之后输出，一般以.msh 的格式输出。

求解计算是流场模拟中最重要的一部分，把 GAMBIT 中输出的网格文件导入 FLUENT 求解器中，选择计算模拟之后，定义流体的属性，设置边界条件之后，进行迭代计算。利用 fluent 求解器进行求解主要包括以下步骤：

1）读入和检查网格文件，网格文件在读入 fluent 软件之后，应当检查网格的质量，以确保网格之中不会出现负体积，这样在代入求解器计算的时候，结果才会收敛。

2）选择计算模型，网格在代入 fluent 求解器之后，要按照模拟流场的特点来选取合适的计算模型，本书选用的模型为 Eulerian 多相流模型中的 κ-ε 湍流模型，选择显示差分格式，并进行相数设置为 3。

3）设置条件包括流体属性、相定义、边界条件。在此定义流体的物理和边界性质，以模拟玻璃珠三相流化床为例：本节采用的模拟气相为空气，其黏度常数为 $1.789\ 4\times10^{-5}$ kg/（m·s），密度为 1.225 kg/m³；液相为水，密度和黏度系数分别为 998.2 kg/m³ 和 0.001 003 kg/（m·s），比定压热容为 4 182 J/（kg·K），热导率为 0.6 W/（m·K），环境压强为 101 325 Pa，重力加速度为 9.8 m/s²。固相为细小玻璃颗粒，密度设为 2 600 kg/m³，比定压热容设为 790 J/（kg·K），热导率设为 0.75 W/（m·K），黏度（Viscosity）系数设为 1.72×10^{-5} kg/（m·s）。定义相，包括主相、第二相、相间作用等的设置。其中，air 作为主相，water 和 glass 作为第二相，glass 设置时勾选 Granular（颗粒），并将颗粒直径设为 8×10^{-5} m。设置边界条件包括入口边界条件和出口边界条件。设定入口边界处，air 相 Y-Velocity 为 0.018 1 m/s，water 相和 glass 相中的体积分数为 0（表示入口处无 water 和 glass 进入，完全是 air 进入）。

4）除上述设置外还要设置求解控制参数、初始化流场（选中大气入口边界作为计算的起点）、定义相体积分数区域、Path 玻璃和水域范围、设置残差检测器等。

5）求解。这一步就可以设定连续性方程湍动方程的具体求解方式，设定好求解参数，进行初始化，设定迭代计算的次数，进行迭代计算，本节在三相流化床模拟中选用时间步长为 0.05 s，迭代步数为 6 000 次进行计算。

6）后处理是流场模拟的最后一步，把 FLUENT 计算输出的数据，包括速度、压力、湍流度等参数，以云图、等值线图、矢量图、剖面图、xy 散点图、轨迹图等方式输出计算结果。

15.5.4　三相流化床数值模拟分析

本节以玻璃珠颗粒三相流化床为例进行数值模拟分析。下面以 U_g=4.9 cm/s，玻璃珠颗粒为 500 g，粒度为 0.08 mm 为例来阐述局部气含率、局部固含量、压力、液体、气体和固体速度的模拟结果，此条件下的模拟结果如下各图所示。

15.5.4.1　压力场和速度场的模拟

图 15-18 为流化床内部压力场分布图，从图中不难看出，压力从流化床底部向顶部方向逐渐降低，在径向上的压力有波动不是很明显。

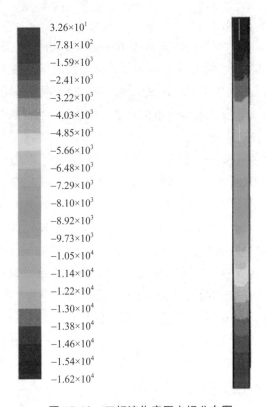

$3.26×10^1$
$-7.81×10^2$
$-1.59×10^3$
$-2.41×10^3$
$-3.22×10^3$
$-4.03×10^3$
$-4.85×10^3$
$-5.66×10^3$
$-6.48×10^3$
$-7.29×10^3$
$-8.10×10^3$
$-8.92×10^3$
$-9.73×10^3$
$-1.05×10^4$
$-1.14×10^4$
$-1.22×10^4$
$-1.30×10^4$
$-1.38×10^4$
$-1.46×10^4$
$-1.54×10^4$
$-1.62×10^4$

图 15-18　三相流化床压力场分布图

图 15-19（a）为流化床内部气相速度场分布图，从图中不难看出，随着气体向上流体，气相的速度减小，且气相的速度和方向受液相和固相共同影响，沿轴向和径向上都变化较大。图 15-19（b）为流化床内部液相速度场分布图，从图中不难看出，随着液体向上流体，液相的速度减小，且液相的速度和方向受固相和气相共同影响，沿轴向和径向上都变化较大。在径向上，计算网格边缘气相有向下流动的现象。主要是由于流化床底部固体颗粒不断地流化，气体的运动阻力不断增大，随着固体颗粒和液体流化状态的不断改变，液体速度和固体速度逐渐增加，在流化床的顶部，大量气泡聚并，严重地影响了液体的速度和固体的速度，出现部分回流的现象。图 15-19（c）为流化床内部固相速度场分布图，从图中不难看出，随着气体向上流体，固相的速度减小，且固相的速度和方向受液相和气相共同影响，沿轴向和径向上都变化较大。在径向上，计算网格边缘固相有向下流动的现象。

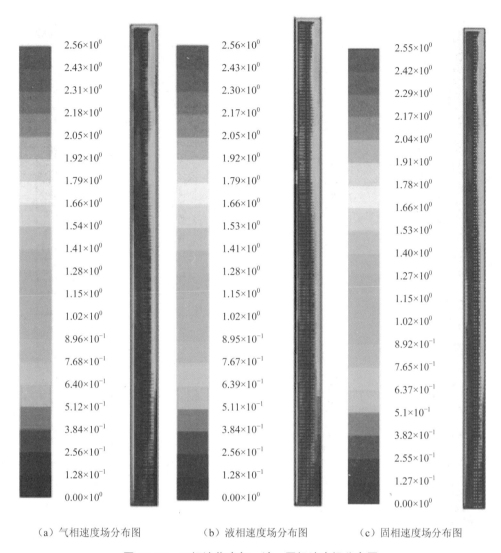

（a）气相速度场分布图　　（b）液相速度场分布图　　（c）固相速度场分布图

图 15-19　三相流化床气、液、固相速度场分布图

15.5.4.2　局部气含率和气体速度场的模拟

图 15-20 为三相流化床内部局部气含率的模拟结果图。从图中不难看出，从计算域的入口到出口，局部气含率逐渐增加，这是由于沿轴向表观气速不断降低，气泡在流化床内停留的时间增大所致。

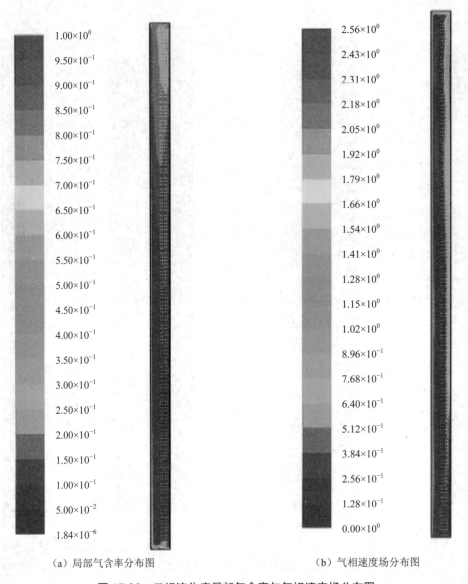

（a）局部气含率分布图　　　　　　（b）气相速度场分布图

图 15-20　三相流化床局部气含率与气相速度场分布图

　　图 15-21 为局部气含率径向上的分布图，从图中不难看出，从中心计算域到边壁，气含率降低。

15.5.4.3　局部固含率和固体速度场的模拟

　　图 15-22 为三相流化床内部局部固含率的模拟结果图。从图中不难看出，从计算域的入口到出口，局部固含率逐渐减小，这是沿轴向表观气速不断降低，流体的携带能力降低，以及流体从分散流型到聚并流行过渡的缘故。

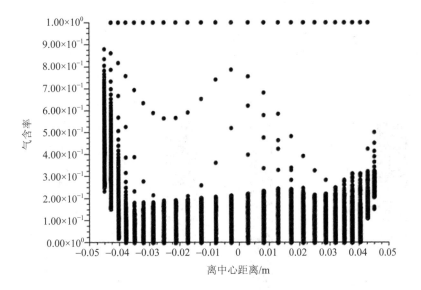

图 15-21　局部气含率计算域径向上分布图

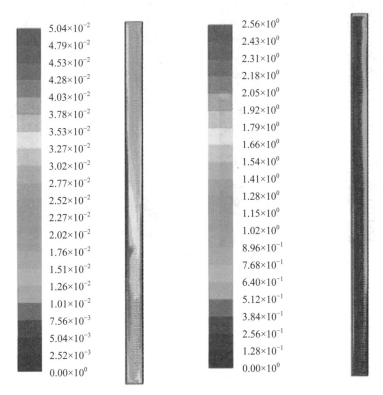

（a）局部固含率分布图　　　　（b）气相速度场分布图

图 15-22　三相流化床局部固含率与气相速度场分布图

15.5.4.4 局部液含率和液体速度场的模拟

图 15-23 为三相流化床内部局部液含率的模拟结果图。从图中不难看出，从计算域的入口到出口，局部液含率逐渐减小，这是沿轴向表观气速不断降低，流体的携带能力降低，以及流体从分散流型到聚并流行过渡的缘故。

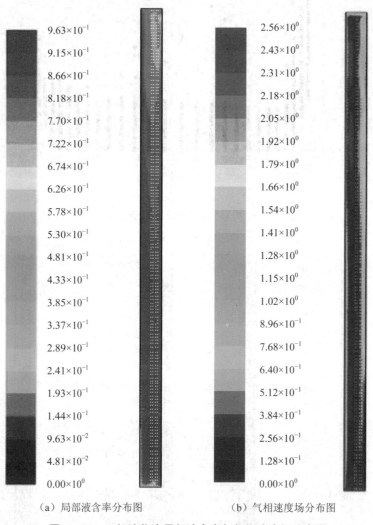

（a）局部液含率分布图   （b）气相速度场分布图

图 15-23   三相流化床局部液含率与气相速度场分布图

15.5.5   小结

1）本章通过对国内外多相流间耦合最新研究结果，把气相、液相和固相看作为互相区别的三个相，气相看成连续相，液相和固相看成分散相，利用多相流欧拉模型进行模拟。

2）模型充分考虑了质量守恒和动量守恒，对气相作为连续相，液相作为分散相进行了分别考虑。

3）在 Fluent 计算过程中，采用多相流欧拉模型对局部相含率，压力场、速度场进行了较为准确的数值模拟。

15.6　玻璃珠三相流化床流动特性及其数值模拟

流态化技术能够明显提高质、热传递速率，易处理大量颗粒且温度分布均匀等优点被广泛应用于矿物资源的开发及综合利用方面[1-12]。应用三相流化床技术对金矿资源进行综合利用是一个崭新的研究方向。由于直接应用金矿及其尾渣进行三相流化床动力学研究有较多不明因素的影响，本节用玻璃珠颗粒代替金矿进行三相流化床动力学特征研究。在前人工作的基础上，应用瑞士进口的 856 电导率仪，在不同操作条件下对各相局部相含率进行测定计算，讨论相含率在轴向和径向上的分布情况，对表观液速、颗粒粒度、含量、液体黏度等对局部相含率的影响进行讨论，并进行了数值模拟，将实验数据与模型模拟的计算值进行比较，二者的一致性较好。

15.6.1　试验装置、流程图、操作条件、物性及步骤

本实验以气-液-固三相流化床为研究对象，以空气为气相、水为液相、玻璃珠为固相进行流化床动力学特征试验研究。三相流化床装置系统如图 15-24 所示，系统主要由流化床、玻璃转子流量计、电导率仪、电导探头、空气压缩机、缓冲罐等构成。为便于观察，流化床由有机玻璃制成。

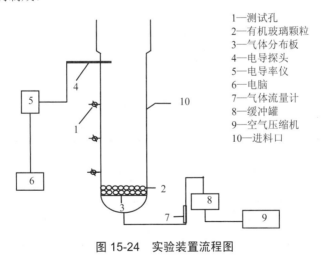

1—测试孔
2—有机玻璃颗粒
3—气体分布板
4—电导探头
5—电导率仪
6—电脑
7—气体流量计
8—缓冲罐
9—空气压缩机
10—进料口

图 15-24　实验装置流程图

实验在高为 2.5 m、最小内径为 90 mm 的圆柱形有机玻璃塔中进行，测试部分高为 1.6 m。固相玻璃珠颗粒，平均粒径分别为 5.5 mm、3.4 mm、0.15 mm、0.08 mm、0.05 mm，颗粒密度为 2.6 g/cm^3。流化床具体特征参见表 15-5。沿流化床侧壁处开孔 4 个，各测孔距气体分布板的距离如表 15-6 所示。流化床流体动力学特征试验操作条件见表 15-7。

表 15-5　气液固三相流化床的主要参数

流化床高度/m	2.5
测试部分高度/m	1.6
流化床直径/mm	90 /150
气体分布板的气孔直径/mm	2
气体分布板气孔数/个	199

表 15-6　流化床中测孔距气体分布板的距离

测孔号	1	2	3	4
测孔位置/mm	250	650	1 050	1 450

表 15-7　试验操作条件

试验温度/℃	15±1
试验压力/kPa	101.3 ±0.5
气体流速/（m³/h）	0～0.72
固体颗粒粒径/mm	5.5、3.4、0.15、0.08、0.05
固体颗粒含量/g	100～900

在气-液-固三相流化床中，气相为空气，液相为自来水，固相为玻璃珠颗粒。水由水管从顶部进入，玻璃珠由直径为 10 mm 的进料口进入。气体经由空气压缩机、气体缓冲罐，通过玻璃转子流量计后，再经气体分布板均匀分布后进入流化床，最后经流化床顶部放空。气体分布板孔径为 2 mm，孔数为 199 个。试验体系物理性质见表 15-8。

表 15-8　试验体系物理性质

相	密度/（kg/m³）	表面张力系数/（mN/m）	颗粒粒径/mm	黏度/（Pa·s）
空气	1.29	—	—	1.82×10^{-5}
水	997.05	72.75	—	1.005×10^{-5}
玻璃珠	2.6	—	5.5 mm、3.4 mm、0.15 mm、0.08 mm、0.05 mm	—

首先将流化床、玻璃珠颗粒清洗干净备用，电导探头校正备用。将固体颗粒经过进料口放入流化床，将电导探头置于测孔 1 中，检查流化床的所有接口，接口连接好后，将液体加入流化床。打开计算机并打开 timao 软件，设置好参数，当试验条件和操作条件稳定后，在不同的表观气速、初始颗粒加入量、不同粒度颗粒、不同黏度液体下，测定计算气液固三相流化床不同径向上的局部相含率，之后分别测取测孔 2、测孔 3、测孔 4 的局部相含率，由此可获得三相流化床中不同轴向、径向上的相含率的分布规律，以及各个因素对相含率的影响。

15.6.2　试验测试方法、数据采集及整理

气体流量采用空气转子流量计测量，对测得的流量先进行压力和温度校正，得到实际

流量之后，根据标准状况下的流量，求表观气速。

采用电导探头测试技术，同时测得三相局部含率。有关三相局部含率的测试原理见 15.4 节。

15.6.3　试验结果与讨论

图 15-25 是不同 r/R（r 为流化床径向位置，R 为流化床半径）时，4 个测孔中电导率随 U_g（表观气速）的变化情况。从图可看出，随 r/R 值不同，电导率有明显变化。在测孔 1 中［图 15-25（a）］，随 r/R 值增加，电导率降低；随 U_g 增加，电导率增加。这主要原因可能是由于流化床的固定床层太低，气泡分布不均匀，导致电导率分布也不均匀，出现异常。从测孔 1 向上，离气体分布板越远，气泡分布越均匀，电导率径向分布也越均匀［图 15-25（b）、图 15-25（c）、图 15-25（d）］。这与王铁峰等用光纤探头技术研究流化床中气泡上升速度时发现气泡上升呈中心区域高、边壁区域低的径向分布特征，且随气速增大，气泡上升速度增大、分布变宽的结论一致。

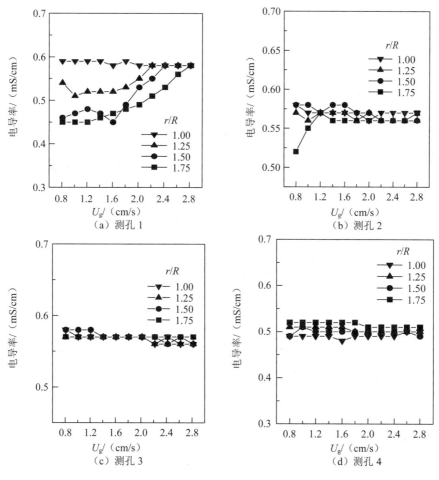

图 15-25　流化床中电导率的径向分布

电导率的轴向分布与 U_g 密切相关。图 15-26 分别为同一轴向、不同测孔、不同 U_g 下电导率的变化情况。在流化床中心区域，靠近气体分布板的测孔 1 电导率较大 [图 15-26（a）]，越靠近流化床边壁区域测孔 1 的电导率越小 [图（15-26（b）、图 15-26（c）、图 15-26（d）]，主要原因可能是由于流化床的固定床层太低，气泡分布不均匀，随 U_g 增大，气泡向边壁区域分布，导致电导率分布也不均匀。从测孔 2 向上，流化床不同轴向上电导率减小。

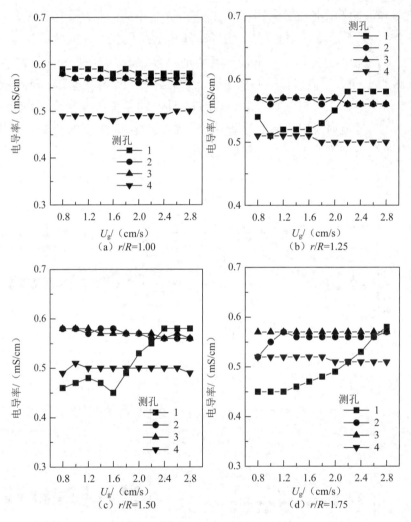

图 15-26　不同测孔电导率的轴向分布

ε_g 的径向分布如图 15-27 所示。测孔 1 中，当 $U_g=0.81$ m/s 时，流化床中心区域 ε_g 最小，为 3.9%，靠近边壁区域 ε_g 增大；当 $r/R=1.75$ 时，$\varepsilon_g=15\%$。ε_g 沿径向呈增加趋势，越靠近流化床边壁区域 ε_g 越高，这主要是受固定床层的影响。测孔 2、测孔 3、测孔 4 中，流化床中心区域 ε_g 较大，靠近边壁区域 ε_g 减小，与曹长青[17]的结果一致。且随 U_g 增加，

ε_g 增加，ε_g 径向分布均匀性变差。因为 U_g 较低时，床内充满均匀的小气泡，气泡以分散状态存在，ε_g 径向分布趋于均匀。随 U_g 增加，气泡数目增多，增加了与液体混合速度，使径向液体扩散增大。

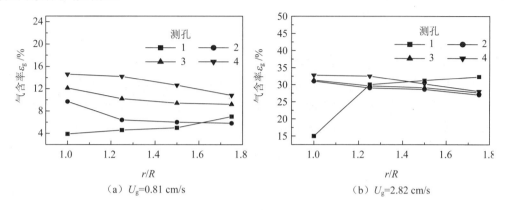

（a）U_g=0.81 cm/s　　　　　　　　（b）U_g=2.82 cm/s

图 15-27　流化床中相含率的径向分布

ε_g 的轴向分布如图 15-28 所示。当 U_g=0.81 m/s，r/R=1.00 时，测孔 1 的 ε_g 为 3.9%，测孔 2~4 的 ε_g 依次增大，测孔 4 的 ε_g 最大，为 14.6%。当 U_g=2.82 m/s，r/R=1.00 时，测孔 1 的 ε_g 为 15%，测孔 2~4 的 ε_g 依次增大，测孔 4 中 ε_g 最大，为 32.8%。在 r/R=1.25、1.50、1.75 时，越向上 ε_g 越大（除测孔 1 外）。随 U_g 增加，ε_g 也增加，ε_g 轴向分布均匀性趋于变差，与曹长青[1]的结果一致。由于 U_g 增加，气泡数增多，增加了气泡聚并，导致大气泡和尾涡形成，增加了轴向液体扩散。

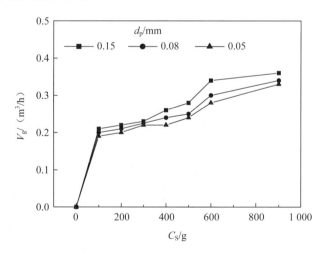

图 15-28　玻璃颗粒含量和粒度对最小流化速度的影响

在以玻璃颗粒为固相的三相流化床系统中，采取气体为动力带动液体和固体向上流动的操作方式。当气流速度（V_g）很小时，流化床属于固定床；随着气流速度的逐渐增大，玻璃颗粒慢慢悬浮于流体中，当颗粒刚好全部悬浮在向上流动的流体中时，流化床中的气流动产生的曳力与系统中颗粒和液体的有效重力相平衡，床层处于流化状态，此时的气流速度称为最小流化气流速度 U_{gmf}。

试验在高度为 2.5 m 的流化床中对 U_{gmf} 进行研究。U_{gmf} 受玻璃颗粒的含量（C_s）和粒度大小（d_p）影响明显（图 15-28）。从图 15-27 不难看出，玻璃珠颗粒 d_p 一定时，随着玻璃珠颗粒 C_s 的增加，U_{gmf} 也在不断增大。玻璃珠颗粒 C_s 一定时，随着玻璃珠颗粒 d_p 的增加，U_{gmf} 也在不断增大。另外，随着玻璃珠颗粒的增加，气流产生的曳力无法使得玻璃颗粒悬浮，出现固定床。这是因为玻璃含量的增加和颗粒粒度的增大都使液固有效重力变大，因此必须提高气速来增大曳力才能刚好达到流化状态。在进行试验研究时，必须根据固体的含量和粒度的大小来调整气流速度，并使系统在正常工作时的操作气流速度大于最小流化速度。

15.6.3.1 三相流化床局部相含率径向轴向上的分布

U_g 分别为 4.1 cm/s、4.5 cm/s 时，三相流化床中局部相含在径向上的分布情况如图 15-29 所示。

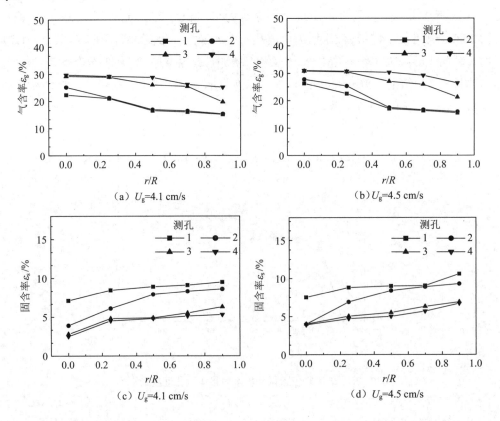

（a）U_g=4.1 cm/s

（b）U_g=4.5 cm/s

（c）U_g=4.1 cm/s

（d）U_g=4.5 cm/s

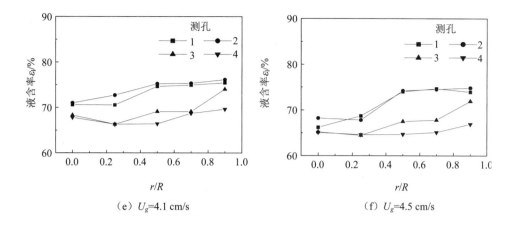

（e）U_g=4.1 cm/s　　　　　　　　　（f）U_g=4.5 cm/s

图 15-29　三相流化床中气液固相含率的径向分布

如图 15-29（a）至图 15-29（f）所示，流化床中，测孔分别为 1、2、3、4 时，局部气含率在边壁区域比在中心区域小［图 15-29（a）和（b）］。局部固含率在边壁区域比在中心区域大［图 15-29（c）和（d）］。对于局部液含率而言，在边壁区域比在中心区域大［图 15-29（e）和（f）］。三相流化床中的局部相含率的从中心区域向边壁区域的变化情况和 Razzak 等的结果一致。

U_g 分别为 4.1 cm/s、4.5 cm/s 时，三相流化床中局部相含率在轴向上的分布情况如图 15-30（a）至图 15-30（f）所示。流化床中，当 r/R=0.00、0.25、0.50、0.70、0.90 时，在测孔 1、2、3、4 中，从三相流化床底部向上，局部气含率不断增加［图 15-30（a）和（b）］，局部固含率不断减小［图 15-30（c）和（d）］。从三相流化床底部向上，局部液含率不断减小［图 15-30（e）和（f）］。三相流化床中的局部相含率的从底部向上的变化情况和 Razzak 等、曹长青等的结果一致。

15.6.3.2　三相流化床局部相含率影响因素分析

（1）三相流化床中表观气速对相含率的影响

关于表观气速对相含率的影响如图 15-30 所示。图 15-30 为表观气速分别为 1.8 cm/s、4.0 cm/s、4.9 cm/s 时，测孔 2 和测孔 3 中，气含率在径向上的分布图。从图中不难发现在各测孔中，随着表观气速的增加，气含率也不断增加，且从边壁区域向中心区域，气含率也不断地增加。

（2）三相流化床中玻璃珠颗粒的含量对相含率的影响

试验以粒度为 0.15 mm 的高硫高砷金精矿为固相，表观气速分别为 4.0 cm/s 时，对测孔 2 和测孔 3 中高硫高砷金精矿颗粒含量对相含率的影响讨论。关于高硫高砷金精矿颗粒对相含率的影响如图 15-31 所示。从图中不难发现，随着玻璃珠颗粒含量的增加，气含率有所增加，且从边壁区域向中心区域，气含率也不断地增加。

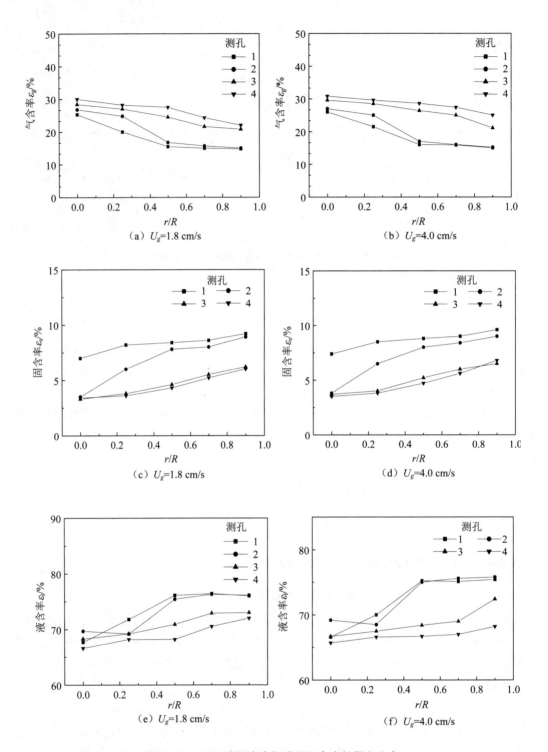

图 15-30　三相流化床中气液固相含率的径向分布

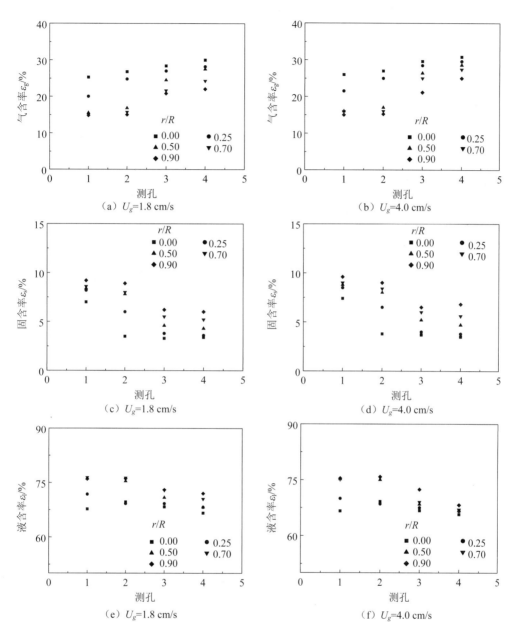

图 15-31　三相流化床中气液固相含率的轴向分布

（3）三相流化床中颗粒粒度对相含率的影响

当玻璃珠颗粒的粒径过大，三相流化床为固定床，气含率随着表观气速的不断增加而增加，固含率为 0，液含率相应地减小。并且玻璃珠颗粒越大，气泡在三相流化床中的分布越不均匀，随着珠颗粒的不断减小，出现沸腾流化床。且随着颗粒的不断减小，气泡也随之变小，并且分布趋于均匀。当颗粒小到一定程度，在气体的推动下进入液体中，形成三相流化床。

图 15-32 为表观气速为 0.40 cm/s 时，测孔 2 和测孔 3 中气含率在径向上的分布图。从图中不难发现，随着玻璃珠颗粒粒度的增加，气含率有所增加，且从边壁区域向中心区域，气含率也不断地增加。

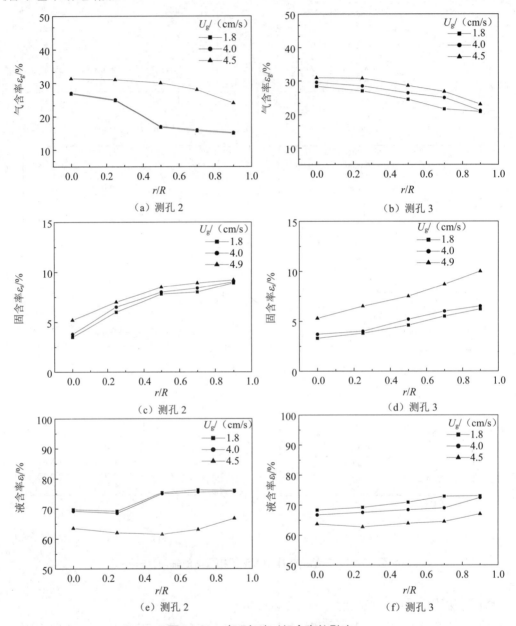

图 15-32　表观气速对相含率的影响

（4）三相流化床中液体黏度对相含率的影响

颗粒含量为 600 g，粒度为 0.05 mm，测孔 3 中表观气速为 4.9 cm/s，液体黏度不同，对局部相含率影响不同。图 15-33 为液体黏度对局部气含率的影响分布图，从图中不难发现，随着液体黏度的增加，局部气含率不断减小，且从流化床的中心区域向边壁区域不断减小。

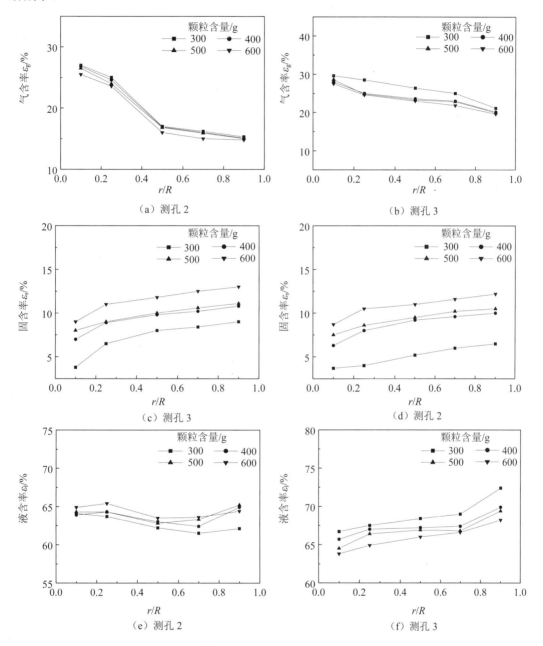

图 15-33　含量对相含率的影响

图 15-34 为液体黏度对局部气含率的影响分布图，从图中不难发现，随着液体黏度的增加，局部固含率不断增加，且从流化床的中心区域向边壁区域不断增加。

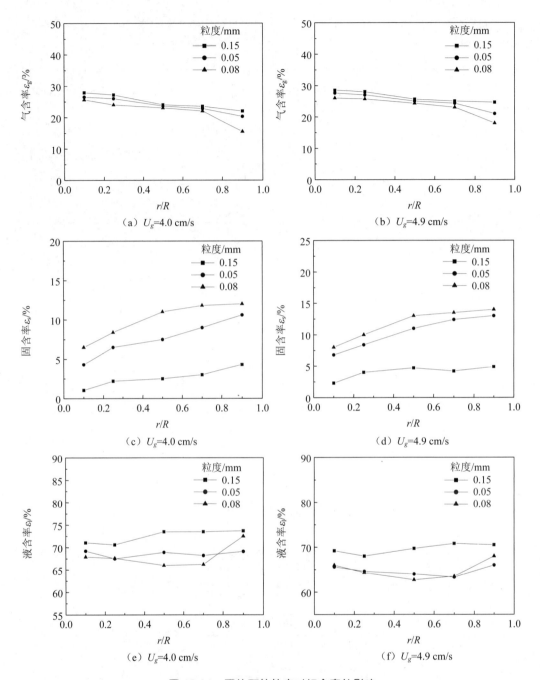

图 15-34 固体颗粒粒度对相含率的影响

图 15-35 为液体黏度对局部液含率的影响分布图，从图中不难发现，随着液体黏度对局部气含率和局部固含率的影响，液含率也相应地发生变化。

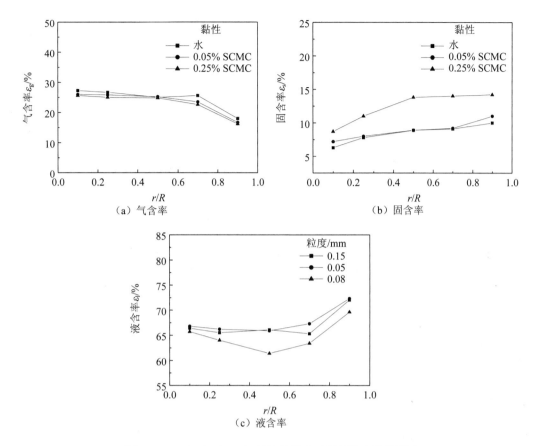

图 15-35　U_g=0.49 cm/s 时液体黏度对局部相含率的影响

15.6.4　高硫高砷金精矿三相流化床相含率数值模拟

高硫高砷金精矿为固相的三相流化床采用多相流体力学模型里的 Euler-Euler 型中的 Euler 模型进行模拟计算。模拟结果与试验结果进行对比。

15.6.4.1　高硫高砷金精矿三相流化床气含率含率数值模拟

图 15-36 为高硫高砷金精矿三相流化床内部局部气含率的模拟结果图。从图中不难看出，从计算域的入口到出口，局部气含率逐渐增加，这是由于沿轴向表观气速不断降低，气泡在流化床内停留的时间增大所致。

图 15-37 为局部气含率径向分布模拟散点图。从图中不难发现，从计算区域中心向边壁，局部气含率减小。局部气含率分布模拟柱状图说明［图 15-38（a）］，局部气含率的含量主要集中在 35% 以下，和试验结果相一致。

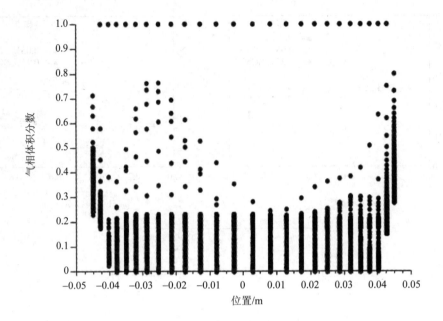

图 15-36   局部气含率径向分布模拟散点图

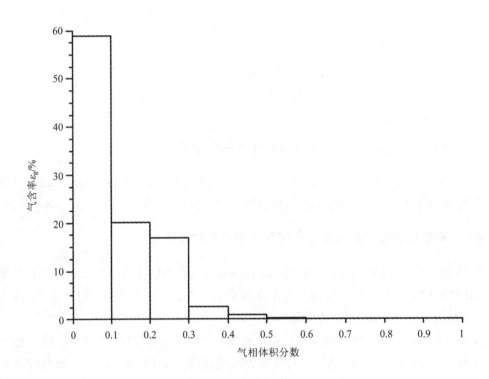

图 15-37   高硫高砷金精矿三相流化床内部局部气含率模拟柱状图

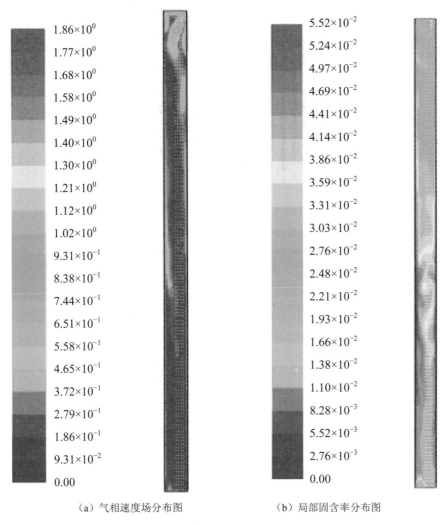

（a）气相速度场分布图　　　　　　　（b）局部固含率分布图

图 15-38　高硫高砷金精矿三相流化床气流速度与金精矿含率含率数值模拟图

15.6.4.2　高硫高砷金精矿三相流化床金精矿含率数值模拟

图 15-38（b）为高硫高砷金精矿三相流化床内部金精矿含率的模拟结果图。从图中不难看出，从计算域的入口到出口，局部金精矿含率逐渐减小，这是由于沿轴向表观气速不断降低，其携带能力不断降低，局部金精矿含率随之降低。图 15-39 为局部金精矿含率径向分布模拟散点图。从图中不难发现，从计算区域中心向边壁，局部金精矿含率增加。

局部金精矿含率分布模拟柱状图（图 15-40）说明，局部固含率的含量主要集中在 5% 以下，和试验结果大致相一致。

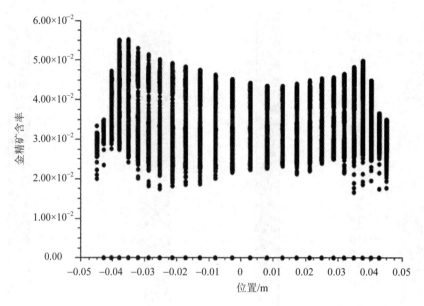

图 15-39 U_g=1.8 cm/s 时金精矿含率径向分布模拟散点图

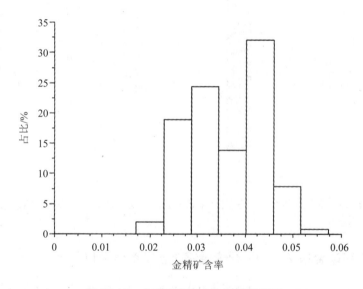

图 15-40   金精矿含率分布模拟柱状图

15.6.5   小结

本章以不同粒度的金精矿颗粒为固相，水为液相、空气为气相进行三相流化床动力学试验以及影响因素分析研究，并结合试验装置进行数值模拟，得出下列结论：

1）当金精矿颗粒分别为 0.15 mm、0.05 mm、0.08 mm 时，随着表观气速的不断增加，气含率不断增加。径向上，从流化床中心区域向边壁区域气含率减小，在轴向上，离气体分布板距离越远，气含率越高。随着表观气速的不断增加，金精矿含率不断增加。径向上，从流化床中心区域向边壁区域气含率增加，在轴向上，离气体分布板距离越近，金精矿含率越高。

2）在不同条件下，对气含率和金精矿含率的影响因素分析研究发现：其他条件不变，随着表观气速的增加，气含率和金精矿含率都有所增加；随着金精矿颗粒粒度的不断减小，气含率有所减小，金精矿含率有所增加；随着金精矿含量的增加，气含率有所减小，金精矿含率有所增加；随着液体黏度的增加，气含率有所减小，金精矿含率有所增加。

3）根据试验装置和三相流化床欧拉-欧拉模型，对金精矿三相流化床内各相局部相含率分布特征进行数值模拟。模拟结果显示，模拟结果和试验结果基本一致。这为三相流化床中 NO_x 循环催化氧化高硫高砷金精矿工艺的后继放大试验提供依据和理论基础。

15.7 金矿氰化尾渣三相流化床流动特性及其数值模拟

在世界金矿中大约有 80% 都采用氰化法提金，氰化提金工艺会产生大量氰化尾渣，我国黄金系统每年排放的尾渣量已经超过 2 450 万 t。氰化尾渣中含有 CN⁻、重金属等多种有毒成分，同时含有具有回收潜力的矿物。目前，氰化尾渣采用传统简单堆存或填满，该处理方式污染环境、浪费资源，对氰化尾渣进行资源化综合利用是减轻污染、扩展资源利用的有效途径。以大量、清洁、经济为目的氰化尾渣综合利用问题，是一个目前正在开发的新技术，本课题组应用三相流化床中 NO_x 循环催化氧化尾渣工艺是一个经济、清洁且能够大量处理尾渣的工艺。而对循环催化氧化尾渣三相流化床进行流体动力学特征试验研究和数值模拟，是后继放大试验和应用于生产实践的基础，本章就三相流化床动力学特征进行试验研究和数值模拟。在前人工作的基础上，应用瑞士进口的电导率仪，在不同操作条件下对各相局部相含率进行同时测定，讨论相含率在轴向和径向上的分布情况，对表观液速、氰化尾渣粒度、含量、液体黏度等对局部相含率的影响进行讨论，并进行了数值模拟，将实验数据与模型模拟的计算值进行比较，二者的一致性较好。

15.7.1 试验装置、流程图、操作条件和物性及步骤

15.7.1.1 试验装置

本实验以气液固三相流化床为研究对象，以空气、水、氰化尾渣（图 15-41）分别为气相、液相和固相进行流化床动力学特征试验研究。

三相流化床装置系统如图 15-42 和图 15-43 所示，系统主要由流化床、流量计、电导率仪、电导探头、空气压缩机、缓冲罐、电脑等构成。为了便于观察，流化床由有机玻璃制成。实验在高为 2.5 m、最小内径为 0.09 m 的圆柱形有机玻璃塔中进行，测试部分高为 1.6 m。流化床具体特征参数见表 15-9。沿流化床主体部分侧壁处开孔 4 个，各测孔距气体

分布板的距离如表 15-10。流化床流体动力学特征试验操作条件见表 15-11。

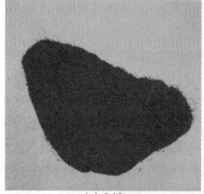
（a）0.15mm

（b）0.08mm

（c）0.05mm

图 15-41　金精矿氰化尾渣图

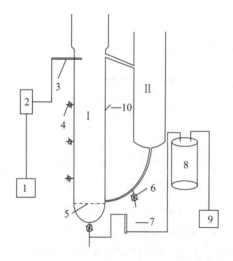

1—电脑;
2—电导率仪;
3—电导探头;
4—测试孔;
5—气体分布板;
6—阀门;
7—气体流量计;
8—缓冲罐;
9—空气压缩机;
10—进料口;
Ⅰ—流化床主床;
Ⅱ—流化床副床

图 15-42　实验装置流程图

图 15-43　实验装置图

表 15-9　气液固三相流化床的主要参数

流化床高度/m	2.5
测试部分高度/m	1.6
流化床直径/mm	90/150
气体分布板的气孔直径/mm	2
气体分布板气孔数/个	199

表 15-10　流化床中测孔距气体分布板的距离

测孔号	1	2	3	4
测孔位置/mm	250	400	400	400

表 15-11　试验操作条件

试验温度/℃	21±1
试验压力/kPa	101.3 ±0.5
气体流速/（m³/h）	0.16～0.88
固体颗粒粒径/mm	0.15、0.08、0.05
固体颗粒含量/g	100～600

15.7.1.2　试验流程

实验在高 2.5 m、内径 0.09 m 的圆柱形有机玻璃塔中进行，测试部分高为 1.6 m，固相为金精矿氰化尾渣，颗粒粒度平均直径分别为 0.15 mm、0.08 mm、0.05 mm，颗粒密度为 3.1 g/cm³。气相为空气，液相为白来水。金精矿氰化尾渣由直径为 10 mm 的进料口进入，水由水管从顶部进入。气体经由空气压缩机、气体缓冲罐，通过玻璃转子流量计后，再经气体分布板均匀分布后进入流化床,最后经流化床顶部放空。气体分布器孔径为 2 mm,孔数为 199 个。

15.7.1.3　试验步骤

首先将流化床、金精矿清洗干净备用,校正好电导探头备用。将氰化尾渣颗粒经过进料口放入流化床,将电导探头置于测孔 1 中,检查流化床的所有接口,将液体加入流化床。打开计算机中的 timao 软件,设置好参数,当试验条件和操作条件稳定后,在不同的表观气速、不同初始颗粒加入量、不同粒度颗粒、不同黏度液体下,测取计算气液固三相流化床不同径向上的局部相含率,之后分别测取测孔 2、测孔 3、测孔 4 的局部相含率,由此可获得三相流化床中不同轴向、径向上的相含率的分布规律,以及不同因素对相含率的影响。

15.7.2　试验测试方法、数据采集及整理

15.7.2.1　气体流量测量及表观气速计算

气体流量采用空气转子流量计测量,对测得的流量先进行压力和温度校正,得到实际流量之后,根据标准状况下的流量,求表观气速。

表 15-12　试验体系物理性质

相	密度/(kg/m^3)	表面张力/(mN/m)	颗粒粒径/mm	黏度/(Pa/s)
空气	1.29	—	—	1.82×10^{-5}
水	997.05	72.75	—	1.005×10^{-5}
高硫高砷金精矿	2.5	—	0.15 mm、0.08 mm、0.05 mm	—

15.7.2.2　三相局部相含率的测量

采用电导探头测试技术,同时测得三相局部相含率。有关三相局部含率的测试原理的见 15.4 节。

15.7.3　试验结果与讨论

15.7.3.1　三相流化床最小流化速度

在以玻璃颗粒为固相的三相流化床的基础上,对于以氰化尾渣为固相的三相流化床系统,仍采取以气体为动力带动液体和固体向上流动的操作方式。当气流速度(V_g)很小时,流化床属于固定床;随着气流速度的逐渐增大,氰化尾渣颗粒慢慢悬浮于流体中,颗粒刚

好全部悬浮在向上流动的流体中时，流化床中的气流动产生的曳力与系统中颗粒和液体的有效重力相平衡，床层处于流化状态，此时的气流速度称为最小流化速度 U_{gmf}。

试验在流化床高度为 1.7 m，U_{gmf} 受氰化尾渣的含量（C_s）和粒度大小（d_p）影响明显（图 15-44）。由图 15-44 不难看出，氰化尾渣颗粒粒度一定时，随着氰化尾渣颗粒含量的增加，U_{gmf} 在不断增大。氰化尾渣颗粒含量一定时，随着氰化尾渣颗粒粒度的增加，U_{gmf} 也在不断增大。另外，随着氰化尾渣颗粒的增加，气流产生的曳力无法使得氰化尾渣颗粒悬浮，出现固定床。这是因为氰化尾渣含量的增加和颗粒粒度的增大都使液固有效重力变大，因此必须提高气速来增大曳力才能刚好达到流化状态。在进行试验研究时，必须根据氰化尾渣的含量和粒度的大小来调整气流速度，并使系统在正常工作时的操作气速大于最小流化速度。

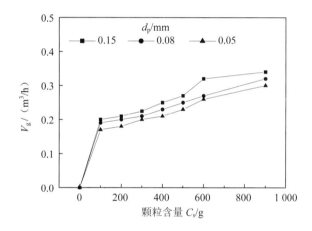

图 15-44　氰化尾渣含量和粒度对最小流化速度的影响

15.7.3.2　三相流化床局部相含率径向轴向上的分布特征

（1）三相流化床局部相含率径向上的分布

表观气速分别为 1.81 cm/s，4.0 cm/s 时，氰化尾渣三相流化床中局部相含率在径向上的分布情况如图 15-45 所示。在流化床中，测孔分别为 1、2、3、4 时，局部气含率在边壁区域比在中心区域小［图 15-45（a）和（b）］。氰化尾渣局部固含率在边壁区域比在中心区域大［图 15-45（c）和（d））］。局部液含率在边壁区域比在中心区域大［图 15-45（e）和（f））］。三相流化床中局部相含率从中心区域向边壁区域的变化情况和 Razzak 等的结果一致。

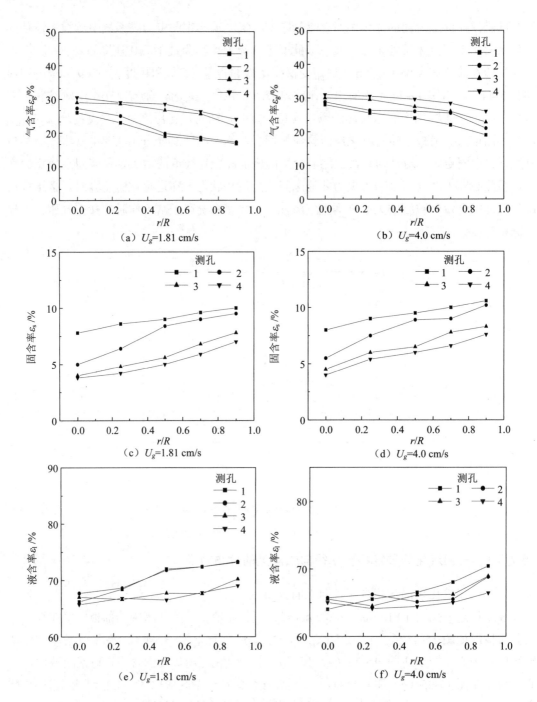

图 15-45 三相流化床中气液固相含率的径向分布

（2）三相流化床局部相含率轴向上的分布

表观气速分别为 1.8 cm/s，4.0 cm/s 时，三相流化床中局部相含率在轴向上的分布情况如图 15-46 所示。流化床中，r/R=0.00、0.25、0.50、0.70、0.90 时，在测孔 1、测孔 2、测孔 3、测孔 4 中，从三相流化床底部向上，局部气含率不断增加 [图 15-46（a）和（b）]。
氰化尾渣局部固含率不断减小 [图 15-46（c）和（d）]。从三相流化床底部向上，局部
液含率不断减小 [图 15-46（e）和（f）]。三相流化床中的局部相含率的从底部向上的变
化情况和玻璃珠三相流化床的情况与 Razzak 等、曹长青等的结果一致。

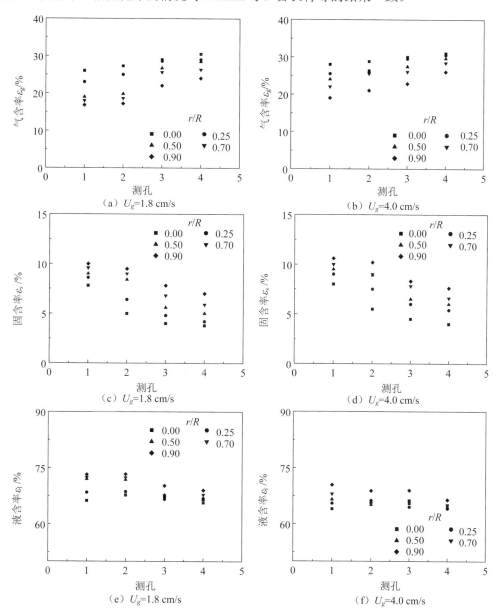

图 15-46　三相流化床中气液固相含率的轴向分布

15.7.3.3　三相流化床局部相含率影响因素分析

（1）三相流化床中表观气速对相含率的影响

图 15-47 为表观气速分别为 1.8 cm/s、4.0 cm/s、4.9 cm/s 时，测孔 2 和测孔 3 中，气含率在径向上的分布图。从图 15-47 中不难发现，在各测孔中，随着表观气速的增加，气含率也不断增加，且从边壁区域向中心区域，气含率也不断地增加。随着表观气速的增加，氰化尾渣局部固含率也不断增加，且从中心区域向边壁区域，不断地增加。局部液含率随着局部气含率、固含率不断变化而变化。

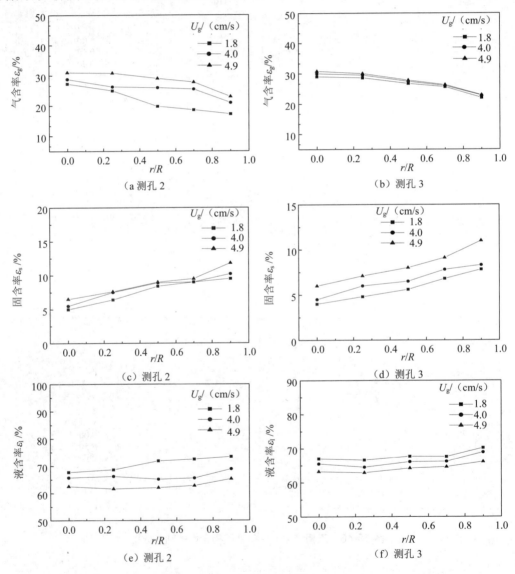

图 15-47　表观气速对相含率的影响

（2）三相流化床中氰化尾渣的含量对相含率的影响

试验以粒度为 0.15 mm 的氰化尾渣为固相，表观气速为 4.0 cm/s 时，测孔 3 中氰化尾渣含量对相含率的影响进行讨论。关于氰化尾渣对相含率的影响如图 15-48 所示，从图中不难发现，随着氰化尾渣颗粒含量的增加，气含率有所降低，且从中心区域向边壁区域，气含率也不断地降低。随着氰化尾渣颗粒含量的增加，尾渣含率有所增加，且从中心区域向边壁区域，氰化尾渣固含率也不断地增加。局部液含率随着局部气含率和氰化尾渣含率的变化而变化。

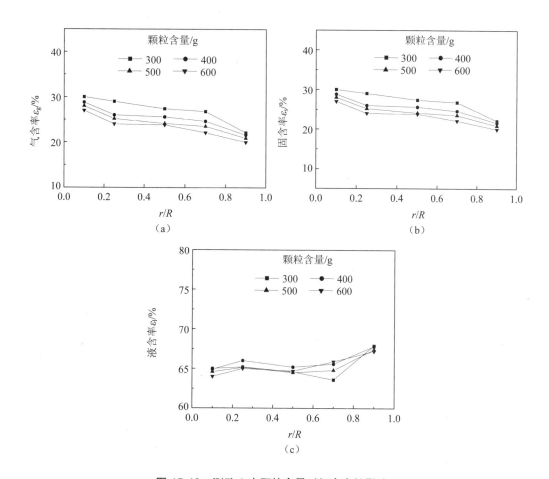

图 15-48　测孔 3 中颗粒含量对相含率的影响

（3）三相流化床中氰化尾渣粒度对相含率的影响

图 15-49 所示为在测孔 3 中，表观气速分别为 4.0 cm/s，含量为 500 g，粒度分别为 0.15 mm、0.08 mm、0.05 mm，尾渣粒度对局部相含率的影响。从图中不难发现，随着氰化尾渣颗粒粒度的增加，局部气含率减小，且从中心区域向边壁区域不断减小。随着氰化尾渣颗粒粒度的增加，尾渣局部固含率减小，且从边壁区域向中心区域不断减小。而局部

液含率则随着局部气含率和局部固含率的变化而变化。

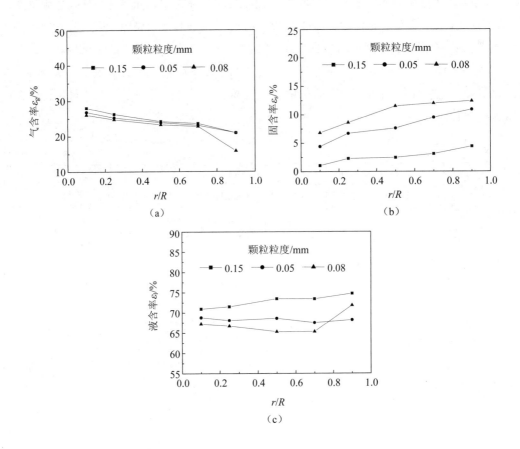

图 15-49　当 U_g=4.0 cm/s 时，测孔 3 中尾渣粒度对相含率的影响

（4）氰化尾渣三相流化床中液体黏度对相含率的影响

图 15-50 表示在尾渣含量为 600 g、粒度为 0.05 mm、测孔 3 中表观气速为 4.9 cm/s，液体黏度对局部相含率的影响。图 15-50（a）为液体黏度对局部气含率的影响分布图，从图中不难发现，随着液体黏度的增加，局部气含率不断减小，且从流化床的中心区域向边壁区域不断减小。图 15-50（b）为液体黏度对局部固含率的影响分布图，从图中不难发现，随着液体黏度的增加，尾渣局部含率不断增加，且从流化床的中心区域向边壁区域不断增加。图 15-50（c）为液体黏度对局部液含率的影响分布图，从图中不难发现，随着液体黏度对局部气含率和尾渣局部含率的影响，液含率也相应地发生变化。

15.7.4　氰化尾渣三相流化床相含率数值模拟

氰化尾渣为固相的三相流化床采用多相流体力学模型里的 Euler-Euler 型中的 Euler 模型进行模拟计算。模拟结果与试验结果进行对比。

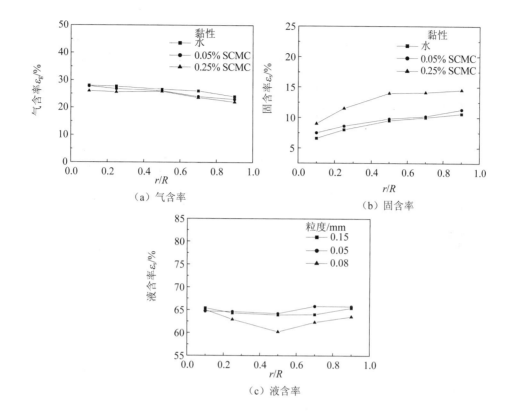

（a）气含率　　（b）固含率

（c）液含率

图 15-50　U_g=0.49 cm/s 时液体黏度对局部相含率的影响

15.7.4.1　氰化尾渣三相流化床气含率含率数值模拟

图 15-51 氰化尾渣三相流化床内部局部气含率的模拟结果图。从图中不难看出，从计算域的入口到出口，局部气含率逐渐增加，这是沿轴向表观气速不断降低，气泡在流化床内停留的时间增大所致。

图 15-52 为局部气含率径向分布模拟散点图。从图中不难发现，从计算区域中心向边壁，局部气含率减小。局部气含率分布模拟柱状图说明（图 15-53），局部气含率的含量主要集中在 35%以下，和前面试验结果相一致。

15.7.4.2　氰化尾渣三相流化床氰化尾渣局部含率数值模拟

图 15-54 为氰化尾渣三相流化床内部氰化尾渣含率的模拟结果图。从图中不难看出，从计算域的入口到出口，局部氰化尾渣含率逐渐减小，这是由于沿轴向表观气速不断降低，其携带能力不断降低，局部金精矿含率随之降低。

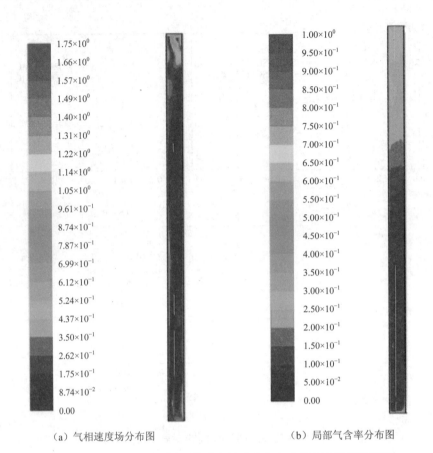

（a）气相速度场分布图　　　　　（b）局部气含率分布图

图 15-51　氰化尾渣三相流化床气流速度与气含率含率数值模拟图

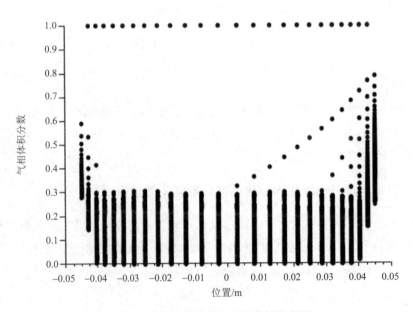

图 15-52　局部气含率径向分布模拟散点图

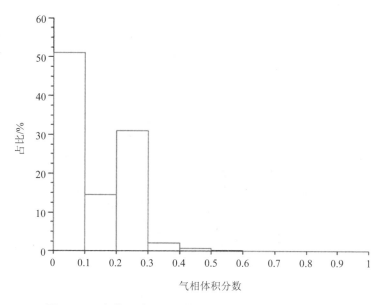

图 15-53　氰化尾渣三相流化床内部局部气含率模拟柱状图

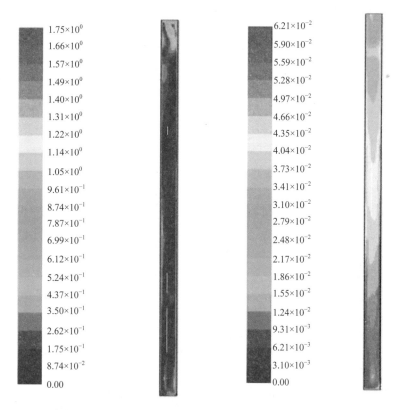

（a）气相速度场分布图　　　　　　　（b）氰化尾渣局部含率分布图

图 15-54　氰化尾渣三相流化床气流速度与尾渣含率数值模拟图

图 15-55 为局部氰化尾渣含率径向分布模拟散点图。从图中不难发现，从计算区域中心向 2 边壁，氰化尾渣局部含率增加。氰化尾渣局部含率分布模拟柱状图（图 15-56）说明，局部固含率的含量主要集中在 5%以下，和试验结果大致相一致。

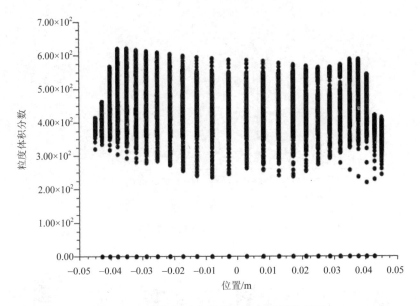

图 15-55　氰化尾渣含率径向分布模拟散点图

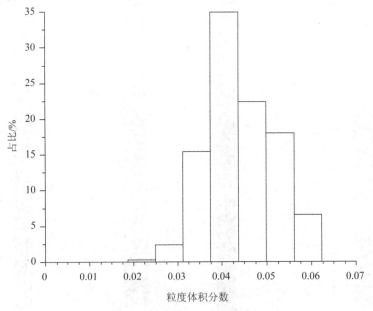

图 15-56　氰化尾渣含率分布模拟柱状图

15.8　本章小结

本章以不同粒度的氰化尾渣为固相、水为液相、空气为气相进行三相流化床动力学试验以及影响因素分析研究，并结合试验装置进行数值模拟，得出下列结论：

1）当氰化尾渣粒度分别为 0.15 mm、0.05 mm、0.08 mm 时，随着表观气速的不断增加，气含率不断增加。在径向上，从流化床中心区域向边壁区域气含率减小，在轴向上，离气体分布板距离越远，气含率越高。随着表观气速的不断增加，尾渣含率不断增加。在径向上，从流化床中心区域向边壁区域尾渣含率增加，在轴向上，离气体分布板距离越近，尾渣含率越高。

2）在不同条件下，对气含率和氰化尾渣含率的影响因素分析研究发现：其他条件不变，随着表观气速的增加，气含率和氰化尾渣含率都有所增加；随着氰化尾渣粒度的不断减小，气含率有所减小，氰化尾渣含率有所增加；随着氰化尾渣含量的增加，气含率有所减小，氰化尾渣含率有所增加；随着液体黏度的增加，气含率有所减小，氰化尾渣含率有所增加。

3）根据试验装置和三相流化床欧拉-欧拉模型，对氰化尾渣三相流化床内各相局部相含率分布特征进行数值模拟。模拟结果显示，模拟结果和试验结果基本一致。这为三相流化床中 NOₓ循环催化氧化氰化尾渣工艺的后继放大试验提供依据和理论基础。

第 16 章　控制系统研究与开发

——金精矿提金三相循环流化床控制系统的研究与实现

16.1　引言

介绍了金精矿提金三相循环流化床控制课题研究的背景和意义，并对循环流化床过程控制方法进行了简单综述。

16.1.1　金精矿提金三相循环流化床控制系统研究的背景和意义

三相循环流化床工艺作为一种用硝酸预氧化金精矿新方法，可以有效克服现有提金工艺中存在的以下缺点：①产生大量有害的 NO_x 尾气，造成污染；②需要高温高压，对设备要求苛刻；③反应率不高，一些没有反应的矿不能回收再反应；④尾渣中的伴生矿物砷、硫等不能回收利用；⑤投资较高，产出偏低。因此，集节约能源、洁净燃烧、安全可靠、降低污染排放等优点于一体的三相循环流化床工艺是一种很有发展前景的方法。但三相循环流化床是一个分布参数、非线性、时变、大滞后、多变量紧密耦合的对象，且其反应过程的复杂性和强腐蚀性等使人工控制难以保证生产过程中循环流化床各项性能指标的实现，人工控制常存在以下问题：床内压力不稳定，波动大；反应率和产品质量不高，无法达到工艺要求的精度；生产过程的连续性和安全性偏低；操作工人劳动强度大。

针对上述问题，提出研究三相循环流化床控制课题是十分必要的。目前世界各国都在致力于开发研究循环流化床反应，完善循环流化床的研制工作。其中一个重要的方面就是提高控制系统的自动化水平，特别是床温床压的自动控制。因此，研究实现对整个工艺流程的实时数据采集和自动控制，可使整个工艺流程更加合理，使系统功能完善、操作简便，具有更高的安全可靠性和性价比，并为将来投入工业化生产打下基础。

金精矿提金三相流化床自动控制系统可以在整个化学反应过程中根据反应的变化情况随时调节循环流化床内的温度和压力，使化学反应充分进行，从而有效地起到节省原料、提高效率、绿色环保的作用，具有更大经济效益。工业化生产中，自动控制相比人工控制有以下优点：

①精确控制：实现在线控制，系统平稳运行，提高反应率和产品质量。

②改善劳动条件：由计算机自动控制代替了部分的人工操作，减少了反应操作时间和劳动强度。

③无故障运行时间长，安全性提高。

④数据处理功能强大：具有实现实时数据显示、自动控制、报警、数据存储、统筹计算、系统优化、实时报表和历史报表打印等功能。

⑤显示功能：总览表、流程图、控制图、实时运行曲线、历史运行曲线的显示等。

因此，本研究课题对实现金精矿提金循环流化床的安全连续运行有着十分重要的意义。

16.1.2　流化床化工反应过程控制方法综述

流化床装置目前已广泛应用于各种工业生产中，流化态技术的应用也已经从最开始的粉煤气化拓展到在能源、环保、石油催化裂化等领域的应用。目前，工业现场过程控制中占统治地位的仍然是 PID 调节器。PID 调节器的主要局限在于不能有效对付具有多变量耦合、时变、非线性、大时滞等特性的系统，而流化床就属于这类系统。因而开发简单、可靠、易于实现的、比 PID 调节器性能更好的流化床控制器是很多学者和工程技术人员努力研究的目标。

从查阅到的论文资料中可以看出，流化床锅炉控制系统已经普遍用于各种工业生产中，是学者们研究得较多和较完善的，而关于三相外循环流化床的控制还停留在流化态的分析和装置改造上，还没有将自动控制方法应用到三相循环流化床的具体文献。其主要原因在于需要承载气、液、固反应的三相系统比气、固的两相系统复杂，其反应系统本身还处在研究和完善中，因而相应的控制系统还没有得到很好研究。

由于三相循环流化床的非线性、多变量、纯滞后、模型不稳定的特点也不同程度地存在于循环流化床锅炉中，因而用于循环流化床锅炉化工反应过程的控制方法对金精矿提金三相循环流化床具有很高的借鉴价值。目前对于循环流化床锅炉，各国学者已经提出了一些先进控制策略，如自适应控制、模糊控制、神经网络控制、预测控制等，其中一些已经应用于实际工业过程，取得了较好的效果。

16.1.2.1　自适应控制

循环流化床锅炉是一个时变、多工况对象，因此一个固定参数的控制器很难在整个时间域内都适用。在这种情况下，引入自适应机构是十分自然的。自适应控制可以通过不断测量系统的状态、性能或参数，得到当前系统的运行指标并与期望的指标进行比较，从而调整控制器的结构或参数，以保证系统运行在某种意义下的最优或次优状态。自适应控制器的这种特性就可以保证当循环流化床对象发生时变或改变工况时，控制器可以通过调整参数来适应这个变化，从而保证了系统的控制效果。目前有较多的循环流化床自适应控制的研究。

16.1.2.2 模糊控制

模糊控制是一种适用于多变量、强耦合、大时滞复杂非线性系统的控制方法，其特点是在偏离工作点较远的区域可明显改善控制的动态性能，不需要控制对象的精确数学模型，并且对控制对象的特性的变化具有较强的鲁棒性。然而由于模糊控制本质上属于非线性控制方法，控制器的稳定性难以保证，控制精度不够高，并且在工作点附近容易产生极限环振荡。在实际应用中，模糊控制器的设计和参数整定往往过分依赖于现场操作经验和试凑法。虽然模糊控制方法有一定不足，但在实际中还是有一定的应用的。

16.1.2.3 神经网络控制

神经网络控制使用人工神经元网络作为控制器对被控对象进行学习、训练和控制，可以处理非线性问题，具有在线学习能力，可以通过在线学习调整控制器参数，以适应系统的时变特性。由于神经网络控制的这些优点，近年来有很多国内外学者对其在循环流化床锅炉先进控制（特别是燃烧系统的控制）中的应用进行了研究，也取得了一些成果。

16.1.2.4 预测控制

预测控制对大纯滞后对象是最为有效的一种控制策略。与传统的基于模型的控制算法不同的是预测控制只强调模型的功能而不要求模型的具体结构形式，只要所建立的模型能准确地预测系统在未来时刻的输出值就可以作为预测模型，因此可以充分利用系统的信息建立高质量的预测模型。预测控制通过优化某一随时间变化的性能指标来确定未来控制作用，这种优化是在有限时域内反复进行、滚动实施的，而且在优化过程中利用实测信息对基于模型的预测不断地进行反馈校正之后再进行新的优化，从而增强了控制的鲁棒性。因此国内外许多学者都致力于将预测控制用于流化床汽温控制中，可以有效地消除被控对象高阶特性对系统带来的不良影响，同时消除了给水流量变化引起汽温变化的耦合关系。

16.1.3 小结

对流化床控制系统的研究，时至今日，许多控制界学者和工程师在不同的领域不懈地工作，得出许多各具特色的控制方法，这些控制方法为我们进行三相循环流化床控制系统的设计提供思路和指导。

16.2 金精矿提金三相循环流化床的机理分析及控制目标

三相循环流化床系统作为一种环保的反应装置，其物理特性和化学特性都比较复杂，所以在建模之前，要先对其流态特性和反应机理进行分析，找出影响床压的最主要因素，进而通过实验数据和已有理论知识确定控制目标值，为建模做准备。

16.2.1　金精矿提金三相循环流化床的工艺流程

金精矿提金三相循环流化床工艺流程如图 16-1 所示。主流化床和副流化床之间的外循环装置形成了气体、液体、固体的循环利用。

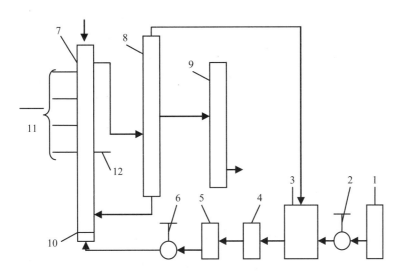

1—氧气发生罐；2—减压阀；3—氧气缓冲罐；4—隔膜压缩机；5—气体流量计；6—电动调节阀；7—主流化床；

8—副流化床；9—排渣管；10—气体分布板；11—四个压力传感器；12—温度传感器

图 16-1　金精矿提金三相循环流化床工艺流程示意图

气体是来自氧气发生罐的氧气经过减压阀、缓冲罐后，气体在泵强大的冲力作用下从分布板进入主循环流化床，空气转子流量计记录进气量，与流化床内的液体和固体颗粒混合反应，其中反应产生的 NO$_x$ 和没有反应的氧气从副床的顶端流入气体缓冲罐，再次使 NO 和氧气混合生成 NO$_2$，再次随 O$_2$ 一起打入主床，形成气体的循环。

液体部分循环形成是首先在液体储槽中配制实验所需浓度的硝酸溶液，由人工加入主床和副床中三分之二的位置，与循环流化床中的气体和固体颗粒充分流化。由于气体上行流动使得主床中的硝酸容易密度减小，副床中的溶液从底部流入主床，气体带动液体流动，液体和气体一起带动固体颗粒，形成外循环流态化。反应一段时间后，硝酸溶液慢慢变稀，经过固液分离系统，气液搅拌和重力作用，将反应完全预处理氧化渣与未反应的黄铁矿分离。部分液体与新加入的矿浆混合后回流入流化床中，形成液体的循环，另一部分液体和固体颗粒进入排渣管排出，NO$_2$溶于水也提高了硝酸浓度。

固体部分循环是首先将固体颗粒进行筛选，筛选出实验所需的尺寸，以矿浆的形式从主床顶部加入流化床中。实验开始后，部分固体颗粒进入循环流化床主体，由气流体和液流体共同作用，开始流化。反应过程中半个小时加料一次，同时排渣，反应过程不间断，而氧化渣在副床的中间开口引出。金精矿与硝酸反应过程是一个液固多相反应过程，金精矿与硝酸一旦反应，固体颗粒金精矿将不断被反应物溶解，固体颗粒粒径逐渐缩小，会浮在上面，粒径大的没有反应的矿粒沉在下半部，不会随渣排出。继续循环反应，实现了固体颗粒的循环。从排渣口放出反应液，然后用过滤装置进行过滤，滤渣烘干后进行提金，滤液用来测试和分离其他金属。

由于加入的原料是以矿浆或者渣浆的形式输入流化床的，如果加完之后不从流化床中取出一部分反应液，则会导致反应液体积不断增加。所以每次加完矿浆或渣浆之后，要从流化床中取出一定体积的反应液，而反应液中含有硝酸，取完反应液之后，流化床中硝酸的浓度会不断降低。为了弥补硝酸损失，在取样之后，补加一定量的硝酸。

16.2.2　三相循环流化床机理分析

要建立循环流化床控制系统的数学模型，就必须要了解床体的动态流化机理和流体机理模型。

循环流化床技术最大的特点就是物料的流态化。流态化通常被定义为：当固体颗粒群气体或液体接触时，使固体颗粒转变成类似于流体状态的一种操作。在正常的流态化状态下，作用与颗粒上的重力基本上被流体施于颗粒曳力所抵消，因而颗粒在床内处于半悬浮状态。循环流化床因其特有的颗粒循环、气固流动特性、传热特性，使其结构与普通反应床有很大差别，因此在冷态试验、床内温度和压力分布及变化、负荷控制特性、加热调整和运行故障等方面都有很大不同。

16.2.3　三相循环流化床流体机理模型[56]

气-液-固三相流化床具有高处理能力、低阻力降、较好的相分散效果、结构简单及易于连续操作等优点，并且具有多种操作方式，每种操作方式都有不同程度的应用领域。

现有机理模型主要有统一尾涡模型、逐级分割处理模型、漂移通量模型、结构尾涡模型、循环流模型和颗粒终端速度模型等。这些模型一般都是经验模型。统一尾涡模型的扩展形式——尾涡交换模型和尾涡脱落模型得到了较好的应用。

在气-液-固三相循环流化床中，气相是以分散相气泡形式存在。如图16-2所示，统一尾涡模型将床层划分为3个区：气泡区、尾涡区和液固流化区。而且床层颗粒存在着内循环流动，即在气泡及液流的推动下，絮状物向床层上部扩散；当进入乳相区后，又在重力的作用下向下运动。可以认为，颗粒的扩散和沉淀形成了三相循环床上稀下浓的固含率分布。模型假设：①尾涡区固含率可以为液固流化区不同的任意值；②尾涡的上升速度与气泡相同；③液固稀相区的颗粒以弥散状态存在，絮状物区的颗粒以聚集方式存在；④在床层任意高度 z，截面絮状物在气泡与液流的作用下按扩散机制由颗粒浓度较高的区域向浓度较低的区域运动。当絮状物达到 z 以上区域，此处的床层平均颗粒浓度较低，絮状物又在重力的作用下下沉到颗粒浓度较高的区域。

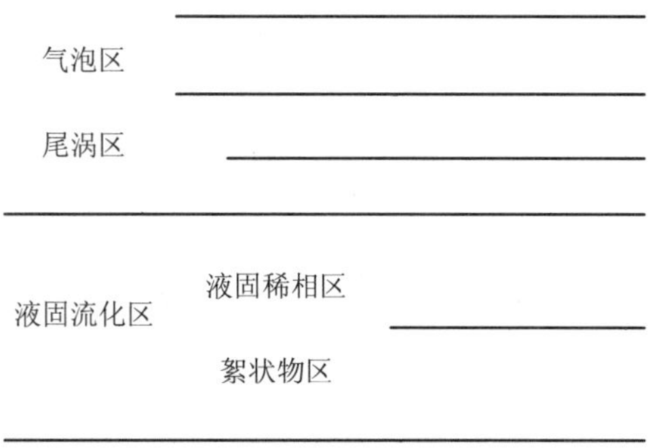

气泡区 ＿＿＿＿＿＿＿＿＿＿＿

尾涡区 ＿＿＿＿＿＿＿＿＿＿＿

＿＿＿＿＿＿＿＿＿＿＿＿＿＿＿＿＿＿

液固流化区　　　液固稀相区
　　　　　　　　　＿＿＿＿＿＿＿＿
　　　　　　　絮状物区

＿＿＿＿＿＿＿＿＿＿＿＿＿＿＿＿＿＿

图 16-2　沉降-扩散模型示意图

从尾涡的形成和脱落机理分析形成固体颗粒浓度分布现象。模型假设：①除了尾涡形成和脱落外，尾涡区和流化区无固体颗粒交换；②尾涡从形成到脱落直至进入流化区所经历的路程定义为"尾涡脱落长度"。在稳态条件下，尾涡夹带上升固体颗粒流量等于流化区向下流动的固体颗粒流量。气液固三相循环流化床中的固含率的轴向分布呈上稀下浓的 S 形。

16.2.4　监控参数对氧化率（反应率）的影响

（1）进气速度对氧化率的影响

随着气速的增加，矿样氧化率提高，这是因为鼓气有利于传质和扩散过程，增加流体与颗粒之间的相对运动，加强液固相之间的接触，增加硝酸与金精矿之间的接触机会，有利于颗粒表面更新，所以气速是能提高氧化率的。

（2）温度对氧化率的影响

温度能影响化学反应平衡、化学反应速度以及各种反应物、生成物的传递速度，所以反应温度对氧化率有很大的影响。温度升高，降低了液相粒度，增加了离子运动速度，减小了扩散阻力，有利于传质过程的进行，同时表面反应速度也加快了，这些均有利于提高矿样的氧化率。

（3）粒径对反应率的影响

矿样颗粒尺寸直接关系到化学反应接触面积的大小，这是化学反应速度的重要影响因素。在相同的条件下，减小矿样的粒度，氧化率会增加，这是因为硝酸氧化金精矿反应为液固复相反应，矿样颗粒越小，表面积越大，反应的接触面积也越大，反应速率越快，从而矿样氧化率越高。

（4）硝酸浓度对反应率影响

不同的硝酸浓度中，氧化速度有很大的差别。随着硝酸浓度的增大，氧化速度加快，氧化率也提高。在同一浓度相同条件下，随着反应时间的增加，氧化率不断增大。

以上这些因素中，进气量大小对反应率影响程度是最大的，因为进气量会直接影响床层压力的大小，而在金精矿提金预处理整个反应过程中，温度、粒径、硝酸浓度都是一定的，特别是温度是通过围绕在主床外壁上的加热带来调节，通过恒温设备恒定在一个温度上，且不考虑反应放热，那么整个控制系统可以解耦成温度控制系统和床层压力控制系统，使系统简化且目标明确。

16.2.5　控制目标值确定

本系统对床压和床温实现自动控制是整个工艺流程的重要部分。流化床床温是一个直接影响反应过程能否安全连续运行的重要参数，同时也直接影响着反应效率及 NO_x 的产生量。

床压参数的稳定效果和调节品质可以直接影响整个流程的安全经济运行，实现对床温和床压自动控制势在必行。床压和床温控制的目的是保证压力和温度在以设定值为中心的允许范围内变化，温度和压力过高会造成设备的损坏，过低则会造成流化床的反应效率降低和原材料的浪费。

所以，确定床温和床压的控制目标值是我们进行设计控制系统的首要任务。

经过多次试验，得出硝酸氧化金精矿的最佳工艺条件如下：氧化初始温度为 80℃；硝酸初始浓度为 30%；原料配比（硝酸和精化尾渣的质量比）为 3∶1；进气速度为 0.8 m³/h；在此条件下，转化率为 90.06%，金的提取率为 92.3%。所以床温应控制在 80℃，而床压的控制目标值应通过试验来确定。

在进气初始阶段，随着气体流速的增加，两点的压降下降，这是因为气体流速增加，流化床内气含率增加，导致流体平均密度减小，重力压降下降，最终导致总压降减小。但是气体流速进一步增加，压降变化不大并趋于稳定，这是因为气体流速增加使湍动加剧，从而使固含率有所增加。这样缓和了重力压降下降的程度，稳定压力值就是我们要控制的目标值。气速再增大，压降又增大，说明气速太大导致固体颗粒受到的向下的重力小于向上的浮力，粒子不平衡，固含率又开始变化。

经以上分析，在一定的工况下，三相流化床内的流体流动基本能达到一个"稳定"状态，即整个流化床内气固相的体积含率基本不再发生变化，压力的变化梯度很小，趋于稳定。当局部的固含率和气含率不再随时间变化的时候，两点之间的压降也不变化，即固体颗粒受到向下的重力和向上的浮力达到平衡状态，宏观上可看作悬浮在空间里不动，要达到这个状态时的进气量是多少，要通过实验来确定。

由于固含率和气含率的实验测试方法还不是很成熟，在实际操作状况下，实施比较复杂，受多种因素干扰，往往难以实现或效果不佳，且价格昂贵，所以一般用得不多。本实验采用通过分析三相流化床不同部位压降来判断流化床是否工作在稳态。

实验在冷态下进行，加清水，不加硝酸，不进行反应。真实反应过程是加一定浓度硝酸，加 1 600 g 的物料，加热到 80℃，因为反应产生的效果相对于气速影响是非常微弱的，所以在这里忽略不计，就把冷态实验看成能反映整个反应真实状态。加入床高 2/3 的水和

1 600 g 物料,调动把进气量,进行压力信号的采集,并利用软件进行去噪处理,然后计算得到两点间的压降。

经以上实验获得的数据分析,不同固含率的情况下有着不同进气大小,使三相流化床内的流体流动基本达到"稳定"状态,通过实验得到目标值如表 16-1 所示。

表 16-1　进气量在不同进料量下的目标值

进料量/g	200	400	600	800	1 000	1 600
进气量/（g/s）	0.3	0.4	0.4	0.5	0.6	0.8
测点一/N	2.300 4	2.578 9	2.589 6	2.610 54	2.745 8	2.907 589
测点二/N	5.408 9	5.628 7	5.642 8	5.718 5	5.884 2	6.062 574
测点三/N	8.613 3	8.701 2	8.877 0	8.955 1	9.003 9	9.301 011
测点四/N	16.487 5	16.552 7	16.582 9	16.725 8	16.918 7	17.610 22

注: 此表表示在不同进料量的情况下达到稳态的最佳的进气量,每个测点在相应进气量下记录的大小是不同工况下的压力目标值。

16.2.6　小结

本节全面介绍了金精矿提金三相循环流化床的工艺流程和控制目标,并通过流态过程和机理分析阐述系统参数之间的关系。为了达到控制系统要求,将耦合系统解耦为一个单独的温控系统和床层压力控制系统;其中床压的建模和控制是关键和难点,流化床床压系统是一个典型的多变量系统,它受进气量、进料量、粒径大小等因素的影响,本节依靠基本的流态化理论来分析本过程的各种影响压力大小的因素,得出最主要的影响床压因素是进气量,再设计实验得到目标值,明确控制任务,为建模和控制系统设计做理论上的准备。

16.3　金精矿提金三相循环流化床床层压力系统建模

由于三相循环流化床床温受外界影响因素少,温控系统设计不需要床温系统的数学模型,采用常规温控仪和加热带就可实现对温度的精确控制,温控系统简单、经济、实用,所以温控系统不是研究重点,不必对其进行建模。床压受多种因素影响,不易实现自动控制,是研究重点,而对床压建模是进行控制系统设计的基础,所以本节的的内容:在综合考虑流化床系统机理特性的情况下,通过对实测实验数据进行模型辨识,建立适合于控制用的床压动态数学模型,为实现流化床控制系统的仿真和优化方法的研究奠定基础。

16.3.1   系统建模的基本方法

传统工业过程包括机理建模和系统辨识两种建模方法。

机理分析根据对现实对象特性的认识，分析其因果关系，找出反映内部机理的规律，建立的模型常有明确的物理或现实意义。机理建模是在工艺机理分析的基础上，依据物料平衡、热量平衡、动力学、热力学等理论建立的类似于方程式的模型。机理建模是对过程的严密描述，在很大程度上依赖于科研和工程开发人员对实际工业过程的理论和物理、化学过程原理的认识。由于实际过程的复杂性和不确定性，对于工业过程的认知总是有限的，因此建立严格机理模型十分困难，所花费的时间和资金很多。机理分析的方法只能用于简单过程的建模。

系统辨识是研究如何用实验研究分析的办法建立待求系统数学模型的一门学科。Zadeh（1962）指出："系统辨识是在输入和输出数据的基础上，从一类模型中确定一个与所观测系统等价的模型。"Ljung（1978）给出如下定义："系统辨识有三个要素——数据、模型类和准则，即根据某一准则，利用实测数据，在模型类中选取一个拟合得最好的模型。"实际上，系统的数学模型就是对该系统动态本质的一种数学描述，它向人们提示该实际系统运行中的有关动态信息。但系统的数学模型总比真实系统要简单些，因此，它仅是真实系统降低了复杂程度但仍保留其主要特征的一种近似数学的描述。

系统辨识主要内容和步骤如图 16-3 所示。

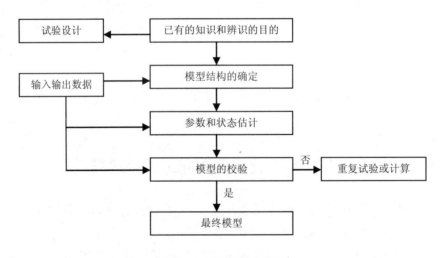

图 16-3   系统辨识流程图

由于金精矿提金三相循环流化床压力系统的复杂性、不确定性及工程人员对工业认识的局限性，所以对三相循环流化床床压进行机理建模是十分困难的。因此，我们采用系统辨识的方法对金精矿提金三相循环流化床压力系统进行建模，建模的同时充分考虑其机理特性。

16.3.2　建模条件假设

对三相流化床系统成功控制的关键之一，就是熟悉和掌握流化床系统的静态和动态特性，只有深刻了解系统过程的机理、模型及特点后，才能正确选择控制策略及正确设计控制系统。由于整个建模过程主要是为控制系统设计提供参考，我们并不追求模型具有很高的精度，只要能反映流化床系统的特点以便正确设计控制系统即可。因此，为了建模的方便，在能够比较准确地反映床动态特性的基础上，我们提出了以下的假设：

1）实验是在加热到 80℃的初始温度下进行的，流化床床体温度是物料和液体的混合温度，没有考虑床内的热损失和反应放热；而且温度采用独立的闭环控制，所以也不考虑温度对压力的影响。

2）物料在主床和副床之间循环，不是内循环，所以假设最后床层达到的流态化是均匀的。反应床不分为密相和稀相两区，认为密相和稀相内矿浆固体颗粒得到气体的充分流化，在建模的时候可以认为床层的压力是基本均匀的。

3）认为进入反应床的气体全包括在进气、循环气中，反应床无漏气。

4）床内压力与进气量和出气量都有关系，因为出气口的压强近似等于大气压，所以只考虑进气量。

5）模型仅从总体上反映流化床特性，不涉及床内复杂的化学反应过程。

16.3.3　床压模型的建立

由于热态反应过程中硝酸的强腐蚀性给实验数据的采集带来一定的困难，所以在冷态条件下试验采集数据，用冷态数据建模来近似模拟热态数据模型（在热态和冷态工况条件下压力系统条件近似）。实验时，加入盖过最上面探头的水和 1 600 g 物料，调动进气量，进行压力信号的采集，并利用软件进行去噪处理。进气量作为单位阶跃输入 $r(t) = 1(t)$，系统输入输出信号简图见图 16-4。

图 16-4　压力建模实验示意图

实验前数据采集系统的参数设置如图 16-5 所示。

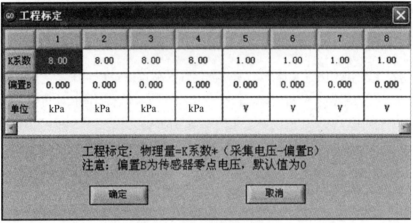

图 16-5　实验参数设置示意图

数据采集记录结果如图 16-6 所示。

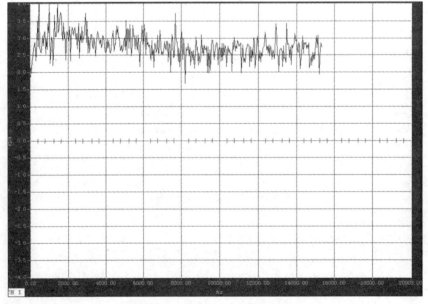

图 16-6　通道 1 实验记录波形图

软件数据处理：由图 16-6 可以看出许多较大干扰产生了无用数据，其他三个通道也同样有干扰，所以要进行滤波。滤波器参数设置（使用默认值）如图 16-7 所示。

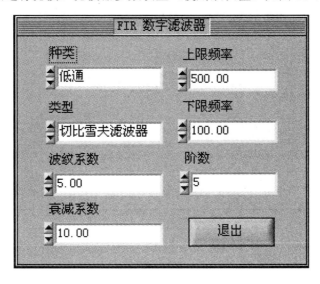

图 16-7　滤波参数设置

由实验得到的四个测点阶跃响应曲线如图 16-8 所示（曲线数据已经过滤波器处理）。

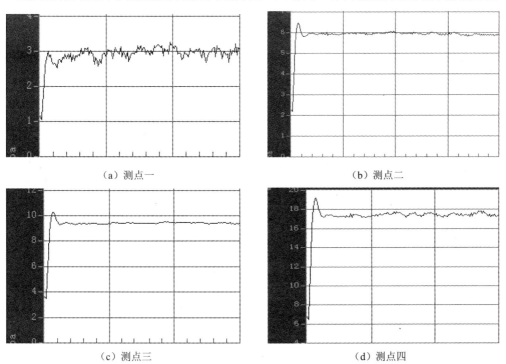

（a）测点一　　　　　　　　　　（b）测点二

（c）测点三　　　　　　　　　　（d）测点四

图 16-8　各测点在进气量阶跃输入时的响应曲线

进气量与各测点压力的关系可以近似为单输入、单输出系统。考虑流化床对象的特点，可用最小相位一阶或二阶线性系统加延迟环节模型来描述。由图 16-8 可知，各测点的相应曲线都有小幅的振荡，因而采用二阶模型来描述该系统的动态特性可以得到更高的精度。

具有时延的二阶环节传递函数为

$$G(s) = \frac{K}{T^2 s^2 + 2\xi T s + 1} e^{-\tau s} \tag{16-1}$$

结合最小二乘法和经典的阶跃响应法对金精矿提金的三相循环流化床的主床压力对象进行建模，得出的参数见表 16-2。

表 16-2　系统二阶模型参数识别结果

测点	参数			
	K	T^2	$2\xi T$	τ
测点一	K=2.9	125	12	7
测点二	K=3.9	123	10	7
测点三	K=5.7	115	16	5
测点四	K=10.9	132	13	8

16.3.4　模型验证和分析

仿真模型验证：根据一定的仿真目的，证实模型行为特性与系统行为特性对比精度满足要求，即证实模型的输入-输出变换以足够精度代表系统的输入-输出变换。仿真模型验证包括两项内容：检测 test 模型与系统的行为特性对比精度和证明此精度满足仿真目的规定的要求。

验证方法虽很多，但都有一定局限性，应综合考虑被研究系统的性质和能获取其输出数据的多少以及仿真目的等因素，选用一种或几种合适的方法。本章模型的精确度以损失函数及过程计算模型输出与实际输出的适应度的大小来衡量。适应度大，说明辨识所得到的模型更精确，更符合过程变化的实际状况。

适应度的大小以 fit 来计算，其公式如下：

$$fit = \frac{\|\tilde{\boldsymbol{y}} - \boldsymbol{y}\|}{n} \tag{16-2}$$

式中：$\tilde{\boldsymbol{y}}$——模型输出向量或矩阵；

$\boldsymbol{y}$——模型实际输出；

n——输出数据的采样个数。

经计算，测点一、测点二、测点三、测点四适应度分别为 92.5、92.6、94.5、91.6。说明建立的模型能很好地反映真实的对象特性，能应用到之后的控制当中。

16.3.5　不同进料量情况下的床层压力模型

前面的模型是在加料 1 600 g、进气阶跃到 0.8 时建立的，但由表 16-3 的目标值得知，不同的进料量所对应的最佳的进气量并不都是 0.8，这样自动控制就需要随着加料的不同，调节不同的进气量，让三相混合达到最佳状态。经过实验得到加料分别为 200 g、400 g、600 g、800 g、1 000 g 时的通过辨识的传递函数如表 16-3 所示。

表 16-3　不同加料下的床层压力传递函数

进料量	传递函数
200 g	$G(s) = \dfrac{9.5}{119s^2 + 12s + 1} e^{-8\tau}$
400 g	$G(s) = \dfrac{9.8}{121s^2 + 11s + 1} e^{-4\tau}$
600 g	$G(s) = \dfrac{9.7}{122s^2 + 13s + 1} e^{-5\tau}$
800 g	$G(s) = \dfrac{9.9}{126s^2 + 15s + 1} e^{-7\tau}$
1 000 g	$G(s) = \dfrac{9.5}{129s^2 + 19s + 1} e^{-8\tau}$

从表 16-3 可以看出，加料越多，达到稳态需要的时间越长。这是因为固含率越高，要完全流化更困难，需要的流化进风量越大。当模型参数因为加料产生变化时，就需要控制系统能够在模型失配的情况下仍能获得较好的控制效果，这样就对控制器选择提出了较高的要求，也给控制系统的设计带来更大的难度。

16.3.6　小结

本章介绍了基本模型辨识过程，根据现场阶跃试验测取冷态数据，利用阶跃响应和最小二乘法相结合的模型辨识方法，建立了进气量与床层压力之间的冷态对象模型，并分析了进料对压力的定性影响，得到了流化床在不同进料量下的动态数学模型，为之后的控制做准备。

由于流化床系统的特性具有时变性，所给出的传递函数是假定在某一进料量和某一时刻的特性，并不能代表整个系统在整个工况内和整个时间范围内的对象特性。我们建立模型仅为了仿真试验，以便更好地掌握床压系统的运行特征。而在实际应用时，我们采用的一些控制技术，是无须知道被控过程的精确数学模型的。

16.4 三相循环流化床床压控制器的设计与仿真分析

依据 16.3 节所建的床压数学模型和相关控制理论，设计三相循环流化床床压控制器，运用 MATLAB 软件进行仿真，并根据仿真结果分析控制器的控制效果。

16.4.1 三相循环流化床床压控制系统总体结构设计

控制目标是在流化床正常运行时，让床层压力在最短的时间内控制在设定值上，使系统以较小的代价达到满意的流化状态。三相循环流化床压力闭环控制系统框图如图 16-9 所示。

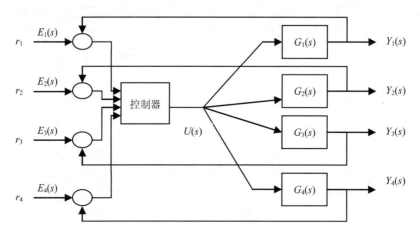

图 16-9　三相循环流化床压力闭环控制系统框图

其中输入为设定值 r_1、r_2、r_3、r_4 即为表 16-1 中的压力目标值，$Y_1(s)$、$Y_2(s)$、$Y_3(s)$、$Y_4(s)$ 为流化床采集到实际压力值，$E_1(s)$、$E_2(s)$、$E_3(s)$、$E_4(s)$ 为偏差即压力目标值与实际压力值的差，$U(s)$ 为控制器的输出，$G_1(s)$、$G_2(s)$、$G_3(s)$、$G_4(s)$ 为床压数学模型。

该控制系统可描述为：

$$\begin{bmatrix} Y_1(s) \\ Y_2(s) \\ Y_3(s) \\ Y_4(s) \end{bmatrix} = \begin{bmatrix} G_1(s) & & & \\ & G_2(s) & & \\ & & G_3(s) & \\ & & & G_4(s) \end{bmatrix} U(s) \qquad （16-3）$$

控制器要根据 4 个压力偏差来实现能耗最小控制，也就是要用较少的进气量让系统尽快达到稳定，即稳定时间 t_s 最小，即实现 $\min[\max(t_{s1}, t_{s2}, t_{s3}, t_{s4})]$。下面将分别设计最优 PID 控制器、最优模糊控制器、预测控制器和基于多模型模糊预测控制器，仿真比较来实现最优控制。

16.4.2　三相循环流化床的最优 PID 控制及仿真

PID 控制器是一种线性控制器，它根据给定值 $r(t)$ 与实际输出值 $y(t)$ 构成控制偏差：

$$e_i(t) = r_i - y_i(t), \quad i = 1, 2, 3, 4$$
$$e(t) = \max[e_1(t), e_2(t), e_3(t), e_4(t)]$$

（16-4）

将偏差的比例（P）、积分（I）和微分（D）通过线性组合构成控制量对被控制对象进行控制，故称 PID 控制器。其控制规律为

$$u(t) = k_p \left[e(t) + \frac{1}{k_i} \int e(t) \mathrm{d}t + k_d \frac{\mathrm{d}e(t)}{\mathrm{d}t} \right]$$

（16-5）

式中，k_p——比例系数；

　　　k_i——积分时间系数；

　　　k_d——微分时间系数。

简单来说，PID 控制器各个校正环节作用如下：

1）比例环节。即时成比例地反映控制系统的偏差信号 $e(t)$，偏差一旦产生，控制器立即产生控制作用，以减少偏差。

2）积分环节。主要用来消除静差，提高系统的无差度。积分作用的强弱取决于积分时间常数 k_i，k_i 越大，积分作用越弱，反之则越强。

3）微分环节。能反映偏差信号的变化趋势，并能在偏差信号值变得很大之前，在系统中引进一个有效的早期修正信号，从而加快系统的动作速度，减少调节时间。

常见的优化方法有最速下降法、共轭梯度法和牛顿法，还有单纯形法。而前三种方法在计算过程中都需要计算目标函数的导数，而许多实际问题的目标函数或者解析表达式很复杂，或者根本没有解析表达式，这就增加了计算导数的难度。单纯形法是一种直接、快速地搜索极小值的方法，其优点是对目标函数的解析性没有什么要求，具有收敛速度快、计算机工作量小、简单实用等特点，所以本节选用单纯形法。优化目标函数采用 ITAE 准则，其定义为

$$J(\text{ITAE}) = \int_0^{t_s} t \left| e(t) \right| \mathrm{d}t = \min$$

（16-6）

在时间 t 比较大时，为保证指标值小，会迫使稳态误差变小，这样能使系统很快进入稳态区域。

首先，将表 16-3 中对象模型传递函数进行线性化处理，写成级数展开形式，并取第一项近似表达，测试点一的处理结果如下：

$$\frac{2.9 \mathrm{e}^{-7s}}{125s^2 + 12s + 1} \approx \frac{2.9}{(125s^2 + 12s + 1)(7s + 1)}$$

（16-7）

其余三个测试点也做同样处理。

在 MATLAB 软件里搭建如图 16-10 的床压最优控制的 Simulink 模型，其中 PID 控制器表达式中的 k_p、k_i、k_d 是待寻优的参数。

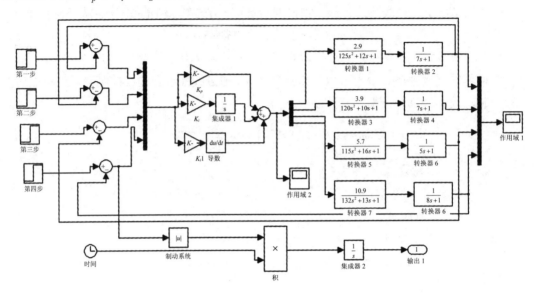

图 16-10   最优 PID 控制的 Simulink 模型

实施最优控制之前，先搭建不加最优控制器的 Simulink 模型进行仿真，然后根据仿真结果确定优化对象。仿真结果如图 16-11（a）所示，可知第四个对象的稳定时间最长，所以利用 MATLAB 优化工具箱中的 Fminsearch 函数，对第四个对象进行优化设计。

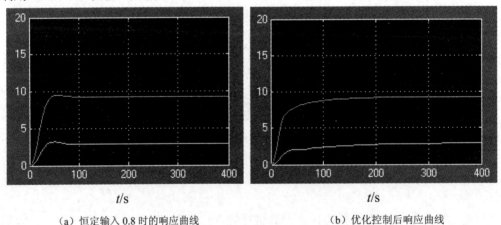

（a）恒定输入 0.8 时的响应曲线　　　　　　　（b）优化控制后响应曲线

图 16-11   优化控制前后仿真曲线

最后，编写最优化目标函数的 MATLAB 子程序，如下：

```
function y=opfun_0(x)
assignin('base','kp',x(1));
```

assignin('base','ki',x(2))；

assignin('base','kd',x(3))；

[t_time,x_state,y_out]=sim('zuiyoukongzhi.mdl',[0,400.000 000])。

在当前 x 向量的参数下对 Simulink 模型进行仿真：

y=y_out(end)；语句将 ITAE 值赋给输出 y，完成目标函数的计算

在命令行中调用 Fminsearch 函数：

[x(1),x(2),x(3)]=fminsearch(@opfun_0,[1,0,16])

运行时从示波器中可以观察动态寻优结果，最终得到使 ITAE 指标最小的 k_p、k_i、k_d。

16.4.3   仿真结果及分析

三相循环流化床床压最优 PID 控制的仿真结果如图 16-11 至图 16-13 所示。

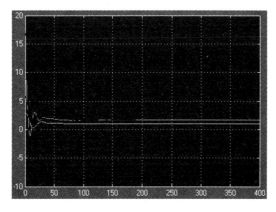

t/s

图 16-12   1 600 g 优化控制量 *U* 曲线直接控制

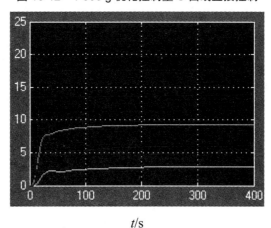

t/s

图 16-13   将优化后的控制量未近似的模型曲线

图 16-11（a）、（b）两图仿真结果对比，可以看出经过优化控制的参数整定后，

控制系统的压力响应曲线上升速度明显提高，系统进入 ±2% 稳态的时间为 min[max(t_{s1}, t_{s2}, t_{s3}, t_{s4})]=200 s，既保证了快速性，跟踪性能好，但系统超调还是较为严重。

结论：所设计的最优 PID 控制器可直接用于实际三相循环流化床床压控制。

16.4.4　三相循环流化床的多模型模糊预测控制及仿真

虽然传统的 PID 控制器以其固有的优势在工业生产中广泛应用，但也存在明显的弊端，就是控制的快速性不够，尤其对于延迟克服能力还比较差，在负荷或工况变化时，控制性能明显降低，因此我们将寻求更加适合本工艺的控制算法。模糊预测控制可以将预测控制和模糊控制的长处结合起来，充分发挥模糊控制不需要精确的数学模型的长处。其基于专家经验和知识推理的智能控制方法具有很强的鲁棒性，通过选定合适的模糊控制规则，可以保证控制稳定的同时，保持较好的控制性能，其中预测控制用于提前预测来调整控制的力度，维持良好的动态控制性能。将模糊预测控制应用于床内压力控制系统中，缓解滞后现象。

模糊控制和预测控制是各自独立发展起来的两类控制方法。在二者充分发展的基础上，人们又提出将模糊的思想和预测的思想结合起来，形成一种新的控制方法——模糊预测控制。以下几点可以说明提出模糊预测控制的合理性：

1）预测控制和模糊控制都是对不确定系统进行控制的有效方法，模糊和预测相结合会进一步提高控制效果；

2）模糊控制发展的趋向是由规则向模型转变，而预测控制是典型的基于模型的控制，对象模型可作为沟通二者的桥梁；

3）预测控制是一类基于对象数学模型的精确控制方法，而系统的复杂性与分析系统所能达到的精度是相互制约的。因此，研究模糊环境下的预测控制对于拓展预测控制的应用范围具有重要意义。模糊预测控制具体形式多种多样，大致可分为两类：一类是模糊与预测的外在结合，其共同特征是充分发挥模糊思想和预测方法的长处，相互促进；另一类是在预测控制机理的框架下，将模糊模型作为预测模型，可视为模糊与预测的进一步融合。其框图结构如图 16-14 所示。

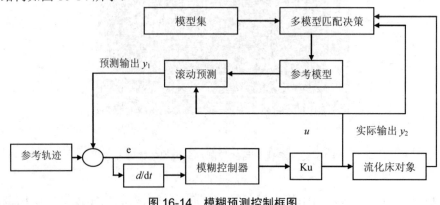

图 16-14　模糊预测控制框图

16.4.4.1　多模型匹配度模糊决策

如图 16-14 所示，多模型的方法处理非线性控制系统的思路是：在不同的运行点附近用不同的线性模型描述非线性对象，在整个工作范围内用多个线性化模型来逼近非线性过程，最后通过多个线性模型的协调控制，实现大范围非线性系统的控制。

在实际工业过程中，有经验的操作人员总是根据当前的负荷和工况特点，凭借当前的控制性能和前几个周期的控制情况，然后结合他的经验做出判断，根据他的判断和记忆中的规则将所操作的阀门置于合适的位置。在他的头脑中好像有一个可以匹配的控制模型，在适当的工况下把相应的规则拿出来，施于控制过程。模仿人的这一模糊判断过程，提出多模型自适应控制策略。

模型匹配程度 F_j 的计算：

设有 J 个模型，对模型 j，其与实际模型的匹配程度 F_j 由两个参数判定：最近几个采样周期预测误差绝对平均值的相对指标 E_j 和滚动有限时域长度内预测误差绝对累计值 EA_j。计算公式如下：

$$\begin{cases} e_{pj}(m) = y(m) - y_{pj}(m) \\ a_j(n) = \sum_{t=0}^{k-1} \left| e_{pj}(n-i) \right| / k \\ S_j(n) = \sum_{t=0}^{i-1} \left\| e_{pj}(n-i) \right\| \\ E_j(n) = a_j / \max_{1 \leqslant t \leqslant j}(a_t) \\ EA_j(n) = S_j / \max_{1 \leqslant t \leqslant j}(S_t) \end{cases} \qquad （16\text{-}8）$$

式中：　m —— 任一采样时刻；

　　　　k —— 取平均的周期数 $k \geqslant 1$；

　　　　n —— 当前采样时刻；

　　　　l —— 有限时域长度 $l \geqslant k$；

　　　　$e_{pj}(m)$ —— 模型 j 在采样时刻 m 的预测误差；

　　　　$y(m)$ —— 系统在采样时刻 m 的实际输出值；

　　　　$y_{pj}(m)$ —— 模型 j 在采样时刻 m 对输出的预测值；

　　　　$a_j(n)$ —— 采样时刻 n 模型 j 的 k 个预测误差绝对平均值；

　　　　$S_j(n)$ —— 采样时刻 n 模型 j 的 l 个预测误差绝对累计值。

参数 k 起平滑近期预测误差的作用，因此取大于 1 的值对克服输出端噪声的影响有利，但将使系统对模型突变的反映迟钝，一般取 1 或 2；参数 l 取为已建模型的最大建模长度，以真实地反映模型过去的预测情况。

由式（16-8）可知，E_j，EA_j 的取值范围均是[0, 1]区间，将 F_j 的取值范围也定为[0,

1]区间，设$\tilde{E}_j$，$\tilde{E}A_j$，$\tilde{F}_j$分别是E_j，EA_j，F_j的模糊化值，论域相同，其上定义相同的模糊子集：很小（VS）、较小（MS）、小（SS）、中（MM）、大（LL）、较大（ML）、很大（VL）。显然有

若$\tilde{E}_j \in$ VS，$\tilde{E}A_j \in$ VS，则$\tilde{F}_j \in$ VL；

若$\tilde{E}_j \in$ VL，$\tilde{E}A_j \in$ VL，则$\tilde{F}_j \in$ VS。

根据以上的规则可以建立模型匹配程度的取值状态表。系统投运前，可以根据模糊评判原理，在给定论域值对各模糊子集的隶属度表后，离线建立模糊匹配程度取值表。为了得到连续的F_j值，我们针对模糊控制器提出一种加权平均算法，取模糊量的论域为[−6，−5，…，0，…，5，6]，并定义隶属度表，如表16-4所示。

表 16-4　隶属度表

模糊集	元素												
	−6	−5	−4	−3	−2	−1	0	1	2	3	4	5	6
VS	1.0	0.8	0.4	0.1	0	0	0	0	0	0	0	0	0
MS	0.2	0.7	1.0	0.8	0.2	0	0	0	0	0	0	0	0
SS	0	0	0.2	0.7	1.0	0.8	0.2	0	0	0	0	0	0
MM	0	0	0	0	0	0.5	1.0	0.5	0	0	0	0	0
LL	0	0	0	0	0	0	0.2	0.8	1.0	0.7	0.2	0	0
ML	0	0	0	0	0	0	0	0.2	0.8	1.0	0.7	0.2	
VL	0	0	0	0	0	0	0	0	0	0.1	0.4	0.8	1.0

若各模糊子集 VS、MS、SS、MM、LL、ML、VL 分别由−6、−4、−2、0、2、4、6代表，则模糊匹配程度参考取值表可由下式直接生成：

模型控制权重g_j的计算：

$$\tilde{F}_j\left(\tilde{E}_j, \tilde{E}A_j\right) = -\mathrm{int}\left[\alpha\tilde{E}_j + (1-\alpha)\tilde{E}A_j \div 2\right] \times 2, 0 \leqslant \alpha \leqslant 1 \qquad (16\text{-}9)$$

式中，α反映系统对最近预测情况的侧重程度，若模型参数变化较频繁，则α应取大一些，以使控制权重及时反映这种变化；反之α可取小一些；一般取 0.5。对应的模型匹配程度参考取值如表 16-5 所示。

表 16-5　模型匹配程度参考取值表

F_j	−6	−4	−2	0	2	4	6
−6	6	4	4	2	2	0	0
−4	4	4	2	2	0	0	0
−2	4	2	2	0	0	0	−2

F_j	-6	-4	-2	0	2	4	6
0	2	2	0	0	0	-2	-2
2	2	0	0	0	-2	-2	-4
4	0	0	0	-2	-2	-4	-4
6	0	0	-2	-2	-4	-4	-6

运行时，对每组 E_j、EA_j 值线性映射到 $[-6,+6]$ 区间，映射公式为：

$$x' = (x - 0.5) \times 12 \tag{16-10}$$

式中：x——原值；

x'——映射值。

$\tilde{F}_j$ 的反映射值为 $F_j = (\tilde{F}_j \div 12) + 0.5$

匹配模型和非匹配模型可用取舍阀值 β，β 一般取为 0.8～0.9，计算模型控制权重的公式为

$$\begin{cases} 若 & \max_{1 \leqslant j \leqslant J}(F_j) \geqslant \beta \\ 若 & F_j \geqslant \beta &, \quad 则 g_j = F_j \quad 或 \quad g_j = 0 \\ 若 & F_j = \max_{1 \leqslant j \leqslant J}(F_j) &, \quad 则 g_j = F_j \quad 或 \quad g_j = 0 \end{cases} \tag{16-11}$$

控制权重大于零的模型为匹配模型，而拥有非匹配模型的控制权重为零。为了保证控制的连续性和预防模型切换造成的振动，当测算匹配模型后不立即进行实际过程而是经过一段时间的延时，几个周期后，确定为匹配模型再投入实际过程。

多模型的模型参数和离线设计的相应的控制器参数都存储在模型数据库中，在控制过程中，调用模型数据库中的模型参数经过上述的模型判别，确定了与实际对象匹配的参考模型后就可以把该对象投入实际控制器中，作为参考模型进行以下步骤的控制，相应的控制器的参数也投入控制过程中。

16.4.4.2　滚动预测

对于一般的纯滞后过程，当给环节输入一个信号后输出不立即有所反应，而要经过一个固定的时间后才会反应。而且输入和输出在数值上并无不同，仅是时间上有一定的滞后，由此我们想象，对于一个被控系统，当加某一控制量后，被控系统会经过一个纯滞后时间才能表现出来，这个时间可以由下述的递推计算公式中的采样时间和预测步数决定。

对于一般的被控过程，它的动态离散模型可表示为

$$y(t) = f\left[y(t-1), \cdots, y(t-n), u(t-l), \cdots, u(t-m)\right] + d(t) \tag{16-12}$$

式中： f —— 函数；

n —— 过程输出的阶次；

l —— 过程相应与输入的滞后；

m —— 输入的阶次。

过程输出 y 在时刻 $t+N$ 的输出预测值的递推算法为

$$
\begin{cases}
\hat{y}(t+k) = f\left[\hat{y}(t+k-1),\cdots,\hat{y}(t+k-n),u(t+k-l),\cdots,u(t+k-m)\right] \\
\qquad\qquad + \hat{d}(t+k) & k=1,2,\cdots,N \\
\hat{d}(t+k) = \hat{d}(t) = y(t) - f\left[y(t-1),\cdots,y(t-n),u(t-l),\cdots,u(t-m)\right] \\
\qquad\qquad \hat{y}(t-j) = y(t-j) & j=0,1,2,\cdots,n-1 \\
\qquad\qquad u(t+j) = v & j=0,1,2,\cdots,N-l
\end{cases}
$$

（16-13）

式中： $\hat{y}$ —— y 在未来各时刻的输出预测值；

y —— 当前时刻及过去各时刻的过程输出测量值；

$u(t+j)$ —— u 的未来控制序列；

v —— 恒定值；

$\hat{d}$ —— 各时刻的扰动预测值；

N —— 过程输出 y 的预测步数。计算时假设过程未来的扰动不变。

式（16-13）为预测控制器的递推运算公式，所用的模型通过多模型控制器在线模糊判别，寻找与实际对象最匹配的一般自回归离散模型，这些模型都存在模型数据库中，模型数据库中存有被控对象在不同负荷、不同工况点下辨识的对象模型，还有针对某一辨识模型离线设计的模糊控制器参数，当多模型控制器判别得到最邻近匹配的模型后，把模型赋予式（16-13）中，把模糊控制器参数赋予当前控制器中。施加一控制量并保持该控制量不变，由上述递推公式，递推 N 步后（ $N \approx \tau/T$ ， τ 为纯滞后时间， T 为采样时间），可以得到预测的偏差和偏差变化率，这个预测的偏差和偏差变化率是前一时刻控制量作用的结果，把该预测的偏差和偏差变化率作为要设计的模糊控制器的输入量，设计模糊控制器。这样模糊控制器的输出量作用于被控对象就不是一般模糊控制器的"事后控制"而是"超前或预测控制"，由预测器的递推过程补偿了被控对象的纯滞后。

首先对偏差和偏差变化率进行模糊化， $E = \langle K_e \bullet e(k) \rangle$ ， $CE = \langle K_{ec} \bullet ce(k) \rangle$ ， K_e 和 K_{ec} 为量化因子， $\langle\ \rangle$ 为取整。 E 和 CE 的论域范围为： $\{E\} = \{CE\} = \{-N,\cdots,-2,-1,0,1,2,\cdots,N\}$

设误差 E 的变化范围为 $(-1\ \text{MPa},\ 1\ \text{MPa})$ ，其模糊量 E 的论域为 $(-6,\ 6)$ ，则 K_e=6。设压力误差变化率的变化范围为 $[-0.1\ \text{MPa},\ 0.1\ \text{MPa}]$ ，其模糊量 CE 的论域为 $(-6,\ 6)$ ，则 K_{ec}=6。控制量 U 即进气阀门开度的变化范围为 $[-48,\ 48]$ ，其模糊量 U 的论域为 $(-6,\ 6)$ ，则 K_u=8。 E 、 CE 和 U 的模糊子集分别规定如下：

$$E = \{NB，NM，NS，NO，PO，PS，PM，PB\}$$
$$CE、U = \{NB，NM，NS，Z0，PS，PM，PB\}$$

隶属度函数的形状对模糊控制器的性能有很大影响。当隶属度函数比较窄瘦时，控制较灵敏，反之控制较粗略和平稳。通常当误差较小时，隶属度函数可取得窄些，当误差较大时，隶属度函数可取得宽些。

模糊控制规则是对专家的理论知识和实践经验的总结。根据实际工况编写了 56 条规则，如表 16-6 与表 16-7 所示。

表 16-6　模糊控制规则表

CE	E							
	NB	NM	NS	NO	PO	PS	PM	PB
PB	ZO	ZO	NS	NM	NM	NM	NB	NB
PM	PS	PS	NS	NM	NM	NM	NB	NB
PS	PM	PM	ZO	NS	NS	NM	NB	NB
ZO	PM	PM	PS	ZO	ZO	NS	NM	NB
NS	PB	PB	PM	PS	PS	ZO	NM	NM
NM	PB	PB	PM	PM	PM	PS	NS	NS
NB	PB	PB	PM	PM	PM	PS	ZO	ZO

表 16-7　量化形式后的模糊控制规则表

CE	E							
	−6	−4	−2	−0	+0	2	4	6
6	0	0	−2	−4	−4	−4	−6	−6
4	2	2	−2	−4	−4	−4	−6	−6
2	4	4	0	−2	−2	−4	−6	−6
0	4	4	2	0	0	−2	−4	−4
−2	6	6	4	2	2	0	−4	−4
−4	6	6	4	4	4	2	−2	−2
−6	6	6	4	4	4	2	0	0

根据以上的多模型匹配模糊预测控制算法，可以通过在 MATLAB 里编程实现多模型模糊预测控制算法，编写算法流程图如图 16-15 所示，至此完成了多模型预测控制器的设计。

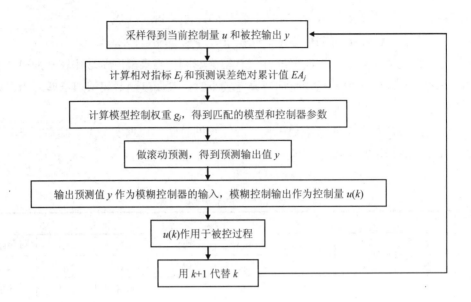

图 16-15　模糊预测控制程序流程图

由 MATLAB 进行仿真，结果如图 16-16 和图 16-17 所示。

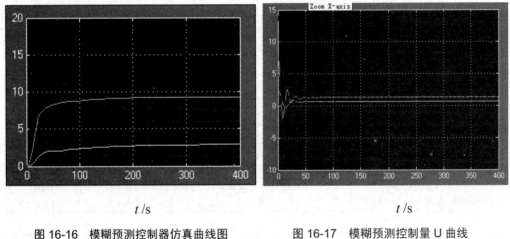

图 16-16　模糊预测控制器仿真曲线图　　　　图 16-17　模糊预测控制量 U 曲线

从图可以看出，虽然超调没有消除，但响应速度缩短为 80 s，从而缩短了控制时间，控制性能有了一定的提高。

16.4.5　小　结

经以上分析，没有一个控制器是完美的，每种控制器都有自身的优势，也存在一定的不足，所以在实际应用中要根据被控对象灵活选择，实现控制性能的最大化，取得满意的控制效果。

16.5　金精矿提金三相循环流化床监控系统的设计与实现

在前几章的建模和控制仿真完成的基础上，要实现对压力、温度等变量的实际控制，那么就需要搭建一个集中式控制系统和采用组态软件建立一个人机界面，方便操作人员了解系统运行情况和及时做出需要的操作动作。本节就从硬件选型入手，介绍本系统所采用的硬件和软件构成，再在紫金桥组态软件的环境下，依据系统需要完成的控制动作，实现整个控制流程的人机界面和与 MATLAB 软件的数据交换。

16.5.1　系统硬件构成

如图 16-18 所示，流化床控制硬件系统由流化床系统、压力传感器、工控机组态界面、I/O 卡件、电动调节阀组成。

工控机是系统的核心部件，具有以下功能：存储系统信息和过程策略与数据；现场通信与控制；数据分析和实时数据交换；过程控制逻辑与回路调节算法的计算执行。

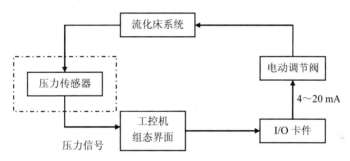

图 16-18　流化床控制硬件系统流程示意图

工机选用的是凌华工控机，配置如下：

处理器：CPU（Pentium M），最高 CPU 速度（1.5～2.1MHz）。

FSB（400MHz）。

芯片组：Intel 852GM。

内存：DDR SDRAM SO-DIMM，2×200Pin，2G。

扩展槽位：3 PCI 插槽。

封装形式：全密封金属封装。

网口：3 个 10M/100M 通信口，能完成不同程度的调节控制和数据采集功能，并提供 I/O 接口（3×RS-232，1×RS-232/422/458）。

I/O 卡件的主要功能是完成现场数据的实时采集与控制信号输出，实现 A/D、D/A 转换功能，既能接受传感器采集过来的模拟信号，也能将控制信号转换成模拟信号直接传给执行机构。本系统 I/O 卡件分别采用的是研华 PCI-1713 数据采集卡和 PCI-1720U 输出卡，其参数分别如下：

PCI-1713 数据采集卡是 100 kS/s，12 位，32 通道隔离模拟量输入卡，其特点为 A/D 转换器采样速率可达 100 kS/s，12 位隔离 A/D 转换器，2500VDC 隔离保护，32 路单端或 16 路差分模拟量输入，每个通道的增益可编程，输入范围为：0～5V，0～10V，±5V，±10V；37 路接线端子板（含电缆线）。

PCI-1720U 输出卡是 4 位，D/A 隔离模拟量输出卡，其特点为 12 位 PCI 总线，四路 12 位 D/A 输出通道，多种输出范围：0～5V，0～10V，±5V，±10V，0～10 mA，4～20 mA；输出和 PCI 总线之间的 2500VDC 隔离保护，系统重启后保持输出设置和输出值，便于接线的 DB-37 接口，通用 PCI 和板卡 ID 开关。

电动调节阀是执行机构，用来调节进气量的大小。采用上海仪欣阀门公司生产的 ZDLP 系列电子式电动单座调，公称压力为 1.6 MPa，通径 DN 为 15 mm；阀体材质为铸钢（WCB）；阀芯阀座为 304 不锈钢；工作电压为 220VAC；输入输出信号为 1～5VDC 或 4～20 mA。

压力传感器用来实时采集流化床内的压力数据，采用昆山双桥公司产的压力传感器。压力传感器输出/电源为 4～20 mA/24VDC 或 0～5V/15VDC（其他信号及电源可特订），即压力传感器输出的检测信号一般为 30～130 mV，常规在 80 mV，经恒压适配器放大后可输出 0～5VDC 或 4～20 mA 信号，电压适配器同时给压力传感器提供工作电源。压力传感器输出信号可以直接接到 I/O 板接线端子板上。

温控仪是调控一体化智能温度控制仪器，用于温度测量、调节、驱动。采用中达 DTD 系列温度控制器，功能如下：PID、ON/OFF、手动控制、PID 可程控功能供选择，以期达到应用多样化；内置多种输入传感器种类，切换灵活；一组警报输出具八种模式，使用多样性；设定值储存于 EEPROM（4 k Bit），可重复写入 100 万次，储存时间长达 10 年，数据更具稳定性。

16.5.2　系统软件组成

系统的软件从功能上分，可以分成组态和运行两个部分。运行部分是 I/O 卡厂商提供的保证 I/O 卡正常工作硬件驱动程序，随硬件直接安装，不再赘述。组态软件我们采用大庆软件技术有限公司生产的紫金桥组态软件。

紫金桥监控组态软件是一种通用工业组态软件，在实际应用中，以其可靠性、方便性和强大的功能得到用户的高度评价，现在已经被广泛应用于石化、汽车、化工、制药等多种领域。本系统采用其作为上位机软件因为它具有以下几方面特点：

1）它具有完善的客户/服务器体系结构，在服务器端定义的点，可以同时在多个客户端上引用，减少组态工作量和避免数据不一致性。

2）其数据库服务器可以进行各种运算和数据处理，如量程变换、报警、历史数据记录、PID 控制、流量累计等多种处理，具有强大的数据库处理核心。

3）它的通信接口具有丰富的 I/O 驱动，支持各类智能仪表、智能模块、变频器、板卡、

PLC 和 DCS。同时支持 OPC、DDE 等各类开放接口。

4）其强大的 Web 发布系统，可以在 Internet 上授权访问，授权操作。

总的来说，紫金桥监控组态软件从结构层次上分，可分为 I/O 驱动、数据库、人机界面三个层次详细介绍。

（1）I/O 驱动

紫金桥监控组态软件具有丰富的 I/O 设备驱动，可以同多种 I/O 设备连接组成实际应用系统，它支持的 I/O 设备包括：可编程控制器（PLC）、智能模块、DCS、I/O 卡、智能仪表、变频器等。紫金桥与这些设备之间通过以下几种通信方式进行数据交换：串行通信方式（支持 Modem 远程通信）、I/O 卡方式、网络节点方式、通信接口卡方式、DDE 方式、OPC 方式等。

（2）数据库

数据库系统是数据处理的核心，一方面通过 I/O 设备实时从工业现场采集数据并实时监控、实时分析；另一方面把采集的实时数据高效保存，并支持查询、历史分析等操作。它是管理和存放应用数据的存储区域，是数据进出的门户，是 I/O 设备和用户程序之间的桥梁。数据库以点为单位来进行数据的管理。它承担全部实时数据处理、历史数据保存、数据统计处理、报警处理、数据请求服务处理，也负责与过程数据采集和执行设备的双向数据通信。点参数是数据库的最小数据单位，用来表达点的某一个属性。每个点都包含若干点参数，它们描述点的不同方面的属性。如 PV 表示过程量的测量值，DESC 则表示点的描述等。不同类型点的参数类型也可能不完全一样。

本系统中要实现对不同车间不同参数的采集与显示，可以在数据库中划分多个区域，每个区域定义为一个车间，而每个区域中可以包含若干个点，代表每个车间的检测参数，这样在进行组态的时候就不会造成数据混乱，很容易地实现多车间多参数的采集与显示。

（3）人机界面

人机界面是工作人员与计算机的交互平台，在系统运行的过程中工作人员可以利用人机界面实时的监控现场生产状况。本系统中人机界面包括主控画面、温度压力趋势画面与报警画面。

在系统的主控界面中，用组态软件自带的各种图元文件绘制出工业现场的模拟环境，通过对各图元的组态，可以在系统运行中实时动态显示工业现场。

温度压力趋势画面是现场参数的实时曲线显示，通过曲线的动态显示，工作人员可以及时地了解现场情况。

报警是控制过程中状态出现问题时发出的警告，同时要求操作人员做出响应。报警可以分为过程报警和系统报警，过程报警是指运行过程中因变量值的异常而产生的报警。系统报警是指系统出现运行错误或 I/O 设备发生故障而产生的报警。紫金桥监控组态软件中，报警的触发过程是在数据库系统中进行的，所以通常只能对数据库中点的 PV 参数进行报警设置，对于中间变量等非数据库变量无法直接设置报警。报警的触发、处理和保存都在数据库中完成，通过人机界面系统来显示报警信息。

16.5.3 组态实现过程

金精矿提金三相循环流化床自动控制系统组态过程应包括以下方面的内容：

1）自动进料和排渣，半个小时进料 500 g，同时排渣。

2）自动显示功能，实时显示设备运行状态，并且在组态界面上进行控制。

3）自动保护功能，液位过高系统报警，并且打开排渣阀排出一定量的液体。

4）自动恒压恒温功能，将温度和压力恒定在设定值上。

通过紫金桥组态软件中的图形库，进行组合得到下面的主控制界面，这个界面充分地描述除了金精矿提金三相循环流化床过程控制装置的大致轮廓。具体制作步骤如下：

1）点击"新建工程"，紫金桥监控组态软件会在其安装目录下自动生成新建工程目录，将工程名改为流化床控制系统，双击，进入系统开发环境。新建画面把名字设为主控界面，从图库中拖出已有的元件，没有符合实际工程的主床、副床、排渣管、气体缓冲罐由手工绘制，然后用管道连接各器件，如图 16-19 所示。

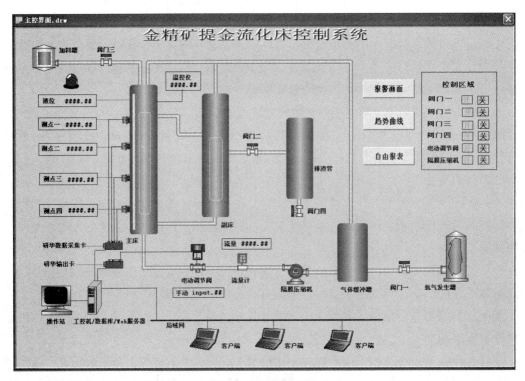

图 16-19   主控界面

2）定义"点"：在已经初步完成的主控界面中定义一些与绘制的图元相关的"点"，为下一步动画连接做准备。在紫金桥监控组态软件中，"点"先可以简单地理解为要采集的一个数据点，相当于一个对象，它包含一些参数。这些点通过组态和实际设备关联，对数据服务器中的点的操作就相当于对实际设备的操作，完成后，将可以看到点组态界面，如图 16-20 所示。

	点名 [NAME]	类型 [KIND]	说明 [DESC]	外部连接 [Link]	历史组态 [His]	
1	control	控制点	控制器	PV=PCI1713:AI(模拟转	PV=变化保存:1.000000	
2	flow	模拟I/0点	气体流量	PV=liuliangji:地址:	PV=变化保存:1.000000	
3	input1	模拟I/0点	进料	PV=input1:地址:0 均	PV=定时保存:60	
4	input2	模拟I/0点	进气	PV=input2:地址:0 均	PV=定时保存:60	
5	num	模拟I/0点	手动给定	PV=PCI1720:AO(模拟转	PV=变化保存:1.000000	
6	tag1	模拟I/0点	测试点一	PV=PCI1713:AI(模拟转	PV=定时保存:1	
7	tag2	模拟I/0点	测试点二	PV=PCI1713:AI(模拟转	PV=定时保存:1	
8	tag3	模拟I/0点	测试点三	PV=PCI1713:AI(模拟转	PV=定时保存:1	
9	tag4	模拟I/0点	测试点四	PV=PCI1713:AI(模拟转	PV=定时保存:1	
10	temp	模拟I/0点	床内温度	PV=test:地址:0 增量	PV=变化保存:1.000000	
11						
12						
13						
14						

图 16-20　点组态界面

3）设置"报警画面""趋势曲线"和"自由报表"，先画三个控件框，再对其分别进行设置动画连接，点击控件框可以弹出图 16-21、图 16-22 和图 16-23。

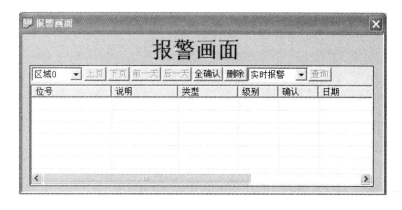

图 16-21　报警画面

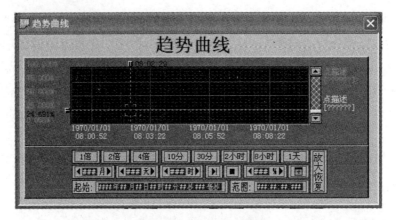

图 16-22　趋势曲线画面

图 16-23　自由报表画面

　　完成以上操作后，为了使图像体现对象的状态变化，从而能对过程进行实时监控，动画连接模型如图 16-24 所示，在紫金桥监控组态软件中，可以将图元关联到数据服务器中的点或者一些其他定义的变量，并做相应的设置。

图 16-24　动画连接模型

本工程中要制作的动画效果包括以下部分：
1）管道的流动效果；
2）阀门和泵的启停；
3）对应的文字变化；
4）气体、液体、液固混合的不同体现。

　　比较复杂的系统需要使用脚本程序来完成特定操作和处理程序，这样能简化组态的过程，优化控制过程，从而提高工作效率。

　　本系统采用 I/O 卡直接插在计算机的扩展槽上，然后利用开发商提供的驱动程序或直接经端口操作进行通信，这种情况一般采用实时性好、可靠的同步通信方式。紫金桥数据库的"设备驱动"目录下罗列着各种 I/O 设备驱动，在"I/O 设备定义"的对话框中填写好设备名称、设备地址、通信端口。在系统中定义这个 I/O 设备后，系统就将这个 I/O 设备使用的驱动程序自动装入"初始启动程序"中，当数据库系统运行时，会自动启动这个驱动程序。定义完 I/O 设备后就可以在进行点组态的数据连接时使用，"数据连接"就是使数据库中组态的点参数与 I/O 设备的 I/O 点的物理地址一一对应起来。

16.5.4　基于紫金桥和 MATLAB 的 DDE 连接

　　动态数据交换（DDE）是微软公司提出的一种数据通信形式，它使用共享的内存在应用程序之间进行数据交换。相当于剪贴板方法，它能够及时更新数据，

　　在两个应用程序之间信息是自动更新的，无须用户参与。紫金桥组态软件有着友好的人际界面功能，容易实现生产过程的图形，但是计算能力不强。而 MATLAB 是一种具有极强的计算、编程、系统分析和仿真功能，有着丰富的函数库，使两者通过 DDE 相结合，可以更好地将先进控制算法应用于控制系统来实现对象的控制，如图 16-25 所示，紫金桥组态软件从现场采集运行数据并进行相应的转换后传送给 MATLAB 程序，MATLAB 调用相应的控制算法程序进行运算后将结果返回给紫金桥，紫金桥进行相应转换后送到现场执行控制。

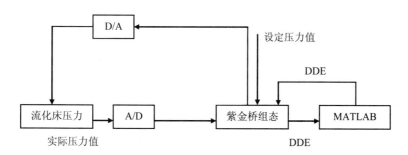

图 16-25　系统工作流程示意图

　　在数据通信时，接受信息的应用程序称作客户，提供信息的应用程序称作服务器。一个应用程序可以是 DDE 客户或是 DDE 服务器，也可以同时为客户和服务器。在这个试验中，MATLAB 既是客户也是服务器，当 MATLAB 向紫金桥申请数据时，它是客户，MATLAB 把采集的数据参与运算后所得的结果再返回给组态显示时，它充当的是服务器。交换数据采用的是热链接，当从紫金桥中采集的数据变化时，MATLAB 中的变量值就会变化或与该变量相关的子函数就会执行一次。

```
Function DDE=DDE( )
Global channel;
Channel=ddeinit('VIEW', 'TAGNAME'); %初始化 DDE 通道
If channel==0
    Disp('DDE initialization failed');
Else
Disp('DDE initialization is ready')
End
Ac=ddeaddv(channel, 'AD.AIO', 'control(x)', 'x'); %建立热链接
```

上述函数将 MATLAB 与紫金桥的 AD 设备的 AIO 通道之间建立了热链接，一旦 AIO 的数据有变化，则调用 control 函数进行处理。

```
Function uk=control(pv)
Channel=ddeinit('VIEW','TAGNAME');
Pv=ddereq(channel,'AD.AIO');%将采集的数据赋给 pv
Uk=DMC(pv);
Ddepoke(channel,'AD.A00',uk);%计算值返回给 AD.A00
Ddeterm(channel);
```

控制函数根据现场测量值 pv 的变化进行相应的计算处理，再将结果 uk 作为控制信号返回给紫金桥，最后经过 D/A 模块转换称模拟信号后送到执行机构（调节阀）执行。

16.5.5   小结

本节首先介绍了整个流化床控制系统的硬件构成，给出了系统实现过程中的主要硬件的详细配置；再通过 16.4 节对预测控制的研究，以流化床过程控制为对象，以紫金桥和 MATLAB 软件为平台，对床层压力实现在线预测控制。学习通过计算机组态编制界面，并经过 MATLAB 来计算，为在线预测控制提供有效而方便的平台，方便有效地把这种先进的算法用于实际当中。

16.6   控制系统在金精矿提金循环流化床运行中的应用

把前面所设计的控制器和组态监控工程应用到金精矿提金三相循环流化床实际反应过程中，根据系统运行状况，分析所设计的控制系统的控制效果。

16.6.1   实验装置介绍

实验装置用图 16-26 所示的三相循环流化床系统反应器催化氧化高硫高砷难选金精矿，其中流化床外壁缠有电热带来给反应器加热。氧气发生器装置如图 16-27 所示。

图 16-26　三相循环流化床系统反应器

图 16-27　氧气发生装置

　　实验事先将一定体积的水和浓硝酸加入三相循环流化床中，然后打开加热器给反应器加热，当达到一定温度时，向三相循环流化床中加入一定浓度的矿浆，同时开动制氧机和循环泵使整个装置运行。前 3 个小时让整个系统稳定下来，从第 4 个小时开始，取样、过滤、测试，每个小时进行一次。反应完毕后，将制氧机和加热器关闭，从出料口放出反应液，然后用过滤装置进行过滤，滤渣烘干后进行提金，滤液用来测试和分离其他金属。

由于加入的原料是以矿浆的形式输入流化床的，如果加完之后不从流化床中取出一部分反应液，则会导致反应液总体积不断增加，所以每次加完矿浆后，要从流化床中取出一定体积的反应液。而反应液中含有硝酸，取完反应液后，流化床中硝酸的浓度会不断降低，为了弥补因取样而造成的硝酸损失，在取样之后，补加一定量的硝酸。

16.6.2　实际运行界面

系统实际运行时候的监控画面如图 16-28 所示。

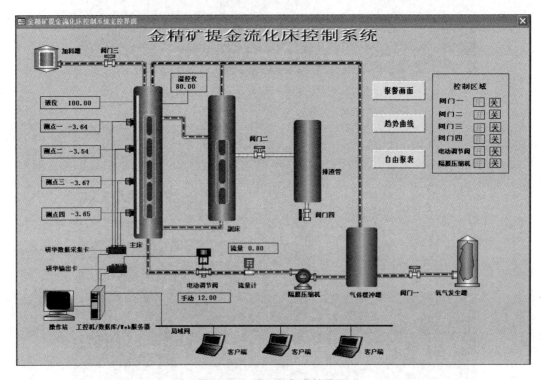

图 16-28　实际运行监控界面

四个测试点的响应曲线如图 16-29 所示。同时当系统床温、床压和液位参数超出设定值，系统就会产生报警，提醒工程人员注意，报警画面如图 16-30 所示。

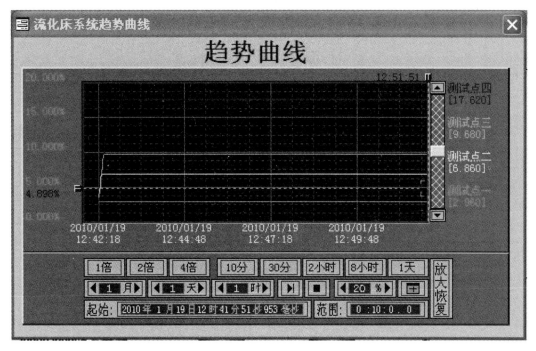

图 16-29　实际趋势曲线

图 16-30　报警画面

16.6.3　加控制器调节前后实验结果对比

经过 16.4 两种控制器的控制效果对比，得出多模型模糊预测控制的效果最佳，那么设计两组实验：第一组在没有加控制器的条件下，即进气恒定在 0.8 m³/h 时进行；第二组在加了模糊预测控制器的情况下，即进气量变化的条件下进行。对两组结果进行比较，如表 16-8 所示，将两组氧化率随着时间的变化得到的对比曲线如图 16-31 所示。

表 16-8　加控制器调节前后对比数据

反应时间/h	[总 Fe]/（g/L）		氧化率/%	
	稳定气量	调节气量	稳定气量	调节气量
1	2.55	6.17	45.54	47.01
2	4.46	8.44	43.43	48.22
3	7.01	10.28	49.52	48.72
4	8.82	13.01	50.71	54.02
5	10.13	16.09	50.42	60.54
6	12.23	16.11	54.74	56.21
7	13.83	18.12	57.11	65.82
8	15.03	18.14	58.30	68.38
9	16.86	18.16	62.26	70.82
10	17.90	19.48	63.58	75.34
11	19.37	23.15	66.62	74.82
12	20.27	25.64	67.96	76.35

实验条件：事先加水 8 L，浓硝酸 5 L，温度 80℃，氧气半小时一次，每分钟 0.6 m^3/h，加矿浆 500 g/h，为了实现匀速加料，每 6 min 加 50 g，取样时间间隔 1 h，补加浓硝酸+水 200 mL/h+200 mL/h。

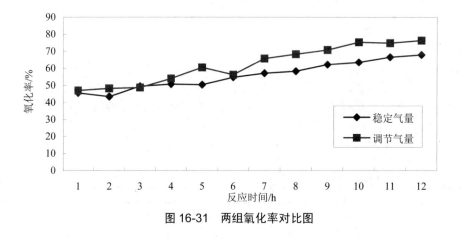

图 16-31　两组氧化率对比图

由表 16-8 和图 16-31 可以看出，进气量调整之后，铁离子有所增加，氧化率也在缓慢加快，12 h 调节气量比稳定气量时氧化率提高了 8.39 个百分点，这是因为金精矿表面的含铁化合物跟硝酸反应得到的铁离子增多，相应的反应率也就增大了。所以，模糊预测控制器起到了提高反应效率的作用。

16.6.4　小结

　　本节先介绍了实验室三相循环流化床反应装置，再设计热态实验，将控制效果最佳的多模型模糊控制器应用于金精矿提金三相循环流化床系统中，随着反应时间的推进，用在线测试反应溶液中铁离子的多少来证明控制算法对流化床系统运行的好坏影响。实验表明，模糊预测控制算法将系统的反应效率提高了 8.39 个百分点。

参考文献

[1] 王海风，裴元东，张春霞，等，中国钢铁工业烧结/球团工序绿色发展工程科技战略及对策. 钢铁，2016，51（1）：1-7.

[2] LI D X，SHI P H, WANG J B, et al. High–Efficiency Absorption of High NO$_x$ Concentration in Water or PEG Using Capillary Pneumatic Nebulizer Packed with an Expanded Graphite Filter. Chemical Engineering Journal，2014（237）：8-15.

[3] 郝吉明. 用科技创新引领大气污染物综合减排. 环境保护，2013，41（20）：29-31.

[4] Yangxian Liu, Jianfei Zhou, Yongchun Zhang, et al. Removal of Hg^0 and Simultaneous Removal of Hg^0/SO$_2$/NO in Flue Gas Using Two Fenton-like Reagents in a Spray Reactor. Fuel，2015（145）：180-188.

[5] 程俊楠，张先龙，杨保俊，等. 催化氧化 NO 催化剂 Mn/ZrO$_2$ 的制备与性能研究. 环境科学学报，2014，34（3）：620-629.

[6] 陈运法，朱廷钰，程杰，等. 关于大气污染控制技术的几点思考. 中国科学院院刊，2013，28（3）：364-370.

[7] 高文雷. 旋转填充床中湿法氧化脱硝的研究. 北京化工大学，2013.

[8] Masahiro Yasuda, Nobuhiro Tsugita, Katsuaki Ito，et al. High-efficiency NO$_x$ Absorption in Water Using Equipment Packed with a Glass Fiber Filter. Environmental Science & Technology，2011，45（5）：1840-1846.

[9] 刘立忠，白燕玲，么远，等. Fe-Mn 基分子筛催化剂 NH$_3$ 低温选择性催化还原 NO 性能. 环境工程学报，2015，9（12）：5957-5964.

[10] 高健，李春虎，卞俊杰. 活性半焦低温催化氧化 NO 的研究. 中国海洋大学学报（自然科学版），2011，41（3）：61-68.

[11] 张相，朱燕群，王智化，等. 臭氧氧化多种污染物协同脱及副产物提纯的试验研究. 工程热物理学报，2012（7）：1259-1262.

[12] 蔡守珂. 石灰石-石膏法联合液相氧化同时脱硫脱硝技术的研究. 中南大学，2012.

[13] 苏玉更. Co 部分取代 LaMnO$_3$ 催化剂体系的 NO 氧化和水热稳定性研究. 天津大学，2012.

[14] Brand，J.G.，Andersson，L. A. Catalytic oxidation of NO to NO$_2$ over H-mordenite Catalyst. Acta Chemica Scandinavica，2010，44（8）：784-788.

[15] 罗晶，童志权，黄妍，等. H$_2$O 和 SO$_2$ 对 Cr-Ce/TiO$_2$ 催化氧化 NO 性能的影响. 环境科学学报，2011，30（5）：1023-1029.

[16] 韩颖慧. 基于多元复合活性吸收剂的烟气 CFB 同时脱硫脱硝研究. 华北电力大学，2012.

[17] 康东娟. 活性炭基复合催化剂低温定量催化氧化 NO 研究. 昆明理工大学，2012.

[18] 王剑波，李登新. 聚乙二醇协同膨胀石墨去除氮氧化物的研究. 东华大学，2012..

[19] 孙秀枝，杨明，邵先涛，等. Co_3O_4/GO/PMS 体系对 NO_x 催化氧化的研究. 环境科学与技术，2014，37（1）：125-128.

[20] 孙秀枝，邵先涛，段元东，等. 灼烧温度对 Mn/GO 催化 PMS 氧化 NO 的影响. 环境科学与技术，2013，36（S2）：99-102.

[21] 孙秀枝. GO 固载催化剂催化 Oxone 氧化吸收 NO 及动力学研究. 东华大学，2014.

[22] 李登新，孙秀枝，杨可，等. 一种用于尾气 NO_x 催化氧化的吸收系统与方法. 专利申请号：201220155353.6，2012.

[23] 王卉. 低温等离子体协同吸附催化剂的烟气脱硝工艺研究. 浙江大学，2014.

[24] 段广杰. NO_x 在三相流化床中催化氧化难选冶金精矿循环条件的研究. 东华大学，2011.

[25] 夏清，陈常贵. 化工原理上（修订版）. 天津：天津大学出版社，2006.

[26] Kolmogorov V M.On the Breakage of Drops in a Turbulent Flow.DoH.Akad.Nauk SSSR，1949，66：825-828.

[27] Hinze J O. Forced deformations of viscous liquid globules. Applied Scientific Research，1949，1（1）：263-272.

[28] Batchelor G K.The Theory of Homogeneous Turbulence.Cambridge University Press，1953.

[29] 马广大. 大气污染控制工程（第二版）. 北京：中国环境科学出版社，2004：599

[30] 王剑波，杨明，朱敏聪，等. PEG 协同膨胀石墨去除氮氧化物的研究. 环境科学与技术，2012，35（7）：96-100.

[31] 刘振岭，乔仁忠，祝振富，等. 磷酸三丁酯（TBP）对有害气体的消除及 TBP-NO_x氧化性的研究. 化学世界，1999（8）：410-413.

[32] 张青枝，范学森，张深松，等. PEG 对 NO_2 的吸收及其吸收产物的氧化性能. 环境科学，1998，1（1）：76-79.

[33] Shukla R P，Wang S B，Sun H Q，et al. Activated Carbon Supported Cobalt Catalysts for Advanced Oxidation of Organic contaminants in Aqueous Solution. Applied Catalysis B：Environmental，2010（100）：529-534.

[34] LI D X，GAO G L，MENG F L，et al. Preparation of nano-iron oxide red pigment powders by use of cyanided tailings. Journal of hazardous materials，2008，155（1）：369-377.

[35] GUO L G，LI D X. Catalytic oxidation of refractory gold concentrate with high sulphur and asenic by nitric acid. IMPC 2008.

[36] MENG F L，WANG Y H，LI D X. The research on utilization of acid leaching tailings. IMPC 2008.

[37] GAO G L，LI D X，ZHOU Y，et al. Kinetics of high-sulphur and high-arsenic refractory gold concentrate oxidation by dilute nitric acid under mild conditions. Minerals Engineering，2009，22（22）：111-115.

[38] GAO G L，LI D X，ZHOU Y. Optimization of Nitric Acid Pretreatment Refractory Gold Concentrate Process with Multiple Assessment Indicators by Grey Relational Analysis//Bioinformatics and Biomedical Engineering，2008. ICBBE 2008. The 2nd International Conference on IEEE，2008：4092-4095.

[39] 高国龙. 三相循环流化床中催化氧化高硫高砷难选冶金精矿和尾渣基础研究. 东华大学，2009.

[40] 周勇，李登新. TBP-MIBK 协同萃取高硫高砷金精矿浸出液中的铁. 矿冶工程，2009，29（1）：74-77.

[41] 高国龙，李登新，孙利娜，等. 三相流化床中硝酸氧化难选冶金精矿动力学研究. 矿冶工程，2011，31（1）：54-56，62.

[42] 刘广涛. 聚乙二醇吸收氮氧化物原理及氧气间接氧化含金氰化尾渣技术研究. 东华大学，2011.

[43] 鄢祖喜. 在三相流化床中 NO_x 全循环催化氧化预处理氰化尾渣的试验研究. 东华大学，2011.

[44] 李登新，李青翠，钱方珺，等. 一种高硫高砷难选金精矿常压催化氧化方法. 专利申请号：CN101314815，2008.

[45] 钱方珺，李登新，李青翠. 黄铁矿型难浸金精矿的试验研究. 矿业工程，2008，6（5）：31-33.

[46] LI Q C，LI D X，QIAN F J. Pre-oxidation of High-sulfur and High-arsenic Refractory Gold Concentrate by Ozone and Ferric Ions in Acidic Media. Hydrometallurgy，2009，97（1）：61-66.

[47] LI D X，LI Q C，GAO G L. Development of Nitric acid Method for Pretreatment of the Refractory Gold Concentrate.World Gold Conference 2009 Proceedings，3-107.

[48] 郭凯琴，李登新，马承愚，等. 过氧化氢氧化预处理高硫高砷难选金精矿的试验研究. 矿冶工程，2008，28（6）：37-40.

[49] Li Yulong，Li Dengxin，Li Jiebing，et al. Pretreatment of Cyanided Tailings by Catalytic Zonation with Mn^{2+}/O_3. Journal of Environmental Sciences，2015，28：14-21.

[50] 翟毅杰，李登新，王军，等. 酸性条件下高锰酸钾预处理氰化尾渣的试验研究. 矿冶工程，2010，30（3）：66-69.

[51] 李鸿莉，李登新，刘广涛，等. 三相流化床中表观气速对电导率及相含率的影响. 过程工程学报，2010，10（2）：236-239.

[52] 李鸿莉，李阳东，李登新，等. 三相流化床动力学特征的影响因素. 过程工程学报，2014，14（2）：223-228.

[53] 赵洋，李松，李征，等. 金精矿提金三相循环流化床的优化控制. 化工进展，2009（S1）：483-488.

[54] 孙秀枝，杨明，邵先涛，等. $Co_3O_4/GO/PMS$ 体系对 NO_x 催化氧化的研究. 环境科学与技术，2014（1）：125-128，143.

[55] GAO G L，LI D X，SUN L N. Kinetics in the Nitric Acid Oxidation of Refractory Gold Concentrate in Three-phase Fluidized Bed. Mining and Metallurgical Engineering，2011，1：18.

[56] LI H L，LI D X，LIU G T，et al. Effects of Superficial Gas Velocity on Electrical Conductivity and Phase Holdup in Three-phase Fluidized Bed. The Chinese Journal of Process Engineering，2010，2：9.

[57] LI H L，LI Y D，LI D X，et al. Influential Factors on Dynamic Characteristics of Three-phase Fluidized Bed. Chinese Journal of Process Engineering，2014，14（2）：223-228.

[58] 无机盐离子对负载型催化剂 Co_3O_4/N-GO 降解偶氮染料 A07 的影响. 环境工程，2014（10）22-25，54.

[59] ZHAI Y J，LI D X，WANG J，et al. Pretreatment of cyanide tailings with potassium permanganate in acid media. Mining and Metallurgical Engineering，2010，30（3）：66-69.